Elke Schlehuber
Rainer Molzahn
Die heiligen Kühe
und die Wölfe des Wandels

Für unsere Eltern
und unsere Kinder
An unsere Peers

Elke Schlehuber
Rainer Molzahn

Die heiligen Kühe
und die Wölfe des Wandels

Warum wir ohne kulturelle Kompetenz
nicht mit Veränderungen klarkommen

Bibliografische Information der Deutschen Nationalbibliothek

Die Deutsche Nationalbibliothek verzeichnet diese Publikation in der
Deutschen Nationalbibliografie; detaillierte bibliografische
Daten sind im Internet über http://dnb.d-nb.de abrufbar.

ISBN: 978-3-89749-666-8

Lektorat: Dr. Sonja Klug, www.buchbetreuung-klug.com
Umschlaggestaltung: +malsy Kommunikation und Gestaltung, Willich
Satz und Layout: Das Herstellungsbüro, Hamburg | www.buch-herstellungsbuero.de
Druck und Bindung: Aalexx Druck GmbH, Großburgwedel

www.gabal-verlag.de
www.gabal-shop.de
www.gabal-ist-ueberall.de

Inhaltsverzeichnis

Prolog 7
Eingang 9

1. Teil – Welt 23

   1. Die globale Matrix **27**

   2. Die Herausforderungen 38

   3. Die Situation der Führenden **41**

   4. Unsere Kultur in der globalen Matrix **44**

2. Teil – Kultur 59

   1. Individuum **65**

   2. System **70**

   3. Mythos **107**

   4. Sprache **148**

   5. Kulturelle Entwicklung in der globalen Matrix **193**

3. Teil – Paradigma 197

   1. Die Struktur des kulturellen Feldes **200**

   2. Das Paradigma des Feldes **203**

   3. Der Prozess des Feldes **205**

   4. Das Veränderungsmodell der kulturellen Kompetenz **212**

4. Teil – Bewusstsein   217

1. Der öffentliche Raum   **221**

2. Der private Raum   **229**

3. Kommunikation und Kommunion im öffentlichen Raum   **232**

4. Der öffentliche Raum in unserer Kultur   **236**

5. Wer darf den stillen Konsens stören?   **279**

6. Der Kritiker im Transformationsprozess   **292**

7. Kultur und Spalter   **300**

5. Teil – Transformation   305

1. Kultur und Prozess transformativen Lernens   **308**

2. Führungsalltag   **318**

3. Werkzeuge der kulturellen Kompetenz   **355**

4. Transformatives Lernen   **367**

5. Das Profil der kulturellen Kompetenz   **391**

Ausgang   393

Epilog   401

Anhang

Glossar   **405**

Literatur   **410**

Über die Autoren   **417**

Prolog

Als *Günter Grass* in einem Fernsehinterview gefragt wurde, wie sich Kalkutta seit seinem ersten Aufenthalt 1990 verändert habe, war seine Antwort: *»Man kommt viel besser mit dem Taxi durch die Stadt. Die vielen heiligen Kühe, die früher den Verkehr sehr behinderten, sind verschwunden!«*

Was muss in Kalkutta geschehen sein, um die heiligen Kühe von den Straßen zu bekommen? Welche heftigen Diskussionen, welche tief greifenden Auseinandersetzungen, welche Veränderungsprozesse müssen dort abgelaufen sein, bevor die Straßenverkehrsordnung geändert werden konnte? Schließlich waren es *heilige* Kühe, Symbole einer Jahrhunderte alten geistigen Weltordnung, die mit den Erfordernissen der neuen Zeit in Konflikt gerieten.

Nicht nur in Indien, auch hierzulande stoßen wir, wenn wir in Wirtschaft, Politik und Gesellschaft Veränderung bewirken wollen, auf heilige Kühe, auf unausgesprochene Tabus, auf die Götzen des Status quo. Während die Wölfe der Globalisierung die Innovationskraft unserer Unternehmen und Organisationen aufs Äußerste herausfordern, schreitet der Wandel im Inneren nur zögerlich voran.

Unausgesprochene Tabus

Das ruft uns dazu auf, neu zu bewerten, was wir unter »harten« und »weichen« Faktoren der Veränderung verstehen. Die wirklich harten Faktoren sind die kulturellen. Es sind jene geistigen Vorannahmen, Grundüberzeugungen und Werthaltungen, die wir als selbstverständlich und gegeben hinnehmen und die als heilige Kühe die öffentlichen Räume unserer Kultur bevölkern.

Innovative Antworten finden Aber in der globalisierten Welt ist nichts mehr selbstverständlich. Wir sind damit konfrontiert, auf neuartige Herausforderungen innovative Antworten geben zu müssen. Dies wird nur gelingen, wenn wir unsere heiligen Kühe vor uns hinstellen und sie von allen Seiten betrachten, um dann zu entscheiden, ob es Plätze außerhalb des öffentlichen Straßenverkehrs gibt, wo sie in Ehren altern dürfen.

Der Wandel, so hört man oft sagen, beginnt in den Köpfen. Hier ist die Gebrauchsanleitung.

Eingang

In seiner Ausgabe 41/05 veröffentlichte der *Spiegel* einen Artikel mit der Überschrift *»Die verlorene Ehre des Professors K«*. Darin erklärt er, warum der namhafte Steuerexperte *Paul Kirchhof* im Bundestagswahlkampf 2005 innerhalb weniger Wochen vom Superstar des Merkel'schen Kompetenzteams zum Sündenbock einer enttäuschten CDU abstürzte:

> *»Kirchhof versteht die Regeln der Berliner ›Vier-Augen-Gesellschaft‹ nicht, die der frühere Schröder-Berater Bodo Hombach beschrieben hat: ›In ihr gibt es einen tiefen Graben zwischen der öffentlichen Debatte, in der Illusionen ungestraft verbreitet werden‹ können, und der privaten Diskussion, in der man ›sich stöhnend die Wahrheit sagt‹. Kirchhof machte keinen Unterschied zwischen beiden Welten und trieb seine Aufpasser damit an den Rand des Wahnsinns.«*

Diskrepanz zwischen öffentlichen und privaten Gesprächen

Man kann diese Geschichte als die eines Naivlings abtun, der bei all seiner fachlichen Brillanz nicht weiß, wie man sich in der politischen Kultur bewegt; der eine Zeit lang mit seinen »visionären« Konzepten durch die öffentlichen und privaten Räume dieser Kultur stolpert, eine Menge Porzellan zerdeppert und dafür zu Recht bestraft wird. So ist das Leben eben. Ist es das? Betrachtet man das irrlichternde Auf- und Abtauchen von Prof. *Kirchhof* aus einer unbefangeneren Perspektive, ergibt sich eine Reihe faszinierender Überlegungen:

Offenbar gibt es in der politischen Kultur der Hauptstadt eiserne Regeln, die festlegen, was man öffentlich sagen darf und was nicht. Offenbar sind diese Regeln nirgendwo niedergelegt, sonst hätte sich Paul Kirchhof informieren können. Offenbar gelingt es allen Insidern instinktiv, sich in ihrem Tun und Lassen nach diesen Regeln auszurichten, als wären sie Naturgesetze. Offenbar braucht man als »Quereinsteiger« in dieser Kultur Aufpasser, um nicht ständig auf Minen zu treten.

Glaubt man *Hombachs* kurzer Schilderung als ehemaliger Insider, so gibt es zumindest zwei Dinge, die man öffentlich nicht darf: stöhnen und die Wahrheit sagen. Das darf man nur privat, unter vier Augen.

Seltsame Regeln Aber wer sind die Urheber dieser Regeln? Wer ist für sie verantwortlich? Wer hat den »tiefen Graben« ausgehoben, der voneinander scheidet, was öffentlich und was nur hinter vorgehaltener Hand sagbar ist? Warum sind diese Regeln nicht verfügbar? Ist es vielleicht so, dass sie nur so lange funktionieren, wie sie nicht ausdrücklich vereinbart sind und niemand die Verantwortung dafür übernimmt? Unvorstellbar, dass die Mitglieder des Bundestages offen beschließen, »in der Öffentlichkeit nur Illusionen zu verbreiten und die Wahrheit nur im privaten Vier-Augen-Gespräch zu sagen«. Und die beunruhigendste Frage: Wie ist es eigentlich um die Veränderungsfähigkeit eines politischen Systems bestellt, in dessen öffentlichem Raum es nicht möglich ist, sich der Realität zu stellen, ebenso wenig wie es möglich ist, diese Unmöglichkeit zu thematisieren?

Wir brauchen aber gar nicht bis in die »große Politik« zu schauen, um Phänomene wie die zu finden, deren wohlmeinendes Opfer *Kirchhof* wurde. Es reicht, sich klarzumachen, welche Zustandswechsel wir alle täglich durchlaufen, wenn wir unserem Job nachgehen. Wer hat noch nicht erlebt, wie sich die Atmosphäre plötzlich ändert, wenn sich dieselben Menschen, die eben noch im Fahrstuhl angeregt geplaudert haben, zu einer offiziellen Besprechung zusammensetzen? Wer hat noch nicht gespürt, dass von diesem Moment an bestimmte Dinge nicht mehr sagbar sind, während sich zu anderen unbedingt bekannt werden muss? Wer kennt nicht die Entspannung, die eintritt, sobald es in die Kaffeepause hinausgeht und es wieder möglich ist, unbezeugt schlecht über Dritte zu sprechen? Und wem ist es noch nicht widerfahren, dass ein Kollege, mit dem man sich in der Pause noch konstruktiv ausgetauscht hat, einen im Meeting heftig kritisiert?

Eines der Themen, zu denen man sich heutzutage öffentlich bekennen muss, ist »Veränderung«. Seit die Globalisierung die Unternehmen vor die Herausforderung stellt, sich immer wieder neu an sich ständig ändernde Markt- und Wettbewerbsbedingungen anzupassen, sind alle hundertprozentig mit Veränderung identifiziert. Es ist undenkbar, dass in einem Strategiemeeting ein Abteilungsleiter aufsteht und sagt: »Was soll das alles? Zu was sollen diese ständigen Veränderungsbemühungen führen? Was ist Sinn, Zweck und Ziel von alldem?« Das wäre das Ende seiner Karriere und eine große Peinlichkeit für alle Anwesenden. Währenddessen teilt vielleicht die Mehrzahl von ihnen insgeheim und ganz privat die in dieser Frage liegende Beunruhigung.

Thema Veränderung

Wenn wir uns in der Kultur bewegen, in der wir zu Hause sind, wechseln wir mit schlafwandlerischer Sicherheit zwischen den Zuständen »jetzt bin ich öffentlich« und »jetzt bin ich privat«. Wir leben in parallelen Welten, in einer Art kontrollierter Bewusstseinsspaltung, wir praktizieren Orwell'sches »Doublethink«. Dies befähigt uns, die Zustandswechsel zwischen öffentlicher und privater Person hinzubekommen und so die von uns erwartete Rolle glaubwürdig zu spielen. Die Fähigkeit zu kontrollierter Bewusstseinsspaltung ist sogar das Ticket für unsere aktive Teilnahme am öffentlichen Leben: Kinder, Betrunkene, Geisteskranke und manchmal auch quereinsteigende Steuerexperten haben sie nicht. Sie neigen dazu, die Wahrheit dort zu sagen, wo sie auf keinen Fall gesagt werden darf.

Tiefe Gräben zwischen öffentlicher und privater Sphäre finden sich nicht nur im politischen Berlin. Sie finden sich in jedem Unternehmen, jeder Organisation, jeder Gruppe.

Unaus-
gesprochenes Es gibt keinen Rauch ohne Feuer. Es gibt keinen Graben, den nicht jemand ausgehoben hat. Es gibt keine Spaltung ohne Spalter. Wer also ist der Spalter? Wer kontrolliert den Mechanismus, der so zuverlässig wie dezent dafür sorgt, dass wir nicht einmal auf die Idee kommen, »bestimmte Dinge« in einem öffentlichen Rahmen zu äußern? Gibt es eine Person, die sich bekennt »ich bin's«, eine irdische oder himmlische Instanz, ein Gesetz, eine Regel, eine Vorschrift, ein Gen gar? Nein. Aber es scheint so etwas zu geben wie eine unausgesprochene und auch gar nicht aussprechbare, eine ganz bewusstseinsferne Übereinkunft. Ebenso absurd wie eine Entschließung des Bundestages, öffentlich nie die Wahrheit zu sagen, ist doch, dass die Leitungsrunde eines Unternehmens sich ausdrücklich und protokollarisch einigt: »Wir beschließen hiermit, dass niemand gegen Veränderung sein darf.« Das Ganze funktioniert anscheinend nur, solange es unausgesprochen bleibt. Aber wer sind die Vertragspartner dieser stillen Übereinkunft?

Die Antwort auf die Frage nach dem Spalter ist wichtig, weil in der globalisierten Welt nicht nur die Stadtverwaltung Kalkuttas oder der deutsche Bundestag gefordert sind, innovative Lösungen zu produzieren. In dieser Situation ohne geschichtliche Vorläufer ist jede Organisation, jedes Unternehmen, jedes menschliche System aufgerufen, schöpferische Antworten zu geben. Das kann nur gelingen, wenn kulturelle Selbstverständlichkeiten in Frage gestellt werden: die ungeschriebenen Regeln und Gesetze des Miteinanders, für die niemand die Verantwortung übernimmt; die unantastbaren heiligen Kühe, die den öffentlichen Raum hypnotisieren; die Grenzen dessen, was in die öffentliche und was in die private Sphäre gehört.

Epochenwende Mittlerweile ist unbestreitbar, dass wir in einer *Epochenwende* leben, die mit einer Identitätskrise der Gesellschaft und ihrer Subsysteme einhergeht (vgl. *Meinhard Miegels* Buch dieses Titels). In Zeiten, in denen Veränderungen wie Naturgewalten in Organisationen einbrechen, klaffen öffentlich Gesagtes und privat Gestöhntes besonders drastisch auseinander. Damit stehen die öffentlichen Räume auf dem Prüfstand, denn in ihnen entscheidet sich, ob und wie es einer Gesellschaft oder ihren Subsystemen gelingt, auf die Herausforderung zu antworten.

Mit den öffentlichen Räumen stehen die Kulturen unserer Systeme auf dem Prüfstand, und damit jede Person, die Teil dieser Kulturen ist. Denn obwohl wir dazu neigen, Kulturen als eine Art natürlicher Umgebung zu sehen, in der wir uns zwar bewegen, die wir aber nicht »machen«, ist doch offensichtlich, dass wir genau das tun. Kultur ist eben nicht Natur, sie ist menschengemacht. Besonders, wenn wir in führenden Positionen tätig sind, sind wir sehr wohl verantwortlich dafür, was in den öffentlichen Räumen geschieht, denen wir vorsitzen.

Wir brauchen also, das ist die These dieses Buches, kulturelle Kompetenz. Diese geht über das hinaus, was wir gewohnt sind, als soziale oder emotionale Intelligenz zu bezeichnen. Im Kern ist es die Fähigkeit, die Dynamik, die sich im öffentlichen Raum eines Systems abspielt, bewusst zu machen und die Auseinandersetzung mit »heiligen Kühen« einzufordern, um die Götzen des Status quo vom Thron zu stoßen.

Damit wir das können, müssen wir den bequemen Standpunkt »So ist das Leben eben« verlassen. Nur dann kann ein fruchtbarer Prozess beginnen, der dazu führt, dass wir die schöpferischen Antworten finden, die unsere Organisationen dringend brauchen, und der uns auch persönlich bereichert und mit neuer Energie erfüllt.

Was genau meinen wir, wenn wir von »Kultur« sprechen? Jedes menschliche System hat eine Identität, ein Wir, und ist somit eine Kultur. Jede Kultur spaltet sich in eine öffentliche und eine private Sphäre und entwickelt sich in der Dynamik zwischen diesen beiden Sphären.

Kultur

Das kleinste menschliche System ist eine Zweierbeziehung. Auch in ihr gibt es bereits einen öffentlichen Raum. Es ist der, den wir mit unserem Partner teilen. Was in der Beziehungsöffentlichkeit

Zweierbeziehung

nicht geäußert werden kann, ohne die Beziehung zu gefährden, bleibt privat: Kritik, die wir zurückhalten; Seitensprünge, die wir geheim halten; Fantasien, die nicht sein dürfen; Kommentare, die wir uns verkneifen. Bereits in der Mini-Kultur einer Zweierbeziehung begegnen wir also dem ominösen Spalter als einer Art Hintergrundfigur, die, um das Wir nicht zu gefährden, die öffentliche von der privaten Sphäre trennt.

Gruppe Das nächstgrößere System ist die Gruppe, die wir als Familie, Arbeitsteam oder Freizeitgruppe kennen. Besonders, wenn wir neu in eine Gruppe kommen, müssen wir um die Anerkennung der anderen werben. Entsprechend sind wir noch sehr aufmerksam dafür, wie wir uns verhalten müssen, um von dieser Gruppe als Mitglied akzeptiert zu werden. Wir kommen gar nicht umhin, uns an die Gruppenkultur anzupassen. Dies tun wir, indem wir erspüren, wo genau in dieser Gruppe die Grenze zwischen der Konsensrealität und der privaten Sphäre liegt. Und was wir nicht erspüren, erfahren wir meist unangenehm dann, wenn wir in peinliche Fettnäpfchen treten, wenn lächelnd auf uns herabgeschaut wird, wenn wir entweder nicht für ganz voll genommen werden oder feindseligen Blicken begegnen, in denen unsere Zugehörigkeit zur Gruppe gleich generell in Frage gestellt wird. Wer in einer Gruppe das Sagen darüber hat, was zur gemeinsamen Realität gehört und was nicht, wird zwischen Führenden und Außenseitern, zwischen Mehrheiten und Minderheiten verhandelt.

Organisation Ein komplexeres System als die Gruppe ist die Organisation, die es in vielfältigen Erscheinungsformen gibt, z. B. als Unternehmen, Verband, Behörde, Partei. Die Grenze zwischen dem Öffentlichen und dem Privaten ist hier besonders prägnant. Auf sie reagieren wir ständig, wenn wir mit anderen kommunizieren. Sie bringt uns dazu zu unterscheiden, was wir offiziell in einem Meeting sagen und was wir privat in der Kaffeepause unter vertrauten Kollegen austauschen. Wie diese Grenze wirkt, wird uns unmittelbar klar, wenn wir uns dabei beobachten, was mit uns geschieht, sobald wir den öffentlichen Raum einer Organisation betreten. Sofort identifizieren wir uns mit unserer Systemrolle, mit Aufgaben, Sachthemen, Regeln, und verhalten uns entsprechend. Persönliches und Beziehungen sind normalerweise nicht Gegenstand der öffentlichen Kommunikation, über sie sprechen wir privat. Jeder weiß aber, dass schon das Tagesgeschäft ohne persönliche Beziehungen nicht zu gestalten ist. Jeder weiß, wie stark persönliche Beziehungen Sachentscheidungen beeinflussen und dass es vollkommen aussichtslos ist, ohne »Vitamin B« an eine Karriere im Unternehmen zu denken.

Das, was in Organisationen als »Politik« bezeichnet wird, ist ja nichts anderes als der Versuch, in einer äußerst kontrollierten Bewusstseinsspaltung die Klaviaturen der öffentlichen und der privaten Instrumente so zu spielen, dass dabei sachliche oder persönliche Ziele erreicht werden.

Noch eine Stufe höher auf der Komplexitätsleiter menschlicher **Nation** Systeme finden wir die Nation. Jede nationale Kultur zieht die Grenze zwischen öffentlicher und privater Sphäre in charakteristischer Weise. In Deutschland etwa wird das Verhältnis zwischen diesen Sphären fast ausschließlich durch Gesetze und allgemein verbindliche Vorschriften reguliert, weil wir Deutsche ganz besonders mit den Errungenschaften des Rechts (Rechtsstaat) identifiziert sind. So hat z. B. niemand bei uns den Vorschlag gemacht, die Beziehungstraumata, die viele Bürger der DDR erleben mussten, als die Stasi-Infiltrationen ihres Alltags aufgedeckt wurden, anstatt auf der Gesetzesebene durch eine Konfrontation zwischen Opfern und Tätern auf der Beziehungsebene zu bewältigen, wie das *Nelson Mandelas* Wahrheitskomitees nach der Beendigung der Burenherrschaft versuchten.

In unserer nationalen Kultur findet Öffentlichkeit in den repräsentativen Gremien statt und wird über die so genannten Massenmedien kommuniziert. Über sie werden wir in unseren privaten Räumen Zeugen und Adressaten öffentlicher Kommunikation. Der kulturell vorherrschende Kommunikationsstil unseres nationalen öffentlichen Raumes ist durch Programmatik, Sachlichkeit, Regelorientierung und Kritik geprägt. Dieser Kommunikationsstil steht als Vorschrift natürlich in keinem Gesetz, er offenbart ein- **Kommunikationsstil der Massenmedien** fach, womit unsere nationale Kultur identifiziert ist. Personen, Persönliches und Beziehungen sind kein Teil der nationalen Konsensrealität. Daher entwickeln Politiker beachtliche Finesse darin, sich ausschließlich sachlich zu äußern und gleichzeitig in diesen Äußerungen Beziehungsbotschaften an alle möglichen Interessengruppen und Loyalitätspartner zu verstecken. Auch ist es noch nicht gelungen, das Phänomen, dass wir in Deutschland immer weniger Kinder bekommen, in der nationalen Öffentlichkeit nicht nur als ein Strukturproblem, sondern auch als ein Beziehungsproblem zu diskutieren – obwohl das als Gedanke doch gar nicht so weit entfernt ist: Menschen müssen dauerhafte Beziehungen eingehen, um Kinder zu bekommen und aufzuziehen, und Kinder brauchen Beziehungen, um aufzuwachsen. Aber man kann persönliche Beziehungen eben nicht gesetzlich regeln, daher werden sie aus der öffentlichen Wahrnehmung herausgefiltert.

Supranationale Organisation Gehen wir auf der Komplexitätsleiter eine weitere Stufe höher, sind wir auf der Ebene supranationaler Zusammenschlüsse, wie der EU, der *Liga der arabischen Staaten*, der G8 etc. Dort verfolgen die Nationen, repräsentiert durch ihre Führer, ihre Interessen im globalen Wettbewerb. Außerdem arbeiten sie daran, Antworten auf übernationale Herausforderungen zu geben. Was kulturell in diesen Zusammenschlüssen, Bündnissen und Unionen öffentlich ist und was nicht, wird sehr stark durch den relativen Rang der teilnehmenden Nationen bestimmt. Er ergibt sich aus dem wirtschaftlichen und militärischen Gewicht einer Nation, aus der Dauer der Zugehörigkeit, aus geschichtlichen Hintergründen und – Beziehungen! Deutschland z. B. hatte, nach den Schrecken des Zweiten Weltkrieges, lange Zeit einen politisch niedrigen Rang im Geflecht der internationalen Allianzpartner. Es nahm auch bewusst einen niedrigen Rang ein, um wieder in der Gemeinschaft der Völker dabei sein zu dürfen.

Menschheit Das komplexeste menschliche System ist natürlich die Menschheit selbst, die sich ja aus einer Vielzahl von Kulturen zusammensetzt. Aber der Prozess der Entwicklung einer globalen Meta-Kultur hat begonnen, und die Menschheit braucht sie, will sie die Herausforderungen, vor die sie als Ganzes gestellt ist, bewältigen. Diese liegen im Angesicht der rapiden und turbulenten ökologischen Veränderungen vor allem in der Beziehungsarbeit mit der Erde. Globale Öffentlichkeit findet z. B. in den Zusammenschlüssen der UNO, der FIFA und der WTO statt. Alles, was in diesen Foren der Weltkultur nicht repräsentiert ist, ist aus Sicht der Weltöffentlichkeit privat. Betrachtet man die Rang- und Machtverteilung innerhalb der UNO, so stellt man fest, dass diese bis heute nach den Ergebnissen des Zweiten Weltkriegs ausgerichtet ist. Die letzte historische Zäsur, die Auflösung der militärisch-politisch-kulturellen Bipolarität von Ost- und Westblock, hat noch keinen Niederschlag im öffentlichen Beziehungsgefüge der Nationen gefunden.

Führen wir nach der globalen Perspektive unseren Blick noch einmal ganz zurück auf uns als Personen. Schließlich sind wir ja auch eine Art menschliches System. Und wir als Personen sind es, die über die Fähigkeit zur kontrollierten Bewusstseinsspaltung verfügen und so die öffentlichen und privaten Räume eines Systems überhaupt erst erschaffen. Wenden wir also das hier vorgestellte Konzept von Kultur auf uns selbst an, so heißt das: **Person**

> **Alles, was ein »Ich« hat, ist eine Kultur. Unser Ich sitzt einer inneren Konsensrunde vor, in der verschiedene Teile unserer selbst miteinander dialogisieren und von Moment zu Moment darüber entscheiden, wie wir uns verhalten. Dieser Abstimmungsprozess findet in unserer inneren Öffentlichkeit statt, d. h., er ist uns überwiegend bewusst.**

Die Beziehungen unserer verschiedenen inneren Teile zueinander, ihr Rang- und Machtgefüge, gibt den Ausschlag dafür, wie unser Ich, das für die Schnittstelle zwischen Innen- und Außenwelt verantwortlich ist, das Abstimmungsergebnis in Handlung übersetzt. Diese inneren Dialoge kennt jeder. Man muss sich nur mal an die inneren Verhandlungen erinnern, die stattfinden, wenn nach einer durchzechten Nacht der Wecker klingelt und man lieber liegen bleiben würde, als zur Arbeit zu gehen: »zehn Minuten noch, steh jetzt auf, melde dich krank, das kannst du nicht machen, heute ist sowieso nichts Wichtiges« etc. Eine dieser Stimmen wird sich schließlich durchsetzen. **Innere Dialoge**

Darüber hinaus gibt es aber auch immer innere Stimmen, die in öffentlichen Sitzungen nicht gern gesehen sind, die also zur inneren Privatsphäre gehören und uns nicht bewusst sind. Dies können Gefühle oder Bedürfnisse sein, Körperimpulse oder Einstellungen, mit denen wir uns nicht identifizieren. Vielleicht gibt es einen Teil in uns, der schon lange davon träumt, sich selbstständig zu machen, und der gegen die Seite in uns rebelliert, die uns dann doch jeden Tag aufs Neue dazu bewegt, zur Arbeit zu gehen. Dieser Teil bezeugt die öffentliche Diskussion, macht sich seinen eigenen Reim darauf und handelt an unserer inneren Öffentlichkeit vorbei. Während wir uns zusammenreißen und müde, aber pflichtbewusst unseren Job tun, sendet er Signale von Gleichgültigkeit, und es kommt zum Konflikt mit unserem Chef, der uns mangelnde Motivation vorwirft. Er reagiert weder auf unsere Anstrengung noch auf unsere Müdigkeit, sondern auf unsere Körpersprache, welche die Botschaft vermittelt: »Das habe ich hier alles nicht nötig!«

Auch unsere innere Kultur umfasst also eine öffentliche und eine private Domäne, auch in ihr gibt es den Spalter, der verhindert, dass wir die ganze innere Kulturlandschaft wahrnehmen. Und weil das so ist und weil in Zeiten turbulenter Veränderungen unsere innere Kultur gefragt und herausgefordert ist, fängt kulturelle Kompetenz bei uns als Personen an, indem wir beginnen, bewusster wahrzunehmen, wie die Grenzen unserer Kultur in uns wirken.

Übersicht über den Buchaufbau In den folgenden Kapiteln werden wir

- ausführen, auf welche spezifischen globalen Veränderungen wir als (Einzel-, Gruppen-, Organisations- und nationale) Kulturen aufgerufen sind zu antworten und von welcher Qualität diese Herausforderungen sind – welchen Wölfen des Wandels wir also gegenüberstehen. Wir werden die Eigenschaften der globalen Feldmatrix beschreiben, die sich in diesen Veränderungen manifestiert, und begründen, warum wir mit unseren kulturellen Bordmitteln nicht in der Lage sind, die Qualität der Herausforderungen angemessen wahrzunehmen. Wir werden zeigen, an welchen Stellen kulturelle Kompetenz uns befähigen kann, diesen Herausforderungen schöpferisch zu begegnen (1. Teil – Welt)

- uns dem Thema »Kultur« aus unterschiedlichen Perspektiven nähern. Wir werden beschreiben, welchen Einfluss die Art und Weise, wie ein System konstruiert ist, auf die Gestalt seines öffentlichen Raums hat. Wir werden erkunden, wie mit der Gründung eines Systems eine spezifische Kultur entsteht und wie diese sich in der Dynamik zwischen öffentlicher und privater Sphäre entwickelt. Wir werden schildern, wie Sprache und Sprachgebrauch den öffentlichen Bedeutungsraum einer Kultur prägen und begrenzen (2. Teil – Kultur)

- das Veränderungsmodell skizzieren, welches wir anlegen, um mit Bewusstheit an den Grenzen zwischen den kulturellen Sphären so zu arbeiten, dass in der Antwort auf die Herausforderung aus der Welt Kreativität und Innovation entstehen können (3. Teil – Paradigma)

- den öffentlichen Raum eines Systems als »Arbeitsplatz« der kulturellen Kompetenz näher beschreiben. Wir werden spezifizieren, wie der öffentliche Raum in unserer Kultur geprägt ist – so, wie er in den meisten Organisationen unserer Kultur selbstverständlich ist. Wir werden die heiligen Kühe benennen, die in ihm grasen, indem wir untersuchen, womit wir gemeinschaftlich ganz besonders identifiziert sind und welche typischen Filter und Wahrnehmungsgrenzen sich daraus ergeben. Bei dieser Recherche werden wir dem Spalter in unserer Kultur begegnen (4. Teil – Bewusstsein)

- aufzeigen, wie kulturelle Kompetenz Führungspersonen helfen kann, die Kultur ihres öffentlichen Raums zu formen, und Formate transformativen Lernens vorstellen, die sowohl Systeme als auch Personen darin unterstützen, sich schöpferisch und verantwortungsvoll in der Spannungs-matrix der neuen Welt zu bewegen. Zwischen den heiligen Kühen und den Wölfen des Wandels gibt es keinen Kompromiss, aber es gibt Lösungen (5. Teil – Transformation).

Unterm Strich Was werden Sie, liebe Leserin, lieber Leser, von der Lektüre dieses Buches haben? Nichts fällt uns natürlich schwerer zu sagen als das, denn die Bedeutung, die diese Zeilen für Sie haben, konstruiert sich von uns aus gesehen in Ihrer privaten Sphäre. Wir halten es aber nicht für unmöglich, dass Sie

- ein präziseres Verständnis gewinnen über die Natur der Herausforderungen, vor welche die globalisierte Welt uns alle stellt
- eine geschärfte Wahrnehmung dafür entwickeln, wie die Kultur, von der Sie ein Teil sind, auf diese Herausforderungen antwortet, sowie dafür, was in Ihrer Kultur Veränderung schwierig macht.
- entdecken, wie die Sie umgebende Kultur in Ihnen wirkt, und dadurch Entlastung erfahren. Denn Vieles, wovon wir denken, es liege an uns als Personen, ist kein persönliches, sondern ein kulturelles Problem
- Sichtweisen und Modelle, Haltungen und Werkzeuge an die Hand bekommen, die Sie ermutigen und es Ihnen erleichtern, als Führungsperson oder Mitglied Ihrer Kultur den öffentlichen Raum so zu gestalten, dass Ihr System eine nachhaltige Antwort auf die Herausforderungen der globalisierten Welt geben kann
- wenn Sie als externer Berater oder Moderator mit Systemen arbeiten, eine Fülle von Inspirationen und Hinweisen mitnehmen, wie Sie Ihre Kunden durch schwierige Phasen von Veränderungsprozessen wirksam begleiten können.

Bevor wir Sie jetzt einladen, uns auf den folgenden Seiten bei der Entwicklung unseres Themas mit Ihrem wachen, kritischen Geist, Ihrer Intuition und Ihrer Neugier zu begleiten, noch ein Wort speziell an unsere Leserinnen. Unsere abendländische Kultur – und mit ihr die Kultur der meisten Systeme, über die wir in diesem

Buch schreiben – ist männlich geprägt. Männliches Welt- und Selbstverständnis liegt den Überzeugungen und Werthaltungen zugrunde, die den öffentlichen Raum beherrschen. Es spiegelt sich in der Art und Weise, wie wir unsere Systeme organisieren (die Organisationstheorie wurzelt in militärischen Vorbildern) und wie wir als Männer und Frauen innerhalb dieser Systeme miteinander umgehen. Es bestimmt die Formen unseres Sprachgebrauchs und durchdringt die Metaphern, die in unserer öffentlichen Sphäre verwendet werden. Wenn wir im Folgenden ebenfalls diese Sprache verwenden, so deshalb, weil wir nur so den kulturellen Mainstream abbilden können, wie er sich auch heute noch darstellt und auf uns als Frauen und Männer wirkt – wenn auch in unterschiedlicher Weise. Über die geschlechtsspezifischen Perspektiven, die dem Konzept der kulturellen Kompetenz innewohnen, werden wir an den entsprechenden Stellen ausführlich eingehen. Bis dahin bitten wir Sie, liebe Leserin, um Verzeihung für diese vorübergehende Einseitigkeit und hoffen, dass Sie sich dadurch nicht von der Lektüre abschrecken lassen. Unsere Kultur braucht Sie!

1. Teil – Welt

*»Individuelle Freiheit und gegenseitige Abhängigkeit
sind gleich wichtig für das menschliche Zusammenleben.«*
MAHATMA GANDHI

Eigentlich begann das 21. Jahrhundert 1990, nur haben wir es erst viel später gemerkt. Wir alle in der westlichen Welt fühlten uns mit dem Fall der Mauer von den dunklen Bedrohungen, den bizarren Eskalationen und den atemberaubenden Erstarrungen des Ost-West-Konfliktes erlöst. Die Freiheit und der Kapitalismus hatten gesiegt, und unsere Vorstellungen über die Zukunft reichten damals nicht viel über ein Mehr an Freiheit und Kapitalismus in der ganzen Welt hinaus.

Mit dem »leisen« Zusammenbruch des Sozialismus ging eine Epoche zu Ende, deren Dynamik sich in einem bipolaren Kräftespiel entfaltet hatte: Sozialismus und Kapitalismus standen einander hochgerüstet als politische Lager und als sich gegenseitig ausschließende Gesellschafts- und Menschheitsentwürfe gegenüber. Sie hatten Deutschland, Europa und die Welt unter sich aufgeteilt, und im Wesentlichen galt: *Cuius regio, eius religio.* Richtig und Falsch, Wahrheit und Lüge, Gut und Böse, Menschlichkeit und Unmenschlichkeit wurden in wundersamer Entsprechung dem eigenen bzw. dem anderen Lager zugeschrieben. In den kapitalistischen Ländern repräsentierte sich diese Bipolarität als innergesellschaftlicher Konflikt zwischen Kapital und Arbeit. Demgemäß waren der öffentliche Kommunikationsstil und die politischen Entscheidungsprozesse durch sie geprägt.

Ende des Sozialismus

1990 konnten wir uns noch nicht vorstellen, wie sehr sich der Kapitalismus – und mit ihm die gesamte Welt – mit seinem Sieg ändern und vor welche völlig neuen Herausforderungen das gerade diejenigen Länder stellen würde, die in der alten Welt erfolgreich gewesen waren. Statt des geordneten Eintritts einer »New World Order« (G. Bush Senior) gehen wir durch eine von chaotischen Erschütterungen geprägte Phase einer »New World Disorder«. Diese zeichnet sich dadurch aus, dass Menschen und Gemeinschaften, Unternehmen und Organisationen sehr dringend damit beschäftigt sind, sich erfolgreich in die neue Spannungsmatrix des globalen Feldes einzupassen, die nicht mehr die bipolare des 20. Jahrhunderts ist.

Die neue Matrix Mittlerweile sind die Eigenschaften dieser neuen Matrix klarer zu orten und konturierter zu beschreiben, während sich ihre Wirkung entfaltet. Wir werden auf den nächsten Seiten ihre Merkmale aufzeigen, denn sie ist das Spielfeld, auf dem wir alle uns zu positionieren und zu bewegen haben. Die Beschaffenheit dieses Spielfeldes bestimmt, welche Bewegungen möglich und erfolgreich sind und mit welchen Gegenbewegungen zu rechnen ist.

Aus unserer Sicht gibt es zwei Entwicklungen seit 1990, die jede für sich und in Wechselwirkung mit der anderen wesentlich zu der sich konstituierenden globalen Matrix beitragen:

- der globale Sieg des Kapitalismus und
- die kommunikationstechnologische Vernetzung der gesamten Welt.

1. Die globale Matrix

Mit dem Sieg des Kapitalismus über den Sozialismus fiel der eine der beiden Pole weg. Der Sozialismus ist seitdem bis auf wenige fossilierte Exponate nicht mehr geografisch repräsentiert. Auch innerhalb der »alten« kapitalistischen Gesellschaften sind die Vertreter des Pols Arbeit in einem tief greifenden und schmerzvollen Wandlungsprozess ihrer Identität und Mission begriffen. Der andere Pol, am konsequentesten kristallisiert in den Vereinigten Staaten, sah sich sehr schnell herausgefordert und verführt, sich in der neuen Matrix unipolar / unilateral zu positionieren, d. h. sich selbst und das eigene Wohl zur alleinigen Richtschnur des Handelns zu machen.

Ein Pol ohne zumindest einen Gegenpol rechtfertigt aber seine Bezeichnung nicht. Wir haben es in der globalen Matrix denn auch nicht mit einem an einem Pol ausgerichteten Spannungsmuster zu tun; so etwas gibt es nicht. Vielmehr sind, seit sich der Kapitalismus mit einem Schlag weltweit ausgebreitet hat, eine Vielzahl von Macht- und Einflusszentren entstanden. Sie scharen sich nicht mehr um eine von zwei Supermächten, sondern kochen durchaus ihr eigenes Süppchen.

Auflösung der Pole

Seit dem Zusammenbruch des sozialistischen militärischen Blocks gehen sowohl die neu entstandenen als auch die aus der Blockloyalität erlösten Nationen durch einen wirtschaftlichen, politischen und kulturellen Transforma-

tionsprozess. Während sie dabei sind, die Frage nach ihrer Identität neu zu beantworten, entfalten sich weltweit viele Dynamiken, die unter der Sowjetherrschaft tabuisiert und dementsprechend öffentlich nicht repräsentiert waren: Nationalismus, Religiosität, Ethnizität und kulturelle Zugehörigkeit.

Die europäischen Industrienationen, und mit ihnen Deutschland, sind unter dem Druck des globalen Wettbewerbs ebenfalls aufgerufen, sich bewusst zu fragen, wer sie sind und sein wollen unter diesen völlig veränderten Vorzeichen einer zunächst global desintegrierten politischen Welt, die ein komplexes, multipolares Patchwork von Abhängigkeiten, Verbindungen, Abgrenzungen und Konfrontationen ist.

Neue Zentren Die sichtbarsten neuen Zentren sind neben den Vereinigten Staaten, dem neuen Europa, Russland und Japan auch China, Indien und der südostasiatische Wirtschaftsraum sowie die arabische Welt. Andere Regionen und Nationen sind auf dem Weg. Ein hervorstechendes Merkmal des neuen globalen Spielfeldes ist also das der Multipolarität.

Multipolarität

Multipolarität bedeutet für jeden Pol, sich im eigenen Tun oder Lassen nicht nur mit *einem* Gegenüber in Beziehung zu setzen, sondern mit *vielen*. Umgekehrt nimmt das Tun oder Lassen anderer direkt Einfluss auf jeden Einzelnen.

Wenn man sich in einer multipolaren Matrix bewegen will, kommt man mit bipolaren mentalen Modellen nicht sehr weit: Konzepte wie falsch / richtig und gut / böse sind zu schlicht und zu einseitig, um der Komplexität gerecht zu werden, die mit der Multipolarität einhergeht.

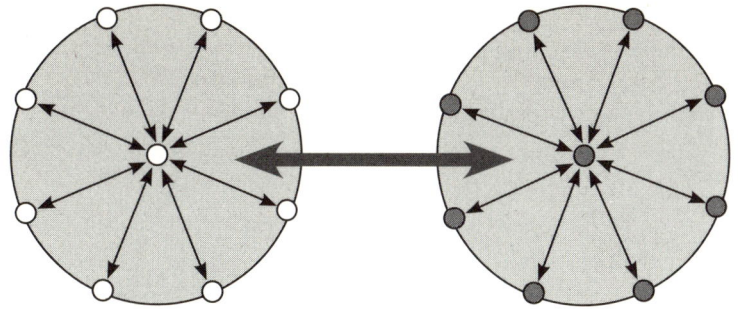

Die bipolare
Spannungsmatrix
des Kalten Krieges,
vereinfacht dargestellt

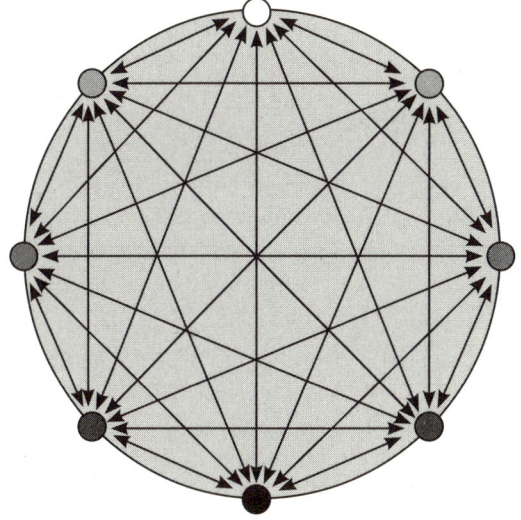

Die multipolare Matrix
der globalisierten Welt

Multipolarität erfordert ein Bewusstsein und ein Management der Vielfalt. Multipolarität bedeutet nicht, dass alle Pole auf dem Feld den gleichen Rang und das gleiche Gewicht haben. Während Ränge und Gewichtungen und mit ihnen das Beziehungsgefüge der globalen Pole aber längst in Bewegung geraten sind, entspricht ihre Repräsentation in der Weltöffentlichkeit (UNO) noch den bipolar geprägten Kräfteverhältnissen am Ende des Zweiten Weltkriegs.

Ein multipolares Feld braucht eine Kultur der Öffentlichkeit, die sich auszeichnet durch

- die Repräsentation aller Pole und
- einen Kommunikationsstil, der sich im Denken, Fühlen und Argumentieren nicht auf schwarz und weiß beschränkt, sondern von Diversität ausgeht.

Nur wenn eine Kultur Multipolarität im Inneren repräsentiert, ist sie in der Lage, Multipolarität in ihren Beziehungen nach außen zu verwirklichen.

Globales Benchmarking

Konkurrenz nach Kennzahlen

Seit dem weltweiten Sieg des Kapitalismus treten Konflikte nicht mehr als kapitalistisch-sozialistischer Systemstreit auf. Die Nationen und Regionen der Welt, aber auch alle Unternehmen und sogar Einzelpersonen bzw. Arbeitnehmende konkurrieren heute im Gegensatz zu früher nach denselben volkswirtschaftlichen Kennzahlen. Zu Zeiten der Militärblöcke beschränkte sich das globale Benchmarking (der merkmalsbezogene Leistungsvergleich) im Wesentlichen auf Rüstung und Sport (z.B. Medaillenspiegel bei den Olympischen Spielen).

Heute werden an die Performance beinahe aller menschlichen Systeme, vom Einzelnen bis zur Nation, dieselben Messlatten angelegt: globale Erhebungen zu Produktivität und Effektivität, zu Lebensqualität und Gesundheitsversorgung, zur Leistung der Bildungssysteme und der öffentlichen Hand, zu Umweltqualität und Flexibilität der Arbeitsmärkte.

Prinzipiell gibt es keinen Ort mehr auf der Welt, an dem man sich vor diesem globalen Benchmarking verstecken könnte (Interessierten empfehlen wir *Myanmar / Birma*). Für jedes durch das globale Benchmarking erfasste System bedeutet dies, dass seine Leistungen und Versäumnisse nach innen und außen gläsern werden. Damit wird vor allem die das jeweilige System tragende Kultur herausgefordert: Ob und wie weit sie in der Lage ist, die in den Benchmarking-Kennzahlen verborgene Bedeutung herauszuschälen, ist für ihr Überleben in der Matrix entscheidend. So konkurrieren die menschlichen Systeme der globalisierten Welt denn auch nach Kennzahlen, die für alle gültig sind, aber in großer und wachsender kultureller Diversität. Die außereuropäischen Kulturen haben zum Teil große Flexibilität bewiesen, kapitalistische Strukturen mit ihren eigenen kulturellen Traditionen und Ressourcen zu verschmelzen. Es ist noch nicht ausgemacht, ob die Kulturen des Abendlandes, die sowohl den weltweit siegreichen Kapitalismus als auch in seinem Gefolge das globale Benchmarking erst hervorgebracht haben, besser als andere vor den Geistern bestehen werden, die sie selbst in die Welt gerufen haben.

Gleichzeitigkeit und Nonlokalität

Mit dem Fall der Berliner Mauer fielen neben den ideologischen auch die technologischen Systemgrenzen weg. Damit globalisierte sich die Entwicklung der Informations- und Kommunikationstechnologie vollständig. Seit dem Siegeszug des Internets ab Mitte der Neunzigerjahre hängt die gesamte Welt am Netz, und die halbwegs friedlichen demokratischen Revolutionen in den Ländern des ehemaligen Ostblocks wären ohne das Internet gar nicht möglich gewesen. Das Internet markiert vor allem deswegen einen Epochenwechsel, weil es das Medium ist, durch das Information fast ohne Zeitverzögerung weltweit reist, verfügbar ist und sich auswirkt: Es gibt keine Pausen, keine Verzögerungen, keine Wartezeiten und keine Vorwarnzeiten mehr. Das hat nicht nur zu einer unglaublichen Beschleunigung von Geschäfts- und Steuerungsprozessen geführt, sondern auch dazu, dass die Abstimmungs- und Kooperationsprozesse in der Zusammenarbeit von Menschen und Organisationen komplizierter geworden sind: Immer wieder muss sehr schnell aus der Flut von Informationen das Bedeutsame herausgefiltert werden.

Internet

Einen ersten Geschmack davon, was es auch heißen kann, global vernetzt zu sein, bekamen alle, die sich auf den Jahreswechsel 1999 / 2000 vorbereiteten und in vager Panik den möglichen Folgen des Y2K-Problems entgegenfieberten. (Man befürchtete Zusammenbrüche der Produktion, der Versorgung, Wirtschaftskrisen und Chaos …) Kann doch in diesem quasi-neuronalen Netz jedes feuernde Neuron an potenziell jedes andere am Netz beteiligte Neuron eine Kettenreaktion von Impulsen und Wirkungen in Gang setzen, die in rasender Geschwindigkeit verläuft und schwer zurückzuverfolgen ist. Ein Computervirus, in Taiwan auf den Weg gebracht, kann innerhalb kürzester Zeit die Wall Street lahmlegen; politische Unruhen in Indonesien können von einem Tag auf den anderen die Produktionsprozessketten eines deutschen Unternehmens durcheinanderbringen.

Netze sind per definitionem multipolar: Die beteiligten Neuronen befinden sich in einem Zustand ständiger Abhängigkeit voneinander. Zwar ist die Information im Netz keineswegs über alle Neuronen gleich verteilt, aber jedes Neuron beeinflusst alle anderen.

Die technologische Entwicklung hin zu globaler Vernetztheit hat zu einem akuten und sehr realistischen Empfinden gegenseitiger Abhängigkeit bei uns allen geführt. Ereignisse auf der anderen Seite der Erde wirken sich mit ganz geringer zeitlicher Verzögerung bei uns aus, manchmal wissen wir schon davon, bevor das Ereignis uns erreicht hat. Umgekehrt ist es natürlich genauso: Das, was wir tun, wirkt sich in weit entfernten Gegenden aus und multipliziert sich im weltweit verzweigten Netz der Informationskanäle.

Auflösung der raumzeitlichen Bindung

Der zweite wesentliche Unterschied zu Vor-Internet-Zeiten ergibt sich zwangsläufig aus dem ersten: Man muss nicht mehr zum selben Zeitpunkt an einem Ort sein, um zusammenzuarbeiten. Anteilseigner leben in anderen Weltgegenden als die Unternehmen, die ihnen gehören; Menschen arbeiten heute z. T. über Kontinente hinweg als virtuelle Teams zusammen an einem Projekt; Unternehmen verlegen Teile ihrer Aufbauorganisation in das Ausland; Vertriebsmitarbeitende werden über Ozeane hinweg in Echtzeit gesteuert.

Die Entwicklung der Informations- und Kommunikationstechnologien hat die raumzeitliche Gebundenheit menschlicher Arbeit und Kommunikation gesprengt. In Entsprechung dazu hat sich die Zusammenarbeit zwischen Menschen virtualisiert – »ver-als-ob-t«. Sie ist flüchtiger, unverbindlicher und begegnungsfreier geworden.

Da aber Bedeutung (was heißt diese Information für uns?) grundsätzlich lokal entsteht und man zusammenfinden muss, um sie herauszuarbeiten, ist auch hier die Kultur jedes am Netz teilhabenden »Moduls« gefragt.

Konkurrenz und Abhängigkeit

Vernetztheit und Multipolarität fordern jedes Neuron, das an diesem großen Netz beteiligt ist – also Individuen wie Gruppen, Organisationen und Nationen –, dazu auf, sich in zwei sehr unterschiedlichen und auf den ersten Blick widersprechenden Weisen zu anderen in Beziehung zu setzen:

Wir stehen alle weltweit in direkter Konkurrenz zueinander. Nationen, Regionen und Kommunen konkurrieren als Wirtschaftsstandorte um die Verfügungsgewalt über natürliche und menschliche Ressourcen. Unternehmen konkurrieren im globalen Markt über Erdteile hinweg miteinander, selbst wenn ihr eigener Markt nur regional oder national ist. Arbeitnehmer konkurrieren global um Arbeitsplätze, Männer und Frauen konkurrieren um dieselben Tätigkeiten. Diese Konkurrenz ist gnadenlos, und es gibt weltweit (fast) keine konkurrenzfreien Zonen mehr. Sie fordert uns auf, egoistisch zu sein, unseren Erfolg und unser Überleben ins Visier zu nehmen, uns unserer Stärken bewusst zu werden, sie zu entwickeln und im globalen Konkurrenzkampf geltend zu

Direkte Konkurrenz ...

machen. Das ist, wenn man so will, die unausweichliche unipolare Antwort auf Vernetztheit und Multipolarität. Sie entspricht der Konsequenz, welche die amerikanischen Neokonservativen für die strategische Positionierung der Vereinigten Staaten in der neuen Weltunordnung gezogen haben, und zwar in militärischer, rechtlicher, ökonomischer und ökologischer Hinsicht: Wenn es unübersichtlich wird, denkt man am besten erst einmal an sich.

... bei gleichzeitiger Abhängigkeit

Wir sind alle weltweit und vielfältig voneinander abhängig. Von den Kollegen am Arbeitsplatz oder unseren Familienmitgliedern sind wir es sowieso, denn ohne ihre Kooperation könnten wir weder unseren Job tun noch unser Leben bewältigen. Unsere Unternehmen sind prinzipiell auch abhängig von ihren Mitarbeitenden, aber im Gegensatz zu früher nicht mehr von bestimmten Mitarbeitern an einem bestimmten Ort (Nonlokalität). Unternehmen sind allerdings akut abhängig von ihren Kunden, also davon, dass diese zumindest in irgendeinem Unternehmen so viel Geld verdienen, dass sie sich die bereitgestellten Dienstleistungen und Güter leisten können. International tätige Unternehmen sind auch davon abhängig, dass in den Regionen und Ländern, in denen sie Geschäfte machen, einigermaßen stabile und verlässliche Rahmenbedingungen herrschen. Und spätestens seit der SARS-Epidemie in China und Südostasien wissen wir, wie wenig es braucht, um etwa die Geschäfte von global agierenden Luftfahrtgesellschaften durcheinanderzubringen. Unternehmen sind am direktesten abhängig von ihren Eignern und ihren Geldgebern, denn sie brauchen deren Investitionen, um innovativ und konkurrenzfähig zu bleiben. Seitdem sich der Eignerwert (Shareholder-Value) als universaler Benchmark durchgesetzt hat, konkurrieren Unternehmen nicht nur *mit* ihren Produkten, sondern auch *als* Produkte auf dem Weltmarkt miteinander.

In Folge der globalen Vernetzung sind wir letztlich alle unmittelbarer von Ereignissen und Entscheidungen betroffen, die anderswo eintreten oder die andere fällen – egal, ob um uns herum oder in weiter geografischer Entfernung. Andersherum beeinflussen unsere Entscheidungen andere, oft ohne dass wir uns der Tatsache und des Ausmaßes bewusst sind. Unsere Abhängigkeit voneinander beeinflusst unsere Handlungsspielräume und fordert uns auf, uns unserer globalen Eingebundenheit deutlich gewahr zu werden.

Gegenseitige Abhängigkeit heißt in letzter Konsequenz, dass für alle von uns schlecht ist, was für einen von uns schlecht ist, und dass das, was für einen von uns gut ist, für uns alle gut ist. Damit sind wir mehr als je zuvor in der Geschichte der Menschheit heute und in Zukunft darauf angewiesen, das Überleben des Einzelnen, von Organisationen und Gemeinschaften, Nationen und der Menschheit in Zusammenarbeit zu sichern.

Konkurrenz und Abhängigkeit, Egoismus und Zusammenarbeit konstituieren allerdings ein Paradoxon: Sie sind beide »wahr«, scheinen sich aber gegenseitig auszuschließen: Wenn ich der Konkurrenz folge, mache ich mich stark und unabhängig, um im darwinschen Selektionskampf zu überleben. Damit vernichte ich unausweichlich andere. Wenn ich der Abhängigkeit folge, erlaube ich vielleicht anderen, mich zu vernichten. Dadurch entsteht für uns als Handelnde ein Dilemma: Je mehr ich das eine tue, desto mehr schade ich dem anderen, und darüber auch wieder mir selbst!

Konkurrenz und Abhängigkeit sind durch die Matrix der Multipolarität und Vernetztheit provozierte, quasi programmierte Beziehungsmuster, aus denen für kein System, das sich auf diesem Feld bewegt, ein Ausweg möglich ist. Wie ein System Konkurrenz und Abhängigkeit ausgestaltet, wie es ihm gelingt, diese widersprüchlichen Beziehungsmuster zum eigenen Wohl und dem der anderen zu leben und sogar zu nutzen, ist abhängig von seiner Kultur.

Programmierte Beziehungsmuster

Wenn eine Kultur sehr identifiziert ist mit dem Pol Abhängigkeit (also etwa mit Solidarität, Schulterschluss und gegenseitiger Unterstützung / Vertrauen), wird ihre kulturelle Schwelle dagegen, Konkurrenz in ihrem Inneren wahrzunehmen, sehr hoch sein. Sie wird dazu neigen, sie überall in der Welt um sich herum zu sehen, sie geradezu in die Welt hineinzuprojizieren. Sie wird außer Vorwurf, Verweis und Ächtung keine Instrumente entwickeln, um mit Konkurrenz in ihrem Inneren umzugehen, und wird diese vielleicht sogar als Eindringen aus dem Außen bewerten und verfolgen, weil eben nicht ist, was nicht sein darf.

Wenn umgekehrt eine Kultur identifiziert ist mit dem Pol Konkurrenz (Aufmerksamkeit auf den eigenen Vorteil, die eigene Stärke / Misstrauen), wird sie es sehr schwer haben, ihre Abhängigkeit im Inneren und Außen in den Blick zu nehmen.

Das Konzept der sozialen Marktwirtschaft war in den 1960er-Jahren noch ein möglicher und zeitweise erfolgreicher, wenn auch mit schwerwiegenden Zukunftshypotheken finanzierter Versuch, Konkurrenz und Abhängigkeit kulturell zu vermählen. Unter den Bedingungen globaler Multipolarität und Vernetztheit funktioniert das so nicht mehr. Antworten auf diese Widersprüche sind nicht mehr als soziales Modell oder soziale Bewegung möglich, die sich nur einer der beiden Seiten des Widerspruchs verpflichtet fühlt.

Konkurrenz-Abhängigkeits-Dilemma

Wir alle versuchen täglich, das Konkurrenz-Abhängigkeits-Dilemma in unseren beruflichen und persönlichen Beziehungen zu balancieren, und das müssen wir auch, denn es unterliegt ja nicht nur dem Leben von Nationen und Organisationen, sondern auch unserem eigenen: Wie weit kann ich meinen Kollegen trauen? Wird es ausgenutzt, wenn ich Schwäche zeige? Weiß Kollegin XY schon, dass unser Projekt ihren Arbeitsplatz überflüssig machen wird? Verdient mein Freund mehr als ich? Macht meine Frau eine bessere Karriere als ich? Halte ich diese oder jene Information zurück, weil sie meine Position stärkt?

Bei diesem Balancierversuch hilft uns unsere Fähigkeit zu kontrollierter Bewusstseinsspaltung, denn er läuft in unserer privaten Sphäre ab, während wir uns in der jeweiligen persönlichen oder beruflichen Öffentlichkeit so äußern werden, wie wir denken, dass es dort angebracht ist. Dafür sorgt der kulturelle Spalter.

Die Spannungsmatrix des aktuellen Menschheits-Feldes zeichnet sich also aus durch

- **globales Benchmarking,**
- **Multipolarität,**
- **Gleichzeitigkeit und Nonlokalität,**
- **weltweite Konkurrenz und Abhängigkeit.**

In dieser Matrix müssen sich alle menschlichen Systeme positionieren und bewegen. Die Kultur des Systems entscheidet darüber, wie ihm das nach innen und außen gelingt.

2. Die Herausforderungen

Welche Kriterien muss eine Kultur erfüllen, um sich in dieser Matrix erfolgreich (im Sinne von Konkurrenz und Abhängigkeit) zu bewegen? Welche Eigenschaften, welche Fähigkeiten, welche Einstellungen braucht sie, um den Herausforderungen des »Lebens in der Matrix« in dessen Qualität zu begegnen? Wohlgemerkt: Es ist hier nicht so sehr die Rede von Fähigkeiten einzelner Personen, sondern von denen einer (Gruppen-, Organisations- oder nationalen) Kultur. Eine Kultur kann diese Fähigkeiten nicht haben, wenn es nicht Personen gibt, die sie haben. Aber umgekehrt heißt das noch lange nicht, dass eine Kultur diese Fähigkeiten hat, nur weil es in ihr Personen oder Subkulturen gibt, die sie besitzen.

Globales Benchmarking

- Wie gelingt es einer Kultur, aus den vorgelegten Benchmarking-Informationen (wie z. B. PISA) die Bedeutung zu generieren, die es ihr ermöglicht, an der »richtigen Stelle zu graben«?

- Nimmt sie sie überhaupt zur Kenntnis?

- Wenn ja, verfügt sie über die Ressourcen (u. a. Systemrollen, also solche, die im Organigramm des Systems abgebildet sind, und deren Rollenbeziehungen), die innovative Antworten entstehen lassen?

- Verfügt sie über ein Veränderungsmodell, das es erlaubt, auch auf die Qualität dieser Bedeutung und nicht nur in quantitativer Weise zu antworten?

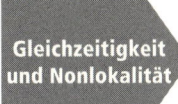

Gleichzeitigkeit und Nonlokalität

- Wie schnell ist die Kultur in der Lage, aus Information gemeinschaftlich Bedeutung herauszuschälen?
- Wie schnell lernt sie?
- Wie schnell setzt sie Erkenntnisse in Handeln um?

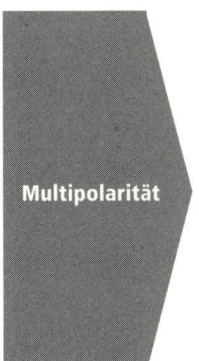

Multipolarität

- Wie geht die Kultur in ihren Beziehungen nach innen und außen mit Multipolarität um?
- Wie gelingt es der Kultur, Vielfalt in ihrem Inneren zu repräsentieren?
- Verfügt die Kultur über einen öffentlichen Kommunikationsstil, der ein »Und Außerdem« und nicht nur ein »Entweder-oder« zulässt und unterstützt?
- Wie ist es um die Fähigkeit der Kultur bestellt, im öffentlichen Raum Zwiespältigkeit, Mehrdeutigkeit, Unfertigkeit und Chaos auszuhalten?
- Erlaubt und unterstützt es die Kultur der Öffentlichkeit, Glaubenssätze und Einstellungen bewusst zu machen und zu hinterfragen?

Konkurrenz und Abhängigkeit

- Gelingt es der Kultur, sich für den globalen Wettbewerb herauszuputzen, ihr Leistungsprofil zu schärfen?
- Wie steht es um ihre Fähigkeit zu Innovation?
- Ist sie in der Lage, sich von heiligen Kühen und überholten Mythen zu verabschieden und sich in diesem Prozess neu zu erfinden (ihre Identität zu transformieren)?
- Wie ist es um Zügigkeit und Wirksamkeit ihrer Entscheidungsfindungen bestellt?
- Unterstützt die Kultur im Inneren und nach außen Vernetzung und Hilfestellung ebenso wie die Übernahme persönlicher Verantwortung?
- Werden in der Kultur Konkurrenz und Abhängigkeit thematisiert?
- Hat die Kultur und haben damit ihre Mitglieder Selbstbewusstsein und Selbstvertrauen? Hat sie kulturelle Kompetenz?

Lässt man die Punkte Revue passieren, wird klar: Die wirklichen **»Harte« Faktoren** Knackpunkte in der Bewältigung der beschriebenen Herausforderungen liegen nicht auf der Ebene, die wir gewohnt sind, als die »harten Faktoren« zu bezeichnen. Sie liegen nicht erstrangig auf der Ebene der Technologie, der Arbeitsmittel und Werkzeuge, der Arbeitsprozesse, der Struktur, des Organigramms, des Systems. Ohnehin haben die meisten Unternehmen sich in den zurückliegenden Jahren so weit professionalisiert, ihre Aufbau- und Ablauforganisationen entrümpelt, sind so stromlinienförmig und schlank geworden, dass auf der Ebene der harten Faktoren nicht mehr viel zu holen ist. Vielleicht neigen wir dazu, diese Dinge als hart zu bezeichnen, weil sie sichtbar sind, konkret und fasslich. Allerdings ist dies *und nur dies* die Ebene, auf der wir immer wieder versuchen, Veränderungsprozesse im Angesicht der globalen Matrix anzupacken. Viel zu oft enden diese Bemühungen mit der sarkastischen Erkenntnis: »Alter Wein in neuen Schläuchen!« Damit verbrennen sich natürlich diese Veränderungsbemühungen, und auf den Fluren und in den Kaffeepausen werden die privaten Gespräche immer desillusionierter und zynischer – während man in offiziellen Runden natürlich allseitig weiterhin zu hundert Prozent mit Veränderung identifiziert ist.

»Weiche« Faktoren Die wirklich harten Fakten sind die, die wir bisher mit Vorliebe als die »weichen Faktoren« zusammenfassen, als wären sie nur die Butter auf der Stulle. Sie liegen auf der Ebene der kulturellen Identität, der in stillem Konsens geteilten Überzeugungen, Glaubenssätze und mentalen Modelle. Sie liegen auf der Ebene der Einstellungen, Grundströmungen und Grundhaltungen, die die Beschaffenheit des öffentlichen Raums einer Kultur ausmachen und den öffentlichen Kommunikationsstil prägen, also auf dem, was Butter und Stulle erst hervorbringt.

> **Die Herausforderungen der globalen Matrix erzwingen in ihrer Qualität einen Paradigmenwechsel in unserem kulturellen Bewusstsein darüber, was wir als »hart« und »weich« bewerten. Es ist Zeit, dass wir unsere Wachheit, Intelligenz und Verantwortungsbereitschaft (und manchmal auch unsere Budgets) der gemeinsamen Erforschung und Gestaltung der kulturellen Käseglocke widmen, die sich über uns wölbt.**

3. Die Situation der Führenden

Nachdem wir uns einen Überblick über die Spannungsmatrix des globalen Feldes verschafft haben, und bevor wir den Blick darauf richten, wie unsere deutsche Kultur für die Herausforderungen dieses Feldes gerüstet ist, halten wir einen Moment inne. Wir bilanzieren, in welche Situation diejenigen von uns versetzt werden, die im Angesicht globaler Vernetztheit, Konkurrenz und Abhängigkeit damit betraut sind, ihr Schiff und ihre Mannschaft auf diesem stürmischen Ozean zu manövrieren.

Dabei ist es im Moment von untergeordneter Bedeutung, ob Sie, liebe Leserin, lieber Leser, sich jetzt angesprochen fühlen als Führende einer Organisation oder eines Teils davon, als Vorstand Ihrer »Ich-AG« oder einfach als Vorsitzende Ihrer inneren Kultur. Welches auch immer der Bezugsrahmen Ihrer Führerschaft ist: In jedem Fall bringt Ihre Position mit sich, dass Sie an der Schnittstelle zwischen dem Außen und dem Innen

Bilanz

- den stürmischen Winden der Herausforderungen, die Ihrem System aus der Welt entgegenblasen, hautnah ausgesetzt und sich ihrer daher sehr bewusst sind,
- verantwortlich dafür sind, dass Ihr System eine möglichst einzigartige, erfolgreiche und der Natur der Herausforderungen angemessene Antwort gibt,
- darauf angewiesen sind, dass Ihre Mannschaft Art und Umfang der Herausforderungen versteht, damit alle Res-

sourcen auf deren Bewältigung ausgerichtet werden können – während Ihre Mannschaft unter Deck und in größerer sinnlicher Abschottung von den meteorologischen Verhältnissen der neuen Welt damit beschäftigt ist, das Tagesgeschäft am Laufen zu halten, sich über Pausenzeiten zu streiten und sich in Ihrer natürlich zu langen Abwesenheit über Sie zu beschweren, weil Sie mal wieder Unmögliches, und zwar sofort, verlangen.

Sich der Kultur bewusst werden Auch wenn dies schon anspruchsvoll genug ist: Es ist – im Angesicht der oben gezogenen Schlussfolgerung, dass nämlich in der Bewältigung der aktuellen, global wirksamen Herausforderungen vor allem anderen die Kultur eines Systems gefragt ist – wichtig, sich klarzumachen, dass Sie als Kapitän genauso Teil und »Gefangener« der Schiffskultur sind wie der letzte Schiffsjunge. Sie sind nicht verantwortlich dafür, dass Ihre Kultur ist, wie sie ist – niemand Einzelnes ist das oder könnte das sein –, und Sie können sie auch nicht per Dekret, Appell oder Direktive verändern, aber Sie sind mehr als irgendjemand sonst aufgerufen, sich der Kultur Ihres Systems bewusst zu werden. Dann können sie diese zusammen mit ihren Mitarbeitenden verändern.

- Welches Weltmodell liegt der Kultur zugrunde?
- Mit welchen Glaubenssätzen und Grundhaltungen ist die Kultur identifiziert? Worauf ist man gemeinschaftlich besonders stolz?
- Was kann man in Ihrer kulturellen Öffentlichkeit ausdrücken, was nicht?
- Was müsste man in Ihrer Kultur tun oder sagen, um sofort gefeuert zu werden?
- Warum ist die Kultur überhaupt so geworden, wie sie jetzt ist?
- Wie wirken und wie konstellieren sich all diese Kräfte in Ihnen selbst als einem Teil Ihrer Kultur?

Dies ist der erste Schritt. Dann können Sie zusammen mit Ihrer Mannschaft darangehen, in gemeinsamer Anstrengung einige alte kulturelle Zöpfe abzuschneiden, Skelette aus den Schränken zu entfernen und einige Dämonen der Vergangenheit auszutreiben. Und dann wird Ihre Mannschaft auch im Boot sein, wenn Sie Ihr gemeinsames Schiff durch die See von Konkurrenz und Abhängigkeit navigieren. Versprochen.

Unsere Bestandsaufnahme zum Status quo der weltweiten Matrix und ihren unausweichlichen Herausforderungen wollen wir jetzt abschließen, indem wir ihnen einige prägnante Merkmale der deutschen Kultur gegenüberstellen, so wie diese sich zu Beginn des 21. Jahrhunderts darstellen.

4. Unsere Kultur in der globalen Matrix

Wenn wir an dieser Stelle von »unserer« Kultur sprechen, beziehen wir uns auf die, von der wir annehmen, dass sie uns Autoren und Sie, liebe Lesende, höchstwahrscheinlich verbindet: unsere deutschsprachige, unsere nationale Kultur. Und schon wird's kompliziert, weil

Nationale Kultur

1. in unserem Falle Nationalität mit Deutschsprachigkeit sowieso nicht identisch ist;
2. man von deutscher Kultur erst seit der Wiedervereinigung wieder leise zu sprechen beginnen kann, denn die kulturellen Unterschiede zwischen BRD und DDR waren enorm, und die meisten Wahlen, Meinungsumfragen, Statistiken und Erhebungen belegen, dass kulturell noch lange nicht zusammengewachsen ist, was zusammengehört. Ohnehin können sich nur wenige Deutsche wirklich mit Autorität über das ganze Deutschland äußern, denn die meisten heute erwachsenen Menschen sind entweder hier oder dort groß geworden (beide Autoren sind in Westdeutschland geboren und aufgewachsen. Wir bitten alle Ostdeutschen um Entschuldigung, falls wir unbewusst auf sie übertragen, was wir für selbstverständlich halten. Ähnliches gilt für die Schweiz und Österreich);
3. durchaus nicht jede in Deutschland ansässige Subkultur (Organisationen, Gemeinschaften, Vereine, Szenen) vollkommen identisch oder identifiziert ist mit dem, was wir

hier als deutsche Kultur bezeichnen; zum Teil grenzen sich
ja Subkulturen gerade vom kulturellen Mainstream ab;

4. die Kulturen von deutschen, aber international aufgestellten Unternehmen schon längst begonnen haben, sich zu
   internationalisieren, Englisch als Unternehmenssprache
   einzuführen und internationale kulturelle Einflüsse aufzu-
   nehmen. So widmen sich mehr und mehr dieser Unternehmen auch dem Thema Diversität;

5. ausländische, in Deutschland tätige Unternehmen sowieso
   ihre bewussten und unbewussten kulturellen Vorstellungen mitbringen.

Außerdem gilt manches, wenn auch nicht alles von dem, was
wir an dieser Stelle anführen werden, auch für andere nationale
Kulturen unseres abendländischen Kulturkreises.

Trotzdem kommt niemand, der in Deutschland lebt oder arbeitet,
an den hiesigen Gegebenheiten vorbei, weil diese sich in jeder
Begegnung, in jedem Geschäft und jeder Erledigung, in jeder Diskussion in der öffentlichen und der privaten Sphäre aktualisie-
ren und offenbaren. In Zeiten massiver globaler Wandlungen, in
denen unsere Kultur ihre Veränderungsfähigkeit beweisen muss,
treten einige ihrer Eigenarten besonders prägnant hervor:

»Eigentlich begann das 21. Jahrhundert 1990, nur haben wir **Eigenarten der**
es erst viel später gemerkt«, so hatten wir dieses Kapitel einge- **deutschen Kultur**
leitet. Diese Aussage scheint uns besondere Gültigkeit zu haben,
wenn man sie spezifisch auf (West-)Deutschland bezieht. Nicht
nur konnten wir uns für die neue Welt nichts anderes vorstellen
als ein Mehr an Freiheit und Kapitalismus, sondern auch für das
neue Deutschland, das plötzlich entstanden war, als der östliche
Teil dem kapitalistischen Westen in die Arme sank, zu sehnsüchtig
und zu schwach, um die zwangsläufige Aussicht auf mehr Freiheit
im Moment sehr störend zu finden. Die meisten von uns lebten
in der Illusion, der wirtschaftlichen Weltmacht Westdeutschland
würde die Integration der jetzt »neuen Länder« innerhalb einiger
Jahre mit Hilfe ihrer Portokasse (sprich Solidaritätszuschlag)
schon gelingen.

Damals wurde die Chance – und der grundgesetzliche Auftrag – verpasst, auf die Qualität der historischen Herausforderung auch mit einer qualitativen, schöpferischen Antwort zu reagieren, nämlich mit der Einleitung eines gemeinschaftlichen Prozesses in Richtung einer neuen Verfassung für das in Frieden wiedervereinte Deutschland. Stattdessen wurde das Erfolgsmodell Grundgesetz dem Osten übergestülpt – fertig, aus. Quantität vor Qualität. Wir waren auch damals schon zu sehr in Eile, zu sehr mit Dringlichem beschäftigt, als uns um uns selbst kümmern zu können. Es hätte, um in der Terminologie dieses Buches zu bleiben, kultureller Kompetenz bedurft, um das Problem der Integration zweier deutscher Kulturen überhaupt öffentlich wahrzunehmen.

Die Beziehungsbotschaft, die, verbunden mit dieser (unbewussten) Einstellung und diesem Mangel an Fähigkeit, bei den Ostdeutschen ankam, war natürlich verletzend. Da aber Beziehungen und Gefühle in der deutschen Kultur der Öffentlichkeit nicht repräsentiert werden, drangen diese »Befindlichkeiten« nicht wirklich bis in das westdeutsche Mainstream-Bewusstsein vor, sondern wurden (und werden) vorzüglich in der ostdeutschen Privatsphäre ausgetauscht. Man darf mutmaßen, dass sie ihren Anteil an deren begrenzter Verbundenheit mit dem westdeutschen System haben.

> **Das vereinte Deutschland wurde also ein um Ostdeutschland vergrößertes Westdeutschland, und im Wesentlichen machen wir weiter wie bisher und versuchen, die Ostdeutschen mit demselben Rezept für die westdeutsche Kultur zu gewinnen, mit dem wir Westdeutschen uns für Demokratie und Freiheit hatten gewinnen lassen: mit der möglichst geschwinden Verteilung von Wohlstand und sozialer Sicherheit – Drachenfutter, sozusagen.**

»Weiter wie bisher« heißt, dass das Spielfeld unserer Kultur bis in die Gegenwart hinein von den Kräften und den zwischen ihnen geltenden Regeln dominiert wird, die in den viereinhalb Jahrzehnten des Kalten Krieges in der Matrix der Bipolarität zeitgemäß waren. Aber sie bröckeln vernehmlich.

Politisch und ökonomisch wird Bipolarität als gesellschaftlich balancierter Konflikt zwischen Kapital und Arbeit verhandelt. Politik hat die Aufgabe, diese Balance immer wieder neu, den aktuellen Kräfteverhältnissen entsprechend, zu justieren. Kapital und Arbeit stehen sich in ideologischen Lagern gegenüber. Ihr Konflikt und seine fein ausgetüftelten Eskalations- und Deeskalationsroutinen durchziehen alle öffentlichen Diskussionen in Gremien, Foren und Parlamenten. In Deutschland sind beide Lager und alle Parteien dem Konzept der sozialen Marktwirtschaft verpflichtet, das von der historischen Erfahrung ausgeht, dass mit den Deutschen nicht zu spaßen ist, wenn es ihnen wirtschaftlich schlecht geht, und von der Grundannahme, dass Kapital und Arbeit so abhängig voneinander sind, dass es ihnen jeweils besser geht, wenn es dem anderen auch gut geht.

Kapital versus Arbeit

Der allseitige Konsens zur sozialen Marktwirtschaft wirkt als Weichspüler auf den Konflikt und funktioniert so lange gut, wie beständiges wirtschaftliches Wachstum es möglich macht, ihn als bloßen Verteilungskonflikt zu handhaben. Er wird brüchig, wenn die Voraussetzungen, von denen er ausgeht, nicht mehr gegeben sind. Und diese Voraussetzungen beginnen seit 1990, mehr und mehr wegzubrechen: Die Transferleistungen von West nach Ost betragen weiterhin jährlich gigantische vier Prozent des Sozialprodukts. (Das entspricht im Verhältnis der Geldmenge, die die USA in ihren Rüstungshaushalt steckt.) Weder kann Deutschland stetiges Wirtschaftswachstum vorweisen, noch sind die Unternehmen von ihren Mitarbeitern weiter so abhängig wie in den Zeiten vor der Globalisierung.

Trotzdem dominiert die westdeutsche, dem Konsens zur sozialen Marktwirtschaft verpflichtete Bipolarität zwischen Kapital und Arbeit noch immer die gesamte Kultur der Öffentlichkeit in Deutschland. Dies gilt sowohl für das politische System der Entscheidungsfindung als auch für den kulturellen Kommunikationsstil im öffentlichen Raum. Weil Kapital und Arbeit sich geschichtlich bedingt auch als einander gegenüberstehende und sich gegenseitig ausschließende ideologische Positionen begegnen, ist dieser Kommunikationsstil ebenfalls durch Bipolaritäten geprägt.

Bipolarität

Erlaubt und erwünscht sind in der öffentlichen Sphäre Sachlichkeit, Objektivität, Eindeutigkeit, Regelorientierung und schlussfolgerndes Denken. Alles andere ist Teil der privaten Sphäre, kann also im öffentlichen Raum nicht ohne Gefahr geäußert werden.

Die im öffentlichen Raum miteinander streitenden Parteien oder Seiten arrangieren sich in bipolaren Positionen zu einer Sache und werfen der Gegenseite in Bezug auf deren Position zur Sache, oft in Form eines indirekten Angriffs, das Gegenteil vor: Unsachlichkeit, Unredlichkeit, Realitätsverlust oder mangelnde persönliche Eignung und Integrität. Der dominante kulturelle Kommunikationsstil in der Sphäre der Öffentlichkeit ist also der der (bipolaren) Kritik.

Eisberg-Modell Aus der psychologischen Kommunikationstheorie ist das Eisberg-Modell bekannt. Es beschreibt anhand der Analogie eines Eisbergs, von dem ja nur ein Siebtel über der Wasserlinie sichtbar ist, was Menschen mit Worten austauschen und was ungesagt bleibt und meist nur über unwillkürliche körpersprachliche Signale vermittelt wird. Letzteres macht eben den bedeutendsten und größten Teil der Kommunikation aus. Versteht man das Eisberg-Modell nicht so sehr als ein zwischen allen Menschen immer und überall geltendes Naturgesetz, sondern nutzt man die Wasserlinie als Beschreibung dafür, wo eine Kultur die Grenze zieht zwischen dem, was öffentlich ausgedrückt werden kann, und dem, was in die Privatsphäre gehört, so ergibt sich für unsere deutsche als Teil der abendländischen Kultur das nebenstehende Bild.

Diese Beschreibung gilt im Wesentlichen für alle deutschen Öffentlichkeiten, national und innerhalb von Organisationen oder Gruppen. Sie illustriert, wie verarmt ein ausschließlich auf die Sache fokussierter, in bipolaren Positionen erstarrter und auf die ständige Produktion von Maßnahmen ausgerichteter öffentlicher Kommunikationsstil ist, insbesondere im Angesicht dessen, was in Zeiten dramatischer Veränderungen an Turbulenzen erzeugt wird. Es veranschaulicht, welcher Reichtum an Information und Energie der Kultur nicht zugänglich wird, weil der kulturelle Spal-

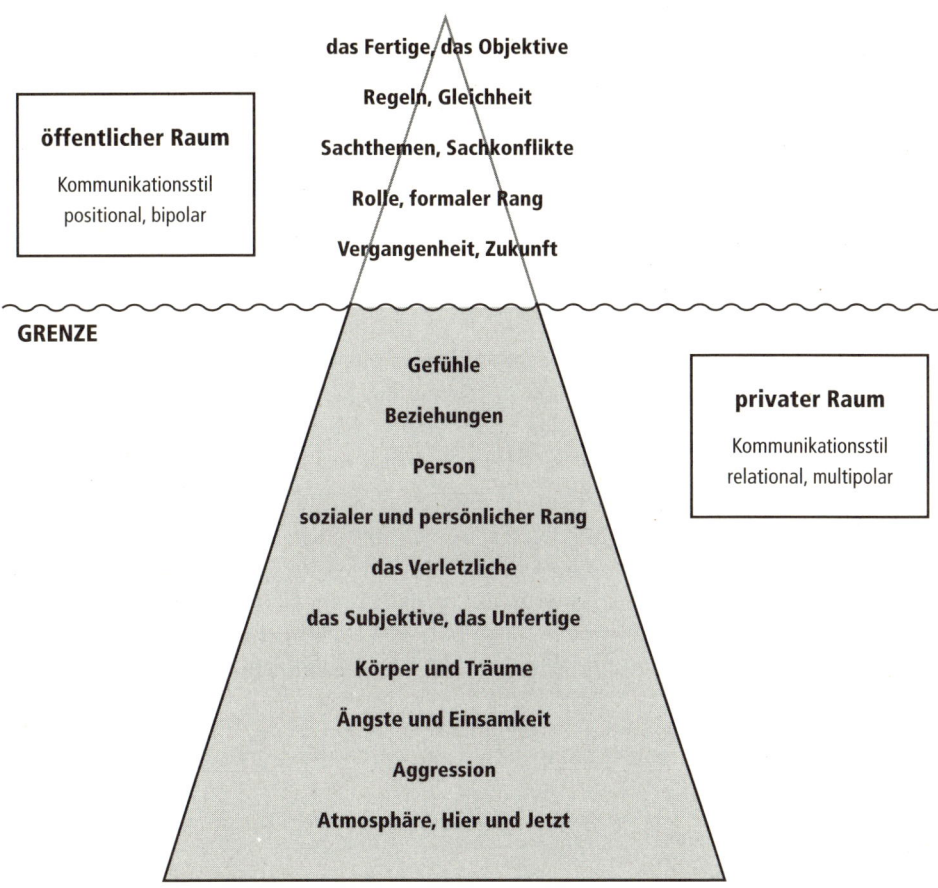

das Fertige, das Objektive

Regeln, Gleichheit

Sachthemen, Sachkonflikte

Rolle, formaler Rang

Vergangenheit, Zukunft

öffentlicher Raum

Kommunikationsstil
positional, bipolar

GRENZE

Gefühle

Beziehungen

Person

sozialer und persönlicher Rang

das Verletzliche

das Subjektive, das Unfertige

Körper und Träume

Ängste und Einsamkeit

Aggression

Atmosphäre, Hier und Jetzt

privater Raum

Kommunikationsstil
relational, multipolar

ter dafür sorgt, dass diese Informationen in der privaten Sphäre bleiben. Damit stehen sie für den Prozess gemeinschaftlicher Bedeutungskonstruktion nicht zur Verfügung.

Diese Kultur des öffentlichen Raumes bewirkt, dass immer mehr Teile des Ganzen sich öffentlich nicht repräsentiert fühlen und dies auch nicht sind: Unter ihnen finden sich nicht nur viele Menschen in Ostdeutschland, sondern ebenso Arbeitslose, Einwanderer und ethnische sowie religiöse Minderheiten. Aber auch viele Stimmen in uns, den ganz »normalen« Angehörigen des kultu-

**Viele sind
öffentlich nicht
repräsentiert**

rellen Mainstreams, sind öffentlich nicht repräsentiert. Das sind Stimmen, die wir in unseren Öffentlichkeiten nicht auszudrücken wagen, weil sie zu verletzlich, unfertig, subjektiv und überhaupt sozial unerwünscht sind. Wir alle sind ein Teil der Veränderung, die um uns herum geschieht, und trotzdem kommen wir nicht vor.

Erstarrung öffentlicher Diskussionen

So bekommen die öffentlichen Diskussionen, deren Zeugen und Adressaten wir sind, zunehmend etwas Gespenstisches und ritualhaft Erstarrtes, ein teilweise absurdes Marionettentheater, das immer weniger mit der Wirklichkeit übereinstimmt, die wir mit unserem gesunden Menschenverstand wahrnehmen. Wahrscheinlich erleben es die Beteiligten ähnlich, denn politische Entscheidungen werden immer weniger im öffentlichen Raum verabredet, stattdessen in Expertenrunden, Gremien und Ausschüssen, in denen es eher möglich ist, unfertig, innovativ, subjektiv und multipolar zu debattieren. Damit verkümmert der öffentliche Raum und wird zu einer Schaubühne für ein Theater, das niemand mehr sehen will.

Deutschland steht 60 Jahre nach seinem Untergang, sechzehn Jahre nach seiner Vereinigung und mitten im globalen Epochenwechsel vor der Notwendigkeit, seinen Platz in der neuen Welt von Konkurrenz, Abhängigkeit und Multipolarität zu definieren und einzunehmen. Wie gut ist es für diese Aufgabe gerüstet?

Stellen wir den Herausforderungen der globalen Matrix einige Merkmale der deutschen Kultur gegenüber:

Globales Benchmarking	Deutsche Kultur
Wie gelingt es der Kultur, aus den vorgelegten Benchmarking-Informationen (wie z. B. PISA) die Bedeutung herauszuschälen, die es ihr ermöglicht, an der »richtigen Stelle zu graben«? Nimmt sie sie überhaupt zur Kenntnis?	PISA ist ein gutes Beispiel. Die Informationen werden zur Kenntnis genommen, man ist sich einig in der Analyse und allseits betroffen. Der Prozess der nationalen Konstruktion dessen, was die Analyse bedeutet und was sie für Folgen zu haben hat, mündet in die andauernde und schwierige Föderalismusdebatte. Der Föderalismus ist eine der ganz heiligen Kühe der Bundesrepublik.
Wenn ja, verfügt sie über die Ressourcen (u. a. Systemrollen und deren Rollenbeziehungen), die innovative Antworten entstehen lassen?	Deutschland hat keine Systemrollen und Rollenbeziehungen, die schnell und innovativ auf die PISA-Informationen antworten können. Es muss erst die Beziehung seiner Teile zum Ganzen klären. Diese Klärung ist wichtig, aber sie dauert. Währenddessen dümpelt das deutsche Bildungswesen weiter vor sich hin. Gleichzeitig wird eine Fülle von partikularen Maßnahmen ergriffen, die zumindest Beflissenheit dokumentieren. Wilhelm von Humboldt würde weinen.
Verfügt sie über ein Veränderungsmodell, das es erlaubt, auf die Qualität dieser Bedeutung und nicht nur in quantitativer Weise zu antworten?	Das in Deutschland (und anderswo) kulturell übliche Veränderungsmodell zieht nur die Sach- und die Systemebene, Maßnahmen und Rollen in Betracht. Die tieferen und in unserem Sinne härteren Ebenen der Veränderung, die weniger sichtbar sind (Psychologie und Kultur), kommen nicht vor. Dieser Mangel an Qualität und Tiefe wird durch Fleiß und Quantität kompensiert.

Gleichzeitigkeit und Nonlokalität	Deutsche Kultur
Wie schnell ist die Kultur in der Lage, aus Information gemeinschaftlich Bedeutung herauszuschälen? Wie schnell lernt sie? Wie schnell setzt sie Erkenntnisse in Handeln um?	Wir sind seeehr langsam. Entscheidungsprozesse dauern ewig, und heraus kommt wenig; siehe Ladenöffnungszeiten, siehe Dosenpfand, siehe Transrapid, siehe Zuwanderungsgesetz, siehe Reform des Gesundheits- und des Bildungswesens, der Bundeswehr – die Beispiele sind Legion. Ein fein gestricktes, byzantinisches Netz von gesellschaftlichen »Checks and Balances« sorgt dafür, dass alle bei allem mitzureden und mitzuentscheiden haben und immer wieder allerorten und auf allen Ebenen kleinteilige Konsensarbeit betrieben werden muss. Wenn kein Konsens erzielt wird, wird der Rechtsweg beschritten. Der ist ebenfalls sehr lang. (Die Anzahl der Richter in Hamburg entspricht der in ganz Großbritannien; die Anzahl der Richter in Deutschland der in den USA. Selbst unterschiedliche Rechtssysteme in Rechnung gestellt, dokumentieren diese Verhältnisse sehr schön die kulturelle deutsche Regel- und Rechtsorientierung.)
Multipolarität	**Deutsche Kultur**
Wie geht die Kultur in ihren Beziehungen nach innen und nach außen mit Multipolarität um? Wie gelingt es der Kultur, Vielfalt in ihrem Inneren zu repräsentieren?	Die deutsche Kultur ist bipolar aufgestellt und bezüglich der Kriterien ihrer Zugehörigkeit homogen identifiziert (Deutscher ist, wer deutsche Vorfahren hat, Deutschland ist kein Einwanderungsland etc.). Während die deutsche Gesellschaft in der Realität längst sehr bunt gewürfelt ist und von dieser Farbigkeit profitiert,

	hat die öffentliche Diskussion um Vielfalt in Einheit gerade erst begonnen, im Angesicht einer großen Verlegenheit darüber, was gegenüber der Vielfalt das eigentlich Deutsche in der Einheit ist (»Leitkultur« – reicht nicht eine Kultur?)
Verfügt die Kultur über einen öffentlichen Kommunikationsstil, der ein »Und Außerdem« und nicht nur ein »Entweder-oder« zulässt und unterstützt?	Der öffentliche deutsche Kommunikationsstil ist bipolar und positional, fokussiert auf die Sache und das Ergebnis und identifiziert mit Regeln und Recht. Der dahinterliegende Glaubenssatz lautet: »Das bessere Argument gewinnt.« Besser ist, was den still vorausgesetzten, scheinbar objektiven Kriterien von Folgerichtigkeit, Konsistenz, Regelgerechtigkeit und Wirksamkeit genügt und insofern wahrer ist. Diesen Kommunikationsstil bezeichnen wir als Diskussion (mit der Wortbedeutung »zerschlagen, zersplittern, zertrümmern« im lateinischen Ursprung): Rede und Gegenrede, Kritik und Gegenkritik – Wahrheitsfindung durch Vivisektion. Dieser Kommunikationsstil kann Multipolarität nur schlecht abbilden oder überhaupt aushalten.
Wie ist es um die Fähigkeit der Kultur bestellt, im öffentlichen Raum Zwiespältigkeit, Mehrdeutigkeit, Unfertigkeit und Chaos auszuhalten?	In einem öffentlichen Raum, in dem nur das Fertige, Konsistente und Positionale erlaubt ist, wird Zwiespältigkeit, Mehrdeutigkeit und Unfertigkeit mit heftiger Kritik, Lächerlichmachen und Ausgrenzung begegnet. Chaos ist auch als vorübergehender Ausdruck von Multipolarität ein Gräuel und ein Alptraum.
Erlaubt und unterstützt es die Kultur der Öffentlichkeit, Glaubenssätze und Einstellungen bewusst zu machen und zu hinterfragen?	Glaubenssätze und Einstellungen kommen in der Kultur der Öffentlichkeit ohnehin kaum vor, weil sich die Diskussion meist auf der so

	genannten Sachebene bewegt. Es herrscht keine Atmosphäre und es gibt keine Instrumente, sie bewusst zu machen und zu hinterfragen. Nur Fertiges hat seinen Platz.
Konkurrenz und Abhängigkeit	**Deutsche Kultur**
Gelingt es der Kultur, sich für den globalen Wettbewerb herauszuputzen, ihr Leistungsprofil zu schärfen?	Deutschland ist erst dabei zu erkunden, welches gesunde Ausmaß an Egoismus es sich vor seinem historischen Hintergrund und im Netz seiner Loyalitäten erlauben kann. Beide Teile Deutschlands hatten sich so an die Blöcke ihrer Zugehörigkeit assimiliert, dass erst jetzt wieder so etwas wie eine deutsche Stimme in die Welt hinauszuschallen beginnt.
Wie steht es um ihre Fähigkeit zu Innovation?	Immer mehr innovative Ressourcen wandern ins Ausland, weil die deutsche Maßnahmenorientierung, Normierungslust und Regulierungswut viel Innovation verhindert oder erstickt und ein geistiges Klima erzeugt, das kein gutes Resonanzfeld für innovative Ideen kreiert.
Ist die Kultur in der Lage, sich von heiligen Kühen und ranzigen Mythen zu verabschieden und sich in diesem Prozess neu zu erfinden (ihre Identität zu transformieren)?	Die deutsche Kultur ist noch hoch identifiziert mit einigen heiligen Kühen des alten Westdeutschland, weil die alte Bundesrepublik als friedlicher Rechts- und Wohlfahrtsstaat erfolgreich war. Zu den Kühen gehören die Konsenssuche auf allen Ebenen, der Föderalismus und eine schwache Führung, allesamt Reaktionen auf das nationale Trauma und auf die Interessen der Alliierten nach dem Zweiten Weltkrieg.

Wie ist es um Zügigkeit und Wirksamkeit ihrer Entscheidungsfindung bestellt?	Das ausgeklügelte System gegenseitiger Kontrolle mit dem Zwang zur Konsensbildung macht es fast unmöglich, dass Entscheidungen, zumal wenn sie nicht konsensfähig sind, zügig umgesetzt werden. Wenn sie oder etwas von ihnen den Konsensprozess überlebt hat, ist es meist nicht mehr wirkungsvoll (siehe Hartz IV).
Erleichtert die Kultur im Inneren und nach außen Vernetzung und Unterstützung? Werden in der Kultur Konkurrenz und Abhängigkeit thematisiert?	Konkurrenz und Abhängigkeit werden nur durch die und entlang der politischen Lager repräsentiert. Da sich aber Konkurrenz und Abhängigkeit in der Realität bereits in jeder Person, in jeder Beziehung, in jeder Organisation abspielen und nicht nur in unterschiedlichen Lagern, haben die alten weltanschaulichen Diskussionspositionen und die Organisationen, die sie kulturell repräsentieren, längst nicht mehr die Bedeutung, die sie einmal hatten. Dies wirft für alle diese Organisationen die Identitätsfrage auf (Parteien, Gewerkschaften, Verbände). Es herrscht Ratlosigkeit darüber, womit die alten Positionen zu ersetzen sind.
Hat die Kultur und haben damit ihre Mitglieder Selbstbewusstsein und Selbstvertrauen? Hat sie kulturelle Kompetenz?	Hier sind wir vielleicht an der Wurzel vieler Phänomene, die die deutsche Kultur in ihrem System, in ihrem öffentlichen Kommunikationsstil und in ihren atmosphärischen Anteilen ausmachen: Die deutsche Kultur der Öffentlichkeit ist auf eine spezielle Weise, die wir natürlich unserer Geschichte verdanken, die eines innewohnenden Misstrauens. Eigentlich misstraut jeder jedem. Die Bürger misstrauen den Politikern, die Politiker misstrauen den Bürgern. Die Westdeutschen misstrauen den Ostdeutschen, die Ostdeutschen den Westdeutschen. Die Länder misstrauen der zentralen Regierung,

die Deutschen den Fremden, die Führenden den zu Führenden, die Leistungserbringer den Versicherten. An der Wurzel und im Fokus dieses allseitigen Misstrauens wiederum liegt die kollektive Erfahrung – und die haben Ost- wie Westdeutsche gemacht –, schuldig geworden zu sein an der Welt und an sich selbst durch die Hingabe an den Nationalsozialismus und seine zerstörerischen, bösen Leidenschaften, und vielleicht noch mehr durch das Versagen, sich nicht aus eigener Kraft wieder davon befreit zu haben. Die schon mehrfach zitierte soziale Marktwirtschaft war ja das Unternehmen der politischen Elite, das deutsche Volk für Demokratie und Freiheit zu kaufen durch die beschwörende Verknüpfung von Freiheit und Sicherheit. Die schlimmste Befürchtung, die Politiker im Zusammenhang mit allen möglichen Themen der Veränderung öffentlich äußern, ist denn auch die der Verunsicherung der Menschen, Bürger, Verbraucher draußen im Lande, die um jeden Preis vermieden werden muss. Dahinter lauert das Gespenst des Misstrauens der Deutschen gegen sich selbst, was mit ihnen geschieht, wenn sie Unsicherheit und Freiheit erleben müssen. Die deutsche Nachkriegsdemokratie hat immer versucht, und sie versucht es noch, sich dieses Erlebnis zu ersparen, und dies hat sie sich für viel Geld teuer erkauft, was jetzt die nachwachsenden, kleiner werdenden Generationen belastet. Die letzte Referenzerfahrung liegt ein Dreivierteljahrhundert zurück und hat zu nichts Gutem geführt. Immer noch beschleicht einen die Angst, was wirklich dabei herauskäme, wenn wir Deutschen uns gezwungen sähen, zwischen Freiheit und vermeintlicher Sicherheit zu wählen.

Die deutsche Demokratie scheint ihre Feuerprobe noch nicht bestanden zu haben. Andererseits ist klar: Die Herausforderungen der Globalisierung konfrontieren uns exakt mit Freiheit und Unsicherheit. Privat sind wir uns darüber sehr viel klarer, als es unsere Kultur der Öffentlichkeit glaubt ertragen oder benennen zu können. Wenn ihr jemand helfen kann, dann sind wir es. Nur so wird Deutschland als Nation auch die Qualität von Selbstvertrauen entwickeln können, die es braucht, um im 21. Jahrhundert eine erfolgreiche, friedliche und starke Nation zu sein.

Wir haben unsere deutsche Kultur an dieser Stelle betrachtet, um an einem lebenden Beispiel zu beschreiben, auf welche kulturellen Verhältnisse die unleugbaren und unausweichlichen Herausforderungen treffen können, und um zu verdeutlichen, dass die Bordmittel (Veränderungsverständnis und Veränderungsinstrumente), die uns zur Verfügung stehen, nicht hinreichen, um uns diesen Herausforderungen in ihrer Tiefe und Qualität erfolgreich – und ohne gewaltige Umstürze – zu stellen.

Dies ist nicht in erster Linie ein Buch über Deutschland. Die rechte Spalte in der obigen Auflistung würde für andere nationale, Unternehmens- oder Gruppenkulturen ähnlich oder anders aussehen. Sicher ist: Ausschließlich mit Maßnahmenorientierung und einem aus den Ingenieurwissenschaften entlehnten Ist-Soll-Veränderungsverständnis ist diesen kulturellen Baustellen nicht beizukommen, ebenso wenig wie mit herkömmlicher Psychologie. Zum ersten Mal in unserer Geschichte sind wir aufgefordert, unsere Kultur als etwas anderes zu betrachten als etwas quasi Naturgegebenes. Wir brauchen als Einzelne und als Gemeinschaften ganz neue Bündel von Fähigkeiten und Haltungen, die es uns erlauben, an der Grenze zwischen der öffentlichen und privaten Sphäre in der Arbeit mit dem kulturellen Spalter

Maßnahmenorientierung führt nicht weiter

- die Geister zu verabschieden, die darüber wachen, dass wir so bleiben wie wir waren
- die Ressourcen freizulegen, die wir brauchen, um unser Bestes zu tun und im Angesicht der Herausforderungen der globalisierten Welt innovativ zu handeln. Sie liegen jederzeit in uns als Personen
- zu beginnen, uns dafür verantwortlich zu fühlen, wie wir Multipolarität und Vernetztheit, Konkurrenz und Abhängigkeit in unserer Kultur der Öffentlichkeit repräsentieren.

Dies ist die Arbeit, die wir mit dem Konzept der kulturellen Kompetenz verbinden.

2. Teil – Kultur

»*Je mehr eine Kultur begreift,
dass ihr aktuelles Weltbild eine Fiktion ist,
desto höher ist ihr wissenschaftliches Niveau.*«
ALBERT EINSTEIN

Mitte der Achtzigerjahre wurde am Oberlauf des Orinoko in Ve-   **Hühner**
nezuela ein Indianerstamm entdeckt, der noch niemals Kontakt
zu anderen Menschen – gewiss nicht zu Weißen – gehabt hatte.
Dieses Ereignis, unseres Wissens das letzte seiner Art, versetzte
natürlich die wissenschaftliche Welt in helle Aufregung. Alsbald
machte sich ein interdisziplinäres Team auf den Weg in den Urwald, um die neu entdeckte Menschengruppe ethnologisch, an-
thropologisch, soziologisch und psychologisch zu beforschen.
Unter anderem wurde den Indianern eine mehrminütige Video-
sequenz mit Eindrücken aus New York vorgespielt: Straßen-
schluchten, Autoschlangen, Brücken, Wolkenkratzer, wie man
sie kennt. Anschließend fragten die Wissenschaftler die Indianer,
was sie gesehen hätten. Diese schienen unsicher, tuschelten und
berieten sich untereinander, und schließlich trat einer von ihnen
vor und antwortete: »Hühner«. Diese Auskunft verwirrte die Forscher sehr, sie fragten zurück, aber der Sprecher bestand darauf:
Hühner hätten sie gesehen.

Daraufhin schauten die Wissenschaftler sich noch mehrmals ihr
eigenes Video an, auch in Zeitlupe, und tatsächlich: In einer Ka-
merafahrt eine Häuserzeile entlang war für Bruchteile von Se-
kunden ein Hinterhof zu sehen, auf dem Hühner herumliefen.
Diese Hühner waren das Einzige, das die Indianer aus ihrer Welt
kannten, das Einzige, das sie erkannten, das Einzige, was sie
wahrnahmen. In ihrer Welt gab es nämlich keine Autos, keine

Häuser, keine Brücken, nicht einmal rechte Winkel. Sie hatten einfach keine mentalen Konzepte, keine Begriffe dafür, also sahen sie all dies nicht.

Kultur prägt unsere ganz persönliche Wahrnehmung der Welt in einem für uns fast unvorstellbaren Ausmaß.

Bäume | Besonders die Kultur, in die wir hineingeboren werden, die wir mit der Muttermilch und jedem Atemzug in uns aufnehmen, ist unsere Welt, und diese Welt ist diejenige, wie unsere Kultur sie sieht. Wenn ein Mitglied des Orinoko-Stamms uns auf einen Spaziergang durch seine Welt mitnehmen und uns fragen würde, was wir sehen, wäre unsere Antwort wahrscheinlich »Bäume«, also von ähnlich rührender Armseligkeit. Geschichten wie die obige gibt es zu Hunderten in der ersten Berührung von Kulturen: Die Europäer wurden von den nordamerikanischen Indianern willkommen geheißen, weil ihnen in ihrer Mythologie die Ankunft von weißen Göttern geweissagt war. Die schwarzen Afrikaner reagierten auf die ersten Weißen mit Angst und Abscheu, weil die einzigen Weißen, die sie in ihrer kulturellen Welt kannten, Untote waren. Wir können gar nicht anders, als andere Kulturen wahrzunehmen und zu bewerten, indem wir ihnen unbewusst unsere eigenen Konzepte überstülpen. Man denke in unserem Fall an die parlamentarische Demokratie, die Menschenrechte oder den Individualismus. (Auch indem wir Konzepte wie »öffentlicher und privater Raum« als konstituierende Merkmale von Kultur verwenden, tun wir so, als sei unsere Kultur die Welt, denn es hat sicher Kulturen gegeben und gibt sie vielleicht noch, auf die diese Konzepte nicht sinnvoll anwendbar sind.) Über unsere kulturellen Wahrnehmungsgrenzen erlangen wir nur Bewusstheit durch den Zusammenstoß mit anderen Kulturen.

Die Gleichsetzung von Kultur und Welt gilt auch für die Kulturen der Systeme, die wir in späteren Lebensjahren als Mitglied kennenlernen, nur, dass wir hier unseren eigenen Assimilierungsprozess bezeugen: Ganz zu Beginn unserer Mitgliedschaft, etwa in einem Unternehmen, in das wir eintreten, sind wir noch sehr aufmerksam dafür, welche Sitten und Gebräuche dort herrschen, wie man sich verhalten muss, um erfolgreich zu sein, was man besser nicht tun sollte in dieser Öffentlichkeit – und welche Verhaltensweisen oder Äußerungen mit Sicherheit dafür sorgen werden, dass man hinausgeworfen wird. Mit unserer erfolgreichen Anpassung an die öffentlichen und privaten Räume der Unternehmenskultur erlischt auch unser Bewusstsein und unser Privileg, für etwaige Grenzüberschreitungen der ungeschriebenen Gesetze Milde erwarten zu dürfen. Wenn wir uns erfolgreich an die Kultur assimiliert haben, haben wir uns auch die kulturelle Landkarte der Welt zu eigen gemacht. Diese wird durch ihre spezifischen Grenzziehungen markiert. Damit haben wir auch den kulturellen Spalter in uns hineingenommen. Wir zeigen automatisch das, was passt, und unterdrücken in uns das, was nicht passt. So orientieren wir uns auf den von der Welt zur Verfügung gestellten Orientierungspfaden.

Mentale Modelle, Glaubenssysteme und Überzeugungen bilden den Hintergrund, aus dem alle sinnlich wahrnehmbaren Leistungen einer Kultur hervorgehen: Artefakte aus Technik und Architektur, aus Künsten und Wissenschaften, Institutionen und Organisationsformen, Sitten und Gebräuche, vorherrschende Kommunikations- und Entscheidungsstile, Produkte und Dienstleistungen. Diese Dinge bezeichnen wir umgangssprachlich als Kultur, sie sind aber natürlich bereits die Welt, die der kulturelle Geist geschaffen hat. Wir sind diejenigen, die sie ständig aufs Neue erschaffen – und wir sind diejenigen, die diese Welt mit unserer Bewusstheit verändern können, indem wir wiederentdecken, was wir vergessen haben: unser Schöpfertum in unserer schließlich menschengemachten kulturellen Welt.

Hintergrund von Kulturleistungen

Um dabei zu helfen, wollen wir in diesem Teil vier Aspekte von Kultur näher beleuchten, die uns im Lichte dieser Perspektive wesentlich erscheinen:

- Im Kapitel »Individuum« geht es um die alte Huhn-und-Ei-Frage: Schaffen wir Kultur, oder schafft sie uns? Wie können wir uns unserer eigenen Kultur bewusster werden?

- Im Kapitel »System« gehen wir der Frage nach: Welchen Einfluss hat die Art und Weise, wie die Mitglieder einer Kultur ihre Beziehungen organisieren, darauf, wie die öffentlichen und privaten Sphären dieser Kultur gestaltet sind? Wie wirkt sich das auf die Entwicklung dieser Kultur aus?

- Im Kapitel »Mythos« geht es um die kollektive seelische Ebene: Wie entstehen die Überzeugungen und Werthaltungen, die sich im öffentlichen Raum einer Kultur ausdrücken, und was macht sie so mächtig? Wie verändern sie sich abhängig davon, wie es einer Kultur gelingt, transformatorische Krisen in ihrer Entwicklung zu meistern?

- Im Kapitel »Sprache« wollen wir untersuchen, wie wir unsere kulturelle Welt von Minute zu Minute miteinander neu bestätigen oder erschaffen, vernebeln oder »aufklären«, einfach dadurch, wie wir in Sprache denken und kommunizieren – insbesondere in unseren öffentlichen Räumen. Wie zeigt sich der kulturelle Spalter im Sprachgebrauch?

- Abschließend werden wir vor dem Hintergrund der globalen Matrix, die wir im 1. Teil geschildert haben, resümieren, welche kulturellen Lernprozesse es braucht, um in ihr zu bestehen.

1. Individuum

»Wir gehen so gern in die freie Natur,
weil diese keine Meinung über uns hat.«
FRIEDRICH NIETZSCHE

Es gibt zwei Perspektiven auf das Verhältnis von Individuum und Kultur:

Aus der einen sind wir die Fische im Ozean unserer Kultur. Fi- **Fisch und Ozean**
sche haben schon deswegen kein Bewusstsein von »Ozean«, weil
sie nichts anderes kennen. Der Ozean ist der selbstverständliche
Seinshintergrund, vor dem sich ihr Leben abspielt. Fische setzen
den Ozean voraus, nicht aber der Ozean die Fische. Aus dieser
Perspektive ist die Kultur die Ursache, wir sind die Wirkung.
Selbst die Art und Weise, wie wir unsere innersten Gedanken,
Gefühle und unseren Körper wahrnehmen, ist kulturell geprägt.
Auch Zweifel oder Kritik an der eigenen Kultur können wir nur
mit den Gedanken denken und mit den Worten äußern, die diese
zur Verfügung stellt. Sich der eigenen Kultur bewusst zu werden,
sich von ihr zu dissoziieren, ist aus dieser Perspektive nicht möglich.

Aus der anderen Perspektive verhält es sich genau umgekehrt:
Wir als Individuen erschaffen unsere Kultur. Nichts ist so menschlich wie Kultur, und dessen sind wir uns sehr bewusst. Wir sind
stolz auf unsere kulturellen Leistungen und Errungenschaften.

Wir besingen unsere Architekten, wir huldigen unseren Denkern, wir bestaunen die Leistungen unserer Ingenieure. Menschen erschaffen Kultur, das hebt sie von allen anderen Lebewesen ab: Der Ozean setzt den Fisch voraus.

Bewusstheit Sind wir nun Ursache oder sind wir Wirkung unserer Kultur? Sind wir die Täter oder die Opfer? Nüchtern und mit Abstand betrachtet, sind wir natürlich beides. Wenn wir in unserer alltäglichen Trance (»Betriebsblindheit«) in den privaten und öffentlichen Räumen unseren Geschäften nachgehen, sind wir keines von beiden. Die wenigsten von uns würden die Frage, ob sie Kulturschaffende sind, bejahen. Nur wenige würden Ja sagen auf die Frage, ob sie sich als Opfer der Kultur empfinden. Wir tun ja nur, was alle tun.

> **Die alltägliche Trance beinhaltet unser stilles Einverständnis in die Spaltung zwischen öffentlicher und privater Person; sie kaschiert sowohl unser Opfertum wie unsere Täterschaft, unsere Macht wie unsere Ohnmacht.**

Was also macht es möglich, dass wir aus der Betriebsblindheit herausfallen und uns bewusst werden, wie wir durch unsere Kultur bewirkt werden und wie wir sie bewirken? Drei Wege eröffnen sich.

Erster Weg: Reisen Der erste geht davon aus, dass wir als Menschen nicht nur Kultur sind, sondern auch Natur, eine biologische Gattung. Wir alle haben Gefühle, Bedürfnisse und Triebe. Ein Lächeln ist überall ein Lächeln, eine zur Faust geballte Hand bedeutet nirgendwo etwas Gutes. Männer und Frauen völlig unterschiedlicher Kulturen können miteinander Nachkommen zeugen. Dies alles verbindet uns mit allen anderen Menschen auf der Welt. Niemand von uns ist zu hundert Prozent Kultur, und niemand ist zu hundert Prozent kulturkompatibel. Kultur ist auch der weltweit unterschiedlich ausgestaltete Versuch, das Tier in uns zu zähmen.

Auf der Grundlage unserer Gemeinsamkeit als Gattung ist der offensichtliche und einfachste Weg, sich der eigenen Kultur bewusster zu werden, zu reisen und andere Kulturen kennenzulernen. *Alexander von Humboldt*, der Weitgereiste, wird mit den Worten zitiert: »*Man hüte sich vor der Weltanschauung von Menschen, die sich die Welt nicht angeschaut haben.*« Die neigen nämlich besonders dazu, die eigene Kultur mit der Welt zu verwechseln. Zweihundert Jahre nach *Humboldt* muss niemand mehr ausgedehnte Expeditionen unternehmen, um dieser Naivität vorzubeugen: Unsere Zugehörigkeit zu einer bestimmten Unternehmenskultur etwa ist selten noch lebenslang. Wir wechseln häufiger Abteilungen, Unternehmen oder Branchen. Wir kooperieren mit Kollegen und Geschäftspartnern aus anderen Kontinenten. Wir sind in unterschiedlichen Rollen in unterschiedlichen Systemen tätig. All das lässt uns bewusster über Kulturen als unterschiedliche Landkarten der Welt werden.

Die zweite Möglichkeit, aus der kulturellen Alltagstrance auszusteigen, bekommen wir, wenn wir tatsächlich zum Opfer der Kultur werden. Auf diesen Weg werden wir gestoßen. Er ist schmerzhaft, denn er geht immer mit einer Minderheits- und Minderwertigkeitserfahrung einher: Es kann uns geschehen, dass wir wegen unserer physischen Merkmale, wegen Krankheit oder Behinderung ausgegrenzt werden. Wir werden benachteiligt wegen unseres Geschlechts, unserer Hautfarbe, unseres Alters oder unserer Herkunft. Wir werden marginalisiert wegen unserer Religion, unserer sexuellen Orientierung oder unserer politischen Haltung. Wir müssen als Bauernopfer für politische Interessen herhalten, wir werden gemobbt. Viele von uns kennen die Erfahrung, in der Familie oder der Gleichaltrigengruppe Außenseiter zu sein, weil wir einfach nicht in das Normen- und Werteschema der Kultur zu passen scheinen.

Zweiter Weg: Minderheit

Dieser Bewusstwerdungsprozess beginnt immer damit, dass wir an uns selbst leiden: Mit mir stimmt etwas nicht. Ich bin nicht o.k., alle anderen sind es. Erst, wenn wir gelernt haben, uns mit unseren eigenen Augen zu sehen und nicht mehr durch die Augen der anderen, können wir uns innerlich von den herrschenden kulturellen Verhältnissen distanzieren, unter denen wir leiden. Dann können wir Verbündete suchen und im öffentlichen Raum unseres Systems Veränderung einfordern – oder das System verlassen. Viele gesellschaftliche Aktionen, viele gegen- oder subkulturelle Entwürfe sind durch das Leiden an der Kultur motiviert (siehe etwa die Frauenbewegung). – Kulturelle Bewusstheit aus der Opferperspektive beinhaltet aber noch kein Bewusstsein der eigenen Täterschaft.

Dritter Weg: Mehrheit

Den dritten und vielleicht schwierigsten Weg müssen wir gehen, wenn wir in einem System in verantwortlicher Position einen hohen Rang haben, wenn wir also die Macht und die Mehrheit repräsentieren und Menschen führen. Dann beginnt der Bewusstwerdungsprozess nicht damit, dass wir leiden. Wir selbst sind ja, aus unserer Sicht, o.k., nur die anderen sind es nicht: Mitarbeiter denken nicht selbstständig mit. Mitarbeiter verlangen ständig Vorgaben, und wenn sie gegeben werden, ist das auch nicht recht. Mitarbeiter haben Widerstände gegen Neuerungen. Sie fordern Besprechungen ein, und wenn eine stattfindet, sagt keiner was. Mitarbeiter akzeptieren die gesetzten Prioritäten nicht, halten Informationen zurück usw.

Wenn wir die Mehrheit verkörpern, beginnt der Prozess der kulturellen Bewusstwerdung für uns in dem Moment, in dem wir bereit dafür sind, uns damit konfrontieren zu lassen, wie wir das bewirken, was wir beklagen. Wir brauchen ein ehrliches Feedback, und das ist nicht einfach zu geben und nicht einfach zu nehmen. Warum sollten wir es überhaupt einholen, wo doch eigentlich klar ist, dass die anderen das Problem sind? Manchmal müssen sich die Reibungsverluste ins Unerträgliche steigern, die Zahlen rot werden, bis wir uns einer solchen Situation stellen. Erst dann können wir uns aber mit uns selbst auseinandersetzen und sortieren, was an uns liegt und was nicht. Erst dann können wir auch entdecken, wie wir als Täter auch Opfer der gemeinsamen Kultur des Miteinanders sind. Und erst dann haben wir die Möglichkeit, unseren Rang und Einfluss darauf zu verwenden, diese Kultur zu verändern, ohne uns ständig im Täter-Opfer-Drama zu verstricken.

Bei aller Unterschiedlichkeit der Ausgangspositionen führt der Weg zu kultureller Bewusstheit immer über »innere Arbeit«, über die Auseinandersetzung mit der Kultur in uns und uns in der Kultur, über unsere Opfer- und unsere Täterschaft. Dann führt er nach außen, in die Beziehungsarbeit im öffentlichen Raum.

Kulturelle Veränderung beginnt immer bei uns als Individuen – so mächtig sind wir. Und dann brauchen wir die anderen.

2. System

»Niemand weiß alles.
Aber alle wissen etwas.«
ANATOLI LIPKOVITZ

Menschliche Systeme sind alt – uralt sogar. Sie reichen weiter zurück in der Entwicklungsgeschichte, als wir uns »Menschen« nennen, sind viel älter als die menschliche Kultur. Seit jeher treten wir als Gruppe, als Kollektiv auf. Kultur hat sich von Beginn an als System entwickelt: in der Art, wie eine Gruppe die Beziehungen ihrer Mitglieder gestaltet, welche Rollen sie zur Verfügung stellt und welche Beziehungen sie nach außen aufnimmt.

Systemtypen Unterschiedliche Kulturen, aber auch unterschiedliche Typen von Systemen tun das auf charakteristische Weise. Eine Familie ist ein anderer Systemtyp als eine Arbeitsgruppe, eine Organisation ist eine andere Art System als eine Nation, ein Unternehmen ist anders als ein Verein, eine Allianz von Staaten oder ein Berufsverband. Wie die Mitglieder eines Systems miteinander umgehen, wer die Macht hat und wer sich unterordnen muss, wessen Wort im öffentlichen Raum Gewicht hat und wer kein Gehör findet, wie und zwischen wem dies entschieden wird – all das nimmt ganz offensichtlich einen enormen Einfluss darauf, wie eine Kultur sich entwickelt, wie sie sich ihren großen Herausforderungen stellt, ob sie sie bewältigt. Und dies wirkt natürlich darauf zurück, wie sie ihre Beziehungen im Inneren und nach außen organisiert.

Deshalb wollen wir einige Merkmale, nach denen sich Systeme unterscheiden, näher daraufhin untersuchen, wie sie die Beziehungen der Mitglieder beeinflussen und welchen Einfluss sie auf den öffentlichen Raum des Systems nehmen:

- Welchen Beitrag leistet ein System zum größeren Ganzen, von dem es ein Teil ist?
- Welches sind die Bedingungen der Mitgliedschaft im System?
- Wem gehört das System?
- Wer außer den unmittelbaren Mitgliedern ist noch von ihm abhängig?
- Welche Form von Herrschaft bzw. Führung gibt sich das System?
- Zu welchen anderen Systemen steht es in Konkurrenz?

Output

Jedes System produziert einen Output. Der Output entspricht dem Beitrag, den ein System erbringt. Der Beitrag von Skatrunden oder Kegelvereinen besteht ausschließlich in dem persönlichen Gewinn, den die Mitglieder durch die gemeinsame Aktivität davontragen. Der Beitrag einer Therapiegruppe besteht in der seelischen Gesundung der Gruppenmitglieder, aber auch weiter gehend in einer Verbesserung der psychosozialen Versorgung im Ort. Die Kinder, um die herum sich Familien organisieren, lassen sich als Output verstehen, den eine Familie erbringt, um die Zukunft des Gemeinwesens, von dem sie ein Teil ist, zu sichern. Der Output, den privatwirtschaftliche Unternehmen hervorbringen, besteht in ihren Produkten und Dienstleistungen und in der Versorgung der Bevölkerung mit Notwendigem, Nützlichem oder sonstwie Attraktivem. Diesen Output müssen sie so profitabel erbringen, dass er sich in klingender Münze für den oder die Eigner des Unternehmens rechnet und stetig mehrt. Der Output einer Nation sind die wissenschaftlichen, kulturellen und technologischen Leistungen sowie sonstigen Inspirationen, mit denen

Der Beitrag des Systems

sie über ihre nationalen Grenzen hinaus in die Welt wirkt, ihr außenpolitisches Handeln und natürlich ihre Exporte als Volkswirtschaft. Der Output der UNO sind z.B. friedenssichernde und -erhaltende Maßnahmen in gefährdeten Gebieten der Welt.

Die Art des Outputs bestimmt, wie ein System Rollen, Kompetenzen und Beziehungen organisiert. Ob man gemeinsam Autos baut oder Kinder unterrichtet, Finanzdienstleistungen erbringt oder das Universum erforscht, ein Theaterstück aufführt oder die Landesverteidigung sicherstellt, ist ein großer Unterschied: Die Beziehungen der Mitglieder werden so organisiert, dass das System als Ganzes seinen besonderen Beitrag erbringen kann.

Wahrnehmbare Aspekte der Systemkultur Die Prozessketten, die in einem System ablaufen müssen, damit dieser Beitrag produziert werden kann, prägen viele sinnlich wahrnehmbare Aspekte der Systemkultur: In einer Produktionshalle riecht es anders als in einer Bank; der Jargon in einem IT-Unternehmen ist ein anderer als der auf dem Bau; die Leute in einer Behörde gehen anders miteinander um als die in einer Werbeagentur; in einem Atomkraftwerk trägt man andere Kleidung als in einem Buchverlag.

Unternehmen, die einen vergleichbaren Output produzieren, haben ähnliche Kulturen. Die Weltsicht des jeweiligen Gewerks wird innerhalb einer Branche in Gebräuchen, Umgangsformen und Kommunikationsstilen überliefert.

Mitgliedschaft

Auf welche Weise die Mitgliedschaft zu einem System erworben wird, ob, von wem und unter welchen Umständen sie aufgekündigt werden kann, prägt den Charakter und die Dynamik der Beziehungen zwischen den Mitgliedern. Die Mitgliedschaft in einer Familie erwirbt man mit seiner Geburt. Sie ist prinzipiell nicht kündbar (»Schicksalsgemeinschaft«). Dies gilt in ähnlicher Weise für die nationale Zugehörigkeit: In der Regel erwirbt man seine Mitgliedschaft durch die Geburt. Allerdings haben die Bürger vieler Nationen die Möglichkeit, ihre Zugehörigkeit durch die Annahme einer anderen Staatsbürgerschaft zu beenden, während das System / der Staat sie nicht »kündigen« darf. Die Mitgliedschaft in einem Unternehmen erwirbt man mit der Unterschrift unter den Arbeitsvertrag, und der Einzelne oder das Unternehmen kann diese Mitgliedschaft unter bestimmten Umständen aufkündigen. Es gibt auch Systeme, in die man zwar eintreten, aber nach dem Eintritt nicht mehr austreten kann (sofern man bestimmten Gerüchten über die Mafia glauben darf). Projekt- und Arbeitsgruppen sind Systeme, in denen die Mitgliedschaft häufig durch Entsendung hergestellt und durch Abruf beendet wird.

Mitgliedschaft in einem System beinhaltet gegenseitige Abhängigkeit: des Einzelnen vom System, des Systems vom Einzelnen und der Mitglieder voneinander. Abhängigkeit ist ja überhaupt der Grund dafür, dass es menschliche Systeme gibt: Man kann gemeinsam Dinge erreichen, die man alleine nicht erreichen kann.

Wie wir schon angedeutet haben, sind wir Menschen bereits als biologische Wesen nur als System denkbar, als Gruppe, Horde, Sippe, Clan, Gemeinschaft. Ein Einzelner kann vielleicht eine Zeit lang in der Wildnis überleben, aber fortpflanzen kann er sich schon nicht mehr, und Kinder überleben alleine nicht. Beziehungsdynamiken in Gruppen sind auch heute immer Widerhall jener ursprünglichen, gattungsbedingten Abhängigkeit. Die Gefühle, die in uns aufsteigen, wenn wir uns in einer Außenseiterrolle wiederfinden und innerlich um unseren Platz oder unsere Zugehörigkeit bangen, sind nicht wesentlich anders als die unserer Vorfahren in einer solchen Situation vor 500 000 Jahren: Die Gruppe sichert unser Überleben.

Abhängigkeit

Während diese grundlegende Abhängigkeit zu allen Zeiten bestand und zu allen Zeiten bestehen wird, solange es uns als Gattung gibt, ist unsere Abhängigkeit von einzelnen Systemen durchaus sehr unterschiedlich: Die Abhängigkeit eines Mitglieds von einem System ist existenziell, wenn es nicht austreten kann, und desto höher, je mehr die Zugehörigkeit den Zugang zu lebensnotwendigen Ressourcen sicherstellt.

Rolle und Person Mit unserer Mitgliedschaft »erwerben« wir gleichzeitig eine Systemrolle: Wir werden Sachbearbeiter, Torwart, Vertriebschefin oder zweite Geige im Orchester. Die Beziehungen, die wir zu den anderen eingehen, nehmen wir aus unserer Systemrolle heraus auf, und die anderen reagieren auf uns aus ihrer Rolle. In unserer Rolle spezifiziert und typisiert sich unser besonderer Beitrag zum Ganzen, und jede Rolle ist mit charakteristischen Erlaubnissen und Begrenzungen ausgestattet.

In gewisser Weise ist die Rolle, die wir einnehmen, »größer«, als wir es als Personen sind. Rollen bleiben, auch wenn Personen wechseln. Wir versuchen, unsere Rolle so gut wie möglich zu spielen, die Erwartungen, die in uns in unserer Rolle gesetzt werden, zu erfüllen und daran zu wachsen. Auch weiß jeder, wie deprimierend es ist und wie unser Selbstwert leidet, wenn wir keine Rolle (mehr) haben oder spielen: Man fühlt sich nutzlos.

In gewisser Weise ist die Person heute größer als die Rolle, denn wir können sie viel mehr als in früheren Zeiten frei wählen. Auch wird die Art, wie wir unsere Rolle ausfüllen, von uns als Personen geprägt. Und zuweilen ist es in der Zusammenarbeit mit anderen ganz wichtig, mal nicht aus der Rolle heraus zu reagieren, sondern »menschlich«.

Rolle und Rang Unsere Rolle typisiert nicht nur die Art, sondern auch das Gewicht unseres Beitrages, also unseren Rang. Am sinnfälligsten ist dies in hierarchisch gegliederten Organisationen. Dort kann man den jeweiligen Rang der Mitglieder im Organigramm ablesen. Der Rang einer Rolle bestimmt sich daraus, welchen Zugriff auf Ressourcen sie hat – Geld, Arbeitskraft, Material usw. Er bestimmt sich auch daraus, mit welchen Privilegien sie einhergeht – Führungskräfte arbeiten nicht nach Stechuhr, der Parkplatz neben dem Eingang ist für die Geschäftsleitung reserviert usw.

Der Rang ist daran erkennbar, welchen Einfluss dies auf andere hat, was jemand sagt oder tut. Man kann als junger Spund einen intelligenten Diskussionsbeitrag leisten, ohne dass jemand zuhört. Fünf Minuten später sagt der Geschäftsführer dasselbe, und alle nicken beeindruckt. Privilegien haben die Eigenschaft, dass man sich, sobald man sie erst einmal genießt, sehr schnell an sie gewöhnt und sie selbstverständlich und fast unbewusst werden. Sie sind uns selbst jedenfalls in der Regel viel weniger bewusst als denen, die sie nicht haben, aber von uns abhängig sind. Wie wir mit den Privilegien umgehen, ob wir sie zum Besten des Ganzen nutzen oder für unsere persönlichen Interessen, wird dort sehr genau wahrgenommen. Missbrauch von Privilegien schürt immer Vergeltungsgelüste, die zumindest in privaten Gesprächen auch geäußert werden.

Rang- und Statussignale spielen in der Kommunikation zwischen den Mitgliedern von Systemen eine große Rolle, und zwar nicht nur in hierarchisch aufgestellten. Dies ist insbesondere dann der Fall, wenn die Mitglieder in ihrem öffentlichen Raum zusammenkommen, wo sie noch mehr als sonst ihre Rolle spielen müssen. Wie mit Rangsignalen, wie mit Rang- und Machtdynamiken dort umgegangen wird, ist abhängig davon, welchen Platz Rang und Macht im Welt- und Selbstverständnis der Kultur hat, die das System trägt. Ist sie identifiziert mit Gleichheit, wird sie damit nicht öffentlich umgehen.

Wir gehen aber nicht nur Rollenbeziehungen zu den anderen Mitgliedern ein, sondern auch persönliche. Das müssen wir auch, zumindest in Maßen, sonst wären wir inmitten der anderen sehr einsam und könnten wenig Hilfe erwarten, wenn wir sie brauchen. Wie unsere persönlichen Beziehungen sind, hat sehr eng damit zu tun, wie wohl wir uns in der Gruppe fühlen, wie sehr wir bereit sind, außerordentliche Anstrengungen hinzulegen, etwas für das Ganze zu tun.

In unseren persönlichen Beziehungen sind wir weniger der Controller oder die Marketingleiterin als der Witzbold, der Verständ-

Informelle Rolle nisvolle, der Energiebolzen oder die Besonnene. Meist ist unsere informelle, persönliche Rolle ziemlich genau die, die wir im Umgang mit den anderen Mitgliedern unserer Primärfamilie eingeübt haben. Sie kommt eher in privaten als in öffentlichen Situationen zum Ausdruck. Auch unsere persönliche Rolle beinhaltet einen gewissen Rang. Lebenserfahrung, persönliche Glaubwürdigkeit, Engagement und vieles andere können dazu beitragen, von den anderen einen hohen persönlichen Rang zugewiesen zu bekommen. Oft sind wir uns dessen gar nicht bewusst und neigen dazu, uns kleiner zu machen, als wir sind, weil für uns ja selbstverständlich ist, wie wir sind. So kann es geschehen, dass eine Person zwar einen niedrigen formellen, aber einen hohen persönlichen Rang hat, oder auch umgekehrt.

> **Mitgliedschaft in einem System bringt also gleich zwei Mitgliedschaften mit sich: die im System der formellen Rollenbeziehungen und die im System der informellen, persönlichen. Während die Rollenbeziehungen dann dominieren, wenn es öffentlich wird, dominieren die persönlichen in privaten Situationen. Beide Sphären durchdringen einander, und in der Dynamik zwischen ihnen entwickelt sich das System als Ganzes.**

Eignerschaft

Wem ein System gehört, ob man sich darin einkaufen kann oder nicht, welchen Zweck der Eigner mit dem System verfolgt und wie er im System repräsentiert ist, beeinflusst die Beziehungen ebenfalls in charakteristischer Weise. Es gibt Systeme, in denen Eignerschaft und Mitgliedschaft nicht getrennt sind. Dazu gehören z.B. Sozietäten, Musikbands oder andere professionelle Partnerschaften. Auch eine Familie oder eine Nation gehört in der Regel niemandem außer sich selbst. Historische und aktuelle Ausnahmen sind allerdings auch hier verbürgt (z.B. Sklaven, unterworfene und beherrschte Nationen).

Die meisten Systeme und alle Unternehmen haben Eigner. Diese sind entweder im Unternehmen selbst präsent, z. B. als geschäftsführende Gesellschafter, oder sie tragen ihre Interessen von außerhalb an das Unternehmen heran, aus geringerer oder größerer geografischer Entfernung, in großer bis geringer Verbundenheit mit dem Unternehmen. In modernen Aktiengesellschaften *(Sociétés Anonymes)* gibt es prinzipiell keine Bindung zwischen Eignern und Unternehmen mehr. Ausnahmen sind Aktiengesellschaften wie VW, die zum Nationalschatz gehören, oder BMW, der die *Quandt*-Familie als Großaktionär historisch verbunden ist. Trotzdem sind diese Bindungen jederzeit aufkündbar. Mit der zunehmenden Trennung von System und Eignerschaft wird das Unternehmen selbst zum Produkt. Das führt letztlich dazu, dass jede Beziehungsaufnahme in der hierarchie- und abteilungsübergreifenden Zusammenarbeit nach dem Kunden-Dienstleister-Paradigma abläuft oder ablaufen sollte – also so, als sei man weniger Kollege als Lieferant oder Kunde.

Externe, nicht als Rolle im System selbst repräsentierte Eignerschaft hat eine weitere, etwas gespenstische Folge, die den engeren systemischen Rahmen sprengt: Sind der oder die Eigner nicht persönlich oder in Form von Stellvertretern im Unternehmen anwesend, beziehen sich die Beschäftigten, während sie miteinander arbeiten, trotzdem auf diese. Sie versuchen, die strategischen Interessen der Eigner zu erraten, zu interpretieren und aus ihrer Sicht zu deuten. Sie sprechen in die Ohren derer, von denen sie wissen oder vermuten, dass sie einen engen Kontakt zu den Eignern haben, und versuchen so, nicht nur ihr Gegenüber zu beeinflussen, sondern gleichzeitig die Eigner. Sie versetzen sich in deren Lage und Position, indem sie sagen: »Wenn mir dieses Unternehmen gehören würde, dann …«, und zuweilen hijacken sie die abwesenden Eigner auch im systemischen Macht- und Intrigengerangel. In solchen Systemen ist der Eigner also eine Hintergrundfigur, eine immaterielle Präsenz, zu der gesprochen und auf die sich bezogen wird. Diese kann im öffentlichen Raum eine enorme Wirkung auf Diskussions- und Entscheidungsprozesse haben, ohne sensorisch greifbar zu sein.

Bindung zwischen Eigner und Unternehmen

Externe Stakeholder

Ein weiteres Merkmal ergibt sich aus der Frage, ob ein System außerhalb seiner eigentlichen Mitgliedschaft Stakeholder hat. Dies sind Einzelne oder andere Systeme, die nicht im Wortsinn, aber im übertragenen Sinn »Aktien« in diesem System haben, also in irgendeiner Weise von ihm abhängig sind und ein Interesse an ihm haben, weil ihr eigener Erfolg oder ihr eigenes Wohlergehen mit dem des Systems verknüpft ist.

Es gibt Systeme, die keine externen Stakeholder haben, Vereine etwa oder Freizeitgruppen, die sich organisieren, um etwas zu teilen, was nur sie interessiert und angeht. Die allermeisten Systeme jedoch entstehen und entwickeln sich innerhalb eines Umfeldes anderer Systeme, mit denen sie in einer irgendwie gearteten Abhängigkeitsbeziehung stehen.

Stakeholder im weiteren Sinne Die »klassischen« unmittelbaren Stakeholder eines Unternehmens etwa sind seine Kunden und seine Lieferanten, also die, von denen es seinen Input bekommt, und die, an die sich sein Output richtet. Stakeholder eines Unternehmens sind aber auch die Kommune oder die Region, in der ein Unternehmen angesiedelt ist, wo es seine Steuern entrichtet, Arbeitsplätze schafft, kulturelle Einrichtungen fördert; oder die Nation, wenn es sich beim Unternehmen um eines von nationaler oder internationaler Größe und Bedeutung handelt. Oder sogar mehrere Nationen, wenn man an Unternehmen wie *Airbus* denkt. Ganz unmittelbare Stakeholder des Unternehmens sind natürlich auch die Familien, die Kinder und anderen Abhängigen der Mitglieder des Unternehmens, deren Wohlergehen existenziell von dem des Unternehmens abhängt.

Stakeholder einer Abteilung oder eines Sachgebiets in einem Unternehmen sind die anderen Abteilungen oder Sachgebiete, die mit diesen entlang der Wertschöpfungskette in einer Input-Output-Beziehung stehen, letztlich natürlich auch die Leitung und das gesamte Unternehmenssystem und wiederum der Kunde. Stakeholder eines Veränderungsprojektes sind all die, die von ihm betroffen sind: Die Auftraggeber, die mit dem Veränderungs-vorhaben eventuell strategische Ziele verfolgen, die, für die sich etwas ändern wird, und die, die wiederum von diesen Ände-rungen betroffen sein werden.

Stakeholder einer Nation sind die unmittelbaren Nachbarnatio-nen und andere Nationen, mit denen intensive wirtschaftliche Beziehungen oder wirtschaftliche, politische und militärische Al-lianzen und Zusammenschlüsse bestehen; in unseren Zeiten glo-baler Abhängigkeiten ist es prinzipiell die ganze Welt.

Davon abgesehen, dass sie den Charakter der Beziehungen in einem System beeinflussen, indem sie von außen auf sie ein-wirken, neigen Stakeholder auch dazu, ähnlich wie die oben be-schriebenen Eigner, als Geister im öffentlichen Raum des Systems aufzutauchen. Allerdings tun sie dies in mehr oder minder großer Hintergründigkeit: »Der Kunde« wird in fast jedem Meeting von jemandem beschworen. »Der Lieferant« kommt als Figur vor, an der man sich endlich mal selbst als gnadenloser Kunde abreagie-ren kann. Während aber z. B. die Kinder der Mitarbeiterfamilien noch in den 1960er-Jahren im öffentlichen Raum zitiert wurden (die DGB-Kampagne für die Fünf-Tage-Woche wurde mit dem Slogan »*Samstags gehört Vati mir!*« durchgeführt), kommen sie heute nur noch in privaten Gesprächen am Arbeitsplatz vor.

Geister im öffentlichen Raum

Die Stakeholder der deutschen Nation sind als Geister in fast je-der Diskussion im nationalen öffentlichen Raum präsent. Ständig tritt jemand für sie ein oder »repräsentiert« sie mit Bemerkungen wie:

• »*Ich warne vor einem deutschen Sonderweg!*« oder
• »*Wenn Sie so weitermachen, isolieren Sie unser Land!*« oder
• »*Was sollen unsere Verbündeten von uns halten, wenn …?*«.

Besonders ausgeprägt war dies in der alten Bundesrepublik, in der die Stakeholderschaft der Westmächte ja noch Eigner-Charakter im oben beschriebenen Sinne hatte: Man spürte die Anwesenheit der Verbündeten in jeder Bundestagssitzung, als säßen sie unter

Tarnkappen auf der Besuchertribüne, ganz besonders dann, wenn heikle Themen wie Rechtsradikalismus, Nationalismus oder irgendeine Art von »Sonderweg« im Raum waren.

Eine letzte Gruppe von Stakeholdern sind die, die nicht im örtlichen, sondern im zeitlichen Sinne extern sind. Das sind all diejenigen, die noch nicht da sind, aber eines Tages da sein werden. Dies können im Unternehmenszusammenhang Nachfolger sein, im gesellschaftlichen Zusammenhang sind es die nachfolgenden Generationen, die oft als Hintergrundfiguren im Raum sind, wenn es um Fragen geht, die die Zukunftssicherung und Zukunftsgestaltung betreffen (Bildungssystem, Schuldenlast, Ökologie).

Herrschaft

Nach außen handeln, nach innen organisieren

Wer in einem System die Macht hat, ist natürlich von überragender Bedeutung dafür, wie die Beziehungen im Inneren und nach außen sich gestalten. Schließlich besteht die Aufgabe der Herrschenden unter anderem darin, für das ganze System nach außen zu handeln und dafür das Innen zu organisieren – und gegebenenfalls zu sanktionieren.

Das Verhältnis zwischen Herrschenden und Beherrschten, zwischen Führenden und Geführten, ist die zentrale Beziehungsdefinition eines Systems.

Die Frage nach der Herrschaftsform beinhaltet eine weitere: Wer ist der Souverän eines Systems? Wer verleiht den Herrschenden das Mandat, die Legitimation zu ihrer Herrschaft, und unter welchen Umständen kann es wieder entzogen werden?

Es gibt eine Vielzahl von Herrschaftsformen, die wir in all ihren Erscheinungsformen hier nicht ausloten können. Es reicht für unsere Zwecke, drei grundlegend unterschiedliche Herrschaftsformen zu betrachten.

Autoritäre Systeme

In den meisten mittelständischen Unternehmen ist der Eigner der Souverän des Systems: Er verleiht oder entzieht dem Management die Herrschaft. Das Management reicht seine Direktiven und Ziele an die Leitungen der Bereiche hinunter, die diese an die Leitungen der Sachgebiete kommunizieren. Die Mitarbeitenden müssen die Maßnahmen, die sich aus den hinunterdeklinierten Zielvorgaben ergeben, umsetzen und operative Ergebnisse einfahren. Dann müssen sie den Status oder das Ergebnis dieser Bemühungen an ihre Leitung berichten, die dann wiederum im Abteilungsmeeting berichtet, zurück bis zur Vorstandsebene. Im »top-down« verlaufenden Anweisungsprozess wird aus dem Allgemeinen zunehmend das jeweils Besondere konstruiert, im »bottom-up« verlaufenden Berichtsprozess wird umgekehrt das Besondere herausgefiltert und nur das jeweils Wesentliche kommuniziert. Das Problem »unten« ist immer zu wissen und zu verstehen, was die »oben« wirklich wollen, und das Problem »oben« ist zu wissen, was die »unten« wirklich tun. Denn in der hierarchischen, top-down angelegten Herrschaftsform sind auf jeder Ebene Rangfilter eingebaut. Diese sorgen dafür, dass im bottom-up angelegten Berichtsprozess möglichst nur das nach oben berichtet wird, von dem man annimmt, dass es erwünscht sei.

Top-down und bottom-up

Eine weitere immanente Schwierigkeit dieser Herrschaftsform ergibt sich daraus, dass der Weg des Produkts in seiner Entwicklung, Fertigung und seinem Vertrieb (die Prozesskette der Wertschöpfung) grundsätzlich quer durch die Sachgebiete, Abteilungen und Bereiche verläuft. Da das Herrschaftssystem aber vertikal aufgestellt ist, tun sich an den abteilungsübergreifenden Schnittstellen immer wieder schwarze Löcher auf: Die Kommunikation klappt nicht; man spricht verschiedene Sprachen; Vorgänge gehen verloren; man projiziert Nachlässigkeit oder gar Übelwilligkeit auf die anderen. Auch diese Dinge werden irgendwann nach oben berichtet, schlagen dort als Störung auf, werden entweder weiter auf der hierarchischen Treppenleiter nach oben befördert oder die hierarchische Leiter hinabdelegiert. Führungskräfte verbringen einen nicht unerheblichen Teil ihrer Zeit und Kraft mit dem Um-

Schnittstellenprobleme

gang mit solchen Problemen. Moderne Unternehmen versuchen z. T., diesen Störungen, die vor allem an den horizontalen Schnittstellen entstehen, zu begegnen, indem sie eine Matrixorganisation einführen, die nicht nur vertikale, sondern auch horizontale Berichts- und Evaluationswege einrichtet. Das Problem hierbei ist, dass sich bei Einbeziehung einer zusätzlichen Führungs-»Ebene« der Abstimmungs- und Kommunikationsaufwand wiederum vervielfacht, die Komplexität dessen, wer wem wann was zu sagen hat, und mit ihr das Potenzial für Missverständnisse und Verwirrung steigt, wodurch weitere unproduktive Kosten entstehen.

Das Top-down-Anweisungs- und Bottom-up-Berichtsmuster der meisten unserer Unternehmen und Behörden ist nach der Herrschaftsform modelliert, die wir aus Geschichte und Gegenwart von feudalistischen oder diktatorischen Systemen kennen.

Diktatoren Wir denken sofort an das »*L'état, c'est moi!*« des Sonnenkönigs *Ludwig XIV*. Das Mandat für seine Herrschaft verleiht er sich entweder selber, wie *Napoléon I.*, der sich selbst die Kaiserkrone aufsetzte, oder er reklamiert ein göttliches Mandat, wie wir es von den römischen Cäsaren und anderen Gottkönigen kennen, oder er ist gar selbst göttlich, oder aber er steht als Person in vollkommener Weise für das gesamte System wie die kommunistischen oder faschistischen Diktatoren. Wie auch immer die kulturelle Rechtfertigung aussieht, der Effekt ist der, dass sich solche Herrschaft nicht mehr legitimieren muss. Ein solcher Herrscher hat nicht zu befürchten, dass ihm seine Herrschaft entzogen wird, denn das kann oder können ja nur der oder die Eigner tun, also man selbst oder Gott. Der Eigner aber, der Souverän eines Systems, ist tabu, denn er steht für die absoluten Existenzgrundlagen; ohne ihn gäbe es das System nicht. Die Existenzgrundlagen eines Systems sind heilig. Während es zwar sehr riskant, aber doch möglich ist, die Herrschenden zu kritisieren, ist es vollkommen unmöglich und Ketzerei, nachgerade suizidal, den Souverän anzugreifen. Kritik an dem Herrschenden ist im Falle dieser Systeme also gleich Kritik an den »heiligen« Lebensgrundlagen. Man muss auf die schlimmsten Konsequenzen gefasst sein, wenn man dieses Tabu bricht.

So ist es z. B. unerhört, in der Öffentlichkeit eines Unternehmens die Inhaber zu kritisieren, und vollkommen undenkbar, wenn diese auch noch selbst das Unternehmen führen. In Familienunternehmen entfaltet sich vor den Augen der Mitarbeitenden z. T. über Jahrzehnte und Generationen hinweg ein überlebensgroßes Theaterstück shakespearescher Figurenwelten: Die Familiengeschichten wirken in ihren hellen und dunklen Anteilen bis tief in alle Beziehungen des Unternehmens hinein. Aber über die meisten dieser Wirkungen wissen die Inhaber-Herrscher nichts, weil jedes öffentliche Feedback ein Tabu brechen würde.

In noch drastischerer Weise kennen wir die Herrscher-Souverän-Verschmelzung als Usurpation des Heiligen durch die Herrschenden – die mit der Tabuisierung von Kritik an ihnen einhergeht – aus den kommunistisch oder faschistisch inspirierten Diktaturen des 20. Jahrhunderts. Reste und Restzustände solcher Herrschaftsformen gibt es aber immer noch, z. B. in Teilen Afrikas oder in Nord-Korea. Die Usurpation des Heiligen bedeutet natürlich nicht, dass die Herrschenden bei Licht besehen wirklich heilig wären, und wenn sie noch so sehr den Eindruck pflegen, sie seien identisch mit den absoluten Lebensgrundlagen des gesamten Systems. Denn die Existenz des Systems als Ganzes ist im Falle von Nationen niemals identisch mit einer bestimmten Herrschaftsform und schon gar nicht mit einer Person. Nationen als Kulturen erleben und überleben in ihrer Geschichte oft eine Vielzahl von Herrschaftsformen, selbst wenn ihre Herrscher, wie im Falle von *Adolf Hitler,* für ihren eigenen Untergang auch das Volk mit seinem nur gerechten Untergang zu bestrafen versuchen. Dies ist die realistisch-rationale, systembedingte Perspektive. Die andere ist diese:

Die Geiselnahme des Heiligen durch die Herrschenden, die Verschmelzung von Herrschaft und Eignerschaft in einer Person, beinhaltet schon den Bruch eines Tabus. Es ist ein Akt der Idolisierung, der Vergötzung, und das ist, um in der Sprache der Religion zu bleiben, nicht nur Lug und Trug und Vorspiegelung falscher Tatsachen, sondern Sünde. Die Folgen dieser Sünde sind, dass die Kontaminierung des

Usurpation des Heiligen

Heiligen, die dem Akt der Vergötzung innewohnt, dass die Hybris der Verschmelzung von Göttlichem und Menschlichem zunächst den Diktator selbst korrumpiert und dann mit ihm alle anderen lediglich menschlichen Mitglieder des Systems.

Es beginnt damit, dass seine Heiligkeit, der Herrscher, definitionsgemäß nicht mehr zwischen seiner Göttlichkeit und seiner Menschlichkeit unterscheiden kann und darauf angewiesen ist, seine Wahrheit für die absolute Wahrheit zu nehmen. In einem solchen System ist also der öffentliche Raum nicht nur beschränkt auf die unmittelbare physische Umgebung des Herrschers (wie dies etwa bei inhabergeführten Unternehmen der Fall sein kann), er ist sogar im Kopf des Diktators verschwunden, denn der Diktator ist niemandem gegenüber verantwortlich oder rechenschaftspflichtig, aber alle sind es ihm gegenüber. Da der Diktator zwischen seinem inneren öffentlichen und privaten Raum aufgrund seiner Gottmenschlichkeit auch nicht unterscheiden darf, kann er mit seiner eigenen Menschlichkeit nicht mehr menschlich umgehen. Damit löst sich der öffentliche Raum letztlich vollständig in ihm auf. Es mögen zwar an allen möglichen Orten seines Herrschaftsreiches Menschen zusammensitzen und dies als öffentlich empfinden – und aus ihrer Sicht und auf ihrer hierarchischen Ebene ist es das auch (immer mit dem Herrscher als Geist im Raum, und meist mit seinem Konterfei an der Wand). Die Öffentlichkeit aber, die das ganze System repräsentiert, findet nur in seinem Kopf statt. Dieser »innere öffentliche Raum« des Diktators ist durch seine Verschmelzung korrumpiert und pathologisiert. Aus seiner Sicht jedenfalls ist alles andere privat.

Geheimdienste Die Verschmelzung hat zu einer gewaltigen Spaltung geführt. Seine menschlichen Untergebenen, die darauf angewiesen sind, diese Spaltung mit zu vollziehen, werden ihm, wenn sie klug sind, die ganze Hierarchieleiter hinauf nur das berichten, von dem sie jeweils annehmen, dass er es hören möchte oder mindestens ertragen kann. Darüber muss der Diktator misstrauisch und letztlich paranoid werden, denn er kann nicht wissen, was die da unten wirklich tun. Also muss er verlängerte Sinnesorgane seiner inneren Öffentlichkeit installieren, die es ihm erlauben, bis tief in die privaten Räume, die sich riesenhaft vor ihm auftürmen, hineinzublicken und hineinzuhorchen. Dies sind die Geheimdienste. Ihre Tätigkeit hat, je besser sie sie tun, zur Folge, dass letztlich alle privaten Räume des Systems auch korrumpiert und kontaminiert werden. Niemand kann jemals wirklich sicher sein, nicht ausgespäht, belauscht oder ausgeliefert zu werden – Kollegen verraten Kollegen, Kinder ihre Eltern, man kann niemandem mehr trauen. Und sich selbst auch nicht. Damit hat sich die Spaltung bis tief in jedes Mitglied dieses Systems fortgepflanzt.

Ein solches Herrschaftssystem ist aufgrund dieser unerbittlichen, in ihm angelegten Beziehungsdynamik nicht in der Lage, sich von innen heraus zu transformieren. Nicht nur gibt es keine öffentlichen Räume, in denen es möglich wäre, sich kritisch mit dem Herrscher auseinanderzusetzen. Nicht nur hat sich jedes Mitglied des Systems bereits durch seine Mitgliedschaft korrumpiert, gespalten und versündigt. Auch der Akt der Befreiung ist nur als Tabubruch, als erneute Versündigung, denkbar, denn er kann nur aus einem Angriff auf den Souverän, auf das »Heilige«, bestehen, im Fall solcher Systeme also auf den Despoten. Die deutschen Wehrmachtsoffiziere des Widerstands hatten einen heiligen Eid auf den Götzen *Adolf Hitler* geschworen, und viele von ihnen wurden durch diese doppelte Versündigung in innere Konflikte gestürzt, die fast unmöglich zu lösen waren.

Keine innere Transformation

Wenden wir an dieser Stelle den Blick noch einmal auf die von Inhabern geführten Unternehmen zurück, die sich ja ebenfalls durch ihre Souverän-Herrscher-Verschmelzung auszeichnen, so heißt das für die Erneuerungs- und Transformationsfähigkeit eines solchen Unternehmens: Sie kann nur dann Früchte tragen, wenn sie beim Inhaber-Unternehmer beginnt, der Impuls dafür von ihm ausgeht, er die Verantwortung für den Prozess trägt und selbst Teil davon ist.

Demokratische Systeme

Die zweite Herrschaftsform, die wir in ihren Grundzügen an dieser Stelle näher beleuchten möchten, organisiert ihre Beziehungen genau umgekehrt zu dem eben Beschriebenen. Während die meisten Unternehmen, deren Souverän der Eigner ist, sich nach dem Top-down-Anweisungs- und Bottom-up-Berichtsmuster aufstellen, verhält es sich bei den neuzeitlichen demokratischen Herrschaftssystemen andersherum.

Das Volk als Souverän Der Souverän eines demokratischen Systems ist das Volk, sind wir alle – sofern wir erwachsen und im Besitz unserer bürgerlichen Ehrenrechte sind. In freien, allgemeinen und regelmäßigen Wahlen verleihen wir unseren lokalen, regionalen und nationalen Herrschern auf Zeit das Mandat für ihre Herrschaft. Bei der nächsten Wahl können wir es ihnen zugunsten anderer Mitbewerber wieder entziehen, wenn sie ihr Herrschaftsmandat nicht zu unserer Zufriedenheit ausgefüllt haben – in manchen eng umgrenzten Fällen sogar zwischendurch. Eine Wahl ist zwar keine Bottom-up-Anweisung, denn das Volk ist nicht der Herrscher, aber sie beinhaltet für die Mandatsträger die Verpflichtung, den Wählerwillen in ihrem Tun zu berücksichtigen und umzusetzen, sowie die Verpflichtung, dem Souverän regelmäßig über die Ergebnisse ihrer Bemühungen zu berichten und um die Erneuerung des Mandats nachzusuchen. Diese grundlegenden Beziehungs- und Machtverhältnisse zwischen Herrschenden und Beherrschten sind in demokratischen Systemen häufig in einer Satzung festgelegt, einer Charta oder einer Verfassung, der alle Mitglieder des Systems – Herrschende wie Beherrschte – verpflichtet sind. In dieser sind auch die Bedingungen definiert, unter denen sie selbst geändert, ergänzt oder durch eine neue Grunddefinition der Systembeziehungen, also durch eine andere Verfassung, ersetzt werden kann.

Ein zentrales formales Beziehungsmuster in demokratischen Systemen ist das der Repräsentation: Ein durch eine Wahl erlangtes Mandat beinhaltet die Erlaubnis und die Verpflichtung, nach außen oder auf der nächsthöheren

Hierarchieebene des Systems die Wähler zu repräsentieren, also in ihrem Namen und an ihrer statt zu sprechen und zu handeln.

Hier entsteht ein dieser Art von System innewohnendes Problem: Herrschaft wird in demokratischen Systemen immer in der Dynamik von Mehrheiten und Minderheiten errungen und legitimiert. Bewerber um die Herrschaft müssen für ihre Absichten und Programme Mehrheiten mobilisieren und organisieren. Eine Mehrheit beginnt prinzipiell mit der Zustimmung von 51 Prozent der Mitglieder, bei Satzungs- oder Verfassungsänderungen braucht man eventuell zwei Drittel bis drei Viertel der Stimmen. Der demokratische Grundkonsens aller Mitglieder besteht in dem Einverständnis, sich auch dann von dem gewählten Mandatsträger beherrschen zu lassen, wenn man zu den eventuell 49 Prozent gehört, deren Kandidat in der Wahl unterlegen ist, oder wenn man gar nicht gewählt hat. Der Grundkonsens beinhaltet nicht, dass der Mandatsträger in seinem Tun die zu berücksichtigen hat, die ihn nicht gewählt haben, denn schließlich ist er für seine erklärten Absichten und Vorhaben von der Mehrheit ermächtigt worden, und dieser ist er verpflichtet. Im engeren Sinne repräsentieren die Herrschenden in demokratischen Systemen also die Mehrheit und nicht das gesamte System. Dies kann zur Folge haben, dass sich große Teile der Mitglieder, weil sie numerisch Minderheiten sind, in den öffentlichen Räumen des Systems, in denen die Repräsentanten zusammenkommen, gar nicht mehr repräsentiert fühlen und dies im wirklichen Sinne auch nicht sind.

Aus der 51-Prozent-Regel ergibt sich ein weiteres, im demokratischen System selbst angelegtes Problem: Weil es in der demokratischen Machtdynamik immer darauf ankommt, die Mehrheit hinter sich zu bringen, wird bei allen um die Macht konkurrierenden Parteien ein Denk- und Kommunikationsstil provoziert, der sich an Entweder–Oder, Schwarz–Weiß, Gut–Schlecht ausrichtet, der also bipolar ist. Wenn es zwischen den konkurrierenden Machtbewerbern einen expliziten oder impliziten Konsens darüber gibt, bestimmte Dinge und Themen aus ihrer Realitätswahrnehmung auszublenden, weil sie nicht mehrheitsfähig sind, führt das dazu,

Problem demokratischer Systeme

Bipolarer Kommunikationsstil

dass das Entweder-oder, mit dem das Wahlvolk konfrontiert wird, eigentlich eine scheinbare Wahl ist. Kleine Unterschiede zwischen den Konkurrenten werden um der bipolaren Positionierung willen zugespitzt und aufgeblasen, aber die wirklich heißen Themen verschwinden in der Privatsphäre, weil sie die Mehrheitsfähigkeit der eigenen Position gefährden würden.

Während der Achtzigerjahre wurde mehr und mehr Mitgliedern der politischen Elite klar, dass im Angesicht der demografischen Entwicklung die Sozialsysteme der Bundesrepublik nicht mehr lange bezahlbar sind. Schon damals hätte das Ruder herumgerissen werden müssen, aber diese zuerst von *Otto Graf Lambsdorff* artikulierte Position war natürlich nicht einmal im Ansatz mehrheitsfähig; kein Mensch wollte das damals hören. Die Parteien bildeten eine große Verdrängungskoalition und polarisierten sich in der öffentlichen Diskussion heftig auf Unterschiede von einem halben Prozent Sozialversicherungsbeitrag mehr oder weniger – während die Schulden ins Astronomische wuchsen.

Dies ruft, wenn es länger andauert, einen Entfremdungsprozess zwischen den Repräsentanten und den Repräsentierten hervor, in dem sich das Volk von der politischen Klasse zunehmend weniger repräsentiert fühlt, während diese vor dem sich zuspitzenden Dilemma steht, dem Volk entweder reinen Wein einzuschenken und die Mehrheit zu verlieren, oder die Mehrheit zu gewinnen, indem sie mit der Wahrheit sehr sparsam haushaltet oder gar falsche Hoffnungen schürt. Dieser Prozess entfaltet sich aktuell, unter den Vorzeichen der Globalisierung, in den europäischen Demokratien. Er birgt die Gefahr einer Korrumpierung des demokratischen Systems selbst.

Wählerschelte Die vielleicht größte Gefährdung, die dem demokratischen System innewohnt, ergibt sich aus seiner größten Errungenschaft, der Unantastbarkeit des Souveräns: Die Wählerschaft ist für die Herrschenden tabu, sie darf nicht kritisiert werden. Sonst ist sie beleidigt und wählt einen gar nicht mehr. Politiker erinnern sich selbst und einander gegenseitig immer wieder daran, keine Wählerschelte zu betreiben. Wenn doch mal jemandem eine Kritik über die Lippen rutscht, wie im Falle von *Helmut Kohl* mit seinem »Freizeitpark Deutschland« oder *Gerhard Schröder* mit seiner »Mitnahmementalität«, beißen die selbsternannten Wachhunde des Souveräns sofort und wild zurück: die Boulevardpresse, in Deutschland in ihrer schönsten Form durch die *Bild-Zeitung* repräsentiert. (In umgekehrter Analogie zu den Verhältnissen im despotischen Herrschaftssystem wissen im demokratischen System die »oben« nie, was die »unten« wirklich wollen, und die unten nicht, was die oben wirklich tun. Der Rolle der Geheimdienste in der Diktatur entspricht daher in der Demokratie die der investigativen Presse. Beide haben die Funktion, Wissen aus den privaten Sphären in die jeweilige Öffentlichkeit zu bringen: hier in die große gemeinsame des demokratischen Souveräns, dort in die winzige im Kopf des Despoten.)

Dann bleibt den Herrschenden nichts anderes, als einen Diener zu machen und ein »Vermittlungsproblem« zu konstatieren. Was aber, wenn der Souverän ein Teil des Problems ist? Was, wenn er verwöhnt, übergewichtig, in sich selbst verliebt und voller Ansprüche ist? Was, wenn er sich im Bauch des Schiffes über Pausenzeiten streitet, während dem demokratischen Kapitän auf der Brücke die Sturmwinde der Globalisierung um die Ohren sausen? Was, wenn der Souverän sich seiner Mitverantwortung nicht mehr bewusst ist und alle Möglichkeiten der Problemlösung auf die Herrschenden projiziert, die damit wiederum vor dem Dilemma stehen, dem Volk den Pelz zu waschen, ohne den Souverän nass zu machen? Es gibt im demokratischen System keine Rolle, deren Erlaubnis und Verpflichtung es wäre, dem Souverän einen Spiegel vorzuhalten. Vielleicht könnte es der Bundespräsident, aber auch er muss sehr vorsichtig sein, keine schlummernden Wachhunde zu wecken.

Vermittlungsprobleme

Der öffentliche Raum in einem demokratischen Herrschaftssystem ist systembedingt sehr groß. Wir alle genießen das grundrechtlich verbriefte Privileg der freien öffentlichen Meinungsäußerung, der Versammlungs- und Demonstrationsfreiheit, des passiven und aktiven Wahlrechts usw. Wir alle sind aufgerufen,

die Privilegien unserer Macht als Souverän in der Verantwortung
für das Ganze wahrzunehmen. Wenn wir das nicht tun, entziehen
wir unserer Demokratie die Lebensgrundlage. Paradoxerweise ist
aber mit dem Genuss unserer Privilegien auch unsere Neigung
gewachsen, unsere Selbstverwirklichung mehr und mehr in unseren ebenfalls grundrechtlich garantierten privaten Sphären zu
suchen. Die im gleichen Zeitraum stattfindende Ergänzung der
öffentlichen Medien durch die privaten Anbieter hat dazu geführt, dass unsere sich in den Medien abbildenden öffentlichen
Räume mit dem Privaten, z. T. dem Intimen, verschmuddelt und
irgendwie kontaminiert worden sind; man denke etwa an die
Talkshows, Reality-Shows und sonstigen Magazine der privaten
Sender (vgl. *Sennett* 2004).

**Man muss sich hier klarmachen, dass der Souverän, der
Eigner eines Systems, die Form, den Umfang und die
Qualität des öffentlichen Raums determiniert – also in
unseren demokratischen Systemen wir, das Wahlvolk. Mehr
als sonst jemand sind wir dafür verantwortlich, was in
unserem gemeinsamen öffentlichen Raum gesagt werden
kann. Wenn Dinge nicht gesagt werden können, sind wir als
der Souverän diejenigen, die diese Tabus aufrichten. Das
Konzept der kulturellen Kompetenz ist gespeist von der
Hoffnung, dass wir als handelnde Personen und Mitglieder
unseres demokratischen Systems so groß werden können,
wie wir es in unserer Systemrolle als Souverän bereits sind.
Und dieser Prozess beginnt damit, dass wir uns selbst und
uns gegenseitig den Spiegel vorhalten, wenn es denn keine
andere Systemrolle gibt, die das tun darf oder kann.**

Teams

Als Drittes wollen wir uns noch Systemen ohne formelle, in einer
Führungsrolle repräsentierte Herrschaft widmen. Der klassische
Fall ist das Team, das sich als eine Gruppe von Gleichen ohne
hierarchische Rangunterschiede zusammenfindet. Dieses System
ist weniger deswegen bedeutsam, weil es für sein zeitüberdau-

erndes Vorkommen in reiner Form viele Beispiele gäbe, sondern weil es vielen Formen der Zusammenarbeit in Unternehmen wie ein Leitbild zugrunde liegt. Außerdem ist Teamarbeit zwischen gleichrangigen Experten offensichtlich eine zweckmäßige Beziehungsorganisation, wenn komplexe Aufgaben bewältigt werden müssen.

Zwei Fragen stellen sich in jedem Team Gleichrangiger: Wie kommt die Gruppe zu Entscheidungen, und wie geht sie mit Führerschaft um? Der Unterschied in der Entscheidungsfindung im Team gegenüber hierarchischen Steuerungsstrukturen liegt darin, dass es in der Gruppe immer wieder darauf ankommt, Konsens zu erzielen. Konsens bedeutet: Alle stimmen einer Entscheidung ausdrücklich zu. Diese Zustimmung setzt einen Diskussionsprozess voraus, an dem alle beteiligt sind und in dem gemeinsam versucht wird, um einen thematischen Fokus herum aus Daten und Informationen gemeinschaftliche Bedeutung und Richtung zu gewinnen. Diese Konsensregel gilt in abgeschwächter Weise auch in Gremien, die innerhalb hierarchischer Organisationen zu gemeinsam getragenen Entscheidungen kommen müssen oder wollen. Zwar ist es keineswegs so, dass alle Entscheidungen in Teams im Konsens gefällt werden, sticht doch in der Praxis im konkreten Fall immer noch der höhere Rang. Es ist aber andererseits unmöglich, Teams, Gremien und Arbeitsgruppen zu führen und zu steuern, wenn es nicht immer wieder gelingt, Konsens über wesentliche Fragen der Ausrichtung, der Ziele, Mittel und Ressourcen und der Arbeitsteilung herzustellen.

Entscheidungs-findung

Der öffentliche Raum eines Teams, in dem sich dieser Prozess der gemeinschaftlichen Bedeutungskonstruktion und Entscheidungsfindung vollzieht, ist systembedingt sehr groß, denn gemeinsame Meinungsbildung braucht die Beteiligung aller. Wie groß er tatsächlich ist, was in ihm Platz hat und was nicht, wie die Gruppe tatsächlich diskutiert und zu Entscheidungen kommt, ist eine Frage ihrer Kultur. So ist es in den meisten real existierenden Teamkulturen durchaus nicht der Fall, dass alle Mitglieder sich am Diskussionsprozess beteiligen; häufig sind wenige sehr rege und viele relativ still. Die Konsensregel kommt in vielen Fällen als »Schweigen bedeutet Zustimmung« daher: Solange niemand ausdrücklich widerspricht, gilt die Sache als »abgenickt«, als beschlossen, auch wenn keiner tatsächlich nickt.

Führerschaft Die Führungsrolle ist im herrschaftsfreien Team systemisch nicht besetzt. Ohne zumindest situative Führerschaft kann in der thematischen Zusammenarbeit aber kein Ergebnis erreicht werden. Damit stehen die Einzelnen vor der Herausforderung, Führerschaft über die Art und Weise, wie sie sich wechselseitig miteinander in Beziehung setzen, zu realisieren. Die Teammitglieder stehen also zueinander nicht nur in einer Abhängigkeitsbeziehung, die sich bereits durch ihre Mitgliedschaft bedingt, sondern gleichzeitig in einer Konkurrenzbeziehung, in der es darauf ankommt, für die eigene Position und Sichtweise einzutreten, den eigenen Beitrag und Einfluss sicherzustellen, die eigenen Ideen durchzubringen und die Zustimmung der anderen zu gewinnen. Der Traum, den viele von uns mit dem Potenzial von erfolgreicher Teamarbeit verbinden, ist ja der, dass diese Konkurrenzbeziehungen am liebsten keinen, und wenn doch, dann einen fördernden Einfluss auf das Teamergebnis haben. So antwortete *Ringo Starr* einmal in einem Interview auf die Frage, was in seinen Augen die *Beatles* als erfolgreiches Team so speziell gemacht hätte: »*In unseren guten Zeiten wurde der beste Vorschlag angenommen, egal, von wem er kam.*«

> **Wie gut es der Gruppe gelingt, ihre Abhängigkeits- und Konkurrenzbeziehungen zu handhaben, wie positiv oder negativ also auch deren Wirkung auf das gemeinsam zu erreichende Ergebnis ist, hängt davon ab, wie die Mitglieder mit ihrem Rang und Einfluss umgehen.**

Ist es z. B. möglich, die Frage »Wer hat hier wann wem was zu sagen?« offen zu stellen und zu diskutieren, oder zieht sie sich untergründig durch jede Sachdiskussion, die geführt wird? Was würde geschehen, womit ist zu rechnen, wenn man die Frage »Wie und um was konkurrieren wir hier miteinander?« öffentlich stellte?

Herrschaftslose Teams von Gleichrangigen, die als Einzelne und als Gemeinschaft sehr mit ihrer Herrschaftslosigkeit und Gleichheit identifiziert sind (»wir sind frei und wir sind gleich«), neigen dazu, sich die Zusammenarbeit dadurch zu erschweren, dass sie einander nicht wirklich erlauben, und sei es vorübergehend, die Rolle der Führerschaft zu besetzen. In solchen Fällen gesellt sich zu den ohnehin schon anwesenden immateriellen Präsenzen, zu den geisterartigen Hintergrundfiguren des öffentlichen Raums (wie etwa die Eigner und Stakeholder), eine weitere: der Herrscher, von dem sich das Team per definitionem kategorisch abgrenzt und auf den sich gleichzeitig alle ständig beziehen. Wenn jemand versucht, sich als Führer aufzuspielen, wird er kritisiert.

Konkurrenz um Beziehungen

Steht ein System zu einem oder mehreren anderen in Konkurrenz, hat auch dies erheblichen Einfluss auf seine Beziehungsaufnahme nach außen wie nach innen. Das Systemmerkmal, um das Systeme offensichtlich miteinander konkurrieren, ist ihr Output. In diesem Fall handelt es sich um eine Konkurrenz von mindestens zwei »Gleichen« (mit einem vergleichbaren Beitrag) um eine begrenzt große Gruppe von Abnehmern, Kunden, Patienten, Klienten: Wenn in einem Wohngebiet eine zweite Bäckerei aufmacht, steht sie mit der ersten in Konkurrenz. Wenn eine Großstadt zwei Opernbühnen hat, sind diese Wettbewerber. Wenn zwei ähnliche Länder oder Staaten öffentliche Gesundheits- oder Bildungssysteme haben, dann stehen diese miteinander in Konkurrenz. Unternehmen konkurrieren mit einer Vielzahl anderer um Märkte.

Konkurrenz um den Output

Konkurrenz bietet einem System den »Spiegel des Gleichen«: Sie fordert unmittelbar dazu auf, sich zu »ver-gleichen«, die eigenen Stärken und Schwächen zu analysieren, sich abzugrenzen vom anderen, besser zu werden, die eigene Positionierung zu schärfen, den eigenen Output sowie die inneren Abläufe zu optimieren, die zu

diesem Output führen. All das beeinflusst die Beziehungen innerhalb des Systems. Der Spiegel des Gleichen ist eine der Voraussetzungen und ein mächtiger Antreiber für die Identitätsbildung von Einzelnen wie von Systemen.

Zwei in ihrer systemischen Konstruktion vergleichbare Bäckereien im selben Wohngebiet werden in Bezug auf ihre Identität, ihre Positionierung, ihre interne Kultur und ihr äußeres Erscheinungsbild immer versuchen, sich von der anderen zu unterscheiden. Sie müssen es, denn sonst bräuchte es sie nicht zu geben. Aus demselben Grund sind Monopole immer identitätsschädigend.

Konkurrenz nach außen und innen Je stärker die Konkurrenz eines Systems mit anderen in einem begrenzten Markt ist, desto mehr sind auch die inneren Beziehungen des Systems von Konkurrenz geprägt. Das Management von Unternehmen ist in einer solchen Situation gezwungen, den Konkurrenzdruck, dem es sich im Außen ausgesetzt sieht, nach innen weiterzugeben. Seit der Globalisierung des Kapitalismus sind die Märkte und die Konkurrenz riesig. Global gesehen schläft die Konkurrenz nun wirklich gar nicht mehr.

Börsennotierte Aktiengesellschaften produzieren und vertreiben nicht nur ihre Produkte, sie sind auch selbst ihr eigenes Produkt, das sich auf dem globalen Aktienmarkt öffentlich anbietet und mit einer Unzahl anderer Unternehmen als Produkte um die Gelder von Anlegern buhlt. Die Doppelnatur dieser Unternehmen bringt es mit sich, dass ihr einer Output ihr Produkt ist und ihr anderer ihr Return on Invest, der den Aktieneignern zugutekommt. Für diese Unternehmen ist der zweite Output, der Shareholder-Value, wichtiger als der erste, denn der richtet sich schließlich an die Eigner, die Souveräne, und die sind gefräßig. Das Unternehmen braucht deren Gelder, um sie dort investieren zu können, wo sie ihm helfen, im globalen Wettbewerb zu bestehen. Der erste Output, das Produkt, ist in diesem systemischen Zusammenhang aber nur eine von vielen Möglichkeiten, Output 2 zu generieren. Gestern produzierte man noch Röhren, heute ist man Mobilfunkanbieter.

Um seinen Wert für die Anleger zu steigern, um also Output 2 zu maximieren, gerät ein System unter den Druck, sich in allen Bereichen und Abläufen zu professionalisieren, ständig die Kosten zu senken, zu rationalisieren und möglichst zu schauen, dass jede interne Handreichung und Dienstleistung ihren Deckungsbeitrag zur Erwirtschaftung von Output 2 erbringt. Benchmarking-Systeme machen es möglich, dass das Unternehmen in der Effektivität aller seiner Abläufe gläsern ist. Dies alles verschärft in den inneren Beziehungen des Systems die Konkurrenz der Mitglieder untereinander: Werke eines Automobilunternehmens konkurrieren darum, wer das nächste Modell produzieren darf; Produktbereiche eines Chemieunternehmens konkurrieren um ihren Anteil am Gesamtergebnis; Abteilungen konkurrieren in Kostensenkungsprogrammen, einzelne Mitarbeiter konkurrieren an gut quantifizierbaren Arbeitsplätzen um Auftragseingang und Anzahl der angenommenen Telefonate.

Die großen börsennotierten Unternehmen geben diesen Konkurrenzdruck, unter dem sie nach außen und innen stehen, natürlich an ihre z. T. auch großen Zulieferer weiter und diese wiederum an ihre etwas kleineren – und so weiter die Nahrungskette hinab bis zur Bäckerei im Wohngebiet.

Unsere Systeme in der globalen Matrix

Es begann schon früher, aber mit der Globalisierung sind unsere gesellschaftlichen Beziehungen endgültig in Bewegung geraten, haben sich traditionelle Bindungen verflüchtigt: Wir wechseln unsere Arbeitsstellen häufiger, sogar unseren Beruf. Unternehmen trennen sich schneller von ihren Mitarbeitern oder ihrer Führung. Wir sind mobiler, haben weit verstreute Freundeskreise und mehrere Lebensabschnittspartner. Kinder wachsen meist mit einer Mutter, aber oft mit wechselnden Lebenspartnern der Mutter auf. Die Großfamilie als Hort der Zugehörigkeit hat sich vollständig aufgelöst. Gesellschaftlich und innerhalb unserer Unternehmen und Institutionen hat sich der Konkurrenzdruck auf

Unternehmer des Lebensweges

jeden Einzelnen erhöht. Das zwingt uns, als »Unternehmer unseres Lebensweges« unipolar unseren eigenen Vorteil in den Blick zu nehmen und uns in einer sozial härter werdenden Wirklichkeit durchzusetzen. Allerdings geraten wir dabei immer stärker in Rollenkonflikte. Denn als Bürger sind wir nach wie vor abhängig von unserem Gemeinwesen, als Arbeitnehmer von Arbeitsplätzen, als Arbeitgeber von Kunden, als Kunden von Produkten und Dienstleistungen, als Menschen von Luft, Wasser und Energie.

Widersprüchliche Interessen Die Interessen, die wir in einzelnen Rollen verfolgen, widersprechen häufig Interessen, die wir in einer anderen Rolle haben: Was uns als Kunde wichtig ist (und was immer mehr von uns auch nötig haben), ist, kostengünstig einzukaufen. Als Arbeitnehmer kann uns das gar nicht lieb sein, denn eventuell vernichten wir durch unser Gebaren unseren eigenen Arbeitsplatz. Als Projektmanager bauen wir in China Industrieanlagen; privat wissen wir, dass wir damit die globale Erwärmung weiter anheizen. Die Krise unserer Systeme bekommen wir privat zu spüren – und die Konsequenzen, die wir persönlich ziehen, wirken auf die Systeme zurück.

Die Spaltung zwischen dem Privaten und Öffentlichen, zwischen Person und Rolle, wird prekärer, und es kostet mehr, sie aufrechtzuerhalten. Gleichzeitig ist sie weiterhin so wirksam, dass es uns nicht gelingt, in unseren öffentlichen Räumen – dort, wo wir Verantwortung tragen – eine schöpferische Antwort auf die Herausforderungen, vor denen wir alle gemeinsam stehen, zu geben.

Betrachten wir also, wie sich die Dynamik unserer Beziehungen unter dem Eindruck globaler Abhängigkeit und Konkurrenz entfaltet.

Abhängigkeit

In den letzten Jahrzehnten wurde unsere persönliche Abhängigkeit von einzelnen Systemen deutlich geringer. Unter dem Eindruck des globalen Wettbewerbs von Volkswirtschaften und Unternehmen hat sich dieser Trend allerdings bereits wieder zu differenzieren begonnen, zum Teil hat er sich umgedreht: Während die gut ausgebildeten, oft mehrsprachigen Eliten beiderlei Geschlechts wenig abhängig sind von einem bestimmten Arbeitsplatz oder den Sozialversicherungssystemen, sind die meisten Mitarbeiter heute von ihren Unternehmen wieder abhängiger als noch vor Jahren. Der Hinweis »Draußen warten fünf Millionen Arbeitslose« dürfte ein von Personalchefs häufig geäußerter Satz sein. Die Millionen Arbeitslosen und ihre Angehörigen sind mehr als je zuvor davon abhängig, dass das System, das sie entsorgt hat, sich ihren Unterhalt leisten kann – was es desto weniger kann, je mehr gut ausgebildete, polyglotte und international Tätige sich entschließen, ihr Heil endgültig im Ausland zu suchen. Schlecht ausgebildete alleinerziehende Mütter – die, deren Kinder zu unserem schlechten Abschneiden in den PISA-Studien beitragen – sind existenziell von der Wohlfahrt abhängig.

Es deutet sich in all dem eine Welt an, in der kleine, global mobile und unabhängige Eliten einer riesigen Zahl von abhängigen, lokal gefangenen Verlierern gegenüberstehen.

Was die Abhängigkeit der Eigner von ihren Unternehmen angeht, so hat diese sich mit der Globalisierung ganz eminent verringert. Damit hat sich auch die patriarchale Bindung zwischen Herr und Gesinde, die ein Merkmal des klassischen Kapitalismus war, zunehmend aufgelöst. Dies gilt sicher nicht so sehr für den Kleinunternehmer, aber in wachsendem Maße für mittelständische Unternehmer, die z. B. Produktionsstätten von Bayern über die Grenze nach Österreich verlegen, aber ihre Produkte weiter in Bayern verkaufen. Es gilt ganz gewiss für die meisten börsennotierten Unternehmen und für alle weltweit operierenden Großunternehmen sowieso. Natürlich sind Unternehmer nach wie vor abhängig

Verlagerung ins Ausland

davon, dass irgendjemand irgendwo das Produkt herstellt, das sie verkaufen, aber wer das wo tut, ist immer weniger eine Frage von Bindung und Verantwortung für eine bestimmte Belegschaft an einem bestimmten Ort. Heutzutage wird eine elektrische Zahnbürste von 4500 Mitarbeitern in zehn Ländern, auf drei Kontinenten, in fünf Zeitzonen hergestellt, der Entwicklungs- und Produktionsprozess ist auf das Feinste synchronisiert. Eine dieser Produktionsstätten ab- und anderswo wieder aufzubauen, ist kein großer Akt mehr; so etwas geschieht täglich. Aber auch mehr und mehr Entwicklungsarbeit, also hochwertige, kreative Intelligenztätigkeit, geht in Länder, in denen sie billiger zu haben ist.

Glaubwürdigkeit betrieblicher Bündnisse Woher der Wind weht, konnte man gut verfolgen, als der traditionell mit Hannover sehr verbundene Reifenhersteller *Continental* zur Jahreswende 2005 / 06 ankündigte, das Stammwerk in Hannover-Stöcken wegen zu hoher Personalkosten zu schließen – trotz 15 Prozent Return on Invest und eines erst vor kurzem eingegangenen betrieblichen Bündnisses. Dessen Glaubwürdigkeit war damit zerstört, und dies hat möglicherweise unabsehbare Folgen auf die Glaubwürdigkeit von betrieblichen Bündnissen in ganz Deutschland. Immerhin gibt es solche Vereinbarungen bereits in einem Viertel aller deutschen Unternehmen. Der Aufsichtsratsvorsitzende *Grünberg,* Vorgänger des amtierenden Vorstandsvorsitzenden, berichtet im *Spiegel* (Nr. 50 / 2005) von einem Gespräch mit den Investoren, in dem er dagegen eintrat, noch mehr Arbeitsplätze wegen des Profits abzubauen, da er dann als Jobkiller im Unternehmen nicht mehr akzeptiert sei und so seine Ziele nicht erreichen könne. Er argumentierte also mit seiner Abhängigkeit von der Belegschaft. Die Antwort der Investoren bestand in dem Hinweis, das wäre sein Problem. *»Grünbergs ernüchterndes Fazit:«,* so der *Spiegel*: *»Die Investoren sind die Könige, ich bin der Diener.«* So viel dazu, wer von wem abhängig ist.

Sechzig Prozent der Anteile von *Continental* liegen im Übrigen in angelsächsischen Händen. Abwesende Eigner sind von »weichen« Faktoren wie der Verbundenheit der Mitarbeiter mit dem System oder dessen Eingebundenheit in eine Region (*Conti* ist in Hannover seit 1871), wenn überhaupt, durch den »negativen Newsflow« zu beeindrucken, den das Unternehmen damit in Gang setzt, weil dieser den Wert der Aktie senkt. Wenn die emotionalen Bindungen zwischen Eignern und System gleich null sind, führt das natürlich dazu, dass die menschlichen Beziehungen zwischen Eignern und Beschäftigten verwahrlosen.

Die soziale Marktwirtschaft funktionierte so lange gut, wie die Abhängigkeit von Kapital und Arbeit gegenseitig war und die Eigner vor Ort. Noch immer agieren die Tarifpartner so, als gäbe es diesen Konsens weiter, noch immer wird er beschworen. Tatsächlich reagieren aber beide Parteien bereits auf die gewachsene Unabhängigkeit der Kapitalseite und die gewachsene Abhängigkeit auf der Seite der Beschäftigten.

Während die Arbeitgeber nur anzudeuten brauchen, im ärgsten Fall sähe man sich gezwungen, Arbeitsplätze ab- und anderswo dreimal billiger aufzubauen, haben die Arbeitnehmervertreter bereits aufgegeben, aus ihrer Position als Systemmitglieder heraus zu verhandeln. Vielmehr besetzen sie die Geist-Rolle des Kunden und argumentieren in Tarifverhandlungen damit, dass es mehr Kaufkraft brauche, also Geld, das die abhängig Beschäftigten in den Taschen haben müssen, um die Wirtschaft wieder in Gang zu bringen. Tatsächlich sind ja Unternehmen und deren Eigner durchaus von ihren Kunden abhängig, und diese Abhängigkeit ist in den Zeiten globalen Konkurrenzdrucks viel akuter als die von ihren Mitarbeitern. Vielleicht wird dieses neue Abhängigkeitsgefüge im überfälligen Transformationsprozess der Gewerkschaften eines Tages dazu führen, dass diese sich von der Einheitsgewerkschaft zum Einheitsverbraucherverband wandeln, der in der Tat große Macht auf Unternehmen ausüben könnte.

Das Kunden-Argument

Während sich in unserer Kultur die Abhängigkeiten von Mitglied, Eigner und System mit der Globalisierung also teilweise verschoben haben, ist unsere globale Interdependenz so groß wie nie zuvor. Eine Zahnbürste kann man nur dann auf drei Kontinenten herstellen (und auf fünf verkaufen), wenn auf diesen Kontinenten gleichzeitig so stabile Verhältnisse herrschen, dass

Herstellung, Vertrieb und Verkauf klappen können. Aber nicht nur wir sind Stakeholder des politischen und ökonomischen Geschehens in jeder anderen Volkswirtschaft der Welt, die Welt ist auch Stakeholder des Geschehens bei uns, denn Deutschland ist die größte Volkswirtschaft der EU und einer der großen Zahler in internationale Fonds. Bei seinem Besuch in Deutschland Anfang 2006 sollte der UNO-Inspektor *Muñoz*, Mitglied der UNO-Menschenrechtsbehörde, vor Ort unser Bildungssystem erkunden. Hintergrund war die PISA-Studie, derzufolge in keinem anderen Industrieland Bildungserfolg so von sozialer Herkunft abhängig ist wie bei uns. Wir dürfen die Sorge der UNO als Ausdruck globaler Stakeholderschaft begrüßen, denn sie erinnert uns daran, dass die Welt ein Interesse an uns hat und wir es uns nicht leisten können, die Transformation unseres Bildungssystems zu verpassen – nicht für uns und nicht für die Welt.

Konkurrenz um Ressourcen

Input In den letzten zwanzig Jahren hat sich die Anzahl der an den weltwirtschaftlichen Prozessen teilnehmenden Systeme verdoppelt. Das hat nicht nur dazu geführt, dass der Wettbewerb, die Konkurrenz um Output 1 und 2, sich atemberaubend verschärft hat, sondern auch die Konkurrenz dieser Systeme um ihren Input. Unter Input verstehen wir an dieser Stelle die Ressourcen, die ein System von außen aufnehmen muss, damit es seinen Output herstellen kann. Wenn Ihnen jetzt das Bild von zwei steinzeitlichen Menschenhorden in den Kopf springt, die sich mit Drohgebärden an einem Wasserloch in der Ödnis gegenüberstehen, so ist das gar nicht weit weg von dem, worauf wir hinauswollen.

Konkurrenz von Systemen um Ressourcen ist nur so lange kein Thema und für die Beziehungs- und Kulturgestaltung eines Systems nicht von großem Belang, wie diese für alle potenziell konkurrierenden Systeme immer und überall zur Verfügung stehen. Wenn dies nicht mehr der Fall ist, wird es ernst: Im Gegensatz zur Konkurrenz um den Output spielt bei der Konkurrenz um den Input der Spiegel des Gleichen keine Rolle. Jeder andere ist schlicht und einfach eine Bedrohung, denn es geht um nichts Geringeres als um das Überleben des Systems. Diese Bedrohung erfordert die eigene Bewaffnung. Die Existenz von Militär, oder sagen wir von systematischer Bewaffnung in einem System, ist immer der Hinweis darauf und die Folge davon, dass das System sich mit anderen Systemen aktuell oder potenziell in Konkurrenz um lebensnotwendige Ressourcen befindet.

Wir alle in den klassischen kapitalistischen Kulturen des Westens haben in den letzten etwa 150 Jahren unter der äußerst komfortablen und privilegierten Vorannahme gelebt und gewirtschaftet, dass die Ressourcen, die unser kapitalistisches System in sich aufnehmen muss, unerschöpflich und jederzeit für uns zugänglich zur Verfügung stehen: Energie in ihren verschiedenen chemisch-physikalischen Formen. Daher waren unsere Systeme auch nicht sehr offensichtlich geprägt von Konkurrenz um Ressourcen.

Energie

> **Das Bemühen, Produkte und Dienstleistungen billiger einzukaufen als die Konkurrenz, ist noch nicht gleichbedeutend mit den Auswirkungen von Konkurrenz um begrenzte oder nicht jederzeit zuverlässig verfügbare oder nicht für alle ausreichende Ressourcen.**

Seit *Die Grenzen des Wachstums* (die vom *Club of Rome* 1971 in Auftrag gegebene Studie zur Zukunft der Weltwirtschaft) erschien, wissen wir aber alle, dass die Energiequellen, aus denen unser Wirtschaftssystem seine Lebensressourcen zieht, knapper werden und bald versiegen. Bald genauso lange wissen wir, dass unser Ausbeutungs- und Verdauungsprozess dieser Ressourcen auch die anderen Energiequellen, die unser Planet uns zur Verfügung stellt, beschädigt: Luft, Wasser, Erde, Sonnenlicht, Fauna und Flora. Außer der suspendierten Atomkraft wollen sich bisher so recht keine Energiequellen offenbaren, die einmal den Platz der alten einnehmen können, zumal nicht unter der Bedingung »immer, überall und für jeden«.

Der Kapitalismus als System ist auf die ständige Zufuhr von Energie angewiesen, sonst funktioniert er nicht. Der Kapitalismus scheint auch darauf angewiesen zu sein, ständig Wachstum zu produzieren, also mehr Output (1 und 2) hervorzubringen, um zu funktionieren. Der Zwang zu ständigem Wachstum erfordert den Input von immer mehr Energie. Seit sich der Kapitalismus weltweit ausgebreitet hat, ist der globale Konkurrenzkampf der Unternehmen und Volkswirtschaften um den Zugang zu den für ihr ständiges Wachsen lebensnotwendigen Energieressourcen in vollem Gange, während diese weiter knapper werden. Konkurrenz ist das Wesen des Kapitalismus. Er kann als System keine andere Antwort geben als die, seine Anstrengungen zu verdoppeln, noch mehr Energie aufzusaugen und den Konkurrenzkampf zu verschärfen – und sich in diesem Prozess zu militarisieren, in welchem Maße von Buchstäblichkeit auch immer.

Militarisierung Es gehört nicht viel Fantasie dazu, sich vorzustellen, dass sich diese Militarisierung die »Nahrungskette« hinab bis hinein in viele Subsysteme fortsetzen wird, während sich die globale Konkurrenz um Ressourcen weiter zuspitzt. Und dieser Prozess hat ja bereits begonnen. Damit werden sich die Beziehungen in und zwischen unseren Systemen in einer Weise verändern, die wir uns bisher noch kaum vorstellen können. Gleichzeitig erreichen wir durch all die Anstrengungen, die wir aufbringen, um unsere Systeme zu bewahren, nichts anderes, als dass wir die Erde weiter plündern und unser aller Existenzgrundlage vernichten. Diese Horrorvision ist bei Licht und nüchtern betrachtet nichts anderes als das Ergebnis einer im kapitalistischen System angelegten Dynamik, die mit ihrem globalen Sieg ihre globale Wirkung entfaltet, also eine exquisite Ironie.

Zusammenfassung

Systemische Merkmale beeinflussen die Beziehungsgestaltung und haben eine prägende Wirkung auf die Kultur. Zwei Beziehungsmuster prägen heute unsere Beziehungen innerhalb von und zwischen Systemen.

Abhängigkeit ist das grundlegende Beziehungsmuster jedes Systems. Nur vor dem Hintergrund gegenseitiger und gemeinsamer Abhängigkeit ist es für ein System bedeutungsvoll, was in den Beziehungen der Mitglieder untereinander und nach außen geschieht und von welcher Qualität diese sind. Die einzelnen Personen sind abhängig davon, dass jeder seine Rolle spielt, dass Entscheidungen getroffen und Konflikte gelöst werden. Das Maß der Abhängigkeit des Einzelnen vom System ergibt sich aus der Frage, wie leicht oder schwer es für ihn ist, die Mitgliedschaft aufzukündigen. Je größer die Abhängigkeit ist, desto schicksalhafter sind die Beziehungen.

Abhängigkeit

Das Beziehungsmuster Konkurrenz wirkt zunächst zwischen Systemen. Konkurrenz mit anderen Gleichen um den Output ist eine Daseinsbedingung vieler unserer Systeme. Diese hat sich mit dem weltweiten Sieg des Kapitalismus globalisiert. Seit der Globalisierung beeinflusst auch gegenseitige Konkurrenz unsere Beziehungen als Systemmitglieder. Je größer die Konkurrenz untereinander, desto mehr rückt das Bewusstsein der gegenseitigen und gemeinsamen Abhängigkeit in den Hintergrund, desto stärker wird der Kampf um Rang, Macht und Einfluss. Wenn die gegenseitige Konkurrenz größer wird als die gegenseitige Abhängigkeit, gibt es keinen Grund mehr, noch zusammenzubleiben.

Konkurrenz

Konkurrenz mit anderen Systemen um den Input (harte und weiche Ressourcen) motiviert bereits in viel größerem Maße das Handeln vieler menschlicher Systeme, als uns hierzulande und heutzutage klar ist, und die mit ihr einhergehende Militarisierung wird sich weiter entfalten.

Wir haben aufgezeigt, wie die Herrschaftsform und die Führungsstrukturen über die Größe des öffentlichen Raums entscheiden, also darüber, was in diesen überhaupt vordringt. Wir haben die Tendenzen zur Selbstkorruption beschrieben, die verschiedenen Herrschaftsformen innewohnen und die Fähigkeit zur Erneuerung von Systemen einschränken oder gar annullieren: Im despotischen System ist dies die Vergötzung des Despoten und die aus ihr folgende Versündigung aller Systemmitglieder; im repräsenta-

Herrschaft und Führung

tiven demokratischen System ist es die Komplizenschaft zwischen den Herrschenden und den Beherrschten, die beide gleichzeitig der Souverän sind.

Dabei ist deutlich geworden, dass der öffentliche Raum eines Systems nicht nur von den physisch anwesenden Mitgliedern oder deren Repräsentanten bevölkert ist, sondern auch von nicht physisch, aber energetisch anwesenden Stakeholdern des Systems aus Gegenwart und Zukunft. Diese haben wir als Geister beschrieben, weil dieser Begriff deren eigentümlich gespenstische Präsenz am prägnantesten umreißt.

Die Grenzen des öffentlichen Raums werden von den Führenden bewacht, aber letztlich vom Eigner / Souverän gesetzt. Der Souverän ist tabu. Die Frage, die sich stellt, ist, ob das so bleiben kann. Denn unser Umgang mit Rang und Macht interpunktiert die Dynamik zwischen den öffentlichen und den privaten Sphären und ist entscheidend dafür, ob es gelingt, unsere Systeme zu transformieren.

Herausforderungen Die größten kulturellen Herausforderungen, vor denen wir jetzt aus systemischer Sicht stehen, bestehen darin,

- unsere Systeme so zu transformieren, dass sie die real existierenden Bedingungen von Konkurrenz und Abhängigkeit in ihren formalen Rollenbeziehungen abbilden. Wir brauchen rechtliche und organisatorische Rahmenbedingungen, die Individualismus und Kollektivismus in einer neuen Weise miteinander vermählen;
- uns als Personen des Rangs bewusst zu werden, der mit unseren Rollen einhergeht, und diesen in den Dienst unserer Gemeinschaften zu stellen. Nur so sind wir überhaupt in der Lage, den Transformationsprozess bewusst zu gestalten und voranzutreiben.

Da beides nur geschehen kann, während wir in unterschiedlichen Rollen im öffentlichen Raum zusammenarbeiten, brauchen wir kulturelle Kompetenz.

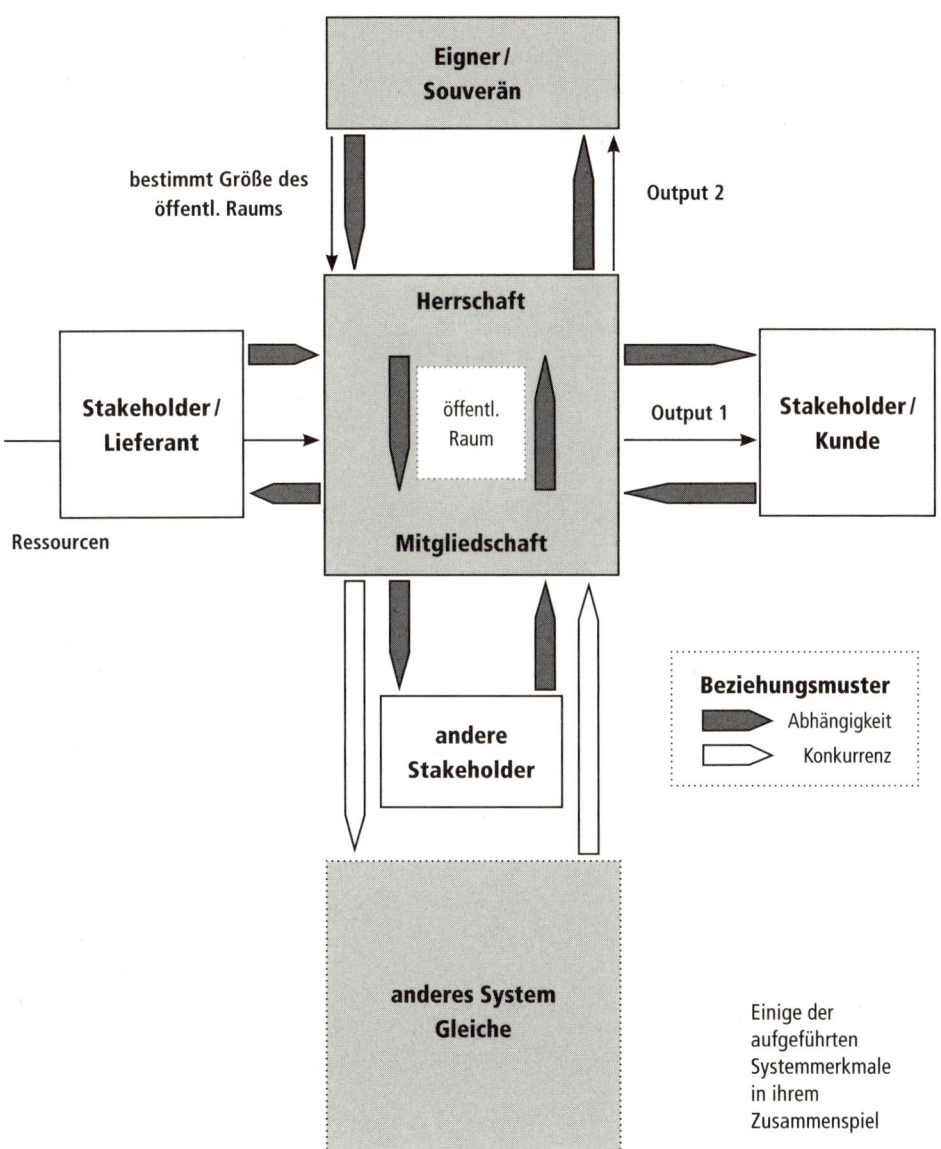

Einige der aufgeführten Systemmerkmale in ihrem Zusammenspiel

Die Systemkonstruktion bestimmt zwar entscheidend die Größe, also die Quantität des öffentlichen Raums, sie sagt aber noch wenig bis gar nichts über dessen Qualität aus, also über das, was darin ausgetauscht wird und wie dies geschieht. Diese Qualität ergibt sich weniger aus der Systemkonstruktion als aus dem von den Mitgliedern des Systems gemeinsam – explizit oder still – geteilten Selbst- und Weltverständnis, also aus ihrer kulturellen Identität. Wenn man so will, ist das System das Knochengerüst eines Kulturkörpers, das für dessen Bewegungsfreiheit einen spezifischen Rahmen setzt. Welche Bewegungen dieser Körper ausführt, ist Sache seiner kulturellen Identität.

Wie diese sich formt und entwickelt, wird im Fokus des nächsten Kapitels stehen: die Geschichte davon, wie alles beginnt und sich über die Zeit hinweg in einem Prozess von Siegen und Niederlagen, von Triumphen und Katastrophen, von Stagnation und Revolution entfaltet. Wenn wir diese Geschichte kennen, verstehen wir besser, wie sehr sie im Hier und Jetzt der Kultur eines Systems lebendig ist: Die Engel und Dämonen, die Helden und die Schurken dieser Geschichte behüten und bewachen nämlich die öffentlichen Räume einer Kultur.

3. Mythos

»*Die Welt, die das Bewusstsein ins Dasein bringt,
wird die Welt dieses Bewusstseins.*«

PAOLO FREIRE

Wenn wir verstehen wollen, welche Überzeugungen, welche Haltungen und welcher Kommunikationsstil im öffentlichen Raum eines Systems vorherrschen und warum das so ist, kommen wir nicht umhin, uns der Geschichte zu stellen, wie seine Kultur so geworden ist, wie sie ist – nicht aus historisierender Faktensammlerei, sondern weil das Vergangene im Gegenwärtigen wirkt.

Das ist es, was wir hier als die mythologische Ebene von Kultur verstehen. Das Wort »Mythos« ruft ja vielfältige Assoziationen hervor. Man denkt sofort an *Marilyn Monroe* oder *Che Guevara* oder *Bugatti,* aber auch an aufgeblasene Lügengeschichten und Schlimmeres.

Was wir mit Mythos meinen, ist die kollektive psychologische Ebene von Kultur (natürlich sind *Marilyn Monroe* und *Che Guevara* durchaus Figuren unserer kollektiven Psychologie). Dementsprechend beschäftigt uns im Vergangenen immer das, was in der Gegenwart kollektiv wirkt.

Wenn wir im Folgenden einige der großen Stationen, in denen Kultur sich entwickelt, Revue passieren lassen, sollen uns diese Fragen besonders interessieren:

- Wie entstehen die Überzeugungen und Werthaltungen, die für ihre Identität typisch sind?
- Wie entsteht der öffentliche Raum?
- Wie wird der Konsens still, der das Öffentliche vom Privaten scheidet? Wie entsteht der kulturelle Spalter?
- Wie entstehen und vergehen heilige Kühe?
- Welche Rolle spielt in diesen Prozessen die systemische Konstruktion, insbesondere die Beziehungen zwischen Eigner / Souverän und Führung?
- Wie verändert sich all das, indem die Kultur die transformatorischen Krisen ihrer Entwicklung bewältigt?

Herausforderung und Antwort

Kultur entsteht immer dann, wenn es Menschen gelingt, gemeinsam auf Herausforderungen schöpferische Antworten zu geben.

Natürliche Umwelt Zunächst ist es die natürliche Umwelt, die uns herausfordert. Die Notwendigkeiten, denen die Inuit in ihrer arktischen Umwelt gegenüberstehen, sind andere als die, vor die sich die Bauern am Nil oder nomadische Reiter in der Mongolei gestellt sehen. Entsprechend haben sie unterschiedliche Kulturen entwickelt, um ihre Existenz in dieser Welt zu sichern.

Dann sind es konkurrierende Gemeinschaften, deren Handeln uns vor Herausforderungen stellt. Immer wenn wir uns gegenüber »Gleichen« durchsetzen müssen, werden wir uns bewusst, wer wir im Vergleich zu den anderen sind. Die Inuit, die in ihrer natürlichen Umgebung alleine sind, bezeichnen sich selbst als »Menschen«. Die Mongolen hingegen nennen sich in Abgrenzung zu anderen menschlichen Gemeinschaften »die Freien«. Was für eine starke kulturelle Identität!

Kultur entsteht also immer in der Auseinandersetzung einer Gemeinschaft mit ihrer natürlichen und menschlichen Umwelt. Gibt der Mensch eine Antwort, die geeignet ist, die Herausforderungen, vor denen er steht, zu meistern, ist er schöpferisch tätig.

Indem wir schöpferisch auf die Welt einwirken, verändern wir unsere Lebensbedingungen und entwickeln gleichzeitig unser Selbstverständnis. Während wir uns der Welt bewusst werden, werden wir uns unserer selbst bewusst; während wir uns unserer selbst bewusst werden, werden wir uns der Welt bewusst. Welt- und Selbstverständnis sind wie Ein- und Ausatmen; sie entfalten sich im kulturellen Entwicklungsprozess in gegenseitiger Durchdringung. Der kulturelle Prozess ist der Bewusstseinsprozess einer menschlichen Gemeinschaft *(C. G. Jung)*.

Welt- und Selbstverständnis

Schöpfungsmythos

Vom Urknall bis zur Gründung einer Garagenfirma, von der Entstehung des Lebens auf der Erde bis zur Liebe auf den ersten Blick – mit der Schöpfung beginnt die Kultur, mit der Kultur entfaltet sich die Schöpfung. Dieses Wunder wird im Schöpfungsmythos, der Erzählung davon, wie alles begann, überliefert. Er schildert jenen unfassbaren Augenblick, in dem das Schicksal für eine kleine Zeitspanne, aber für einen großen Moment suspendiert schien und etwas Neues als Hoffnung, als Freiheit, als Verheißung greifbar wurde. Dieser einmalige Moment ist ein Mysterium. Wo vorher nichts war, ist auf einmal etwas, und es lebt! Den Widerhall dieses Anfangszaubers erfahren wir sogar in unserem Alltag, eben immer dann, wenn etwas beginnt: der erste Schultag, das erste Auto, die erste Begegnung, der erste Eindruck … Es ist ganz offensichtlich, dass der menschliche Geist einen Lieblingsplatz für Anfänge hat, ob groß oder klein: In ihnen tritt etwas Neues ins Leben, und sie prägen alles, was folgt. Das Wundervolle, das Mächtige und das Unerbittliche dieses Moments kommen selbst in metaphorischen Gassenhauern zum Ausdruck wie: »Man hat nie eine zweite Chance, einen ersten Eindruck zu machen.«

Die einzige Sprache, die wir haben, um das Wunder des Neuen und seinen prägenden Auftrag zu erfassen, ist die Sprache des Traumes, der Geschichte, der Fabel – ist die des Mythos. So berichten alle großen Schöpfungsgeschichten der Menschheit von einer spirituellen Kraft, die Ursache und Wirkung in einem ist und die Welt aus sich selbst heraus ins Dasein ruft. Das *Alte Testament* beschreibt, wie ein von Ewigkeit her existierender alleiniger und allmächtiger Schöpfungsgott innerhalb von sieben Tagen nach und nach die Welt erschafft. Im griechischen Weltentstehungsmythos treten Chaos, Gaia, Tartaros und Eros aus dem Nichts gleichzeitig in Erscheinung. Gaia, die Erde, erzeugt aus sich selbst heraus Uranos, den Himmel, vereinigt sich mit ihm und gebiert die Titanen. Den *Upanishaden* zufolge ist die Welt am Anfang nichtseiend und wird seiend, indem sich ein Ei entwickelt. Dieses springt entzwei, die beiden Hälften werden zu Himmel und Erde und weiter zu Bergen, Wolken, Nebel, Flüssen und Ozeanen. Die Urknalltheorie erzählt die gemeinsame Entstehung von Materie, Raum und Zeit aus einer Anfangssingularität, die zuerst in einem Punkt konzentriert gegeben war und sich irgendwann plötzlich auszudehnen begann.

Im Schöpfungsprozess entsteht Sein aus dem Nichts. Unserem menschlichen Denken bleibt nichts anderes übrig, als vor dieser Ungeheuerlichkeit in die Knie zu gehen, denn das kann es sich logisch nicht erklären. Aber der Geist tut etwas ganz Raffiniertes: Er wundert sich mit Schaudern, um sich dann trotzdem sehr selbstbewusst auszudenken, wie das abgelaufen sein könnte, um sich dann wieder in Demut vor dieser Vorstellung zu verbeugen und sie als göttliche Grundlegung und Beauftragung seines Wirkens in der Welt zu verstehen. Der muss er dann folgen, egal wie. (Im Kontrast zu allen anderen Schöpfungsmythen beinhaltet die Urknalltheorie – als Schöpfungsgeschichte unseres »aufgeklärten« Zeitalters – allerdings keinen Platz, keinen Auftrag und keinen Sinn des Menschen. Und auch den Konsequenzen, die sich daraus ergeben, müssen wir folgen.)

Genauso ergeht es uns mit unseren menschlichen Schöpfungen: Erst kommt das Staunen und der Zweifel, dann dieser rätselhafte Augenblick der Idee, in dem das Bewusstsein Tango mit dem Universum tanzt. Dann tritt das Neue ins Leben und entfaltet sich seinem eigenen Wesen gemäß, dem wir folgen müssen. Wer A sagt, muss das ganze Alphabet aufsagen. Das weiß jeder, der ein Kind hat: Mit dem Moment seiner Geburt bestimmt es dein Leben; es transformiert, wer du bist.

Mythische Qualitäten erfahren wir immer im Zusammenhang mit Ereignissen, die die Ursache-Wirkungs-Knechtschaft, der wir in unserem Alltagsleben unterliegen, außer Kraft setzen. Plötzlich tritt etwas in unser Leben, das uns trägt, inspiriert und uns über uns selbst hinauswachsen lässt. Vieles, das vorher unmöglich schien, wird plötzlich möglich.

Eine der einschneidenden kollektiven Erfahrungen aus jüngerer Zeit, die diese Qualität hatte, war der Fall der Berliner Mauer. Jeder, der damals gebannt vor dem Fernseher saß und die Bilder der Menschen sah, die über die gefallenen Grenzen von Ost- nach Westberlin strömten – Hoffnung, Freiheit und Verheißung in den Gesichtern –, wird sich an die mythische Qualität dieses Moments erinnern: Etwas ist unwiderruflich zu Ende, etwas Neues ist da, und das ändert die Voraussetzungen unseres Daseins grundlegend und unwiederbringlich.

Im Anfang

Um uns klarzumachen, welche enorme Bedeutung Ursprungsmythen für den Zusammenhalt und die Entwicklung menschlicher Gemeinschaften haben, brauchen wir nur an unsere eigene Paarbeziehung zu denken: Jede Zweierbeziehung entwickelt eine Kultur, denn in jeder Beziehung gibt es eine Öffentlichkeit, eine gemeinsame Welt, die die Partner miteinander teilen. Die besondere Qualität dieser gemeinsamen Welt entsteht in den allerersten Anfängen – in den mythischen Zeiten –, wenn wir uns kennenlernen und ineinander verlieben. All die Ereignisse rund um den Anfang unserer Partnerschaft beinhalten bereits im Keim die hellen und dunklen Seiten unseres gemeinsamen Weges als Paar: die

Herausforderungen, die wir zu bewältigen hatten, um zusammenzukommen, die Orte, an denen wir waren, die Gefühle, die wir damals füreinander hatten, die Gespräche, die wir miteinander führten, die Träume, die wir miteinander teilten – ebenso wie all das, was wir nicht teilen konnten oder auf das wir um des anderen willen verzichten mussten. Die schon im Anfang enthaltenen hellen und dunklen Seiten entfalten sich dann im Laufe unserer Partnerschaft und stellen uns vor weitere Herausforderungen. Wenn der Alltag in eine Beziehung eingekehrt ist und die Gefühle des Anfangs verblasst sind, wenn die Beziehung gar zu zerbrechen droht, erzählen sich Paare von den romantischen Zeiten, als sie sich kennengelernt haben. Diese Erzählungen bringen sie wieder in Kontakt mit ihrem Beziehungsmythos. Sie dienen der geistig-seelischen Erneuerung der Beziehung und sind eine Quelle von Inspiration, weil sie den Mut liefern, um sich weiterzuentwickeln, Krisen zu bewältigen und als Paar zu bestehen. Hat der Beziehungsmythos nicht mehr genug Kraft, trennt sich ein Paar.

Der Schöpfungsmythos einer Kultur erzählt immer von den Kräften, welche die Welt, in der eine Gruppe lebt, hervorgebracht haben. Er beschreibt die Umstände, unter denen ihre Welt entstanden ist, die Schwierigkeiten, die sie herausforderten, und wie es ihr gelang, diese zu bewältigen. Er formuliert den Auftrag und die Rolle, welche die Gruppe in dieser Welt hat, und die Eigenschaften und Fähigkeiten, die ihr helfen, beidem gerecht zu werden. Er repräsentiert den Geist, das einzigartige Wesen einer Gemeinschaft, und verbildlicht die Glaubenssätze, Werthaltungen und Einstellungen, die sie braucht, um diesem Geist entsprechend in der Welt zu wirken.

Heiligkeit des Mythos Für die Mitglieder einer Gemeinschaft ist der Mythos heilig, denn er sagt ihnen, woher sie kommen, wohin sie gehen, wozu sie da sind und was sie verbindet. Er erklärt die überpersönlichen Kräfte, die ihr Schicksal bewirken, und liefert ihnen die spirituelle und seelische Energie, die sie brauchen, um ihren Auftrag in der Welt zu erfüllen. Wie der Urknall den Kosmos, prägen Schöpfungsmythen unumkehrbar die kulturelle Erlebniswelt.

Wie Kulturen entstehen und sich entwickeln ist nur verständlich, wenn man sich den beseelenden und prägenden Einfluss ihres Schöpfungsmythos vor Augen führt. Man denke z. B. an

- die Passion Christi, seinen Tod am Kreuz und seine Wiederauferstehung als Schöpfungsgeschichte des christlichen Abendlandes;
- die Geschichte von der schmerzvollen Geburt der parlamentarischen Demokratie in der Französischen Revolution, deren drei große Ideale »Freiheit, Gleichheit, Brüderlichkeit« uns heute noch verpflichten;
- ein Unternehmen wie *Volkswagen,* dessen Gründung auf die von *Hitler* 1933 erhobene Forderung zurückgeht, die Motorisierung des deutschen Volkes voranzutreiben und einen »Wagen für das Volk« zu konstruieren, der für alle erschwinglich ist;
- ein Unternehmen wie IBM, das aus einer von *H. Hollerith* gegründeten Firma zur Auswertung von Daten auf Lochkarten hervorging und dessen charismatischer Gründer *Thomas J. Watson* (»Think!«) die Unternehmenskultur mit ihrer starken Vertriebsorientierung und ihrer Forderung nach unbedingter Loyalität bis weit über seinen Tod hinaus prägte;
- das Unternehmen *Apple,* der klassische Garagenfirmen-Mythos, von zwei Freunden (*Steve Jobs* und *Steven Wozniak*) mit viel Kreativität und wenig Kapital gegründet und der Vision verpflichtet, benutzerfreundliche Computer für jeden zu bauen;
- eine Organisation wie den TÜV, der in der Zeit der Industrialisierung auf regionaler Ebene, um politischem Handeln zuvorzukommen, von Unternehmen als »Dampfkesselüberwachungsverein« gegründet wurde, da es mit der zunehmenden Anzahl und Leistungsfähigkeit von Dampfmaschinen immer mehr Unfälle durch zerknallende Dampfkessel gab;
- die AOK, die als *Allgemeine Ortskrankenkassen* 1884 unmittelbar nach der Einführung der gesetzlichen Krankenversicherung durch *Bismarck* gegründet wurde, die seitdem

fast symbolisch für die deutsche Sozialversicherung steht und die in ihrem Modernisierungsprozess unter anderem in einem Konflikt zwischen Zentralismus und mythisch verpflichtender Präsenz »in der Fläche« ist;

- das *Rote Kreuz*, dessen Gründer *Henry Dunant*, ein Schweizer Geschäftsmann und eigentlich in ganz egoistischen Zwecken unterwegs, 1859 in der Schlacht von Solferino entsetzt mit ansehen musste, wie an einem einzigen Tag 40 000 Soldaten getötet oder verwundet wurden, ohne dass es auch nur eine annähernd systematische Kriegskrankenpflege gegeben hätte. Innerhalb von nur vier Jahren gelang es ihm, mit den europäischen Staaten vertraglich die Grundlagen für das Tätigwerden des *Roten Kreuzes* zu legen.

Wenn wir jetzt die Rolle schildern, die der Mythos im weiteren Entwicklungsprozess einer Kultur spielt, erlauben wir uns vorübergehend die Analogie, eine Kultur sei so etwas wie ein großes, lebendiges Wesen und wir Einzelnen seien die Zellen dieses großen Organismus, die sich in seinem Lebensprozess immer wieder erneuern, bis er stirbt.

Anthropos-Mythen Die beiden großen Erzähler der Geschichte von Kulturen, *Oswald Spengler* und *Arnold Toynbee*, haben sich dieser Perspektive bereits in der ersten Hälfte des 20. Jahrhunderts mit beträchtlichem Erkenntnisgewinn, wenn auch mit unterschiedlichen Schlussfolgerungen, bedient. Die Vorstellung einer Kultur, oder gar der Welt, als einem überlebensgroßen menschlichen Wesen geht aber viel weiter zurück. Auf ihr beruhen die Anthropos-Mythen, die in vielen alten Kulturen erzählt werden: der Urriese *Pan-Ku*, der erst das All in das weibliche Prinzip der Erde und das männliche des Himmels trennte und aus dessen Gliedern dann alle Geschöpfe des Weltalls entsprangen (China); die Meeresgöttin *Tangora* (Polynesien), die auch die Götter mit hervorbrachte; der Urriese *Ymir* (Skandinavien), den die Götter zerteilten und aus dessen Substanzen sie die Welt formten – und andere mehr. Anthropos-Mythen erinnern uns daran, dass das Ganze mehr ist als die Summe seiner Teile, dass es aus Sicht des Menschen immer menschlich ist und dass es lebt!

Vorgeburtliche Entwicklung

Die Geschichte einer Kultur beginnt mit dem Zeugungsakt, der stattfindet, wenn eine Person oder Gruppe erfolgreich auf ihre Umwelt einwirkt. Dieser Prozess vollzieht sich meist nicht »auf der grünen Wiese«, sondern innerhalb einer bestehenden Gesellschaft oder Organisation und führt zur Herausbildung einer starken Subkultur, die zu einem bestimmten Zeitpunkt die Vertreter und Repräsentanten der öffentlichen Kultur, von der sie ein Teil ist, herausfordert. Oft entstehen neue Unternehmen nur, weil die Initiatoren mit ihren Ideen in dem Unternehmen, in dem sie beschäftigt waren, kein Gehör fanden oder sich nicht durchsetzen konnten. Politische Systeme entstehen immer aus der Auseinandersetzung mit den herrschenden Verhältnissen.

Apple begann damit, dass *Jobs* und *Wozniak* die ersten Computer im elterlichen Schlafzimmer in Los Altos bastelten und dort 1976 den *Apple 1* produzierten, der für 666,66 US-Dollar über die Ladentheke der Computerkette *Byte* ging. Der Werbespruch lautete: »*Byte into an Apple*«. Der Besitzer von *Byte* wollte komplette Computer mit Gehäuse; *Wozniak* und *Jobs* konnten aber nur die Platinen liefern. Das Geschäft drohte zu scheitern. Dank *Jobs'* kaufmännischen Geschicks kam es doch noch zustande. *Apple* war in dieser Phase noch keine Gesellschaft, also noch gar nicht geboren, aber die Zeugung hatte bereits stattgefunden, und das neue kulturelle Bewusstsein entwickelte sich: Dieses umfasste eine bestimmte Wahrnehmung der Welt – in der im Falle *Apples* ein großer Platz für persönliche Computer war – und die Rolle *Apples* in dieser Welt – also diejenigen zu sein, die den Menschen diese Computer geben.

Apple

Die mythologische Geschichte des Christentums als Kultur begann als »Zeugungsakt« mit der Lebens- und Leidensgeschichte *Jesu Christi* und seiner Jünger sowie deren späteren Erzählungen darüber, wie alles begann. Alle diese Ereignisse spielten sich lange vor der Gründung der christlichen Kirche als System ab.

Das Besondere an Mythen, die die Entstehung von Systemen nach sich ziehen, ist, dass der schöpferische Akt fast immer von einzelnen Personen für die Gemeinschaft erbracht wird. Diese Personen kommen damit automatisch in den Genuss, den Rang der Elternschaft für das sich entwickelnde Baby zu erhalten.

Geburt

Eine Kultur wird geboren, wenn ein System entsteht. Ein Projekt wird zur Firma und nimmt eine Rechtsform an. Ein Verein wird ins Vereinsregister eingetragen, erhält eine Satzung und einen Vorstand. Ein Staat gibt sich eine Verfassung, bekommt eine Regierung und nimmt diplomatische Beziehungen auf. Die Führungsrollen im System werden in der Regel von den Gründerfiguren übernommen.

Materialisierung des Mythos
Jetzt wird auch der Mythos »geboren«: Mit dem System erhält er einen Körper, mit der Kultur eine Identität. Er ist nicht mehr einfach der Geist, in dem man in den mythischen Zeiten an die Herausforderungen herangegangen ist, sondern er materialisiert sich:

1. Ein Unternehmen gibt sich die Aufbauorganisation, die am geeignetsten scheint, um die gemeinsame Idee, das Produkt, in die Welt zu bringen. Ein Staat verleiht sich das Herrschaftssystem, das am besten die Überzeugungen seiner Gründer abbildet.

2. Der Mythos verdichtet sich sprachlich in der Namensgebung *(Mongolische Volksrepublik, Volkswagen, Greenpeace, Lufthansa)* und in dem Claim eines Unternehmens. Das ist jene Zeile, die immer unter dem Unternehmensnamen steht und in metaphorischer Sprache die Identität, den Anspruch und die Mission des Unternehmens markiert *(»Nichts ist unmöglich«, »Zeitung für Deutschland«, »Ihr unabhängiger Finanzoptimierer«, »solutions for a small planet«).*

Visuell wird der Mythos in der Wahl des Firmenlogos, des Schriftzugs und in den Farben des Corporate Designs von Unternehmen ausgedrückt. Politische Systeme machen das mit Flagge, Wappentier und anderen nationalen Symbolen. Auditiv kristallisiert er sich in der Hymne (»*Einigkeit und Recht und Freiheit*«, »*Freude, schöner Götterfunken*«, »*Rule, Britannia*«, *IBM-Songbook*).

Reliquien werden gesammelt: das erste Auto, der Schuhkarton mit den Adresskarten der ersten Kunden oder der erste Spielautomat, den man zusammengeschraubt hat. Alltagsgegenstände werden heiliggesprochen, in ihnen wohnt der Geist des Mythos. Sie werden in Schreinen aufbewahrt, um in Erinnerung zu behalten, woher man kommt und wem man verpflichtet ist. Diese Symbole zu beschmutzen, lächerlich zu machen oder gar zu schänden, ist in jeder Kultur ein schweres Vergehen.

Reliquien

3. Mit der geglückten Geburt vollendet sich die Schöpfung. Die Zeit der Lagerfeuergeschichten bricht an. Der Mythos beginnt sich selbst zu zitieren. Da die Initiatoren meist noch dabei sind, beginnen viele dieser Geschichten mit den Worten: »Weißt du noch, als wir zum ersten Mal …?« Noch ist keine Wehmut darin zu spüren, denn sie haben ja mit der Geburt zu einem guten Ende gefunden. Aber bereits jetzt beginnt der mythologische Kanon sich zu etablieren: Manche Dinge, die das Heldenhafte stören würden, werden weggelassen, Zufälle werden als Vorsehung gedeutet, Triviales wird zu Bedeutungsvollem erhöht.

Der Geburtsvorgang ist die erste transformatorische Krise in der Entwicklung einer Person und einer Kultur. Wie dieser Vorgang verläuft, nimmt prägenden Einfluss auf die ganze weitere Entwicklung. Wie jede menschliche Geburt geht auch die Geburt einer Kultur oft mit Schmerzen und Komplikationen einher.

Bei vielen Firmengründungen werden heftige Konflikte ausgetragen, wer im entstehenden System die Macht hat und die Richtung bestimmen wird. Manchmal verlassen hier bereits einige wichtige Mitglieder der ersten Stunde das Boot. Bisweilen werden die Konflikte, deren Lösung unabdingbar ist, wenn ein tragfähiges System entstehen soll, nicht mit sauberen Mitteln ausgefochten. Dies produziert die ersten Leichen im Keller einer Unternehmenskultur. Diese mythologischen Apokryphen (= Texte, die im Entstehungsprozess der Bibel nicht in deren Kanon aufgenommen wurden. Der Begriff wurde im 2. Jahrhundert von christlichen Theologen geprägt und bedeutete anfangs nicht nur »außerkanonisch«, sondern zugleich »ketzerisch«) gehören natürlich nicht zum Kanon dessen, womit man sich im entstehenden öffentlichen Raum des Systems identifiziert; sie werden hinter vorgehaltener Hand weitergegeben. In ihnen symbolisiert sich die dunkle Seite dessen, worauf man stolz ist. In ihnen deutet sich an, wie man auch später in der Geschichte des Unternehmens mit Rivalitäten und Konkurrenz um Macht umgehen wird.

Im politisch-gesellschaftlichen Kontext geht die Geburt einer Kultur immer mit Rang- und Machtkämpfen unter den Gründungsbeteiligten einher.

- *Danton,* einer der größten Redner der Französischen Revolution, der Held des 10. August und Mitbegründer der Republik, machte sich bei den allmächtigen Ausschüssen verdächtig, als er ein Ende der Guillotinenpolitik einforderte. Er wurde 1794 durch *Robespierre* hingerichtet.
- *Ernst Röhm,* Duzfreund *Hitlers* und heimlicher Herrscher der Parteigruppe SA, machte *Hitler* die Führungsrolle in der NSDAP streitig. 1934 töteten Kommandos der SS im Auftrag Hitlers die Führer der SA in der »Nacht der langen Messer«. Die SS entwickelte sich in Folge zum gefährlichsten Machtinstrument der Nazidiktatur.
- Bei der Gründung der Bundesrepublik gab es Auseinandersetzungen zwischen den Ministerpräsidenten der Bundesländer. Sie stritten unter den Augen der »Eigner« / Siegermächte darüber, wie stark die Zentralgewalt des entstehenden Provisoriums sein dürfte. *Carlo Schmid* setzte sich schließlich mit der Formulierung durch, es gehe

nicht um einen neuen Staat, sondern um die Gründung eines »Zweckverbandes administrativer Qualität« (*Spiegel* Nr. 50 / 2005, S. 58). Deshalb haben wir in Deutschland noch heute ein »Grundgesetz« und keine »Verfassung«.

Mit der Geburt des Systems etabliert sich auch sein öffentlicher Raum. In diesem herrschen die Überzeugungen, Einstellungen, Werte und Normen, mit denen sich die Führenden identifizieren. Wie viel in diesem öffentlichen Raum Platz hat, hängt vom Systemtyp ab, davon, was in ihm geschieht und wie die Führenden ihren Auftrag verstehen. Erlaubt ist dem Kulturanthropos nur das, was aus der Sicht seiner Eltern wertvoll, wichtig und gut für ihn ist. Es gibt aber noch kein »ferngesteuertes« Sichsortieren in private und öffentliche Personen innerhalb der Kultur. Dazu sind alle zu sehr mit ihrer Elternrolle in Bezug auf den gerade geborenen Säugling beschäftigt.

Etablierung des öffentlichen Raums

Wachstum

Jetzt wächst der Kulturanthropos. Wie »gesund« sein Wachstum ist, hängt von seinem Schöpfungsauftrag ab und davon, wie es gelang, die erste transformatorische Krise, die Geburt, zu meistern. Manchmal dauern die Konflikte zwischen den Gründerfiguren auch nach der Geburt noch an: Zwei Eigner eines gemeinsam gegründeten Tochterunternehmens verstehen sich nicht, oder sie verfolgen unterschiedliche strategische Ziele mit dem Unternehmen. Nicht selten hat solch eine Tochter zwei Geschäftsführer, die diesen Konflikt im Unternehmen verkörpern und weitergeben. Manchmal beinhaltet der Schöpfungsmythos bereits eine *mission impossible:* Große Organisationen gründen zuweilen interne Beratungsfirmen oder andere Dienstleistungsunternehmen. In diesem Fall ist der Eigner gleichzeitig der Kunde. Damit haben wir das konstituierende Merkmal einer Leibeigenschaftsbeziehung vor uns: Allmacht auf der einen und Ohnmacht auf der anderen Seite. Auch führt diese Konstruktion dazu, dass das interne Beratungsunternehmen weder zu seinem Kunden noch zu seinem

Eigner »saubere« Beziehungen aufnehmen kann. Nicht nur sind Empfänger von Output 1 und 2 identisch (Produkt und Gewinn), auch weiß man nie, wen man eigentlich gerade vor sich hat. Das kann nur eine große Beziehungsverwirrung nach sich ziehen.

Geburtsfehler Es gibt also eine Reihe von Geburtsfehlern, wenn Kultur entsteht. Gelingt es den Eignern und den Führenden nicht, diese in den ersten, prägenden Monaten und Jahren zu beheben, wird das Kind nicht vital und stirbt womöglich einen frühen Tod. Die Kindersterblichkeitsrate von Kulturen ist sehr hoch – die meisten Unternehmen gehen innerhalb der ersten Jahre nach ihrer Gründung ein. Wenn das Kind trotzdem überlebt, wird es in der Regel in seinem Wachstum schwer beeinträchtigt sein, und die Frage, wie man es am Leben hält, wird unter Umständen weitere Titanenkämpfe nach sich ziehen. Die Geschichte darüber, wie diese ausgetragen werden und wer sie gewinnt, wird ebenfalls entweder dem mythologischen Kanon hinzugefügt, oder sie landet bei den Apokryphen, wenn sie zu schmutzig ist. Dann beeinflusst sie im Hintergrund die Atmosphäre und die Beziehungen zwischen den Mitgliedern.

Ist der Auftrag des Systems in sich widerspruchsfrei, ist der Geburtsvorgang geglückt, konnten die Konflikte auf Eigner- und Führungsebene gelöst werden und sind die Rollen verteilt, so kann die Kultur wachsen.

Wachstum bedeutet Differenzierung. Differenzierung bedeutet eine Zunahme an Komplexität. Ein Unternehmen, das wächst und eine Vielzahl neuer Kunden gewinnt, muss Mitarbeiter einstellen, Strukturen schaffen und ausdifferenzieren. Es braucht größere und komplexere Räumlichkeiten, muss sich elektronisch vernetzen und die Zusammenarbeit insgesamt formalisieren. Dies gelingt umso reibungsfreier, je weniger die Kultur mit informeller Zusammenarbeit identifiziert ist. Manch junges IT-Unternehmen ist daran gescheitert, dass es dem Management nicht gelang, Enthusiasmus und zwanglose Zusammenarbeit in nüchterne Strukturen und »Dienstwege« zu transformieren.

Bereits in der Kindheit einer Kultur kann der Schöpfungs-mythos heilige Kühe hervorbringen, auf deren Altar das Wachstum einer Organisation geopfert wird. Die Führen-den sind in dieser Phase gefordert, Differenzierung und Formalisierung auf eine Weise zu realisieren, die mit der »Seele« des Kulturanthropos vereinbar ist.

In diesem Prozess wird die Kultur immer mehr zur Welt, die auch die Eigner und Führenden eines Systems nicht mehr nach Belieben formen können, weil sie auf diese genauso zu wirken beginnt wie auf alle anderen. Der Geist hat die Welt geschaffen, und die entwickelt jetzt ihr Eigenleben. Mit jedem Mitglied, das in das Unternehmen kommt und sich an die vorhandene Kultur anpasst, als neuer Fisch im Teich, der ein Ozean werden will, verselbstständigt sich die kulturelle Welt weiter. Verstärkt wird dies dadurch, dass bestimmte Fische von bestimmten Biotopen angezogen und von anderen abgeschreckt werden: Welchen Eindruck macht das Betriebsklima, wie ist der Umgangston, wie der Dresscode? Kann ich mich dort wohlfühlen? Anders herum stellen Unternehmen ja bevorzugt Leute ein, die zu ihnen passen. Und natürlich werden dann den Neuen in den privaten Gesprächen auch die Lagerfeuer-geschichten erzählt, die mythologischen Instruktionen erteilt, die ihnen Orientierung geben, was erwünscht, was erlaubt und was verboten ist. In den Köpfen derer, die selbst nicht dabei waren, werden diese Geschichten immer grandioser.

Verselbst-ständigung der Welt

In diesen Kindheitstagen entsteht der Spalter: Die Machtkämpfe in der Führung sind entschieden. Am Beispiel derer, die verloren haben, weiß jeder, was einem passiert, sollte man es wagen, gegen die aufzubegehren, die gesiegt haben. Damit ist der öffentliche Raum des Gesamtsystems in seinen Qualitäten und Grenzen definiert. Jedes Mitglied der Leitungsebene unterhalb der Führung, das seine Position wahren möchte, orientiert sich an ihnen. In der politischen Geschichte der Bundesrepublik können wir diesen Prozess von der Einführung der Fünf-Prozent-Klausel (1949 bis 1953) bis zum KPD-Verbot (1956) nachverfolgen.

Entstehung des Spalters

Jedes Mitglied, das dem System beitritt – und davon gibt es jetzt viele – übernimmt den Spalter per Nachahmung: Es passt sich an. Wenn man neu ist, spielt es nur eine geringe Rolle, ob das, worin man seinen Platz finden muss, schon hundert Jahre alt ist oder noch ganz frisch: Das Ticket, Einfluss zu nehmen, erhält man erst, wenn man ein Teil von dem geworden ist, was ist.

Subsysteme Durch die Differenzierung, die mit Wachstum einhergeht und die in den Kindheitstagen weiter voranschreitet, entstehen immer mehr Subsysteme. Diese entwickeln ihr jeweils eigenes »Wir«, ihre eigene Identität, und diese fordert von ihren Mitgliedern Loyalität ein. Abteilungen differenzieren sich, Produktion, Vertrieb, Forschung und Entwicklung entfalten ihre eigenen Welten. Rollenbilder entstehen und verfestigen sich. Alle sind weiterhin der gemeinsamen Mission verpflichtet. Noch bleiben die Verständigungswege kurz, denn sie werden getragen von denen, die von Anfang an dabei waren. Aber die Zeiten, in denen alle alles wussten und jeder jedem helfen konnte, gehen zu Ende.

> **In jedem Subsystem entsteht ein öffentlicher Raum, in dem man gemeinschaftlich besonders mit dem identifiziert ist, was den eigenen, spezifischen Einfluss auf die Gestaltung des Ganzen zusammenfasst. Jeder dieser öffentlichen Räume ist aus der Sicht der anderen privat. So beginnt sich langsam und unwiderruflich ein vieldimensionales Spiegelkabinett öffentlicher und privater Räume zu konstruieren, und die Systemmitglieder sortieren zunehmend automatisch, was man wo wem wie sagen kann und was nicht.**

Außerdem geht Differenzierung immer damit einher, dass sich das Rang- und Machtgefüge der Subsysteme formalisiert: Wenn das Gesamtsystem mythologisch mit der Vertriebsseite identifiziert ist, wie im Falle von IBM, wird der Vertrieb im Ensemble der Subsysteme den größten Einfluss haben, diesen behaupten und untermauern wollen. Wenn das Ganze sehr identifiziert ist mit technischer Innovation, wird die Forschungs- und Entwicklungsabteilung besonders selbstbewusst darin sein, ihren Einfluss auf die Identität des Ganzen zu forcieren. Es entfaltet sich ein komplexes, ranggewichtetes »Wir und Die«.

Stiller Konsens

Sind die Rang- und Machtfragen geklärt, sind auch die Voraussetzungen dafür gegeben, dass der Konsens, der die Qualität und die Grenzen der öffentlichen Räume garantiert, still werden kann. Still ist er, wenn ihn alle oder die meisten Mitglieder so in sich hineingenommen, so verinnerlicht haben, dass es keiner Sanktionen oder deren Androhung mehr bedarf, um ihn durchzusetzen.

In autoritären Systemen

Dieser Prozess verläuft in nach dem Top-down-Anweisungsmuster aufgestellten, sogenannten autoritären Systemen teilweise anders als in demokratischen: In einem autoritären System repräsentieren die Führenden entweder die Eigner, oder sie sind selbst Herrschende und Souverän in Personalunion. In der Kindheitsphase der Kultur sind dies meist die Gründerfiguren. In ihrer Person kristallisieren sich die Mission, die Identität und die Werte der Systemkultur. Sie verkörpern die Gebote, die Erlaubnisse und die Begrenzungen, die die Topografie des öffentlichen Raums des Gesamtsystems markieren. Ihr Anliegen muss es sein, diese so weit als möglich die hierarchischen Treppenstufen hinab bis in den öffentlichen Raum jedes Subsystems durchzusetzen. Ein besonders rigoroses Beispiel für einen solchen Prozess liefert die Geschichte der NSDAP: *Hitler* formulierte bereits 1921 die Gedanken, die er, nachdem er aus der Festungshaft entlassen worden war, umsetzte, indem er die Partei zu einer »Führerpartei« reorganisierte: »*Eine Bewegung, die den parlamentarischen Wahnsinn bekämpfen will, [muss] selbst von ihm frei sein. Sie kann auch nur auf solcher Grundlage die Kraft zu ihrem Kampfe gewinnen*« (*Zentner* 2002, S. 86). An die Stelle des Prinzips gewählter Repräsentation setzte er das der »absoluten Verantwortlichkeit« des Führers, der sie die Parteihierarchie hinab in kleiner werdenden Teilchen an die Unterführer und deren Unterführer weitergibt. Später übertrug er dieses Prinzip auf den gesamten Staat.

Der Konsens wird also in einem Top-down-Prozess still, und zwar über drei Wege:

1. Die Geschichten davon, was den Verlierern der Machtkämpfe an der Führungsspitze widerfahren ist, verbreiten sich in Windeseile durch das ganze System. Jedes Mitglied auf jeder hierarchischen Ebene speichert sie als innere Leitlinie dafür ab, was man hier nicht tun oder sagen dürfte, wollte man nicht dasselbe Schicksal erleiden.

2. Die vielen neu Hinzukommenden erklären ihr Einverständnis implizit mit ihrem Beitritt.

3. Das Verhalten der Gründungs- und Führungspersonen ist Vorbild für alle Mitglieder und färbt auf deren Verhalten ab. Diese Personen verkörpern die Attraktion des Systems auf alle seine Mitglieder und sind es wert, nachgeahmt zu werden. Schließlich sind sie fleischgewordene Erfolgsgeschichte, schöpferisch und machtvoll, dekoriert mit emblematischen Anekdoten mythischer Überlebensgröße. *Arnold Toynbee* hat die immense Rolle der Nachahmung (Mimesis) in der Entwicklung von Kulturen extensiv beschrieben. Sie geschieht auf der Seite der Nachahmenden sowohl bewusst als auch unbewusst. Eine ihrer offensichtlicheren Auswirkungen besteht in dem stillen Einverständnis der Nachahmenden, die Grenzen dessen, was im öffentlichen Raum ausdrückbar und austauschbar ist, gleichsam inhalatorisch zu akzeptieren.

Auf allen drei Wegen verläuft dieser Prozess ohne direkte Intervention der Führenden: Sie müssen nicht jedes einzelne Mitglied des Systems wegbeißen, um ihren Rang zu behaupten. Der Prozess verläuft in den privaten Kanälen, über die »Buschtrommel«, also still, und so ist auch das Ergebnis still.

In demokratischen Systemen Was die psychologische Ebene angeht, ist in jungen demokratischen Systemen der Prozess, dass der Konsens still wird, dem für ein autoritäres System geschilderten durchaus ähnlich. Rang- und Machtauseinandersetzungen um die Gründung herum gibt es auch hier, auch hier sind die Gründergestalten in der Regel große Projektionsflächen (wie die vielbeschworenen »Väter des Grundgesetzes«), die zur Nachahmung inspirieren, auch hier wird Erlaubtes und Verbotenes über private Kanäle weitergegeben.

Die Unterschiede zum autoritären System ergeben sich aus zwei Gesichtspunkten:

1. Der Gründung eines demokratischen Systems geht immer schon ein Konsens voraus, sonst könnte es gar nicht gegründet werden. Dieser wird in eine Satzung oder Verfassung gegossen, die alle Mitglieder verpflichtet.
2. Die Führenden sind immer auf das Mandat der Geführten angewiesen, denn die Geführten sind gleichzeitig der Souverän. Im engeren Sinne ist der Konsens einer zwischen der Führung und der Mehrheit der Geführten. Aus der Loyalität dieser beiden Gruppen und dem demokratischen Grundkonsens, dass für alle Konsens ist, was für die Mehrheit Konsens ist, ergibt sich die stille Übereinstimmung über das, was im öffentlichen Raum des Systems sagbar ist und was nicht.

Beide Systemtypen, das autoritäre wie das demokratische, beinhalten in ihrer Konstruktion eine Herrscher-Souverän-Verschmelzung: die von Eigner und Führung bzw. die von Führung und Geführten. Der stille Konsens über die Grenzen des öffentlichen Raumes ist die Folge dieser Verschmelzung, die sich in öffentlich nicht adressierbarer Loyalität ausdrückt und in Komplizenschaft münden kann, wenn die Kultur grundlegend herausgefordert ist.

Den überragenden Stellenwert bei der Entstehung von Spalter und stillem Konsens hat jedoch der Mythos. Er begründet ja nicht nur, was sein soll, sondern auch, was nicht sein soll. Er benennt Gut und Böse, Sinn und Un-Sinn. Wenn man gemeinschaftlich für Gerechtigkeit eintritt, ist man gegen Ungerechtigkeit. Wenn man für das Neue ist, ist man gegen das Alte. Wenn man für Keuschheit ist, ist man gegen Unkeuschheit. Und das jeweils nach außen – und nach innen. Meist schließt der Schöpfungsmythos ein, wie Gründerfiguren gegen Ungerechtigkeit, das Alte oder Unkeuschheit zu Felde gezogen und siegreich gewesen sind. Im Kern sind also bereits im Schöpfungsmythos die Grenzen des sich erst später entfaltenden öffentlichen Raumes enthalten, einschließlich

Stellenwert des Mythos

der Wächter dieser Grenzen. Diese figurieren die Art und Weise, wie die Kultur mit denen verfahren wird, die aus der Sicht des jeweiligen Souveräns im Inneren das Fremde repräsentieren.

Ende der Kindheit Die Kindheit ist abgeschlossen, wenn die Phase stürmischen Wachsens in eine des langsameren, stetigen Wachstums übergeht. Die Kultur hat jetzt ein stabiles System, ein kohärentes Normen- und Wertegefüge, eine klar getrennte öffentliche und private Sphäre. Noch ist der Mythos als treibende und Gemeinschaft stiftende Kraft präsent, noch wird er durch die Figuren der ersten Stunde repräsentiert. Aber der Zauber des Anfangs ist verflogen, die Pionierzeiten sind vorbei, der Alltag ist eingezogen. Der Kulturanthropos ist ein komplettes Wesen geworden, und damit für seine Zellen (seine Mitglieder) die Welt, die auf alle wirkt.

Transformatorische Krisen

Nachdem eine Kultur entstanden und gewachsen, nachdem der Alltag eingekehrt ist, hört die Welt nicht auf sich zu drehen. Im Laufe ihres weiteren Lebensweges, der analog zum Individuum eine Kindheit und Jugend, eine Reifezeit und ein Alter haben kann, wird sich eine Kultur immer mal wieder vor Entwicklungen gestellt sehen; die ihren Kern, ihre Identität, herausfordern und erneut eine schöpferische Antwort verlangen, genauso wie damals, als alles anfing. Nur: Diesmal ist alles viel schwerer als das erste Mal, denn jetzt gibt es eine Organisation, es gibt den Spalter zwischen den privaten und öffentlichen Sphären, es gibt heilige Kühe, die die unantastbaren Traditionen verkörpern. Solche Herausforderungen bezeichnen wir als transformatorische Krisen, weil eine Kultur, wenn sie sie bewältigt hat, nicht mehr dieselbe ist wie vorher.

Transformatorische Krisen gehören zum natürlichen Lebensprozess

Viele Völker begleiten transformatorische Übergänge im Leben von Menschen mit Übergangsriten. Diese bestehen kulturübergreifend aus drei Teilen: Abschied, Schwellenerfahrung und Wiederkehr. Im ersten Teil bereitet sich eine Person auf die Transformation vor, indem sie von ihren bisherigen Beziehungen Abschied nimmt und Trauerarbeit leistet über das, was sie zurücklassen muss. Im zweiten Teil geht der Transformand in der Sprache der nordamerikanischen Indianer auf den »heiligen Berg«, um sich dort allein mit sich, der Erde und Gott auf das neue Leben vorzubereiten. Dies ist immer mit Tabus verbunden: keine Nahrung, keine Gesellschaft, keine Behausung oder anderes. Im dritten Teil kehrt die Person in die Gemeinschaft zurück und erzählt den Ältesten, was sie erfahren hat. Je nachdem, was das ist und welche Bedeutung es für die Kultur hat, bekommt das Individuum einen neuen Namen, eine neue Rolle und einen anderen Rang in der Gemeinschaft.

Übergangsriten

> **Übergangsriten werden in der Überzeugung begangen, dass ein Mensch nur dann wirklich bereit und in der Lage ist, eine neue Identität und Rolle auszufüllen, ohne einen Rucksack voller Altlasten mit sich zu schleppen, wenn er diesen Prozess von Abschied, Schwellenerfahrung und Neubeginn bewusst durchlaufen hat.**

Auch Transformationsprozesse von Kulturen gehen damit einher, dass sich Identitätsattribute (Name, Symbole, Rechtsform), die Beziehungen nach innen und außen sowie der Beitrag zur Welt ändern. Dabei können Herausforderungen, die eine solche Transformation notwendig machen, aus dem Inneren eines Systems oder von außen auf dieses einwirken. Unternehmen geraten häufig in eine Krise, wenn der Eigner / Gründer stirbt oder sich zurückzieht und ein Generationswechsel vollzogen werden muss; nicht wenige zerbrechen daran. Politische Systeme sind von innen bedroht, wenn sich eine Mehrheit der Bürger von den Herrschenden nicht mehr repräsentiert fühlt.

Heute kommen Anstöße für transformatorische Krisen meist von außen

Die Zeiten aber, in denen Kulturen sich ungestört ihrem quasi natürlichen Lebensprozess gemäß entwickeln konnten, sind ohnehin vorbei, wenn es sie so denn jemals gab. Heutzutage pochen transformatorische Krisen in den meisten Fällen von außen an das Tor des Heimatgrundstücks:

Eignerwechsel

- Schon einem jungen, erfolgreich aufstrebenden Unternehmen kann es passieren, dass der Eigner / Gründer es nach wenigen Jahren mit Gewinn veräußert oder dass es von einem großen Unternehmen aus dem Markt gekauft wird. Wechselnde Eignerschaft bedeutet immer eine transformatorische Krise, denn die neuen, möglicherweise abwesenden Eigner können ganz andere Ziele verfolgen als die, mit denen die Kultur bisher identifiziert war. Ebenso beinhaltet ein Börsengang eine neue und prinzipiell unkalkulierbare Eignerschaft. Mit ihm ändern sich die Beziehungen zwischen dem Unternehmen und seinen Eignern grundlegend.
- Unternehmensteile können in die Selbstständigkeit entlassen (»outgesourct«) werden und müssen sich plötzlich als eigenständige Unternehmen mit ihren Produkten oder Dienstleistungen behaupten, in mehr oder weniger großer Abhängigkeit vom Mutterunternehmen (siehe z.B. Eigner-Kunden-Verschmelzung).
- Selbst riesige, weltweit operierende Unternehmensgruppen können ihre strategische Ausrichtung und sogar ihr Geschäftsfeld völlig ändern. Man denke an den Wandel der *Preussag* vom Industriekonglomerat zum Touristikanbieter oder den des traditionsreichen Chemieunternehmens *Hoechst* bis zu seiner Zerschlagung und seinem Aufgehen in *Aventis;* man denke an die Transformation von *Mannesmann* vom Industriekonzern zum Mobilfunkbetreiber und sein Ende in *Vodafone.* Als börsennotiertes Unternehmen kann man praktisch jederzeit freundlich oder feindlich übernommen, fusioniert oder zerschlagen werden.

- Veränderungen im Markt, sich drastisch änderndes Kundenverhalten oder anderswo stattfindende Innovationen können die Grundfesten der Identität eines Unternehmens jederzeit erschüttern. Um sich klarzumachen, was so etwas bedeutet, möchten wir ein Beispiel von *Philip Kotler (Principles of Marketing)* aufgreifen: Ein Bohrmaschinenhersteller ist jahrelang äußerst erfolgreich mit seinem Produkt. Das ganze Unternehmen arbeitet unablässig daran und entwickelt Erfahrung, wie man Bohrmaschinen noch präziser, durchschlagender, sicherer und handlicher machen kann. Der Output prägt die Unternehmenskultur, und sie ist auf dieses Produkt ausgerichtet; man ist stolz auf Marktanteil und guten Ruf. Was das Unternehmen aber letztlich produziert, ist keine Bohrmaschine, sondern ein Loch in der Wand, in das der Kunde seinen Dübel drücken kann, um ein Regal oder etwas anderes damit zu befestigen. Kommt nun ein anderer Hersteller mit einem innovativen Produkt daher, das denselben Zweck erfüllt, aber auf einer ganz anderen Technologie beruht (etwa Laser), ist die Bohrmaschinenkultur aufs Äußerste gefordert. Ähnliches ist im Übrigen in vielen Unternehmen passiert, die, wie das deutsche Traditionsunternehmen *Leica*, die digitale Revolution in der Fotografie verschliefen.

Transformatorische Krisen sind eben deshalb Krisen, weil sie in Frage stellen, worauf wir ganz besonders stolz sind, womit wir ganz besonders identifiziert sind, woran unser Herz ganz besonders hängt.

- Politische Umschwünge, meteorologische oder geologische Großereignisse, Grippeepidemien, terroristische Attacken – alles Mögliche kann jederzeit zu transformatorischen Krisen führen, die Existenzgefahr, aber auch Chancen in sich bergen.

Natürlich sind nicht nur Unternehmen, sondern auch öffentlich-rechtliche Institutionen und Behörden diesen Herausforderungen ausgesetzt: Stadtwerke werden zu GmbHs, Arbeitsämter zu Agenturen, Krankenhäuser zu Wirtschaftsunternehmen, Bahn und Post mutieren zu Aktiengesellschaften.

Krisen in anderen Kulturen Manchmal gipfelt der innere Entwicklungsprozess einer Kultur in einer transformatorischen Krise ihres Systems und löst damit eine aus dem Außen kommende Krise in anderen Kulturen aus: Die von *Gorbatschow* eingeleitete und von *Jelzin* fortgeführte Transformation der Sowjetkultur 1989 / 90 ergab sich aus ihrer inneren Entwicklung. Sie stellte mit einem Schlag sämtliche Länder des sowjetischen Machtbereichs vor dieselbe Herausforderung und mittelbar auch die politischen, militärischen und wirtschaftlichen Systeme im Rest der Welt. Mehr als irgendein anderes Land wurde die Bundesrepublik von dieser transformatorischen Herausforderung kalt erwischt. Noch wenige Wochen vor dem Mauerfall waren die meisten Menschen in Westdeutschland der Überzeugung, es würde, unter welchen Vorzeichen auch immer, noch Jahrzehnte dauern, bevor die Nation wieder eins würde – und viele von uns waren im Angesicht der ohnehin voranschreitenden europäischen Integration weder in Eile damit noch besonders scharf darauf. Hatten wir uns doch gerade so nett eingerichtet als in Westeuropa eingebundene Mittelmacht. In einer Komplizenschaft zwischen der politischen Führung und der Mehrheit des Souveräns wurde denn auch die transformatorische Bedeutung, die die Wiedervereinigung für die alte Bundesrepublik hatte, öffentlich nicht wahrgenommen.

Mythos und transformatorische Krise

Belastung Transformatorische Krisen stellen immer eine immense Belastung für die Seele dar. Jeder, der sich an seine Pubertät erinnert, an die Geburt des ersten Kindes, an eine schwere Krankheit oder an den Austritt aus dem Berufsleben, weiß das. Transformatorische Krisen zwingen uns in Kontakt mit unserem Lebensmythos. Sie machen uns bewusst, woran wir am liebsten festhalten würden, wenn wir es denn könnten. Sie fordern uns heraus, uns darüber klar zu werden, was uns in all dem wirklich wichtig ist und wie wir das in neue Lebensformen transportieren können. Manchmal ist unser Wunsch festzuhalten und unsere Angst davor, was mit uns geschieht, wenn wir loslassen, allerdings so groß, dass wir fast lieber sterben würden als der Unausweichlichkeit des Abschieds von dem, woran wir so sehr hängen, ins Auge zu blicken. Transformatorische Krisen kündigen sich, soweit wir sie nicht aus eigenem Wollen aufsuchen, meist als Störung, als Bedrohung, an.

Die Seele einer Kultur konfiguriert sich in ihrem Mythos. Deswegen besteht die erste Reaktion einer Kultur auf das Anklopfen einer transformatorischen Krise auch meist in einer fast reflexartigen Beschwörung und Anrufung des Mythos. Als wenige Stunden nach den Anschlägen des 11.09.2001 Außenminister *Powell*, unterwegs auf Dienstreise in Südamerika, das erste offizielle Statement der *Bush*-Administration über CNN abgab, sagte er sinngemäß: Die Terroristen können zwar unsere Gebäude zerstören und sogar das Pentagon angreifen, aber niemals unsere demokratischen und freiheitlichen Werte. In solchen Augenblicken ist es fast so, als würde der Mythos selbst sprechen und sich seiner systemischen Repräsentanten als Kanäle bedienen. Wahrscheinlich wurde niemals häufiger und leidenschaftlicher das Grundgesetz besungen als zur Zeit der Wiedervereinigung, und wir dürfen uns vorstellen, dass bei *Leica* noch im Untergang das Glaubensbekenntnis der analogen Fotografie rezitiert wurde.

Erlaubt es der Mythos, die Herausforderung wahrzunehmen?

In Zeiten transformatorischer Krisen entsteht die Frage, wie die Identität einer Gemeinschaft für deren Bewältigung gerüstet ist. Jetzt erweist es sich, ob ein System fähig ist, das Neue überhaupt in seiner Größe und Gänze wahrzunehmen, oder ob es in der Beschwörung seines mythischen Selbstverständnisses erstarrt. Immer wenn wir umgangssprachlich sagen, ein Unternehmen, eine Nation oder sonst ein System habe eine Entwicklung »verschlafen«, meinen wir ja nichts anderes, als dass es aufgrund seiner mythologischen Identifikationen nicht in der Lage war, die Bedeutung der Herausforderung, vor die es von außen gesehen gestellt war, im Inneren überhaupt zu erkennen. »Verschlafen« ist

Verschlafen

deswegen ein so schöner Ausdruck, weil er auf den Punkt bringt, wie sehr der Mythos die Menschen blind machen kann dafür, wie Herausforderungen aus dem Außen sie selbst, ganz persönlich, betreffen.

Erlaubt es der Mythos, mit der Herausforderung umzugehen?

Sterben für den Mythos Gelingt es einem System, eine Herausforderung als solche zu erkennen, stellt sich als Nächstes heraus, ob der Mythos auch unter den gegenwärtigen Bedingungen Ressource und Kraftquelle sein kann, um sich gemeinschaftlich dem Neuen zu stellen und erfolgreich damit umzugehen. Viele Indianervölker im Amazonasgebiet sind – oder besser: waren – so identifiziert mit ihrer Freiheit, dass für sie Gefangenschaft gleichbedeutend mit spirituellem Tod war. Gerieten sie in Gefangenschaft, nahmen sie sich weder das Leben, noch stürzten sie sich als Todeskrieger auf ihre Feinde, sondern sie folgten ihnen von da an willenlos, als lebende Leichen. Für manche Stämme trat dies schon ein, wenn sie von einem Fremden lediglich körperlich berührt wurden. Es gibt viele andere Beispiele dafür, dass Menschen bereit sind, für ihren Mythos zu sterben, und wir brauchen gar nicht die exotischsten Winkel der Erde zu durchforsten, um sie zu finden. *»Lever dood as Slaav« (Lieber tot als Sklave)* war das trotzig-kämpferische Motto der freien ostfriesischen Bauern im 17. Jahrhundert. Der Nationalsozialismus vollendete seinen Mythos mit dem eigenen Untergang. Die islamische Kultur wird von einigen ihrer militanteren Subsysteme so gelebt bzw. gestorben. Die Schutzwürdigkeit des »nackten Lebens« ist nur in der abendländischen Kultur ein Wert, und das auch noch nicht lange, überall und immer. Besonders in transformatorischen Krisen ist der Tod immer eine Option.

Hat der Mythos noch genug Kraft?

Selbst wenn es einem System gelingt, die transformatorische Herausforderung in ihrer ganzen Bedeutung wahrzunehmen, ist, insbesondere bei älteren Kulturen, nicht gesagt, dass der Mythos noch Inspiration und Kraft genug beinhaltet, um vital und kreativ auf diese zu antworten. »Was wird nun aus uns ohne die Barbaren? Diese Menschen hätten eine Lösung abgeben können!«, war die schon sehr matte Reaktion der byzantinischen Oberklasse auf die sich wiederholenden Einfälle germanischer und asiatischer Horden in das Oströmische Reich (*Beck* 1982, S. 16). Schaut man in unserer Zeit auf die transformatorische Herausforderung für die Gewerkschaften und die Sozialdemokratie, stellt man sich ebendiese Frage. Jeder, der die Abschiedsbesuche des Noch-Kanzlers *Schröder* bei der Gewerkschaft BCE und seiner Partei bezeugen durfte, musste angerührt sein von dessen »Nach-Hause-Zurückkommen« – und zugleich zweifeln, ob das Steigerlied (die Hymne der Bergleute) und alles, wofür es steht, noch Wege in die Welt globaler Konkurrenz und Abhängigkeit weisen kann.

> **Wenn der Mythos noch Kraft und Inspiration besitzt und die Mitglieder eines Systems fähig sind, die Chance und nicht nur die Bedrohung in der Krise zu sehen, kann es ihnen gelingen, ihre Kultur schöpferisch zu transformieren. Der Weg durch diese Krise führt immer über interne Konflikte, in denen sich das Bewusstsein der Systemmitglieder und deren Beziehungen zueinander verändern.**

Die Rolle des Souveräns

In diesem Prozess ist der Souverän ganz besonders gefordert, und zwar aus mehreren Gründen:

- Da ihm das System gehört und es das System ohne ihn nicht gäbe, ist er für dessen Kultur verantwortlich. Da ihm das System Profit erbringt, er also von ihm lebt, muss er ein Interesse an ihm haben. Denn wenn es das System nicht mehr gibt, gibt es auch ihn als Souverän nicht mehr. Und ein Häuptling ohne Indianer ist eine weit tragikomischere Erscheinung als ein paar Indianer ohne Häuptling.
- Da er im System nicht weisungsabhängig und nicht kritisierbar ist und damit rechnen muss, dass ihm nur das zu

Ohren kommt, von dem man denkt, dass er es hören kann, muss er ganz besonders wach (im Sinne von nicht kulturblind) sein.

- Da er die Größe des öffentlichen Raums bestimmt, muss er die Mitglieder seines Systems zur Auseinandersetzung einladen, beginnend mit der Führung.
- Da er, besonders wenn er auch Gründer ist, den mythologischen Nabel der kulturellen Welt im System repräsentiert, wird er einerseits mit den heiligen Kühen dieser Welt identifiziert und ist andererseits selbst mit ihnen identifiziert. Er ist es, der sich ihrer bewusst werden und sie dann in Ehren und Frieden entlassen muss.

In Kürze gesagt, heißt das: Der Souverän eines Systems braucht kulturelle Kompetenz, wenn es einer Kultur gelingen soll, sich so zu transformieren, dass dabei das System erhalten bleibt. Gelingt dies nicht, wird sich die Kultur früher oder später trotzdem transformieren (müssen), möglicherweise in einem sehr gewaltsamen Prozess und mit einem für den Souverän unerfreulichen Ergebnis.

Die Rolle der Führenden in autoritären Systemen

Verantwortung
der Führungskräfte

Ebenfalls in besonderer Weise gefordert sind die Führenden. Sie sind verantwortlich für die Schnittstelle zwischen dem Innen und dem Außen des Systems. Sie sind verantwortlich dafür, dass die Kultur des Systems auf Herausforderungen aus dem Außen zumindest angemessen, möglichst aber exorbitant erfolgreich reagiert – während sich die Mannschaft im Bauch des Schiffes diesmal über Urlaubsvertretungen streitet und die Eigner sich auf dem Sonnendeck bei einem kühlen Getränk über die Börsenkurse informieren lassen. Die Führenden sind die Diener des Souveräns und die Herrscher über die anderen Mitglieder, und sie müssen beide Gruppen in der richtigen Reihenfolge alarmieren, wenn sie Anzeichen für ein transformatorisches Unwetter sehen.

In autoritären Systemen wird der öffentliche Raum von Eigner und Führung gestaltet. Entscheidungen über strategische Neuausrichtungen und Transformationen des Unternehmensauftrages fallen in diesem Kreis. Die Geführten haben meistens keinen Sitz und keine Stimme in diesem öffentlichen Raum (außer in Unternehmen, die der Mitbestimmung unterliegen). Als Stakeholder-Geister sind sie dagegen durchaus anwesend, machen sich doch die Führenden viele Gedanken darüber, wie sie vermeiden können, dass die Geführten verunsichert werden, schließlich werden sie gebraucht. Sehr selten sind diese Strategiemeetings von dem Bewusstsein getragen, dass es nicht nur um die Transformation eines Geschäftszwecks, sondern auch um die einer Kultur geht. Die Folge dieses Mangels an kulturellem Bewusstsein, bei gleichzeitiger Sorge um die Motivation der Geführten, ist, dass die Mitarbeiter in den allermeisten Fällen irgendwann, nach einer langen Phase des Rätselratens, vor vollendete Tatsachen gestellt werden. Jetzt ist es die Aufgabe der Führungskräfte, die Betroffenen, die sonst die ganze Zeit unter Deck tätig sind, für die beschlossene Veränderung »ins Boot zu holen«. Nachdem sie ihnen die Neuerungen verkündigt haben, werden häufig interne oder externe Organisationsentwickler beauftragt, um Workshopreihen durchzuführen, in welchen den Mitarbeitern z.B. die vier Phasen der Veränderung erklärt werden. Dies geschieht in der Hoffnung, die Belegschaft innerhalb von drei bis vier Stunden von den Opfern der Veränderung in die Täter der Neuausrichtung zu transformieren.

Besser als gar nichts, könnte man sagen, und das ist sicher so, zumal in vielen Organisationen, die sich solche Maßnahmen nicht leisten mögen oder können, nicht einmal *ein* solcher »Kommunikationsprozess« ordentlich passiert.

Das Entscheidende aber ist, dass die seelische Arbeit, die die Kultur braucht, um vom Alten Abschied zu nehmen und sich zu befähigen, das Neue geklärt und kraftvoll anzugehen, in die privaten Sphären der einzelnen Mitglieder abgegeben wird. Die Verarbeitung all dessen erfolgt in den Familien und Freundeskreisen, in ausführlichen Selbstgesprächen, manchmal auch in schlaflosen Nächten.

Mangel an kulturellem Bewusstsein

Die emotionale Anspannung entlädt sich über Klatsch und Tratsch in den privaten Räumen der Organisationskultur, in den Kantinen, auf Flurgesprächen, am Kopierer. Dadurch vertiefen sich die Gräben zwischen öffentlicher und privater Sphäre weiter; zumal, wenn als ein Ergebnis der Neuausrichtung nicht alle an Bord bleiben dürfen, das Personalkarussell sich dreht oder sich die Ranggewichte verschieben. Die öffentliche Sphäre degeneriert zur Schaubühne, die private zu einer großen Müllkippe des seelischen Kulturprozesses.

Mit der Zeit beruhigt sich auch das wieder, das Leben geht weiter, man richtet sich ein. Die Kultur aber hat, wie das bei Individuen ja auch passiert, wenn Transformationsprozesse unverarbeitet verlaufen, eine Wunde davongetragen: Die Atmosphäre hat sich verändert. Die Spaltung hat sich vertieft. Die Beziehungen haben gelitten. Die Identifikation der Mitglieder mit der Organisation hat abgenommen.

**Top-down-
Transformation**
Heutzutage kann es einem als Mitarbeiter passieren, dass man zwar seit fünf Jahren am selben Schreibtisch sitzt, einem aber bereits das dritte Firmenlogo vom Briefpapier entgegenprangt. Sprich: Top-down organisierte Transformationsprozesse als Folge notwendiger Neuanpassungen an die gesamtwirtschaftliche Dynamik sind keine Ausnahme mehr, sondern die Regel. Unternehmenskulturen, die so etwas innerhalb weniger Jahre mehrmals durchstehen müssen, machen – besonders, wenn noch Eignerwechsel im Spiel waren – oft einen etwas verwahrlosten Eindruck: Menschen können nicht immer wieder die gleiche psychische Energie investieren, um solche Krisen privat zu bewältigen. Während man sich weiterhin motiviert zeigt, nehmen privat Zynismus und Bitterkeit zu. Neue Mitarbeiter bekommen diese Stimmung zu spüren und werden über kurz oder lang davon infiziert. Hier wird offenbar, dass die Spaltung in der Seele jedes Mitglieds sich vertieft, wenn der kulturelle Spalt tiefer wird. Und die Spaltung wirkt auf die Kultur zurück. Man engagiert sich öffentlich so viel als nötig, um nicht unangenehm aufzufallen, und verwirklicht sich privat – auf Reisen, beim Bungee-Springen, in Modelleisenbahnvereinen oder psychologischen Trainingskursen.

Die Rolle der Führenden in demokratischen Systemen

In demokratischen Systemen, in denen die Geführten identisch mit dem Souverän sind (und auch die Politiker – als Personen), ist die Herausforderung für die Führenden deswegen so prekär, weil sie den Souverän alarmieren müssen, ohne die Bürger zu verunsichern; schließlich werden sie von diesen gewählt. Deswegen können die Politiker den Bürgern immer nur so viel Veränderung zumuten, wie diese als Souverän ertragen möchten (und so viel, wie sie selbst ihnen zutrauen). Das ist leicht, wenn viele gewinnen, und sehr schwer, wenn viele damit rechnen zu verlieren. (Die Neujahrsansprache von Bundeskanzlerin *Merkel* zum Jahreswechsel 2005 / 06 stand unter dem Motto: »Viele kleine Schritte in die richtige Richtung«.)

Im Unterschied zu autoritären Systemen, in denen die Möglichkeiten und Grenzen zur Entwicklung der Kultur vom Eigner gesetzt werden, findet in demokratischen Systemen kulturelle Entwicklung immer in einer Mehrheiten-Minderheiten-Dynamik statt.

In transformatorischen Krisen werden diejenigen, welche sie anklopfen hören, zunächst immer in der Minderheit sein – und auch die Politiker sind ja sowohl in ihrer Anzahl gegenüber den Bürgern wie auch als einzelne Personen innerhalb der Gruppe der Führenden in der Minderheit. Da der riesige öffentliche Raum eines demokratischen Systems es aber erlaubt, dass auch Minderheiten ihre Stimme erheben, ist es durchaus möglich, dass jemand aufsteht und das *»mene mene tekel upharsin«* an die Wand der öffentlichen Räumlichkeit sprayt (= die »Zeichen an der Wand« des Festsaals von König *Belsazar,* vom herbeigerufenen Propheten *Daniel* gelesen und als Untergangswarnung gedeutet: »gezählt, gewogen (und für zu leicht befunden) und geteilt«. *Belsazar* wurde noch in der gleichen Nacht von seinen Knechten erschlagen), und zwar innerhalb der Grenzen und in der Sprache, die die Kultur, deren systembedingte Korrumpierungen und heilige Kühe zulassen.

Stimme der Minderheit

Wölfe des Wandels Vieles, was wir in den vorangegangenen Kapiteln am Beispiel des deutschen nationalen öffentlichen Raums schon beschrieben haben, kommt hier zusammen: der Spalter in der Berliner Vier-Augen-Gesellschaft, die bewussten und unbewussten Reaktionen aller auf die nationalen Traumata, der Gründungsmythos der Bundesrepublik, das kulturelle Veränderungsverständnis oder der bipolare Kommunikationsstil. Es fällt schwer, sich auch nur vorzustellen, dass jemand im Bundestag aufsteht und sagt: »Ich befürchte, unsere liebe gemeinsame Kultur befindet sich in einer transformatorischen Krise.« Wenn man das als politischer Führer tut, wird man wahrscheinlich noch in derselben Nacht von seinen Knechten erschlagen, und das Land und seine Medien sind in Aufruhr. Tut man das als einfacher Abgeordneter, läuft man unmittelbar Gefahr, von den höherrangigen Wächtern der heiligen Kühe als Wolf des Wandels identifiziert und entwertet zu werden.

Erinnern wir uns noch einmal an die »visionären« (d. h. auf die diagnostizierte Krise eine echte Antwort suchenden) Steuervorschläge von *Paul Kirchhof* im Wahlkampf 2005: Ihnen wurde kurz hintereinander mehrfach und apodiktisch von verschiedenen Unions-Oberen beschieden, sie »passten nicht zum deutschen Gerechtigkeitsempfinden«, wären »in Deutschland kulturell nicht durchsetzbar«. Damit waren sie in der Konsequenz als undeutsch, als fremd gebrandmarkt und hatten keine Chance mehr auf rationale Diskussion.

Also sind wir, der Souverän, gefordert zu verhindern, dass unser öffentlicher Raum zu einer Schaubühne verkommt, indem wir uns bewusst werden, welche heiligen Kühe wir in diesem Raum hätscheln. Ein demokratisches System ist gefährdet, wenn in transformatorischen Zeiten mehr und mehr Souveräne, in offensichtlicher Unterschätzung ihres Ranges, auf die Idee verfallen, sich als Opfer ihrer Führenden zu fühlen.

Das letzte historische Referenzerlebnis führte zur Entmachtung der Führenden und zur Ermächtigung des Führers; zur Transformation der Weimarer Demokratie in die Nazidiktatur, die den Souverän als Nächstes aus seiner Souveränität entließ und zum Opfer ihrer Herrschaft machte. Auch für demokratische Systeme gilt: Sie können sich nur friedlich transformieren, wenn sich der Souverän transformiert. Dass so etwas durchaus glücken kann, sieht man an der fast tausendjährigen, fast immer friedlichen Geschichte der demokratischen Kulturentwicklung in England. Respekt, liebe Briten!

In transformatorischen Krisen verändert sich der Mythos

Ob eine Kultur einer transformatorischen Krise erliegt, ob sie geschunden oder siegreich, geschwächt oder gestärkt aus ihr hervorgeht – wie auch immer sie sie bewältigt, wird ihren Mythos verändern, denn sie ist jetzt eine andere. Die *Hall of Fame* wird mit neuen Statuen bestückt, eventuell müssen andere dafür weichen oder werden erst einmal im Archiv verstaut; man weiß ja nie. Eventuell gibt man sich neue Identitätsabzeichen und tauscht die Bildnisse in den Amtsstuben aus. Eventuell erhält die Kultur ein anderes System und nimmt andere Beziehungen nach außen auf.

Je nachdem, wie die Herrschenden im Transformationsprozess einer Kultur mit deren Mythos umgegangen sind, verändert sich auch die Beziehung ihrer Mitglieder zu diesem. Führende beziehen sich nämlich, wenn sie klug sind, in ihren Bemühungen, die Geführten ins Boot zu holen, auf die Erfolgsgeschichten, die Werte und Fähigkeiten der Vergangenheit, die beseelende und treibende Kraft des Mythos und verknüpfen all dies mit der Herausforderung der Neuausrichtung. Erliegen sie dabei allerdings der Versuchung, sich nach den Maßstäben der Kultur, die sie selbst repräsentieren, unanständig zu verhalten, oder instrumentalisieren sie den Mythos für Zwecke, die nicht mit diesem in Einklang zu bringen sind, hat das zwei Auswirkungen:

Auswirkungen bei Missbrauch des Mythos

1. *Die Spaltung zwischen öffentlichem Bekenntnis und privater Desillusionierung vertieft sich.* In vielen posttransformierten

Unternehmen hängen Leitsätze der Unternehmenskultur an den Wänden der Flure, die in Lobgesängen den unschätzbaren Wert der »menschlichen Ressourcen« und die Hochwertigkeit des Miteinanders preisen. Manchmal stehen diese Leitsätze in krassem Widerspruch zum Handeln der Führung und vieler anderer, insbesondere während Transformationszeiten. Über diese Leitsätze werden viele Witze gerissen, wenn man sich privat am Kaffeeautomaten trifft. Öffentlich sind sie unangreifbar, zumal sie oft in aufwändigen, von wohlmeinenden humanistischen Beratern moderierten Beteiligungsprozessen erarbeitet worden sind, an denen man schließlich selbst mitgewirkt hat.

2. *Der Mythos verliert ein mehr oder weniger großes Stück seiner Glaubwürdigkeit und seiner Kraft.* Man denke hier an die Re-Transformation der jungen französischen Republik durch *Napoleon* in eine aufgeklärte Gottkaisermonarchie, nachdem die Köpfe der Revolution, die Freiheit, Gleichheit und Brüderlichkeit im Munde führten, sich nach genau diesen Maßstäben skandalös danebenbenommen hatten. Wenn so etwas oft, lange oder intensiv genug geschieht, ist die Kraft des Mythos dahin, zumindest vorübergehend, und die Gemeinschaft droht zu zerfallen. Das ist mit dem sozialistischen Mythos passiert, nachdem er Jahrzehnte lang von den Herrschenden seiner Systeme in ihrem Handeln, nicht in ihren Worten, mit Füßen getreten worden war.

Gibt sich die Kultur in ihrem Transformationsprozess einen neuen Eigner / Souverän und ein neues Herrschaftssystem, wird die Geschichte dessen, wie alles begann und wurde, wie es ist, auf jeden Fall umgeschrieben – entsteht doch mit jedem neuen System eine eigene Kultur, auch wenn dieses bereits in einer Kultur wurzelt, aus der es hervorgegangen ist.

In den Traditionen der Fidji und im alten Indien wurde diese Wahrheit mythologisch überliefert – ihnen bedeutete die Inthro-

nisierung eines neuen Königs immer die Entstehung einer neuen
Welt.

Wir erinnern an die völlig unterschiedlichen geschichtlichen Fabeln, die den Kindern in den beiden Teilen Deutschlands in der Zeit des Kalten Krieges erzählt wurden, oder – noch viel drastischer – an die Utilisierung des germanischen Mythos und seine kreative Neufassung – um nicht zu sagen: Pervertierung – durch die *Hitler*-Diktatur. Für uns Deutsche hatte dieser Missbrauch, und unser eigenes Mittun daran, zur Folge, dass nach dem Untergang des Systems, als Europa in Schutt und Asche lag, nicht nur private und öffentliche Beziehungen korrumpiert waren, sondern darüber hinaus die mythologische Ebene des deutschen Lebens vergiftet, geschändet und unmöglich gemacht war.

Vergiftung der mythologischen Ebene

So etwas hinterlässt in der Seele eines Kulturanthropos ein tiefes Trauma, muss er doch, um zu überleben, eigentlich vergessen, wer er ist; und auch jede einzelne seiner Zellen muss das tun. Dieses Trauma beraubt das Individuum seiner Eingebundenheit in etwas, das größer ist als es selbst, etwas, das Sinn, Wert, Richtung und Maß gibt – als ob jemand den Stöpsel aus dem kontaminierten kulturellen Ozean gezogen hätte, alles Wasser abgelaufen wäre und man als kleiner Fisch auf dem trockenen Boden zappelte. Es führt zu einem tiefen Spalt, der das eigene Dasein vom Rest des inneren und äußeren Universums trennt. Als posttraumatische Reaktion kann man eigentlich nur noch einen »Zweckverband administrativer Qualität« mit »irgendeiner Art von Satzung« (*Spiegel* Nr. 50 / 2005) gründen. Dies, aber auch viele andere kulturelle Äußerungen der Deutschen (und anderer traumatisierter Europäer) in den Nachkriegsjahren – von der Naturlyrik der späten Vierziger bis zum Existenzialismus, vom deutschen Schlager der frühen Fünfziger (*Fred Bertelsmanns* »Lachender Vagabund« ist hier emblematisch: Existenzialismus für Spätheimkehrer) bis zur sehnsüchtigen Empfänglichkeit für den kulturellen Einfluss aus den Siegermächten – lassen sich nicht anders verstehen.

Zusammenfassung

*»Die Funktion des Mythos ist es, das menschliche Bewusstsein
mit seinen Voraussetzungen zu versöhnen.«*
J. CAMPBELL

*»Genau. Und die Funktion des menschlichen Bewusstseins ist es,
den Mythos mit seinen Voraussetzungen zu versöhnen.«*
DIE AUTOREN

Metaphern *Campbell* spielt in seiner Bemerkung auf die alles durchdringende
Macht an, die der Mythos für unser kollektives und natürlich
auch für unser individuelles Bewusstsein hat: Aus ihm gehen alle
Instrumente der Erkenntnis hervor. Seine Sprache, die der Me-
tapher, ist die einzige, die wir haben, um das Schöpferische zu
beschreiben oder zu verstehen. Mythen verbinden uns mit denen,
auf deren Schultern wir stehen, und sie erinnern uns an unsere
Verpflichtung gegenüber denen, die auf unseren Schultern stehen
werden. Mythen beschreiben die Figurenwelt unserer kollektiven
Psychologie, unserer Träume und Visionen. Mythen enthalten die
Werte und Un-Werte, aus denen sich die Regeln und Normen, die
Institutionen und Beziehungsstrukturen einer Kultur ableiten. Im
Mythos liegt immer das Verbindende, von der Zugehörigkeit zu
einer anderen Person bis zur Einheit des Lebendigen.

> **Der Mythos prägt unser Denken wie unser Fühlen, er
> umreißt die Art und die Spielräume unseres Fragens wie
> unseres Handelns. Er formt unser Bewusstsein und unser
> Unbewusstes.**

Was wir mit unserer Ergänzung zu *Campbells* Bemerkung meinen, ist: Dennoch können wir uns seiner bewusst werden, so dass
wir seiner Mächtigkeit nicht blind erliegen, sondern ihr sehenden
und verstehenden Auges begegnen, wenn der Mythos in der Gegenwart unseres öffentlichen Raumes wirkt.

Die kulturelle Bewusstseinspyramide

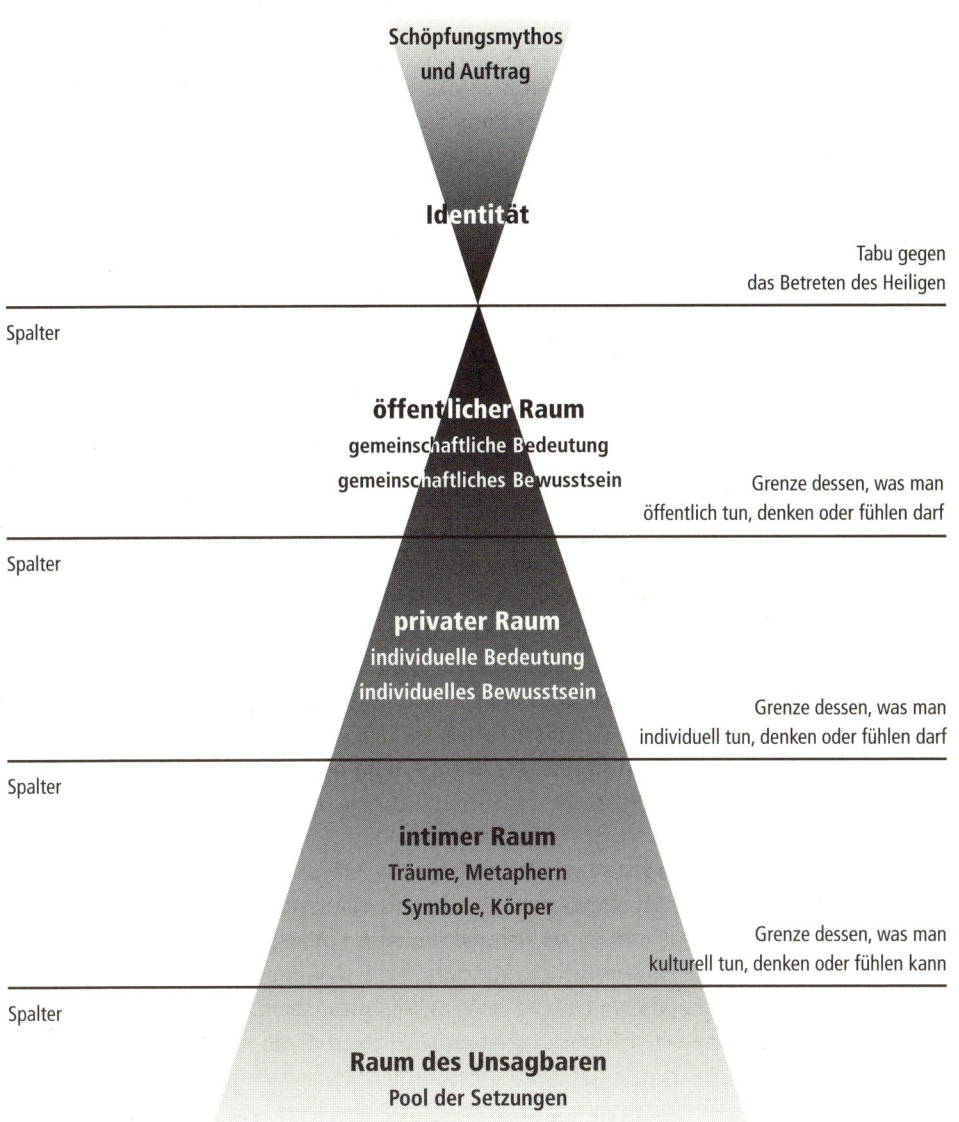

Schöpfungsmythos
und Auftrag

Identität

Tabu gegen
das Betreten des Heiligen

Spalter

öffentlicher Raum
gemeinschaftliche Bedeutung
gemeinschaftliches Bewusstsein

Grenze dessen, was man
öffentlich tun, denken oder fühlen darf

Spalter

privater Raum
individuelle Bedeutung
individuelles Bewusstsein

Grenze dessen, was man
individuell tun, denken oder fühlen darf

Spalter

intimer Raum
Träume, Metaphern
Symbole, Körper

Grenze dessen, was man
kulturell tun, denken oder fühlen kann

Spalter

Raum des Unsagbaren
Pool der Setzungen
schöpferisches Nichts

Auftrag und Identität

- Der Schöpfungsmythos verdichtet sich in der Mission / dem Auftrag und der Identität / der Rolle, welche die Kultur in Bezug auf ihren Auftrag einnimmt. So wie auf der systemischen Ebene der Eigner / Souverän tabu ist, weil er die Existenzgrundlagen des Systems repräsentiert, ist auf der kulturellen Ebene der Mythos tabu, weil er die Existenzgrundlagen der Kultur repräsentiert. Die Grenze, die gegen das »Betreten« des Mythos (seine Utilisierung, seine Manipulation, seinen Missbrauch) aufgerichtet ist, hat Tabucharakter, weil er Voraussetzung, Ursprung und *Elan vital* der Kultur ist und ihre Beziehung zum »Schöpfer« darstellt: Wer ihn zerstört, zerstört sich selbst. Deswegen ist eine Kultur, deren Mythos vergiftet oder korrumpiert ist, in ihrem Lebensnerv getroffen. Wenn der Mythos andererseits »heil« ist, überleben Kulturen sogar sehr lange Zeiten, selbst wenn sie als System besiegt, besetzt oder geknechtet wurden: Die jüdische Kultur hat zweitausend Jahre Vertreibung und den Holocaust überlebt, die griechische Kultur erhob sich nach vierhundert Jahren osmanischer Fremdherrschaft wieder, die islamischen Kulturen des Sowjetimperiums waren nach dessen Fall sofort wieder da usw.

Öffentlicher Raum

- Die kulturelle Identität eines Systems kristallisiert sich in seinem öffentlichen Raum. In ihm werden die identitätsnahen Werte und Einstellungen gelebt, weiterentwickelt und verteidigt. Der öffentliche Raum ist der Raum, in dem die Kultur das behandelt, was für das Ganze und seine Teile Bedeutung hat und wie sie mit dem Außen umgeht. In ihm findet das gemeinschaftliche Bewusstsein statt. Er wird in stillem Konsens markiert durch die Grenzen dessen, was man in der Kultur öffentlich tun, sagen oder fühlen darf.

Privater Raum

- Im privaten Raum findet sich das, was nicht der Gemeinschaft als Ganzer, wohl aber einzelnen Mitgliedern oder Subkulturen bewusst ist. Dies umfasst alles, was im öffentlichen Raum keinen Platz hat, was aber dennoch da ist und wirkt. Dazu gehören Gefühle, Beziehungen, Körperreaktionen, aber auch Sichtweisen, Standpunkte und Informationen. Er wird begrenzt durch das, was man überhaupt, also öffentlich oder privat, in der Kultur denken, fühlen oder tun darf. Jenseits dieser Grenze beginnt die Intimität.

- Während die öffentlichen und privaten Räume beide zur Sphäre des kulturell Bewussten gehören – wenn dieses auch durch die Grenze zwischen beiden gespalten ist –, beginnt der Raum des kulturell Unbewussten dort, wo auch der des individuell Unbewussten ansetzt. Dies ist das Traumland, bevölkert von mythologischen Figurenwelten, in der alles seinen Platz hat, was nicht privat und schon gar nicht öffentlich zur kulturellen Konsensrealität gehört. Dies ist der große Bauch der Kultur, der, dem Bewusstsein enthoben, alles verdaut, wiederkäut und ausspuckt, was in Gestalt, Beziehung und Prozess abzubilden ist.

Das kulturell Unbewusste

- Jenseits dieses Raumes liegt das Unaussprechliche, das Namenlose, das Nichts, aus dem im Schöpfungsakt das Etwas erneut hervorgeht.

Das Unaussprechliche

In unserer Kultur haben wir sowohl einen riesigen öffentlichen Raum als auch eine Vielzahl von Wissen schaffenden Disziplinen, die aus ihrer jeweiligen Perspektive Informationen bereitstellen.

Warum gelingt es uns so wenig, beides zu nutzen, um uns über unsere spezifische *Conditio humana* klar zu werden?

Eine der Ursachen mag darin liegen, dass sich in unserer hochkomplexen Kultur auch die Domänen menschlicher Erkenntnis gespalten haben, und zwar entlang der Grenzen, die zwischen den kulturellen Bewusstseinssphären gezogen sind. Jede dieser Domänen hat, ihrem eigenen Mythos folgend, innerhalb ihres eigenen Erkenntnisfeldes ihre eigene Subkultur entwickelt, mit ihren eigenen heiligen Kühen und Begrenzungen, mit ihren eigenen Mehrheiten- und Minderheitsprozessen, mit ihrem eigenen Kosmos, innerhalb dessen sie komplett ist.

Jeder Vertreter einer Domäne kann sich öffentlich mit Autorität (und innerhalb seiner Rollenethik) nur über sie selbst äußern. Politikwissenschaftler kennen sich nur mit Politik aus, Verkehrswissenschaftler nur mit Verkehr, Juristen nur mit Recht. Wirtschaftswissenschaftler wissen nur etwas über Wirtschaft, und, obwohl sie oft sagen, fünfzig Prozent der Wirtschaft sei Psychologie, erstaunlich wenig über Psychologie. Der Tätigkeitsbereich dieser Disziplinen ist die öffentliche Sphäre. Psychologen sind fast ausschließlich in der privaten Sphäre tätig; Psychotherapeuten arbeiten an der Grenze zwischen dem Privaten und dem Intimen; Mediziner unterhalb dieser Grenze im Bereich der dem Bewusstsein fernen physischen Äquivalente seiner selbst. Genforscher und Kernphysiker arbeiten hart an der Grenze des kulturellen Weltmodells, schon in den tiefsten Tiefen des Traumlandes, aber natürlich nirgendwo sonst.

Fragmentierte Maßnahmen Niemandem vorzuwerfen, aber trotzdem tragisch ist dies, weil es dem Auftrag der wissenschaftlichen Domänen – Wissen zu schaffen – zuwiderläuft: Man spricht verschiedene Sprachen, redet von verschiedenen Dingen, aneinander vorbei und in Abgrenzung zueinander. Man erhebt öffentlich verschiedene Forderungen auf Kosten voneinander. Es herrscht eine fast babylonische Fragmentierung des gemeinschaftlichen Bewusstseins (vgl. *Bohm* 2002), welche der Grund dafür ist, dass im öffentlichen Raum mit fragmentierten Maßnahmen in alle Richtungen irgendwie geantwortet wird.

Kohärente gemeinschaftliche Bedeutung kann nur gewonnen werden, wenn auch die tieferen Schichten des kulturellen Bewusstseins im öffentlichen Raum eingeladen und »angezapft« werden. Erst dann haben die Fragmente eine Chance, an ihren jeweiligen Platz zu fallen.

Wer also setzt die Puzzleteile unseres enormen Wissens zusammen, sortiert es nach seiner Bedeutung, extrahiert das Wesentliche aus dem Partikularen, gräbt das Heilige aus dem Trivialen aus und deckt das Mondäne im Heiligen auf?

Sie ahnen es schon, liebe Leserin, lieber Leser: Es bleibt mal wieder alles bei uns hängen, bei uns als Personen und bei uns als Souverän unseres Gemeinwesens. Und das ist ja genau das, was wir ständig tun. Wir informieren uns und werden informiert.

Die ausgesandten Jagdhunde der Wissensgesellschaft apportieren ständig Wissensbrocken aus den vielfältigen Jagdrevieren der Erkenntnis, legen sie vor uns hin, erwarten ein Streicheln und rasen wieder los. Wir sitzen zu Hause und versuchen zu verstehen.

Die größte Ressource, die wir dabei nutzen (Gott sei Dank kann unser Gehirn gar nicht anders), ist unser gesunder Menschenverstand – oft kopiert und nie erreicht, oft kritisiert und doch nicht totzukriegen, besonders unbeliebt bei und gefürchtet von den Hütern der heiligen Kühe aller Kulturen (*Tucholskys* Zitat der in Herrscherkreisen privat kursierenden Mahnung »*Das Volk ist dumm, aber gerissen!*«). Den haben natürlich auch Wissenschaftler, zumindest außerhalb des Bereichs ihrer Expertise, und Politiker, zumindest außerhalb des Bereichs ihrer Rollenverstrickungen, also privat.

Gesunder Menschenverstand

Mit diesem gesunden Menschenverstand betrachtet, ist das, was wir in unseren öffentlichen Räumen zustande bringen, dümmer als das, dessen wir uns als Personen bewusst sind. Wie merkwürdig. Wenn wir das verändern wollen, müssen wir unsere Privatsphäre verlassen und mit unserer Wachheit, unserem Wissen und unseren Fragen im öffentlichen Raum zusammenkommen. Erst in dieser gemeinschaftlichen Anstrengung kann aus gesundem Menschenverstand in des Wortes tiefer und vielschichtiger Bedeutung *Common Sense* werden.

4. Sprache

»Das Ende meiner Sprache ist das Ende meiner Welt.«
LUDWIG WITTGENSTEIN

Sie erinnern sich noch an die Geschichte mit den Hühnern zu Beginn dieses Teils? Die Indianer konnten in der fremdartigen Bilderflut deswegen nichts anderes als Hühner sehen, weil sie für nichts anderes ein mentales Konzept hatten. Sprich: Sie hatten für nichts anderes ein Wort.

Was wir nicht benennen, nehmen wir nicht wahr. Was wir wahrnehmen, benennen wir. Wir sehen die Welt durch Sprache, und wir erschaffen sie durch Sprache. Sprache ist das Trägermedium von Kultur, denn Kultur findet immer in Sprache statt und Sprache immer in Kultur. Beides ist ohne einander nicht denkbar.

Wie genau wir unsere kulturelle Welt in Sprache und Sprachgebrauch täglich erschaffen, wollen wir auf den folgenden Seiten auffächern, denn kulturelle Bewusstheit ist schwierig zu erlangen, solange wir denken, unsere Sprache sei die Welt.

Schwierigkeit der Sprache Jeder Versuch, sich der eigenen Sprache, und damit der eigenen kulturellen Welt, bewusster zu werden, hat allerdings mit einer Schwierigkeit zu kämpfen: Zum einen benutzen wir Sprache sehr bewusst. Wir überlegen uns gut, wie wir sagen, was wir sagen wollen. Wir wählen unsere Ausdrucksweise sorgfältig und setzen unsere Worte mit Bedacht. Kurz: Wir beherrschen unsere Muttersprache. Zum anderen ist sie uns so selbstverständlich, so sehr Fleisch und Blut, und natürlich in so frühem Lebensalter erworben, dass sie unser Wahrnehmen, Denken und Sprechen mehr prägt, als uns überhaupt klar sein kann. Kurz: Unsere Muttersprache beherrscht unser Bewusstsein.

Deshalb wollen wir in diesem Kapitel

- der Frage nachgehen, wie wir einander die gemeinsame kulturelle Welt durch das bestätigen, was wir sagen, und genauso durch das, was wir nicht sagen
- untersuchen, welche Folgen das für unser ganz normales, individuelles und kollektives Bewusstsein hat
- aufdecken, wie der stille Konsens sich im Sprachgebrauch versteckt
- beleuchten, welche Vorannahmen über das Leben und die Welt sich in unserer Sprache ausdrücken, wie diese entstanden sind und wie sie unseren kulturellen Bedeutungsraum formen – den Raum also, der alle Sphären der kulturellen Bewusstseinspyramide umfasst
- veranschaulichen, wie der Mythos besonders im öffentlichen Sprachgebrauch sichtbar wird
- präzisieren, wie die kulturelle Spaltung darin zugänglich wird, wie wir unsere Sprache im öffentlichen Raum benutzen.

Kommunikation und Kommunion in Sprache

Ursprung und Kern von Sprache und Kultur ist die menschliche **Symbole**
Fähigkeit, mit Symbolen umzugehen: Etwas steht für etwas anderes, das es selbst nicht ist. Unsere kulturelle Welt ist voller Symbole, ist geradezu auf sie gebaut. Überall verweisen Zeichen auf etwas, das sie selbst nicht sind: Verkehrszeichen, Werbeplakate, Landkarten, gesprochene und geschriebene Wörter, Filme, Geld,

religiöse und weltliche Symbole aller Art. Die Symbole, mit denen wir umgehen und von denen wir ja ständig neue erfinden, müssen nicht einmal irgendeine Ähnlichkeit mit dem haben, wofür sie stehen. Das Wort »Haus« z. B. hat keine Ähnlichkeit mit dem großen, viereckigen Gegenstand, den es bezeichnet.

Dann gibt es auch noch Symbole, die gar nicht für etwas Reales stehen, sondern für andere Symbole oder ganze Gruppen davon. Dieser Abschnitt ist ein Beispiel dafür, denn er handelt ja von Symbolen. Trotzdem jonglieren wir mit ihnen in schlafwandlerischer Sicherheit – dieser bei Licht besehen ungeheuerliche Akt, den wir jeden Morgen vollbringen, wenn wir dem Bäcker eine Münze auf die Ladentheke legen, »vier Elsässer« sagen und dafür Brötchen von ihm erhalten. Struppi, der draußen warten muss, wird das sein Leben lang nicht verstehen. Es gibt gute Gründe anzunehmen, dass in unserer Evolution Sprach-, Kultur- und Gehirnentwicklung Hand in Hand in Hand verlaufen sind (vgl. *Deacon* 1998).

Kommunikation In unserem Zusammenhang sind zwei kulturelle Funktionen der Sprache wichtig: Die erste und offensichtliche ist: Sprache dient der Kommunikation. Kommunikation ist der Austausch von Information. Information ist definiert durch den Unterschied, den sie macht. Information ist »*der Unterschied, der einen Unterschied macht*« *(G. Bateson)*. Zur Verdeutlichung: Wenn die Sonne am Himmel eine Minute weiterwandert, ist das zwar ein Unterschied, aber keiner, den wir benennen, weil er für uns nicht bedeutsam ist. Der Unterschied muss größer sein, damit wir ihn in unserer Umgangssprache als Information bezeichnen: später Vormittag, Mittag, früher Nachmittag usw.

> **In Sprache kommunizieren wir also Unterschiede, indem wir Symbole benutzen, die in ihrer Beziehung zueinander diese Unterschiede repräsentieren. Wenn es keinen Unterschied gibt, gibt es nichts zu kommunizieren, und wenn das, was kommuniziert wird, keinen Unterschied, also keine Information enthält, ist es eine Redundanz.**

Symbolische Interaktion in Sprache geht so:

»Morgen.«		Eintreten	
	»Morgen.«		Aufschauen, lächeln
»Vier Elsässer, bitte.«		Einsfünfzig auf die Ladentheke	
	»Sehr gerne, vier Elsässer.«	Brötchen in die Tüte und auf die Theke	
	»Sonst noch?«	Geld nehmen, Wechselgeld hinlegen	
»Nein, danke.«		Wechselgeld nehmen	
	»Schönen Tag noch.«		Rausgehen
»Ebenso.«		Struppi losbinden	

Jedes Wort steht für etwas, das es selbst nicht ist; Münzen stehen für etwas, das sie selbst nicht sind; die Anzahl der Brötchen steht für eine bestimmte Anzahl der Münzen, die aber noch für eine Menge andere Sachen stehen, die Reihenfolge der Symbole steht für etwas, das sie selbst nicht sind …

Das ist symbolische Kommunikation in Sprache. Kein Wunder, dass Struppi nicht mitkommt.

Die zweite kulturelle Funktion ist weniger offensichtlich, aber **Kommunion** ebenso wichtig wie die der Kommunikation:

Sprache formt und begrenzt den kulturellen Bedeutungsraum. Sie fasst das in sprachliche Symbole, was für eine Gruppe bedeutungsvoll ist und sie erst dadurch zu einer Gemeinschaft macht; das, was uns als Einzelnen das Gefühl gibt, unsere Welt mit anderen zu teilen.

Die zweite Funktion der Sprache ist somit die der Kommunion, der Einheit-in-Bedeutung. Diese ist Hintergrund und Voraussetzung dafür, dass wir mit Begriffen Unterschiede kommunizieren können und verstanden werden. Wenn irgendetwas Einzelnes, dann ist der Bedeutungsraum, den wir sprachlich in Kommunion und Kommunikation erschaffen, der kulturelle Ozean, in dem wir schwimmen.

Jeder von uns weiß, was es bedeutet, »dieselbe Sprache« zu sprechen, oder was es bedeutet, das eben nicht zu tun. Jeder, der allein in einem fremden Land gewesen ist, weiß, wie abgetrennt, hilflos und reduziert man sich fühlt, wenn man die Sprache nicht versteht und Bedeutung nicht mit anderen teilen kann. Das Schlimmste, was man einer unterworfenen und unterjochten Kultur antun kann, ist, ihr die eigene Sprache auszutreiben.

Heimat Einheit ist die Abwesenheit von Unterschied, das Gleiche. Oben hieß es: Wo kein Unterschied ist, gibt es nichts zu kommunizieren. Das ist ja genau die Erleichterung und Entspannung, die über uns kommt, wenn wir aus der Fremde nach Hause zurückkommen: dass wir uns nicht ständig erklären müssen, dass wir keine dummen Fragen stellen müssen, dass wir nicht mehr in Gefahr sind, unerkannte Fettnäpfe zu betreten, dass wir wissen, was man nicht sagen muss oder braucht – dass wir wieder so reden können, wie »uns der Schnabel gewachsen ist«, denn wir sind zurück in der Gleichheit. Heimat ist die Selbstverständlichkeit unserer Teilhabe an einem gemeinschaftlichen Bedeutungsraum. Wie also kriegen wir es fertig, in unserer Heimat in Sprache Einheit zu symbolisieren, ohne dass wir einander ständig sagen müssten: »Wir sind alle eins« (was, nebenbei gesagt, auch nicht den gewünschten Effekt hätte, es sei denn, wir würden es tatsächlich gemeinsam singen)? Wie findet Kommunion in Sprache statt? Ganz einfach, es gibt nur eine Möglichkeit: durch Weglassen von Information – durch das, was wir *nicht* sagen, durch unvollständige Sätze, durch unspezifische Wendungen, durch nichtssagende Floskeln, Allgemeinplätze, getilgte Bezüge und Redundanzen.

Sprache als Trägermedium kultureller Kommunion ist ebenso in unserem morgendlichen Bäckerdialog enthalten wie die Kommunikation von Unterschieden:

»Morgen.«	Das ist keine Information. Dass es Morgen ist, ist offensichtlich.
»Morgen.«	Das ist schon mal gar keine Information, sondern die Wiederholung einer Offensichtlichkeit. Wiederholung ist Redundanz. Die vollständige sprachliche Mitteilung müsste heißen: »Ich wünsche Ihnen einen guten Morgen!« Wenn ein Eintretender das aber genau so schmetterte, würde der Bäcker sofort von etwas Fremdem angeflogen.
»Vier Elsässer, bitte.«	Kommunion durch Weglassen: Die einheitsstiftende Unterstellung, der andere werde schon verstehen, dass es sich nicht um vier Männer aus dem Elsass handelt, sondern um Brötchen, die auch nicht einfach erscheinen sollen, sondern zum späteren Verzehr gekauft werden.
»Sehr gerne, vier Elsässer.«	Redundante Elsässer. Ansonsten, ist »sehr gerne« ein Ausdruck der Leidenschaft, mit der Elsässer Elsässer sind, oder der Art ihres Erscheinens, oder von wem oder was? Egal, so genau wollen wir es auch nicht wissen.
»Sonst noch?«	Kürzelsprache, wie oben. Man braucht die vollständigen Sätze nicht, weil die gemeinsame Bedeutung vorausgesetzt und in der Weglassung geradezu gefeiert wird.

»Nein, danke.«	Manchmal, während das Wechselgeld über die Theke geht, hat der Dialog noch einen Höhepunkt von dieser Art:
»Gott ist das kalt heute.« »Soll ja noch kälter werden.« »So ist das. Na denn.«	Redundanzen, Offensichtlichkeiten, Allgemeinplätze und Weglassungen tanzen Ballett. Es geht nicht um Unterschiede, sondern um ein sprachliches Ritual der Verbundenheit, um Kommunion.
»Schönen Tag noch.« »Ebenso.«	Die stillschweigende Vorannahme, dass der Tag bisher schon schön war, die Vorannahme, dass der Kunde nicht gerade seine Henkersmahlzeit vor der Hinrichtung gekauft hat, … man will ja schließlich auch keine Probleme hören. Ebenso.

Struppi versteht, dass sich eben wieder zwei Angehörige der Herrchenrasse zusammengetan haben, um zu zaubern, und dass er daran keinen Anteil hat.

Bedürfnis nach Einbindung Wir verstehen, dass Kommunikation und Kommunion integrale Bestandteile jeder menschlichen Interaktion in Sprache sind. Sie durchdringen sich ständig in der Art, wie wir unsere Sprache gebrauchen. Unser Bedürfnis nach Eingebundenheit in einen gemeinsamen Bedeutungsraum ist so existenziell und so fragil, dass wir uns ihrer von Minute zu Minute in jeder Begegnung versichern müssen – selbst beim Brötchenkauf, der ja nur eine sehr flüchtige Begegnung beinhaltet. Deswegen suchen wir, wenn wir jemanden frisch kennenlernen, sofort nach Gemeinsamkeiten und nehmen erst mal jede, die sich anbietet oder aufdrängt. Deswegen passt man sich als Neuer in einer Organisation so gerne und unbedingt an, indem man so schnell wie möglich den kulturellen Sprachgebrauch übernimmt. Richtig angekommen ist man erst, wenn man alle Abkürzungen draufhat (also weiß, was in den Kürzeln alles weggelassen ist) und den Jargon beherrscht. Deswegen sind wir in der Regel viel eher bereit, an unserer eigenen Wahrnehmung und uns selbst zu zweifeln, uns innerlich zu spalten, als unsere Zugehörigkeit zu unserer Einheit-in-Bedeutung zu riskieren.

Das alles ist verständlich, wenn man sich klarmacht, dass es ohne einen gemeinsamen Bedeutungsraum schlichtweg keine Information gibt: Es gibt kein Einverständnis über den Unterschied, den sie macht. Gemeinschaftliche Bedeutung ist der stille Konsens über den spezifischen Unterschied, den eine Information macht. Still ist dieser Konsens, weil er hauptsächlich in weggelassenen oder redundanten »Informationen« zum Ausdruck kommt. Diese schwingen als »Konnotationen«, als Obertöne, in den Wörtern mit, die wir benutzen.

Das deutsche Wort »Liebe« z. B. lässt sich klar und einfach ins Englische mit »love« übersetzen. Die kulturspezifischen Obertöne des Begriffes sind aber sehr unterschiedlich: Während »lieben« für uns Deutsche etwas Tiefes und Erhabenes hat und scharf von »mögen« abgegrenzt ist, gehen besonders die Amerikaner damit sehr viel liberaler um. Sie »lieben« alles Mögliche, sogar Hamburger. Das kommt uns dann oberflächlich vor. Und das wiederum würde einen Amerikaner sehr überraschen. In jedem Wort klingen also Verknüpfungen und Qualitäten mit an, die im Wort selbst nicht enthalten sind, die wir aber in Kommunion als selbstverständlich voraussetzen, wenn wir es benutzen.

Anklingende Obertöne

Das Weggelassene und das Überflüssige sind die Stille, vor der die kulturelle Musik gespielt wird, der Bedeutungshintergrund, der aus Geräusch erst Musik macht.

Gemeinschaftstrance und stiller Konsens

Trance Wenn wir mit anderen Mitgliedern unserer Kultur in Sprache interagieren, befinden wir uns immer in einem gegenseitig induzierten, Kommunion und Kommunikation verschränkenden Signal- und Zustandsfluss. Das ist, technisch gesehen, eine Trance. Trance, das weiß jeder Hypnotherapeut, induziert man mit Offensichtlichkeiten, Redundanzen, Generalisierungen (als Tilgung von Unterschieden), unvollständigen Sätzen, mit eingebetteten Informationen, mit getilgten Bezügen und Wiederholungen, und Wiederholungen ... (siehe z. B. *Milton Erickson*). Dieser eigenartige Schwebezustand zwischen Traum und Wachsein entsteht dadurch, dass unser Gehirn gar nicht anders kann, als alles Weggelassene und Unvollständige mit eigenen Bezugserlebnissen, Bildern, Vorstellungen, Wünschen oder Erinnerungen zu verknüpfen, die aufgerufen werden, während wir hören (oder lesen), was die andere Person sagt. Immer, wenn wir mit einem Teil oder mit unserer ganzen Aufmerksamkeit in diesem »inneren Film« sind, sind wir in Trance. In ihr erhalten die eingebetteten Informationen ihre Bedeutung, die wir dann wieder nach außen geben. Unser kulturelles Alltagsbewusstsein ist eine Trance, in die wir uns tagtäglich gegenseitig versetzen, einfach indem wir miteinander reden, wie wir reden.

Richtig ticken So weit, so gut, könnte man sagen, es ist ja alles auch ganz zauberhaft, wie das so funktioniert; und das ist es. Es liegt aber in all dem etwas Beunruhigendes, und das hat damit zu tun, dass ein stiller Konsens, die Gemeinschaftstrance, nur so lange funktioniert, wie er still bleibt. Man könnte schon beim Bäcker ein sehr verstörendes Entrée haben, wenn man sagte: »*Ich wünsche Ihnen einen guten Morgen. Kann ich davon ausgehen, dass wir einen gemeinschaftlichen Bedeutungsraum miteinander teilen, der es erlaubt, dass Sie mir, wenn ich ›vier Elsässer‹ sage, gegen Barzahlung Brötchen in entsprechender Anzahl geben?*« Von da an würde man vom Bäcker mit der vernichtenden Nachsicht behandelt werden, die jenen entgegengebracht wird, die nicht ganz richtig ticken.

Jeder Versuch, einen stillen Konsens explizit zu machen, zerstört ihn und gefährdet ganz akut die Einheit-in-Bedeutung.

Deswegen sind individuelle (private) Wahrheit und gemeinschaftliche (öffentliche) Bedeutung nicht immer die besten Freunde. Deshalb sortieren wir so überaus sorgfältig, was und wie viel von unserer persönlichen Wahrheit wir in den öffentlichen Raum unserer Gemeinschaft einbringen. Im Normalfall ist das nicht mehr, als wir unserer Einheit-in-Bedeutung zumuten möchten. Dabei spielt es eine untergeordnete Rolle, welchen Rang wir in dieser Gemeinschaft einnehmen, aber eine große Rolle, wie abhängig wir von ihr sind und sie von uns. Wenn wir unabhängig sind oder werden, können wir uns eine Menge erlauben – das ist die Lottogewinnerfantasie: endlich mal allen die Meinung geigen! Wenn wir existenziell abhängig sind (Kinder z.B. sind das), spalten wir uns lieber komplett, versetzen uns selbst in Trance und ziehen es vor, in (meist) kontrollierter Schizophrenie zu leben, als die Gemeinschaftstrance zu verstören.

So mächtig ist dieser stille Konsens, dass wir uns fast, und manchmal wirklich, für ihn opfern. Es braucht oft einen schmerzvollen persönlichen Transformationsprozess, bevor wir den Mut aufbringen können, die anderen mit unserer eigenen Wahrheit zu konfrontieren und damit den stillen Konsens ans Licht holen: Der Film *Das Fest* aus der dänischen *DOGMA-Gruppe* (Regie: *Tomas Vinterberg*, Spezialpreis der Jury Cannes 1998) erzählt, wie der älteste Sohn, zum 60. Geburtstag seines Vaters aus dem Ausland angereist, die versammelte Festgemeinschaft in seiner Ansprache mit der Wahrheit konfrontiert, dass sein Vater ihn und seine Zwillingsschwester (die sich inzwischen das Leben genommen hat), als Kinder regelmäßig sexuell missbrauchte. Der Film schildert den Prozess von der Dekonstruktion der Gemeinschaftstrance (alle hatten natürlich irgendwie Bescheid gewusst, privat), dem Zusammenbrechen des gemeinschaftlichen Bedeutungsraums und seiner Transformation. Wie im Leben.

Selbstopferung für stillen Konsens

So fragil ist dieser Konsens, dass er ständig in sprachlicher (Nicht-)Kommunikation neu etabliert werden muss. Er ist so zart, dass »ein falsches Wort«, dass jedes Kind, jeder Betrunkene (deswegen sind Familien- und Betriebsfeiern so brisant), jeder Narr ihn jederzeit aufdecken kann, so dass er wie ein Kartenhaus zusammenstürzt.

Komplizenschaft Sogar Struppi kann das, wenn er unter den Partygästen einer Dame zur Begrüßung schwanzwedelnd das Gesicht schleckt, die sein Herrchen eigentlich gar nicht kennen dürfte. Der »Wahnsinn«, an dessen Rand *Paul Kirchhof* seine Aufpasser in der Berliner »Vier-Augen-Gesellschaft« ständig brachte, war genau deren Panik, er könnte in seinem parzivalesken Ungestüm den stillen Konsens dieser Gesellschaft verstören oder gar explizieren. Man muss immerzu enorm auf der Hut sein, besonders, wenn die Einheit-in-Bedeutung auch eine Komplizenschaft in etwas beinhaltet, das nach den eigenen Werthaltungen kein Konsens ist und sein kann.

Letzten Endes, am Ende des Tages sozusagen, ist unser individuelles Bewusstsein, unser schon gepriesener wacher Menschenverstand aber mächtiger als die Kommunions-Kommunikations-Spaghetti der Alltagstrance. Sonst gäbe es keine Entwicklung, und so unbewusst ist uns das Ganze ja auch nicht; wir neigen nur dazu zu denken: So ist das Leben eben.

In Zeiten sich global entfaltender Multipolarität in Konkurrenz und Abhängigkeit, die als Signale einer transformatorischen Krise an die Haustür unserer Kultur klopfen, sind wir allerdings aufgefordert, den Fernseher auszuschalten, uns aufrecht hinzusetzen, durchzuatmen, den lieben gesunden Menschenverstand einzuschalten – und dem »So ist das Leben« die Kernfrage kultureller Bewusstwerdung entgegenzuhalten: *Wer sagt das?*

Kulturelle Archetypen in Sprache

Um das zu erleichtern, möchten wir auf den folgenden Seiten die Stille zwischen und hinter den Tönen, die jene erst Musik werden lässt, zum Erklingen bringen, indem wir den kulturellen Bedeutungshintergrund, der durch unseren Sprachgebrauch hindurchscheint, ein wenig ausleuchten. Dieser Hintergrund wird, wenn man es mythologisch ausdrückt, durch kulturelle Archetypen gebildet; wenn man es logisch ausdrückt, durch die Vorannahmen und Setzungen, auf die unser kulturelles Bewusstsein-in-Sprache, auf die unser kultureller Bedeutungsraum errichtet ist.

Bedeutungshintergrund

Ob wir die Archetypen nun so oder so benennen, sie haben drei Eigenschaften:

1. Sie sind nicht beweisbar.
2. Weil unsere Wahrnehmung und unsere Bedeutungsgebung auf sie als etwas Selbstverständlichem aufbauen, sind sie unserem Alltagsbewusstsein entrückt.
3. Da das Bewusstsein, auf sie gründend, sie wieder erschafft, bestätigen sie sich selbst.

Deswegen denken wir auch hier, ganz besonders hier: So ist die Welt doch! Aber Obacht – Kultur ist nicht Welt. Und übrigens haben die Wölfe des Wandels leider keinerlei Respekt vor Vorannahmen.

Raum

Welches Bild schießt Ihnen in den Kopf, wenn Sie das Wort »Raum« lesen? Wahrscheinlich so etwas wie ein kugelförmiger oder eckiger, allerdings sehr, sehr großer Raum, in dessen Mitte man sich selbst befindet und der ansonsten ganz leer oder mit irgendwelchen Dingen gefüllt ist. Das ist ziemlich genau unser kulturelles Konzept von Raum: eine dreidimensionale Ausgedehntheit, leer, irgendwie unendlich, irgendwie begrenzt, wir mittendrin. Dieses mentale Konzept verkörpert sich in der abend-

Kulturelles Raumkonzept

ländischen Kultur mit der Transformation der Romanik zur Gotik (ab ca. 1200), zunächst am eindrucksvollsten in den gotischen Domen. Die Griechen, die Erfinder der euklidischen Geometrie, hatten dieses Konzept nicht; ihre Kultur war eine der Nähe. Es liegt der Erfindung der Schusswaffen (welche die Ferne überwinden – die Chinesen hatten die Technik, aber nicht das Raumkonzept, um auf den Gedanken zu kommen, sie zu einer Waffe zu machen: Was soll man in der Ferne, wenn man bereits das »Reich der Mitte« ist?) genauso zugrunde wie den Entdeckungsreisen von *Columbus* und *Magellan*. Ihm entsprang die Entwicklung der Perspektive in der Malerei der Renaissance ebenso wie die Ordnung des Ton-Raums in der wohltemperierten Stimmung *Andreas Werckmeisters*. Aus ihm ging die Geist-Materie-Trennung *Descartes'* hervor wie die Physik *Newtons* und die Philosophie *Kants,* die Musik *Bachs,* die Entwicklung der Telefonie, des Fernsehens, der Raumfahrt ... – einfach unserer Welt, wie wir sie kennen.

Der Raum im Sprachgebrauch

Unser kulturelles Konzept von Raum spiegelt sich in vielfältiger Weise in unserem Sprachgebrauch: Wir »erhöhen« unsere Aufmerksamkeit, wir »durchdringen« das Problem, wir suchen nach »dahinterliegenden« Ursachen, wir »vertiefen« unser Verständnis, wir machen »große Fortschritte«, verzichten aber aus »übergeordneten« Gesichtspunkten auf »weiter reichende« Schlussfolgerungen und »bleiben« letztlich »hinter den Erwartungen zurück«, die allerdings auch »hoch gesteckt« waren. Alle diese Begriffe rufen räumliche Bilder hervor. Wir brauchen nur auf diesen Text zu schauen. Wir sprechen von einem Konzept, das sich in etwas »spiegelt«, weiter oben »schien« es »durch« etwas, wir sprechen vom Bedeutungs-»Hintergrund«, wir entwerfen eine Bewusstseins-»Pyramide«, in der es einen öffentlichen »Raum« gibt usw.

Metaphern

Der Witz an der Sache ist: Die Begriffe suggerieren etwas Räumliches, wo bei Licht besehen (schon wieder!) nichts Räumliches ist. Sie sind Metaphern. Vertieftes Verständnis sucht man nicht, indem man in den Keller hinabsteigt. Um Fortschritte zu machen, muss man nicht wirklich auf Wanderschaft gehen. Übergeordnete Gesichtspunkte sind nicht auf dem obersten Regalbrett zu finden, und der öffentliche Raum ist nicht unbedingt identisch mit einem Ort, es gibt ihn ja auch übers Telefon. Wenn wir uns vorstellen, dass wir in Deutschland »*viele kleine Schritte in die richtige Richtung*« gehen, dass also endlich »*ein Ruck durch dieses Land geht*«, hat beides wenig Ähnlichkeit mit den konkreten gesellschaftlichen Prozessen, zu denen wir herausgefordert sind, aber es ruft einfache räumliche Bilder hervor, die irgendwie ermutigend wirken, auch beruhigend und gemeinschaftsstiftend, denn sie enthalten vor allem keine Beziehungskonflikte. Selten wurde in Deutschland so einmütig rhythmisch genickt wie bei und nach der Berliner Ruck-Rede von *Roman Herzog* 1997.

Wir können gar nicht anders, als in Metaphern des Raumes zu sprechen – während wir uns allerdings selten bewusst sind, wie sehr wir das tun bzw. wie sehr die Begriffe, die wir ganz selbstverständlich benutzen, metaphorisch sind. In ihnen feiern wir in Kommunion unsere kulturellen Archetypen, unseren Bedeutungshintergrund.

Metaphern, räumliche und andere, wirken so verbindend und einheitsstiftend, weil sie unspezifisch sind. Sie führen einen in Trance: Alle nicken rhythmisch in Kommunion, während die inneren Bilder davon, wer genau da wen oder was wie wohin zu rücken hat, wahrscheinlich bei jedem Einzelnen anders sind.

Wenn der Ruck dann durch Deutschland geht und an die Haustüren klopft, um anzufragen, ob jemand mitrücken möchte, wird er allerorten abgewiesen, weil man sich so direkt jetzt auch nicht angesprochen gefühlt hatte, und darüber fühlt sich der Ruck einsam und unwillkommen und geht lieber woandershin …

Man muss wirklich höllisch aufpassen mit den Metaphern des Raumes: Sie haben große suggestive Kraft, weil sie unsere kulturellen Grundkoordinaten bestätigen. Werden sie aber im öffentlichen Raum benutzt, um Gemeinschaft herzustellen – was sie tun –, können sie auch vernebeln, worum es wirklich geht, wo die Musik tatsächlich spielt, z. B. in den Beziehungen zwischen

Suggestive Kraft

den Teilen. Beziehungen aber sind nichts Räumliches, wiewohl sie in einem Raum stattfinden können. In einem solchen Fall ist räumliche Metaphorik Ausdruck einer Komplizenschaft in Nichtwahrnehmung. (Dies beinhaltet keine Kritik an der *Herzog*-Rede. Nie war sie so wertvoll wie heute.)

Zeit

Der Zeitstrahl Die meisten von uns, wenn sie gebeten werden, sich »Zeit« vorzustellen, visualisieren sie als einen Strang oder einen Strahl, auf dem sie stehen oder der durch sie hindurchgeht. Wenn man sich nach rückwärts wendet, sieht man ihn hinter sich in der Unendlichkeit dunkler Vergangenheit verschwinden; wendet man sich nach vorne, strebt er der Unendlichkeit einer hellen Zukunft entgegen. Man merkt es: Wir können auch über Zeit nur in räumlichen Metaphern denken oder sprechen. Dabei ist es ja keineswegs so, dass wir, älter werdend, auf einem mit Jahreszahlen markierten Zeitlineal nach vorne schreiten, noch so, dass, während wir auf der Stelle sitzend älter werden, ein Zeitstrahl sich durch uns hindurch aus der Zukunft in die Vergangenheit schiebt. Zeit ist ganz offensichtlich nicht identisch mit Bewegung im Raum, auch wenn jede Bewegung im Raum Zeit kostet.

Der Augenblick Das Einzige, was wir jemals erfahren, ist der Augenblick, der aber auch schon wieder vorüber ist, bevor wir »Augenblick« gesagt haben, und der sich, je genauer wir ihn zu ergründen versuchen, in eine winzige Nichtigkeit aufzulösen scheint.

> **Zeit ist so rätselhaft und so voller Paradoxien, dass der menschliche Geist in dem Versuch zu verstehen kapitulieren muss. Deshalb ist er frei, in das Rätsel Zeit hineinzufantasieren (zu projizieren), was immer er möchte. Wie kein anderer Archetyp sind die kulturellen Vorannahmen über Zeit Ausdruck des Geistes, der sie hervorbringt, indem er sie in eine spezifische räumliche Metapher übersetzt.**

Aus diesem Grunde unterscheiden sich Kulturen so sehr in ihrem Umgang mit der Zeit – etwas, das in der globalisierten Zusammenarbeit immer wieder zu lustigen oder befremdlichen Missverständnissen führt (vgl. *Levine* 2001).

Der pragmatisch-freche Trick mit dem Zeitlineal ist Ausdruck des abendländischen Versuchs, das Rätselhafte und Paradoxe der Zeit zu bannen, zu zähmen und letztlich zu beherrschen. Er ist typisch europäisch und noch gar nicht so alt. Noch der Kultur des europäischen Mittelalters lag wie vielen anderen Kulturen ein zyklisches Konzept von Zeit zugrunde, viel älter als die christliche Religion, der man angehörte. Dieses erwuchs aus dem ganz lokalen und konkreten Erleben der stetigen, rhythmischen Wiederkehr der Jahreszeiten und dem Kreislauf des Lebens in ihnen (*Gurjewitsch* 1997). Die rhythmische Wiederkehr des ewig Gleichen im Werden und Vergehen, symbolisiert in den zyklisch sich wiederholenden rituellen Festen, beinhaltete für den mittelalterlichen Menschen keinen Unterschied, der einen Unterschied macht. Er war eingebunden in Kommunion, aufgehoben in Redundanz, und auf diese Weise betrog er auch irgendwie den Tod, der ja allgegenwärtig war. Dieser mittelalterliche Archetyp verabschiedet sich bei uns spätestens 1510, als es *Peter Henlein* in Nürnberg wohl als Erstem gelang, eine am Körper tragbare Uhr zu konstruieren.

Zeit beherrschen

Ihre Erfindung beruht aber bereits auf der Aufspaltung der Raumzeit in den Raum als reine Ausgedehntheit und die Zeit als reine, stetig verlaufende und irreversible Dauer: das Zeitlineal, hinten die Vergangenheit, vorne die Zukunft, auf dem wir gemeinerweise nur Fort-Schritte machen dürfen, in die allerdings helle Zukunft. Die Tages-, Monats- und Jahreskerben auf dem Lineal bedeuten nicht Redundanz, nicht Wiederholung desselben, sondern Unterschied, Information. 1987 ist eben nicht dasselbe wie 1988 oder 2007. Ein simpler mentaler Trick eigentlich, aber uns so selbstverständlich, dass er für uns mehr »Wirklichkeit« hat als unser subjektives Erleben des Augenblicks.

Spaltung der Raumzeit

Wie abstrakt, anspruchsvoll und prekär dieses Konzept ist, wird einem klar, wenn man bedenkt, dass Kinder in ihrer Entwicklung fast bis zur Pubertät brauchen, bevor sich ihr Bewusstsein vor diesem Archetyp verbeugt, sie das Konzept also »intus« haben. Auch Erwachsene sind ihm in vielen Bewusstseinszuständen nicht gewachsen, unter Drogen oder Alkohol zum Beispiel, oder in verwirrten oder gar psychotischen Phasen. Wird man in einem dieser Zustände in der psychiatrischen Ambulanz vorgeführt, fragt der Hüter der kulturellen Archetypen einen als Erstes ab, ob man räumlich und zeitlich orientiert ist.

Unser Zeitkonzept ist für gesunde Erwachsene in Alltagstrance. Man darf nicht zu jung sein und nicht zu alt, nicht zu klug und nicht zu dumm, nicht zu wach und nicht zu abgedreht.

Getrieben von dem Drang, sich aus der rhythmischen Wiederkehr des Gleichen zu befreien, gab sich der abendländische Kulturanthropos dem Abenteuer hin, die Zeit zu bannen. Er spaltete Raum und Zeit und teilte die Zeit in Vergangenheit, eine infinitesimale Gegenwart und Zukunft. Der Schöpfungsakt transformierte den Schöpfer: Es begann eine sich in Kaskaden entladende Forschungs- und Erkenntnistätigkeit hin und zurück auf dem Zeitlineal. Geschichtswissenschaft, Archäologie, Paläoontologie, Geologie, Evolutionstheorie und Vieles mehr entstanden. Es entfaltete sich eine ausgesprochene Besessenheit in der Erforschung des unwiderruflich Vergangenen und der Vorhersage des unabweisbar, aber unabwägbar Kommenden, und zwar nach dem Kalkül: die Information in der Vergangenheit suchen, um zu verstehen, was jetzt ist, damit man voraussagen kann, was sein wird, dies dann bereits jetzt in der Planung berücksichtigen, damit man, wenn das Vorhergesagte eintritt, schon weiter ist als das dann Eingetretene.

Verlust der Gegenwart In diesen Anstrengungen ist uns die Gegenwart abhandengekommen, der Augenblick hat sich in unserem kulturellen Bedeutungsraum in einen kleinen schwarzen Punkt – eben einen Zeit-Punkt – zwischen Vergangenheit und Zukunft zusammengezogen. Der freibeuterische Versuch, die Zeit zu beherrschen, hat sich seinem eigenen Wesen gemäß vollendet, indem wir durch die

Zeit beherrscht werden. Wir haben einfach keine mehr. Privat, in unserem persönlichen Bewusstsein, ist uns das allen klar. Eine Flut von Büchern und Ratgebern, vom Zeit-»Management« bis zu »Mut zur Muße«, wendet sich an uns, und diese Werke werden gern verschenkt. Sie liegen stapelweise auf unseren Nachttischchen, aber wir haben keine Zeit, sie zu lesen. Doch das ist privat. In unserem gemeinschaftlichen Bedeutungsraum, in unseren Öffentlichkeiten, ist die schlichte Tatsache, dass wir von der Zeit beherrscht werden, je mehr wir versuchen, sie zu beherrschen, kein Unterschied, der einen Unterschied macht. So selbstverständlich ist das Zeitlineal. In privaten Gesprächen in den Pausen erzählen wir uns dann gegenseitig, was wir täten, wenn wir Zeit hätten, und trösten uns gegenseitig damit, dass wir alle keine Zeit haben. Keine Zeit haben, weil man keine Zeit hat, das ist eine Redundanz in der Negation, Kommunion im Nicht-Sein; immerhin.

Dass uns das Jetzt abhandengekommen ist, zeigt sich aber nicht nur darin, dass wir keine Muße mehr haben. Noch viel folgenreicher ist, dass das kleine schwarze Loch, in das der Augenblick gestürzt ist, uns so bannt, dass wir alles tun, um es nicht wahrzunehmen. Schon wenn wir allein zu Haus sind, ist unser Geist in Sprache meist mit Vergangenem oder Zukünftigem beschäftigt. Wir träumen, lassen uns mit peripherem auditiven und visuellen Geriesel zududeln, um uns nicht dem Moment auszusetzen, aber manchmal können wir auch still sein und lauschen. Sobald wir aber mit anderen zusammenkommen und in Sprache kommunizieren, sobald also gemeinschaftliche Bedeutungsräume entstehen, begeben wir uns in eine Gemeinschaftstrance, die unsere Wahrnehmung des Hier und Jetzt tilgt. Man erzählt sich über vergangene Erlebnisse, man spricht darüber, was hätte anders sein können, über zukünftige Absichten und was erst sein wird – über alles Mögliche, nur nicht über das, was jetzt gerade hier passiert.

Es gibt einen stillen Konsens, eine kulturelle Verschwörung gegen die Wahrnehmung des Offensichtlichen im Augenblick. Wo doch gerade das so kommunionsverheißend ist.

Verlust des Jetzt

Zeit-Wörter   Unser Konzept von Zeit spiegelt sich in unserer Sprache natürlich in den Zeitformen der Verben, in unseren »Zeitwörtern«, die sich bestimmten Kerben auf dem Zeitlineal zuordnen. Es sei nochmals daran erinnert, dass dies kein anthropologisches Naturgesetz ist: Die Hopi in Arizona z. B. kennen in ihrer Sprache keine Zeitformen von Verben, haben also keine Zeit-Wörter. Ihre Verbformen entstehen durch das Anfügen von Silben an einen Stamm und spezifizieren die Beziehung des Sprechers zu seiner Aussage: Eine Aussage über eine Tatsache wird anders gebildet als eine aus dem Gedächtnis, der Ausdruck einer Erwartung anders als eine allgemeine Aussage über ein regelhaftes Geschehen (vgl. *Whorf* 1969). Man kann also die Welt auch beschreiben und sich in ihr orientieren ohne das Zeitlineal.

Die Zeitformen unserer Verben spezifizieren nicht die Position des Sprechers zum Gesagten, sondern die Position des Gesagten auf dem Zeitstrang in Beziehung zu einem Beobachtungszeitpunkt:

- *Sie war ins Bett gegangen.*
- *Sie ging ins Bett.*
- *Sie ist ins Bett gegangen.*
- *Sie geht ins Bett.*
- *Sie wird ins Bett gehen.*
- *Sie wird ins Bett gegangen sein.*

Die Verbformen enthalten keine Informationen über die Beziehung des Sprechers zum Gesagten. Dafür brauchen wir zusätzliche Verben (*»Ich sah, wie sie ins Bett ging«*). Ein Hopi kann gar nicht anders, als in jeder Äußerung seine Beziehung zum Gesagten und damit den Unterschied zum Gesagten zu benennen. Uns fällt es viel leichter, Tatsachenbehauptungen aufzustellen, Objektivität zu suggerieren, Allgemeingültigkeit zu postulieren, Hörensagen und Gerüchte zu Faktizitäten zu »waschen« – also den Sprecher als »Täter« des Gesagten zu tilgen. Das ist eine unserer sprachlichen Möglichkeiten, einander ständig in eine Traumwelt von Tatsachen ohne Urheber zu versetzen. Es gibt noch andere.

Ursache – Wirkung

Mit der Reformation entledigte sich der europäische Geist endgültig der Fesseln, die das Papsttum und die schon lange korrupt gewordene Kirche ihm angelegt hatten. Die kulturellen Grundkoordinaten waren neu gesetzt, und er fand sich inmitten eines riesigen, frei und fremd gewordenen Raumes wieder, innerhalb dessen das Leben in seinem ständigen Transformationsprozess über die Zeit ein neues Rätsel geworden war. Das Einzige, was ihm noch gewiss war, war die Offensichtlichkeit seines eigenen Denkens. Die Freiheit nahm er sich:

> *Wenn ich aber zweifle, so kann ich selbst dann, wenn ich mich täusche, nicht daran zweifeln, dass ich zweifle und dass ich es bin, der zweifelt, d. h., ich bin als Denkender in jedem Fall existent«* – das berühmte *»cogito, ergo sum«* des René Descartes.

Welt außerhalb des Geistes

Von jetzt an begannen Denker, Geist und Welt zu trennen und die Welt außerhalb des Geistes zu erforschen, ausgehend von der offensichtlichen Realität des eigenen Denkens und Zweifelns. Und sie taten es mehr und mehr in ihren Muttersprachen Französisch, Englisch, Deutsch usw., und nicht mehr in dem Latein, das viele Jahrhunderte lang das Idiom der »denkenden Klassen« gewesen war. Von jetzt an hieß es *»Je pense«*, *»I think«* oder *»Ich denke«* und nicht mehr *»cogito«*. Der aufschlussreiche Unterschied zwischen beiden Sprachformen ist: Während im Lateinischen die Information über den Sprecher im Verb selbst enthalten ist, wird das *»Ich«* in den germanischen Sprachen vom Verb getrennt und betont.

Syntax

Um uns die Bedeutung dieses Unterschiedes klarzumachen, müssen wir kurz über Syntax, über Satzbau, nachdenken. Die Reihenfolge der Wörter in einem Satz ist nicht beliebig, sondern enthält Information. Während »Ins sie Bett geht« keinen Sinn ergibt, tut das »Sie geht ins Bett« sehr wohl. In der Reihenfolge der Symbole, in ihrem Satzbau, konstruiert eine Sprache, in welchen Beziehungen die Dinge miteinander stehen, die in Zeit und Raum passieren. Diese steht nicht in, sondern zwischen den Symbolen. Die Syntax ist das *»Template«*, das Muster, das der Geist einer Kultur den Erscheinungen unterlegt, die in Raum und Zeit interagieren.

Für die germanischen Sprachen heißt dieses Muster:

Subjekt $\longrightarrow$ Prädikat $\longrightarrow$ Objekt

Oder, anders ausgedrückt:

Ursache $\longrightarrow$ Aktion $\longrightarrow$ Wirkung

Oder, noch anders:

Täter $\longrightarrow$ Tat $\longrightarrow$ Opfer

Diese Vorannahme zugrunde legend, sie in der Welt suchend und findend, entfalteten sich die Einzelwissenschaften. Am erfolgreichsten waren sie, wenn sie sie in der Sphäre der toten Materie suchten, also in dem, was wir heute die klassische Physik nennen, und in deren Anwendungswissenschaften. Aber auch die Wissenschaften, die sich der Erforschung des Lebendigen widmeten, bedienten sich des Ursache-Wirkungs-Paradigmas, und zum Teil tun sie es bis heute – einfach deswegen, weil dieses unserem Denken-in-Sprache unterliegt.

Die Sphäre des Lebendigen Was die Sphäre des Lebendigen angeht, stieß das dieser Syntax folgende Denken schließlich an seine Grenzen. Die haben damit zu tun, dass das Ursache-Wirkungs-Paradigma bereits auf das Zeitlineal aufsetzt. Es ist linear:

> **Eine Ursache liegt zeitlich immer vor ihrer Wirkung. Da die Zeit nur in eine Richtung verläuft, also unumkehrbar ist, kann die Wirkung niemals auf die Ursache zurückwirken. Das Modell impliziert als Beziehungsmuster Unabhängigkeit bei der Ursache, Abhängigkeit bei der Wirkung, Allmacht des Bewirkers und Ohnmacht des Bewirkten. Und es unterstellt, dass der Beobachter dieses ganzen unpersönlichen Geschehens damit nichts zu tun hat, dass**

**seine Beobachtung also nicht auf das Beobachtete wirkt
und dieses nicht auf ihn.**

Es ist aber ein großer Unterschied, ob ich einem unbelebten Objekt einen Tritt versetze oder, Entschuldigung, Struppi. Wenn ich einen Ball trete, kann ich je nach Kraft und Richtung ziemlich gut voraussagen, wo er landen wird. Ursache, Aktion, Wirkung, fertig. Wenn ich Struppi einen Tritt versetzen würde, wäre erstens seine Reaktion viel schwieriger vorauszusagen, und zweitens würde sie auf mich zurückwirken, denn wir sind abhängig voneinander, wir beide, und allmächtig ist keiner von uns. Mein Tritt könnte auch niemals eine unpersönliche Ursache sein, weder für mich noch für Struppi. Ein Beobachter der ganzen unwahrscheinlichen Szene bliebe auch nicht unberührt, würde vielleicht sogar aus Empörung eingreifen und den Vorgang verändern. Tausende von Prozessen sind denkbar, nur nicht der, dass Struppi wie ein Ball irgendwo landet und liegen bleibt.

Was wir in lebendigen Systemen haben, ist also kein lineares, sondern ein zirkuläres Geschehen, in dem es unmöglich und sinnlos ist, von Ursache und Wirkung zu sprechen. Das Beziehungsparadigma der unbelebten Sphäre, so könnte man vielleicht sagen, ist Ursache – Wirkung. Das Beziehungsparadigma des Lebendigen, sagt *Gregory Bateson*, ist Unterschied, ist Kommunikation. Und Kommunion, so möchten wir ergänzen. Beides, Kommunion und Kommunikation, gründen auf gemeinsame und gegenseitige Abhängigkeit.

Zirkuläres Geschehen

Was den Beobachter betrifft: Seit *Sigmund Freud* und seinem Studium von Übertragung und Gegenübertragung wissen wir, wie wenig unabhängig und »objektiv« ein Beobachter in seiner Beobachtung eines lebendigen Geschehens ist. Die Geschichte, die uns die Quantenphysik erzählt, ist diejenige davon, wie wir selbst in der »toten« Materie durch unsere Beobachtung das erschaffen, was wir beobachten (die Teilchen-Welle-Paradoxie des Lichts). Beides sind nicht die allerneuesten Nachrichten, aber die Psychologen arbeiten in der Privatsphäre und die Quantenphysiker an den äußersten Rändern unseres kulturellen Bedeutungsraums.

Der Beobachter

Wir fahren einstweilen fort, unsere Sprache in ihrer Syntax so zu benutzen, wie uns der Schnabel eben gewachsen ist. Wie könnten wir auch anders, denn die Syntax ist, viel mehr als die einzelnen Wörter, das Bedeutungsmuster, durch das wir die Welt wahrnehmen. Aus der Position eines unbeteiligten, unpersönlichen Beobachters konstruieren wir in Sprache Ursache-Wirkungs-Beziehungen:

- *Das führt dazu, dass …*
- *Die Folge davon ist, dass …*
- *Das hat die Konsequenz, dass …*
- *Der Grund liegt darin, dass …*
- *Ursächlich hierfür dürfte sein, dass …*

Unbeteiligtsein Unpersönliche Ursache, unpersönliche Wirkung, unpersönlicher Beobachter / Sprecher. Der ist sogar so selbstverständlich, dass er in der sprachlichen Mitteilung gar nicht vorkommen muss, nicht vorkommen darf – Kommunion im Unbeteiligtsein. Wenn man dann noch unterstellt, dass die Sprecher dieser Sätze eventuell nicht über klassische Physik, sondern über Vorgänge aus dem Bereich des Lebendigen reden, in denen es um Zirkularität und Beziehungen geht, bekommt man eine Ahnung, in was für eine Trance die Sprechenden sich und andere damit versetzen. Das ist der geistige Zustand, den wir im Deutschen mit dem paradigmatischen Begriff »Sachlichkeit« beschreiben. Das Paradoxe und Ironische daran ist, dass derselbe Geist, der sich vor vierhundert Jahren erhob und Gott und die Welt wissen ließ: »Ich denke!«, jetzt hinter seinem Gedachten verschwunden ist, in einer in sprachlicher Tilgung enthaltenen Kommunion im Nichtberührtsein.

Die Tilgung der Person, ihrer Beziehungen zur Sache und zu anderen Personen findet besonders in unseren unpersönlichen öffentlichen Räumen statt. Wir erreichen sie auch noch durch andere sprachliche Tricks, die alle darauf reagieren, dass unsere Syntax ein Subjekt erfordert, wir aber keins nennen wollen.

- *Es kam zur Sprache, dass …*
- *Es wurde allgemein begrüßt, dass …*
- *Es herrschte breite Übereinstimmung, dass …*
- *Es entstand eine Diskussion über …*
- *Es lässt sich vermuten, dass …*

Das handelnde Subjekt tilgt sich im Passiv. Wenn es überhaupt durchscheint, löst es sich gleich wieder in beschwörender Allgemeinheit auf:

- *Man kann sich nur wundern …*
- *Man möchte ja schließlich wissen …*
- *Man ist immer froh, wenn …*
- *Man sollte sich klarmachen, dass …*

Oder es wird ganz klein und präsentiert sich als Bewirktes, als Opfer von Unmöglichkeit, Zwang oder Notwendigkeit:

- *Es ist unabdingbar, dass …*
- *Dem kann man nicht zustimmen, wenn …*
- *Es ist absolut notwendig, dass …*
- *Sie müssen verstehen, dass …*
- *Das kann nur heißen, dass …*
- *Daraus ergibt sich zwangsläufig, dass …*

Hinter diesen Trance-Formeln verbergen sich natürlich handelnde Personen und Beziehungen, und das sind genau die Fragen, die man sich in Privatgesprächen in der Pause über Dritte stellt, wenn man wieder über Beziehungen sprechen kann – darf – möchte. *»Wen hat er da jetzt gemeint?«* *»Das war ja eine Provokation für XY!«* *»Da hat er ja einen ganz schönen Kotau gemacht vor YZ, oder?«*

Wenn wir überhaupt »live« über unsere Beziehungen sprechen, tun wir das privat. Und auch hier fällt es uns schwer, einer anderen Syntax zu folgen als der, die unser Ursache-Wirkungs-Paradigma uns zur Verfügung stellt. Es unterliegt als Täter-Opfer-Paradigma ja auch unserem Rechtsverständnis und unserem (Straf-)Rechtssystem. Nicht nur geht es in unseren Beziehungsgesprächen meist

Täter-Opfer-Paradigma

darum, wer »Recht« hat, während es in Wirklichkeit vielleicht um Konkurrenz oder Abhängigkeit geht. Wir neigen auch dazu, uns in Sprache als Opfer / Wirkung einer externen Ursache / eines externen Täters zu verstehen:

- *Das macht mich …*
- *Du machst mich …*
- *Das bewirkt, dass ich …*
- *Du ärgerst, nervst, irritierst mich …*
- *Dann darfst du dich nicht wundern, wenn ich …*

Als wären wir ein Gummiball, dem jemand einen Tritt versetzt. Viele von uns haben leidvolle Erfahrungen damit gemacht, in welche hoffnungslose Verstrickung und Verwirrung Beziehungsgespräche führen, die, der Täter-Opfer-Syntax folgend, die Ursache bzw. den Verursacher suchen. Sechzig Jahre humanistische Psychologie haben uns mittlerweile aufgeklärt, dass das so nicht geht, sondern dass wir ein Informations-Bedeutungs-Paradigma anlegen müssen. Unsere Sprache macht uns das nicht gerade leicht, aber viele von uns haben gelernt, in ihrer Privatsphäre. Öffentlich bleibt es erst einmal bei unpersönlichem Recht und unpersönlicher Ursache – Wirkung. Das ist Konsens. Oder?

Dinge

Nomina Ein riesiger, leerer Raum ist ein sehr einsamer Ort, wenn es keine Dinge in ihm gibt. Damit er nicht so ungemütlich ist, stellen wir ihn voll mit Dingen und geben ihnen Namen. Das tun wir mit unseren Namenwörtern, unseren Nomina, die so eminent für uns sind, dass wir sie mit dem Alias »Hauptwörter« versehen. Das »Benennen von Körpern« *(Kant)* bzw. Dingen liegt ganz tief an der Wurzel unserer menschlichen Fähigkeit zu symbolisieren, am Ursprung von Sprache, Denken und Kultur. Dieser Akt hat etwas Magisches. Wenn ein kleines Kind einen anschaut, nachdem es zum ersten Mal mit dem Finger auf ein Ding gezeigt und es benannt hat, und man das Leuchten und die Freude in den Augen des Kindes sieht, bekommt man als Erwachsener wieder eine Ahnung davon, welcher Triumph im Benennen liegt: Ding erkannt, Ding benannt, Ding gebannt – Ding erschaffen!

Den Dingen einen Namen geben, ein sprachliches Symbol, das haben Menschen zu allen Zeiten in allen Kulturen getan, allerdings mit fantastischen Unterschieden darin, was sie gemäß ihrer kulturellen Vorannahmen (Raum, Zeit, Beziehung, Mythos) in Sprache als Dinge wahrnehmen (»Hühner«).

Aber erst als mit der cartesianischen Wende der europäische Geist die materielle Welt endgültig aus ihrer Beseeltheit entließ, waren die Dinge sozusagen zur Besichtigung freigegeben. Bei ihrem Studium gingen die Denker und Forscher »selbstbewusst«, inspiriert und naiv von der Realität des eigenen Denkens-in-Sprache aus – damals waren unsere Vorannahmen noch Annahmen; und von der offensichtlichen Realität fester Körper im Raum, um deren Beziehung nach der Ursache-Wirkungs-Syntax zu untersuchen. Die physikalische Realität eines Apfels, der einem auf den Kopf fällt, mag *Newton* geholfen haben, die klassische Physik zu begründen und neue »Dinge« zu benennen, wie Kraft, Masse, Gravitation usw. Wie man sieht:

Cartesianische Wende

> **In ihrer Durchdringung der Dingwelt erschufen die Wissenschaftler Berge von neuen »Dingen«, die allerdings überhaupt nicht mehr identisch waren mit konkreten, fasslichen Dingen, sondern Abstraktionen, die diesen konkreten Dingen ursächlich innewohnen.**

Das physikalische Konzept von Kraft ist ja nicht identisch mit der konkreten Kraft, die man braucht, um einen Apfel zu werfen, sondern das dieser Erscheinung zugrunde liegende wirkende Prinzip, das auf einen Namen getauft worden ist.

Das semantische Universum füllte sich mit neuen Abstraktionen, und hundert Jahre nach *Newton* musste sich *Kant* schon sehr den Kopf zerbrechen über das »Ding an sich«: etwas, das keineswegs ein konkretes Ding und daher der sinnlichen Erkenntnis auch nicht zugänglich ist, das sich aber in konkreten Dingen manifestieren kann oder auch nicht ... Die Dinge wurden kompliziert.

Es gibt drei Probleme mit Dingen-in-Sprache:

1. Dingwörter tilgen ihren Bedeutungskontext.
2. Abstrakte Dingwörter sind immer unscharf.
3. Manche Dinge sind gar keine Dinge, sondern Prozesse.

Dingwörter tilgen ihren Bedeutungskontext Dass Dingwörter ihren Bedeutungskontext tilgen, wird uns klar, wenn wir für den Augenblick davon ausgehen, ein Löwe sei ein Ding. Ist er ja auch: Er ist ein sinnlich wahrnehmbarer fester Körper, allerdings beweglich, der einen Namen hat. Wenn wir einem Löwen begegnen, sind wir auch gut beraten, von seiner physischen Realität auszugehen. In genau diesem Denken brachten die europäischen Erkunder der Dingwelt von ihren Expeditionen Dinge mit nach Hause; nicht nur Löwen natürlich, sondern alle möglichen exotischen Tiere und Gegenstände, aber auch Exemplare von »Wilden«, die man dem faszinierten Publikum präsentierte. Das Problem mit den fremden »Dingen« zeigte sich bald: Ein Löwe, den man in einen Käfig steckt und ab und an füttert, wird einsam, depressiv, hospitalisiert, pflanzt sich nicht mehr fort, stirbt.

Natürlicher Kontext Erst ganz, ganz langsam setzte sich in den zoologischen Gärten (*Hagenbeck* in Hamburg war hier Vorreiter), aber auch in der Zoologie und Biologie, die Erkenntnis durch, dass ein Löwe kein Löwe ist und sein kann außerhalb seines natürlichen Kontextes, also der Umgebung, an die er angepasst ist, ohne die er nicht sein kann, deren Voraussetzungen er braucht. Erst seit wenigen Jahrzehnten versuchen die Zoos, diesen »Bedeutungskontext« in der Gestaltung ihrer Gehege zumindest nachzuahmen. Bei bengalischen Tigern ist das ganz schwer, ein Urwald ist teuer und nicht besucherfreundlich, deswegen sieht man die armen Dinger immer noch in Käfigen auf und ab schleichen.

Kultureller Kontext Was für lebende »Dinge« gilt, gilt aber auch für ganz schnöde tote Objekte: Ein Kühlschrank ist seinen Namen nicht wert ohne seinen Bedeutungskontext »Küche und Vorsorge«, innerhalb dessen er Funktion und Platz hat, ebenso wenig ein Bild, ein Auto, ein Topf, ein Buch, ein Hut, ein Stock, ein Regenschirm … Auch ist der Bedeutungskontext eines Hütchenträgers ein ganz anderer als der von jemand, der Hüte und deren Träger aus Lifestyle-Gründen hasst.

Nomina tilgen ihren eigenen Kontext, weil sie sich ja gerade durch ihren Namen von ihm abheben. Niemand käme in Berlin auf die Idee, einen Berliner (das Gebäck) einen »Berliner« zu nennen. Kein Türke geht zum Essen »zum Türken«. Der Kontext eines Nomens wird als selbstverständlich vorausgesetzt. In der Tilgung liegt die Vorannahme einer Zugehörigkeit zum gleichen Bedeutungsraum. Das geht in der Regel so lange gut, wie man zu Hause ist. Schon bei Nachbarn, in der IT-Abteilung, zu Besuch in einem anderen deutschsprachigen Land oder in einer anderen wissenschaftlichen Fakultät können wir erleben, wie lange man, einander scheinbar verstehend, aneinander vorbeireden kann, bevor man entdeckt, dass man mit demselben Wort ganz anderes gemeint hat.

Wir können nicht anders, als beim anderen denselben Bedeutungshintergrund zu unterstellen, wenn wir Dingen einen Namen geben.

Unter den Namenwörtern betrifft dies besonders die Abstrakta. Diese Nomen bezeichnen Konzepte, die nicht sinnlich wahrgenommen werden können, sondern die als Symbole höherer Ordnung in den hierarchisch konstruierten Lagersälen des semantischen Universums auf den oberen Regalbrettern der Abstraktion liegen – also doch. Abstrakte Namenwörter wie:

Abstrakte Ding-wörter sind immer unscharf

- *Kraft, Masse, Gravitation*
- *Ding an sich*
- *Ursache, Wirkung*
- *Information, Bedeutung*
- *Kompetenz, Meisterschaft*
- *Flexibilität, Kreativität*

- *Gesundheit, Krankheit*
- *Gerechtigkeit, Vertrauen*
- *Offenheit, Ehrlichkeit, Geschlossenheit* etc.

sind jeweils die Spitze eines semantischen Eisbergs, dessen Bauch aus Unter- und Unter-Unter-Abstraktionen, Teilmengen, Kreuzbezügen, Beispielen, Bildern und konkreten Referenzen besteht. Im Unterschied zu den hierarchischen Abstraktionen in der (klassischen) Physik, die in der Sprache der Mathematik verfasst sind, sind Abstraktionsnamen im Bereich des Lebendigen immer unscharf: Man kann sich jahrelang darüber streiten, was genau man unter »Bedeutung« oder »Gerechtigkeit« versteht, und doch zu keinem Ergebnis kommen.

Die andere Seite der Angelegenheit ist: Weil sie unscharf sind, laden sie das Gehirn ein, in Bildern in sie hineinzufantasieren. Und dann entstehen diese Situationen, in denen ein Redner posaunt: *»Wir stehen zu der Notwendigkeit von mehr Offenheit für Neues, aber auch für Gerechtigkeit!«*, und alle nicken in Kommunion, und jeder stellt sich etwas anderes vor.

Abstrakte Nomina, besonders, wenn sie nahe an der mythologischen Identität der Kultur sind, sind sprachliche Symbole der Gleichheit und Einheit, nicht des Unterschieds. Deswegen induzieren sie auf eine fast magische Weise Gemeinschaftstrance in Kommunion, indem sie die Unterschiede tilgen, die ihrer Unschärfe innewohnen. Sie sind machtvolle schamanische Zauberwörter.

Mohammed-Karikatur Solange wir sie zu Hause benutzen. Wenn wir sie in der Kommunikation mit anderen Kulturen verwenden, sind sie aus deren Sicht natürlich keine Symbole der Gleichheit, sondern des Unterschieds. Sie können gar nicht in den Gehirnen der fremden Kultur die Assoziationen, Bilder und Gefühle hervorrufen, die wir in diesen Nomen als selbstverständlich voraussetzen. Als im Frühjahr 2005 die dänische Tageszeitung *Jyllands-Posten* Cartoons veröffentlichte, die den Propheten *Mohammed* karikaturistisch verunglimpften, gab es besonders in der arabischen Welt Aufschreie der

Empörung. Für einen Muslim ist es, wie jeder weiß, tabu, sich ein Bildnis von Gott zu machen oder gar eines anzufertigen. Ein verunglimpfendes Bildnis ist also doppelte, schwerste Versündigung. Außerdem ist es in der arabischen Stammeskultur undenkbar, dass der Chef es zulässt und nicht sofort bestraft, falls jemand so etwas wagen sollte. Von den Muslimen wurden denn auch direkt die europäischen Regierungen angegangen (die Bilder waren auch in anderen europäischen Blättern erschienen), es fanden erhitzte Massendemonstrationen statt, Botschaften wurden erstürmt und abgefackelt, Menschen kamen zu Tode. Die europäischen Chefs konnten natürlich nicht anders, als sich für nicht zuständig zu erklären und auf die Pressefreiheit zu verweisen. Die Araber verstanden das sicher als ein Signal ihrer Impotenz. In der Diskussion in den europäischen Medien wurde sich sofort mit stolz geschwellter Brust vor die Meinungs- und Pressefreiheit gestellt. Dieser Name ist für uns alle verbunden mit zweihundert Jahren heroischen Kampfes um unsere elementaren bürgerlichen Rechte, er ist ganz nah am Kern unserer mythologischen Identität und deren Wurzeln in der Aufklärung. In ihm ehren und feiern wir all die Männer und Frauen, die für unsere Freiheiten aufstanden und kämpften und auf deren Schultern wir stehen. Einem arabischen Muslim bedeutet dieser Begriff gar nichts, außer der offensichtlich in ihm enthaltenen Erlaubnis, sich ungesühnt am Heiligen zu versündigen. In der Tat ein Symbol äußerster Fremdheit.

In solchen Situationen wird dann hierzulande, in Europa, immer nach dem »Dialog der Kulturen« gerufen, und wohlmeinende Vertreter gemäßigter Verbände treffen sich zu Podiumsdiskussionen über Meinungsfreiheit und Religion. Dieser »Dialog«, so wichtig er sein mag, tilgt aber den Kontext, dass ein Prozess wie der oben beschriebene bereits der Dialog der Kulturen ist. Und der ist schon seit Tausenden von Jahren schwierig: Wenn man die jüdische Mythologie als Teil der christlichen Erbschaft akzeptiert, seit *Abraham*, dem Stammvater der Araber wie der Juden wie der monotheistischen Religion. In einer etwas verwickelten Geschichte, die mehrfache Interventionen Gottes erforderte, zeugte er in hohem Alter mit seiner Magd *Hagar* den Erstgeborenen *Ismael*, dann in noch höherem Alter mit seiner Frau *Sara* den zweiten

Dialog der Kulturen

Sohn *Isaak*. Daraufhin verbannte *Sara*, die zunächst ihrem Mann die Magd zur Verfügung gestellt hatte, weil sie sich mit siebzig schon zu alt für eine Schwangerschaft fühlte, *Hagar* mitsamt dem erstgeborenen Sohn vom Hof. *Ismael*, den *Abraham* übrigens in der berühmten Szene Gott zu opfern bereit gewesen war, wurde der Stammvater der arabischen Stämme. Kein Anfangszauber für gutnachbarliche Beziehungen.

Der Dialog dieser Kulturen entfaltet sich heute innerhalb einer Matrix äußerst prekärer Abhängigkeiten, innerhalb einer wachsenden globalen Konkurrenz um Ressourcen. Eine solche Situation ist potenziell brisant. Wenn die Chefs einer Seite oder beider Seiten daran interessiert sind, diese Brisanz zu eskalieren, werden sie, um ihre Leute um sich zu scharen, sich besonders kraftvoller Symbole der Gleichheit bedienen, die wiederum für die andere Seite Symbole zunehmender Fremdheit sind. Das ist genau die Eskalation, die schon vielen Kriegen vorausgegangen ist.

Manche Dinge sind gar keine Dinge, sondern Prozesse Das dritte Problem mit den Dingen-in-Sprache betrifft besonders die Gruppe von abstrakten Nomina, die wir als Substantivierungen oder Nominalisierungen bezeichnen. Dies sind Dingwörter, die allerdings weder Dinge noch Zustände symbolisieren, sondern das ganze Gegenteil: Prozesse. Mit einem sprachlichen Kunstgriff verzaubern wir einen Verlauf in ein Objekt. Der Zauberspruch ist leicht, wir alle kennen ihn: es ist die Endsilbe -ung (aber auch -heit, -keit, -tät, -ion und andere funktionieren manchmal gut). Nomina wie:

- *Anerkennung*
- *Entscheidung*
- *Vermittlung*
- *Flexibilität*
- *Zufriedenheit*
- *Produktivität*
- *Überprüfung*
- *Berücksichtigung*
- *Akzeptanz*

sind eine Art Prozess-Steno, das aber in seinem Namen zu einem Ding mutiert und damit genau das tilgt, was es ist. Es gibt kein Ding »Gesundheit«. Wenn man genau hinschaut, ist Gesundheit das, was wir einem Menschen bescheinigen, wenn eine Unzahl von Prozessen im Körper und zwischen Körper und Umgebung innerhalb einer Schwankungsbreite verläuft, die durch Arbeitsfähigkeit, zeitlich-räumliche Orientierung usw. kulturell markiert wird. Ebenso wenig ist »Kommunikation« ein Ding, sondern ein zirkulärer Prozess. Wenn wir Verdinglichungen benutzen, unterstellen wir in Kommunion, dass wir eigentlich um unseren Ding-Zauber wissen. Tun wir aber nicht. Keines der Wörter in der obigen Liste ruft auf Anhieb räumlich-zeitliche Verlaufsbilder hervor, obwohl wir »wissen«, dass man Berücksichtigung nur daran erkennen kann, dass jemand etwas berücksichtigt. Bei einigen der obigen Begriffe muss man sich von der Namensspitze des Eisbergs ganz tief hinunter durch den Bauch bis an den Fuß abseilen, um sich den Verlauf, der in dem Namen bezeichnet, aber getilgt wird, wieder vorstellen zu können.

Die deutsche Sprache hat in ihrer Liebe zur objektivierenden Abstraktion ein besonders weiches Herz für Verdinglichungen. Wo das Englische etwa die Verlaufsform eines Verbs benutzt (»considering the circumstances«), wählen wir das Dingwort (»unter Berücksichtigung der Umstände«). An sich sind ja Verben dafür da, einen Prozess zu beschreiben. Das tun sie sehr anschaulich (rennen, laufen, gehen, schreiten, schlendern, stolzieren, schlurfen, schleichen, spazieren, hasten usw.), und sie erfordern ein handelndes Subjekt.

Verdinglichungen

Verdinglichungen tilgen aber den Prozess, den sie symbolisieren, nicht nur in ihrem eigenen Namen, sondern auch noch damit, dass sie zwanghaft schwache, blutarme Hilfsverben nach sich ziehen (sein, haben, scheinen etc.):

- *Die Berücksichtigung der Umstände ist eine Notwendigkeit.*
- *Flexibilität und Kundenorientierung sind von oberster Priorität.*
- *Die Lesbarkeit ist besser.*
- *Die Kommunikation ist defizitär.*

Zu Dingen mutierte Prozesse machen sich im semantischen Raum selbstständig, nehmen Eigenschaften an und interagieren in flüchtigen Ist-Hat-Verknüpfungen, die nun wirklich gar keine Information über einen Verlauf mehr enthalten.

Die Anrufung des Großen -Ung

Wird das Ganze dann noch aus einer fiktiven Beobachterposition von Nicht-Beteiligt-Sein, Nicht-Berührt-Sein und Es-nicht-gewesen-Sein vorgetragen, nach der Ursache-Wirkungs-Syntax suggestiv verknüpft, mit Metaphern des Raumes verquirlt und mit Symbolen der Gleichheit garniert, dann geht die Trance-Post richtig ab – die gemeinschaftliche Anrufung des Großen -Ung:

> *Es konnte Einigkeit in der Einschätzung erzielt werden, dass ein Vermittlungsproblem besteht. Die Richtung stimmt, aber die Herausforderung bleibt, die Menschen immer wieder ins Boot zu holen. Das braucht Geschlossenheit, aber auch die Offenheit des Immer-wieder-aufeinander-Zugehens. Nur dann kann die Erreichung des Notwendigen mit der Sicherstellung des Wünschenswerten verbunden werden. Nur das wird dazu führen, dass wir Fortschritt haben, aber auch Gerechtigkeit; ein Mehr an Freiheit, aber auch an Verantwortung.*

Amen. Es ist schon ein Kreuz mit den Dingen. Begeben wir uns mental ins Weltall und schauen von dort auf die Erde, sehen wir keine Dinge mehr, sondern nur die ineinander verwobenen Lebensprozesse unseres Planeten, von denen wir ein Teil sind. Begeben wir uns in die mikrokosmische Perspektive, geht es uns genauso: Dinge und Körper lösen sich in Agglomerationen von vibrierenden Molekülen auf, Atome sind nur noch mit äußerster Anstrengung überhaupt Dinge zu nennen, und im subatomaren Bereich lösen sie sich vollständig auf. Was bleibt, ist eine Menge Zwischenraum, Prozess und Beziehung.

Während sie fest und solide erscheinen, sind Dinge äußerst windige und flüchtige Gestalten, Schall und Rauch eben. Der abendländische Geist schlägt sich mit ihrer Realität oder Scheinbarkeit schon seit den vorsokratischen Denkern Griechenlands herum.

Der neuzeitliche Geist hat, nachdem er sich vor vierhundert Jahren aufmachte, die Dingwelt zu erkunden, sie heute in seinen fortgeschritteneren wissenschaftlichen Erkenntnissen längst wieder abgeschafft. Gleichzeitig ist aber ein echtes Paralleluniversum von fiktiven Dingen-in-Sprache entstanden, mit Galaxien von Bedeutungsräumen und einer Menge Nichts dazwischen.

Wir finden uns wieder in einer Art postmoderner Abstraktionsscholastik, die *William of Ockham* (1285–1349) entsetzt hätte. *Ockhams* Rasiermesser besagt: Man soll nicht mehr Entitäten (Dinge-in-Sprache) in die Welt setzen als unbedingt nötig – der Ursprung des wissenschaftlichen Ökonomieprinzips.

Ockhams Rasiermesser

Warum sind wir so besessen darin, immer neue Ding-Sterne in unser semantisches Paralleluniversum zu schießen, statt genauer hinzugucken, wie Beziehungen und Prozesse ablaufen? Vielleicht ist die Antwort ganz einfach: Ein Ding kann man mit Übung, Mut, Technologie und ein bisschen Glück beherrschen, auch wenn es sehr groß und haarig ist. Lebendige Prozesse und Beziehungen kann man erforschen, aber niemals wirklich voraussagen oder beherrschen.

Die Fußtruppen des Mythos

Nachdem wir im vorangegangenen Abschnitt unseren kulturellen Bedeutungshintergrund ausgeleuchtet haben, um zu zeigen, wie er sich in Laut und Stille unseres Sprachgebrauchs zeigt, möchten wir nun den umgekehrten Weg gehen: Ausgehend von der sprachlichen Oberfläche, wollen wir einige Eigenarten unserer Sprache daraufhin untersuchen, welche mythologischen Figurenwelten in ihnen geborgen sind. Diese sind unserem Bewusstsein in der Regel nicht ganz so fern wie unsere kulturellen Archetypen, aber fern genug, damit wir uns ihrer in unserer Alltagstrance nicht bewusst sind. Und diese regiert, wie wir jetzt wissen, über den Großteil unseres Lebens.

Verallgemeinerungen

Wer den Film *Das Leben des Brian* – ein Klassiker der komischen Film-Moderne von *Monty Python* – gesehen hat, der zur Zeit *Jesu Christi* spielt, wird sich an die Szene erinnern, in der Brian, der nette Kerl von nebenan, irrtümlich von einer Meute von Gläubigen verfolgt wird, die in ihm ihren Erlöser sehen. Um sie endlich loszuwerden, wendet er sich zu ihnen zurück und sagt: »Wir sind doch alle Individuen. Geht nach Hause. Jeder von uns ist doch unterschiedlich. Jeder ist ganz anders!« »Ich nicht!«, erschallt eine Stimme.

Unterschiede werden getilgt So wie jede Regel ihre Ausnahmen tilgt, die sie erst zur Regel machen, tilgt jede Verallgemeinerung die Unterschiede, durch die sie erst hervorgebracht wird (dies ist auch eine Verallgemeinerung). Immer, wenn wir Wörter benutzen wie »jeder, alle, man, niemand, keiner«, aber auch Ausdrücke wie »der Mensch, der Bürger, der Steuerzahler, der Islam, der europäische Geist, die Weltöffentlichkeit« usw., schließen wir ganz schlicht gesagt von uns auf andere. Indem wir das tun, bewirken wir zweierlei: Die, die sich von der Verallgemeinerung angesprochen fühlen, nicken. Für sie ist die Verallgemeinerung ein Symbol der Gleichheit. Die, die sich in der Verallgemeinerung nicht zu Hause fühlen, sehen darin ein Symbol des Unterschieds, wenn nicht der Fremdheit.

Wie abstrakte Nomina sind Verallgemeinerungen für die Insider Gemeinschaftstrance-induzierend, und das Gegenteil davon für die Outsider.

Im Sinne der Verallgemeinerung »der Mensch« haben wenige Wissenschaften so unbewusst die eigene Kultur zur Welt erklärt wie die europäischen Geisteswissenschaften, und von denen insbesondere die Psychologen. Ob nun die Analyse *Freuds* mit ihrem hierarchischen Überich-Ich-Es-Menschenbild, unser kulturelles Konzept von Intelligenz mit seinem IQ oder das Selbstwertkonzept der humanistischen Psychologien – immer tun wir so, als ob wir wüssten, wie »der Mensch« ist; stülpen unsere Konzepte über alle Kulturen und sprechen doch nur die ganze Zeit über uns. Ähnlich verfahren wir mit unserer Arbeitsethik, unserem Rechtsverständnis, unseren aufgeklärten Werten wie Meinungs- und Pressefreiheit. Damit verhalten wir uns anderen Kulturen gegenüber so wie jene amerikanischen Touristen, die sich während einer Europareise aufrichtig verwirrt untereinander beschweren: »*... that people don't speak The Language*«. Fremde Kulturen zeichnen sich dadurch aus, dass sie schlecht und mit lustigen Akzenten amerikanisch sprechen. Für uns dadurch, dass sie noch nicht gelernt haben, pünktlich zu sein, Stromleitungen unter Putz zu verlegen und die Pressefreiheit zu schätzen.

Jede Verallgemeinerung beinhaltet eine Usurpation des unterstellten Bedeutungsraums durch den Sprecher, der in der Verallgemeinerung natürlich selbst auch getilgt ist; sonst könnte er nicht verallgemeinern. Unser spätkolonialistischer, nur teilweise unbewusster Kulturimperialismus muss für alle Kulturen, über die hinweg wir verallgemeinern, etwas sehr Unsympathisches und Arrogantes haben – siehe die *Mohammed*-Karikaturen. Kein Wunder also, dass sich mehr und mehr Stimmen erheben, die sagen: »Ich nicht!« Das Gute daran ist: Wenn wir hinhören, rufen uns diese Stimmen dazu auf, uns unserer kulturellen Verallgemeinerungen bewusster zu werden – und damit unserer Kultur, denn sie ist nicht die Welt. Sie ist nur unser Zuhause.

Usurpation des Bedeutungsraums

Männer und Frauen tragen jeweils die Hälfte des Himmels. Wenden wir unseren Blick auf unseren kulturellen Innenraum zurück, müssen wir feststellen, dass die gröbste sprachliche Verallgemeinerung, die unseren Bedeutungsraum seit einigen tausend Jahren usurpiert, die Verwendung des männlichen Genus ist, wenn wir allgemein vom Menschen sprechen.

Tilgung des Weiblichen

Dies ist natürlich zu Beginn des 21. Jahrhunderts keine neue Nachricht mehr. Seit den Sechzigerjahren haben die selbstbewussten Frauen unserer Kultur, gestärkt durch ihre wachsende ökonomische Unabhängigkeit und die mit der Pille möglich gewordene Selbstbestimmung der Empfängnis, uns alle – Männer wie Frauen – auf diese Ungeheuerlichkeit eindrücklich hingewiesen. Sie haben, ausgehend von ihrem Leiden an der Kultur, unser Bewusstsein über die Tilgung des Weiblichen in unserem Mythos geschärft. Sie haben die mythologischen Apokryphen, soweit sie die Unterdrückung des Weiblichen beinhalten, neu geschrieben und uns allen zugänglich gemacht. Sie haben die Rolle von Frauen, die unsere kulturelle Entwicklung beeinflusst haben, neu erzählt (z. B. *Carolyn Merchant, Paula Treichler, Rosemary Reuther* und viele andere).

Seitdem sind wir vorsichtiger geworden mit der Verallgemeinerung des Männlichen. Auch der tägliche Sprachgebrauch hat sich geändert. Als Autor / Autorin kämpft man bei jeder das Männliche verallgemeinernden Wendung mit sich selbst, ob man das so stehen lassen kann oder an jeder Stelle geschlechtlich differenzieren muss. Eigentlich möchte man sich ständig entschuldigen, aber das hält natürlich kein Text aus, und das von den *Missfits* humorvoll vorgeschlagene »Feminisprech« (jedes »er« wird durch »sie« ersetzt – pardon: siesetzt) ist auch keine rechte Altsienative. Der Punkt ist:

Männliches Wachs-figurenkabinett

Unser Kulturanthropos hat, so wie er über uns gekommen ist, ein männliches Gesicht. Unser mythologisches Wachsfigurenkabinett enthält fast ausschließlich männliche Statuen: von Plato und Aristoteles über Plotin und Augustinus, von Thomas von Aquin und Luther über Descartes, Locke, Hume und Kant bis zu Nietzsche und Freud; von Perikles und Caesar über Karl den Großen bis zu Napoleon – die Liste ist endlos. Die christliche Trinität Gottvater, Sohn und Heiliger Geist ist exklusiv männlich, und bis heute wird die größte christliche Kirche ausschließlich von Männern verwaltet. Der Papst ist als männlicher Vertreter eines männlichen Gottes auf Erden amtlich unfehlbar.

Es dauerte bis ins 19. Jahrhundert, bis weibliche Stimmen in unserer kulturellen Öffentlichkeit vernehmbar wurden, und noch einmal hundert Jahre, bis um 1970 herum die Frauen in großen Zahlen riefen: »Ich nicht!« Das eigentlich Geheimnisvolle aus heutiger Sicht ist, dass die Verallgemeinerung des Männlichen und die Tilgung des Weiblichen sowohl den Männern als auch den Frauen unserer Kultur Jahrtausende lang unbewusst bleiben konnte. So mächtig ist Gemeinschaftstrance.

Im Lichte unserer noch jungen Bewusstheit darüber, wie die andere Hälfte (auch in uns) lebt und denkt, erscheinen die Grundkoordinaten unseres kulturellen Bedeutungsraums, so wie wir sie in diesem Abschnitt geschildert haben, man muss es jetzt wirklich mal so sagen, als typisch männlich:

Grundkoordinaten

- Die Faszination für die Ferne des Raums
- Die Vorstellung der Zeit als Strahl durch den Raum (müssen wir expliziter werden?)
- Die aktiv schöpfende, unbewegt bewegende Ursache und die passive, empfangende Wirkung
- Die Faszination für die Dingwelt
- Die Tilgung von sprechender Person, von Prozess und Beziehung im Nicht-Berührt-Sein

Während die geistigen Grundkoordinaten unserer abendländischen Kultur brüchig geworden sind, während wir in dem Drang, die Welt zu beherrschen, eine Welt geschaffen haben, die uns beherrscht, während unser gemeinschaftlicher Bedeutungsraum fast fragmentiert ist, während wir auf der dringenden Suche nach einem Beziehungsparadigma sind, dass uns eine schöpferische Antwort auf unser Beherrschtwerden im Herrschen ermöglicht – sind wir gespannt darauf, was die weiblichen 49 bis 51 Prozent in uns allen dazu beizutragen haben, diese Antwort herauszufinden.

Verlorene Zitate

Wenn wir unseren täglichen Geschäften nachgehen, von Ist zu Soll streben und unsere »Baustellen« abarbeiten, wenn wir im beruflichen oder persönlichen Kontext mit unseren Leuten kommunizieren – kurz: wenn wir in unserer Alltagstrance sind –, sprechen wir fast niemals über unsere Werte – über das, was uns individuell und gemeinschaftlich wichtig ist. Dennoch sind sie in vielen unserer alltäglichen Äußerungen versteckt:

- *Es ist gut, dass …*
- *Es ist schlecht, dass …*
- *Es kann ja wohl nicht sein, dass …*
- *Das ist doch wohl unmöglich …*
- *Es ist empörend, erfreulich, falsch, richtig …*
- *Das kann man nicht machen …*

Verletzte Werte So unterschiedlich diese Halbsätze auch klingen, sie haben eins gemeinsam: Sie suggerieren objektive Normen, implizieren allgemeingültige Werte, weisen auf sie hin, zitieren sie. All diese Formulierungen sind unter Erwachsenen gebräuchliche Weiterentwicklungen dessen, was einem Kind entgegenschlägt, wenn ein Erwachsener sagt: »Das tut man nicht!« Wenn man beispielsweise der Bedeutung nachgeht, die in der Empörung »Das ist doch wohl unmöglich …« enthalten ist, entdeckt man, dass das, was in der Formulierung als »unmöglich« beurteilt wird, nicht nur nicht unmöglich ist, sondern offenbar bereits eingetreten, und dass die Entrüstung eine Reaktion darauf darstellt, dass ein Wert des Sprechers durch das Eingetretene tief verletzt ist. Welcher Wert das ist, wird nicht gesagt, es könnte Fairness, Ehrlichkeit, Kundenorientierung oder sonst etwas sein. Das Entscheidende ist:

> **Die Formulierungen »Das ist ja wohl unmöglich« oder »Es kann ja wohl nicht sein« oder ähnliche tilgen nicht nur den Sprecher und seine subjektive Betroffenheit, sie suggerieren auch eine objektiv richtige Norm, die für alle gilt und die der Beschuldigte als Täter verletzt hat – obwohl der Wert weder genannt wird noch man sicher sein kann, dass ihn alle anderen teilen oder gleich priorisieren. Die Formulierung beinhaltet ja bereits die Unsicherheit, ob der unterstellte Konsens, dass das wirklich »nicht sein kann« oder »unmöglich ist«, tatsächlich halten würde, ließe man es auf einen Test ankommen.**

Ähnlich wie Verallgemeinerungen »hijacken« Äußerungen wie die obigen den gemeinschaftlichen Bedeutungsraum, indem sie allgemeingültige, objektive Normen beschwören (»Man muss, es ist gut/schlecht« usw.). Auch die Aussage »Das passt nicht zum deutschen Gerechtigkeitsempfinden« fällt in diese Kategorie. Wir nennen solche Äußerungen »verlorene Zitate« (vgl. *Bandler/ Grinder* 1980), weil sie sowohl den Sprechenden tilgen als auch den oder die Urheber. Sie erzwingen geradezu die Nachfrage: *Wer sagt das?*

Getilgte Urheber

Wenn wir dieser Frage aufmerksam nachspüren, stoßen wir, was die verlorenen Zitate des deutschen Bedeutungsraumes angeht, häufig auf mythologische Figuren wie *Willy Brandt, Ludwig Erhard, Konrad Adenauer* oder die Väter des Grundgesetzes. All diese Figuren haben zu ihrer Zeit ihren Beitrag zu dem Werte-Konsens geleistet, der, still geworden, unseren heutigen öffentlichen Bedeutungsraum markiert. Als getilgte Urheber der verlorenen Zitate werden sie von den Zitierenden sozusagen posthum heiliggesprochen.

Werte und Beziehungen

Es ist auffällig, dass in der aktuellen transformatorischen Krise unserer Kultur besonders viele Bücher erscheinen (und sich gut verkaufen), die sich mit unseren Werten beschäftigen, indem sie die Krise als Werte-Krise behandeln – von *Der Ehrliche ist immer der Dumme* (Urlich Wickert) über *Sag mir, wo die Werte sind* (Sigmund Gottlieb) und *Werte in den Zeiten des Umbruchs* (Joseph Ratzinger) bis *Schluss mit lustig* (Peter Hahne). Die Crux mit Werten ist allerdings die, dass man sie nicht etablieren kann, indem man über sie spricht. Wir Autoren haben Gruppen erlebt, die sich erhitzten Debatten darüber hingaben, warum es gut und wichtig wäre, offener miteinander zu sprechen, statt einfach offen miteinander zu sprechen.

Werte sind als abstrakte Nomina immer getilgte Prozesse. Man erkennt sie nur daran, wie Leute miteinander umgehen, und nicht daran, ob sie über Werte reden. Daran merkt man nur, dass etwas nicht mehr stimmt, sonst gäbe es keinen Anlass, überhaupt über sie zu diskutieren.

Beziehungsarbeit   Verlorene Zitate führen in hypnotischer Art und Weise immer weg von der Auseinandersetzung der Beteiligten auf der Beziehungsebene. Sie beinhalten die Weigerung, zur Kenntnis zu nehmen, dass diese Beziehungsarbeit der Teile stattfinden muss, will das Ganze sich transformieren. Dort ist der Saft: Diese Beziehungsarbeit muss im öffentlichen Raum geführt werden, in Echtzeit und 3D.

Zusammenfassend können wir uns den Bedeutungsraum unserer Kultur, wie wir ihn durch das, was wir sagen, und das, was wir nicht sagen, ständig neu erschaffen und bestätigen, so versinnbildlichen:

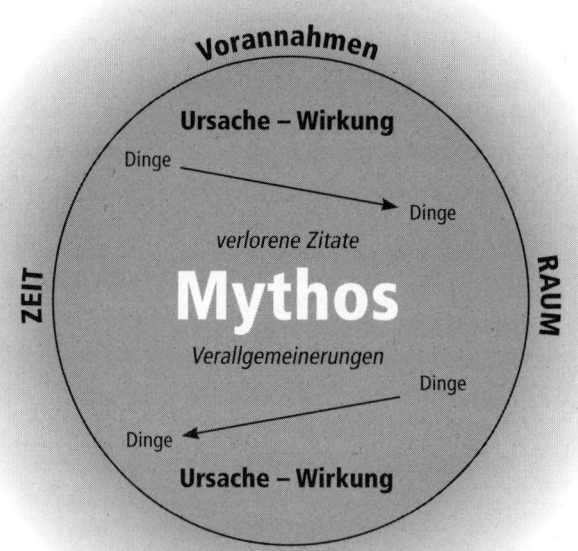

Sprache und Spalter

Wir möchten unsere Betrachtung von Sprache als kulturellem Trägermedium von Kommunikation und Kommunion damit abschließen, dass wir noch ein wenig an der Grenze zwischen unserem individuellen (privaten) und unserem gemeinschaftlichen (öffentlichen) Bedeutungsraum verweilen; dort, wo wir sortieren, wie viel von unserer persönlichen Wahrheit wir in unsere Öffentlichkeit einbringen und was wir weglassen, verallgemeinern oder verdinglichen, um unsere Zugehörigkeit zu unserer Einheit-in-Bedeutung nicht zu gefährden; dort, wo wir uns spalten.

Erlauben wir uns für den Augenblick die unwahrscheinliche, aber keineswegs unmögliche Vorstellung, dass der morgendliche Bäckereidialog, mit dem wir diesen Abschnitt begannen, vor folgendem Hintergrund stattfindet: Der Kunde kauft tatsächlich vier Elsässer, um vor seinem beschlossenen Suizid noch einmal ein ordentliches Frühstück zu sich zu nehmen. Der Bäcker steht seinerseits kurz vor der Pleite, weil auf der anderen Straßenseite ein Supermarkt aufgemacht hat. Der Dialog verliefe wahrscheinlich kaum anders, die gleichen Worte würden gewechselt, es würde sich gegenseitig noch ein angenehmer Tag gewünscht. Die Rollen, in denen sich Kunde und Bäcker in ihrem öffentlichen Raum begegnen, sehen nicht vor, sich gegenseitig mit persönlichen Problemen zu belästigen. Dass jeder der Beteiligten in Wirklichkeit ganz anderes im Sinn hat als »einen schönen Tag noch«, würde man also gar nicht an den Worten merken, sondern allenfalls daran, dass der Kunde beim Eintreten bemerkt, wie der Bäcker, kurz bevor er sein Begrüßungslächeln aufsetzt, noch geistesabwesend aus dem Fenster auf die andere Straßenseite geschaut hat, oder daran, dass die Stimme des Kunden, während er die Brötchen bestellt, etwas zittriger ist als sonst und er irgendwie bedrückt wirkt – also an den Signalen der Körpersprache, die eine andere Information beinhalten als die, die gesagt wird. Verallgemeinernd heißt das:

Bäckereidialog

Immer, wenn wir unseren öffentlichen Raum betreten, spalten wir einen Teil unserer individuellen Wahrheit ab.

Während unsere Sprache und unsere Sprechweise stets auf die anderen bezogen ist (auf den Unterschied, den unsere Äußerung vor dem Hintergrund des gemeinsamen Bedeutungsraums für die anderen machen soll) und sozusagen von unserer inneren Public-Relations-Abteilung erledigt wird, drücken wir mit der Körpersprache immer auch einen Teil unserer inneren Wahrheit aus, die uns von dem gemeinsamen Bedeutungsraum trennt.

Inkongruenz Psychologen bezeichnen diesen Unterschied zwischen dem, was wir sagen, und dem, was wir – meist unabsichtlich – zeigen, als Inkongruenz (Unstimmigkeit). In der Inkongruenz können wir sozusagen den kulturellen Spalter bei der Arbeit besichtigen. Inkongruenz ist die unausweichliche Folge davon, dass wir kulturelle Wesen sind, die zwischen den Zustanden »öffentlich« und »privat« unterscheiden können und müssen. Deshalb ist niemand von uns, sobald wir in Gesellschaft sind, jemals hundertprozentig kongruent. Kleine Kinder sind es, weil sie noch nicht kulturfähig sind, und Struppi ist es auch, weil er sich nicht an eine Kultur anpasst, sondern an sein Rudel.

Das Merkwürdige und Magische dabei ist: Während der offensichtliche Unterschied zwischen Sprache und Körpersprache förmlich »Information!« ruft, gibt es in unserer Kultur ein stillschweigendes Einvernehmen darüber, die in der Inkongruenz wahrnehmbare Information aneinander nicht wahrzunehmen – zumindest solange wir im Zustand »jetzt bin ich öffentlich« sind. Unsere Komplizenschaft darin, Inkongruenz zu tilgen, ist ein wesentlicher Bestandteil unserer Alltagstrance. Inkongruenz findet im Hier und Jetzt statt: Unterschiedliche oder gar widersprüchliche Signale sind gleichzeitig wahrnehmbar. Wenn wir mit unseren »privaten« Sinnesorganen beim anderen Inkongruenz wahrnehmen (oder uns innerlich bemühen, kongruent zu erscheinen), beflügelt uns das geradezu, sprachlich in Vergangenheit, Zukunft, Allgemeinheit und Objektivität davonzusegeln. Unsere kulturelle Abneigung gegen das Hier und Jetzt ist nicht zuletzt davon getrieben, nicht wahrzunehmen, dass wir nicht stimmig sind, dass wir uns spalten.

In denkwürdigem Gegensatz dazu, dass unsere Teilnahme an der Gemeinschaftstrance, an der Nichtwahrnehmung von Inkongruenz, die Voraussetzung dafür ist, dass wir in unseren kulturellen Öffentlichkeiten mitmachen dürfen, steht die Tatsache, dass Echtheit / Authentizität wahrscheinlich einer der am höchsten gehängten Werte unserer Gemeinschaft ist, der ganz eng mit unserer persönlichen Glaubwürdigkeit und unserem persönlichen Rang zusammenhängt.

Einerseits bemühen wir uns um unsere Authentizität, und die humanistische Psychologie ermutigt uns dazu. Wir verstehen sie als unsere persönliche Stärke oder bekommen sie als unser persönliches Problem gespiegelt, wir arbeiten an ihr als einer persönlichen Wachstumsherausforderung. Wir werfen es anderen in deren Abwesenheit vor, wenn sie nicht »ehrlich« sind, und fordern Authentizität ganz besonders von unseren Führungspersönlichkeiten.

Authentizität ist ein Dilemma

Andererseits sind wir uns privat bewusst, dass wir jeden stillen Konsens, jede Gemeinschaftstrance, auf der Stelle massiv verstören würden, wenn wir wirklich authentisch wären und einfach sagten, was uns auf der Zunge liegt, was uns in den Kopf schießt oder uns auf dem Herzen brennt; und dass wir nur so lange unsere Teilhabe an unserer Einheit-in-Bedeutung sicherstellen, wie wir uns spalten.

Gibt es einen Ausweg aus diesem Dilemma, das sich, wie man leicht einsehen kann, in transformatorischen Krisen des Gemeinwesens noch verschärft?

Ja. Wir könnten aufhören, Echtheit und Authentizität in erster Linie oder ausschließlich als unser persönliches Problem zu verstehen. Wie ehrlich kann man in einem Club der Lügner sein? Wir könnten beginnen, unsere Kommunion-in-Inkongruenz als Information über den Zustand unserer Kultur zu verstehen, für den niemand Einzelnes verantwortlich ist – aber wer sonst, wenn nicht wir als dessen Souverän?

Wenn wir uns unserer eigenen Spaltung, unserer Inkongruenz als einer Information darüber bewusster werden, wie wir an der zunehmend gespenstischer werdenden kollektiven Trance unseres öffentlichen Raums mitstricken, wird uns das dabei helfen, uns nicht mehr so leicht hypnotisieren zu lassen.

Es wird hilfreich dafür sein, dass wir

- sprachliche Vernebelungen erkennen, die sachliche Ursache-Wirkungs-Ketten oder räumliche Metaphern suggerieren, wo es um Beziehungen geht
- Verdinglichungen aufdecken, die Sender und Empfänger von Beziehungsinformationen tilgen
- unpersönlichen Verallgemeinerungen entgegentreten, die den gemeinschaftlichen Bedeutungsraum hijacken bzw. usurpieren
- in dem verbalen Blätterwald, in dem wir herumirren, die Beziehungspfade von Abhängigkeit und Konkurrenz zu entdecken
- in der Lage sind, wenn es darauf ankommt, zu fragen: *Wer sagt das?*

Zum Abschluss dieses Teils, nachdem wir jetzt die großen, Kultur gestaltenden Kräfte *Person, System, Mythos* und *Sprache* kennengelernt haben, wollen wir spezifizieren, welche kulturellen Lernprozesse es braucht, um in der Matrix der Globalisierung zu bestehen.

5. Kulturelle Entwicklung in der globalen Matrix

Seit wir uns in einer globalen Matrix von technologisch und ökonomisch vernetzter Multipolarität, Konkurrenz und Abhängigkeit bewegen, sind die Zeiten unwiderruflich vorbei, in denen Kulturen sich ihrem natürlichen Lebenszyklus gemäß entwickeln konnten. Unsere Lebensbedingungen ändern sich dramatisch. Wir leben in einer Epoche, in der, bedingt durch die weltweite Ausbreitung des Kapitalismus, alle Systeme der Welt zur gleichen Zeit damit beschäftigt sind, sich den Voraussetzungen der Matrix anzupassen. Die transformatorische Krise unserer Kultur äußert sich lokal und global, im Kleinen wie im Großen.

Das heißt zweierlei:

Transformatorische Krise

1. *Jede einzelne Kultur, ob nun supranational, national, organisationell oder sonst wie, befindet sich in einer transformatorischen Krise – und damit jeder Einzelne von uns.* Die transformatorische Herausforderung kommt aus der Sicht jeder einzelnen Kultur aus dem Außen, aus der Welt. Sie ist aber Teil eines zirkulären Prozesses, indem sie insbesondere auf die westlichen Industrienationen zurückwirkt. Diese waren ja die Ersten, die sich bereits vor fünfhundert Jahren aufgemacht hatten, die Welt und ihre Ressourcen in Besitz zu nehmen, sie unter sich aufzuteilen und ihre Volkswirtschaften zu internationalisieren. (1494 teilten die Spanier

und die Portugiesen die Welt in einem Vertrag, dessen Zustandekommen vom Papst moderiert wurde, unter sich auf. Amerika war kaum entdeckt, und man hielt es noch für Indien, hatte also eigentlich keine Ahnung, was man da teilte. Aber jedenfalls gehörte von da an alles westlich von 380 Grad West den Spaniern, alles östlich davon den Portugiesen. Auf einen späteren Einspruch der Portugiesen hin wurde die Trennlinie dann längs durch den amerikanischen Kontinent nach Westen verschoben – das ist der Grund, aus dem in Brasilien portugiesisch und im Rest Lateinamerikas spanisch gesprochen wird.) Das Abendland vollendet mit der Globalisierung seinen eigenen Entwicklungszyklus. Es steht vor der ganz neuartigen und ungewohnten Herausforderung, sich auf einmal, wenn man so will, aus der Opferperspektive mit den Rückwirkungen der eigenen Täterschaft in der Globalisierung auseinandersetzen zu müssen – kurz gesagt damit, wie es bewirkt, was es beklagt.

Kolonialismus Kulturen, die vor Jahrhunderten unter westlichen Einfluss und westliche Macht gerieten, und das waren so gut wie alle, haben den großen transformatorischen Schock mit dem Kolonialismus bereits erlebt. Soweit sie diesen überhaupt überlebten und ihm nicht zum Opfer fielen, hatten sie viel Zeit, unsere Herrenkultur zu studieren. Hauptsächlich das, was es uns ermöglicht hat, sie zu beherrschen: unsere Technologie in Wirtschaft und Militär. Kulturen wie die indische und die chinesische (die noch vor 50 Jahren von vielen totgesagt wurden, als hoffnungslos archaisch) sind jetzt dabei, aus der Opferschaft in die Täterschaft der globalisierten Welt zu springen. Für uns bedeutet die gegenwärtige transformatorische Krise unter anderem, dass wir uns endgültig aus unserer Herren-der-Welt-, Insel-der-Seligen-Perspektive verabschieden müssen, damit wir anfangen können, zu lernen.

2. *Das gesamte System Menschheit ist in einer transformatorischen Krise.* Diese hat keine Vorläufer, weil die Menschheit als Ganze noch nie vor der Aufgabe stand, globale Konkur-

renz, Abhängigkeit und Multipolarität auf der Grundlage des Kapitalismus metakulturell zu bewältigen und gleichzeitig dafür zu sorgen, dass in diesem Versuch nicht mit der Erde unser aller Existenzgrundlage zerstört wird. Jedem ist heute privat klar, dass wir mindestens fünf Erden brauchen, wollen alle Menschen so leben wie wir jetzt hier. Was wir im Augenblick an globaler Metakultur haben, kommt noch nicht einmal gut damit zurecht, unsere weltweite Konkurrenz fair zu regulieren, und noch viel weniger damit, unsere gemeinsame Abhängigkeit von unseren Ressourcen in Handeln umzusetzen.

Die Konsequenzen aus der gegenwärtigen transformatorischen Krise sind dreifache: **Drei Konsequenzen**

1. *Wir müssen versuchen, die Krise zu bewältigen.*
Wie wir gesehen haben, gibt es je nach Systemkonstruktion mehrere Wege, die alle wenig glücklich verlaufen, wenn der Souverän des Systems kein Bewusstsein seines Systems als Kultur hat.

2. *Wir müssen lernen, wie man transformatorische Krisen bewältigt.*
Was wir brauchen, ist sozusagen eine Methodologie der kulturellen Transformation. Wir brauchen sie deswegen, weil die Beziehungsmuster der globalen Matrix unsere und andere Kulturen in absehbarer Zeit immer wieder vor die Herausforderung stellen werden, sich neu anzupassen und auszurichten. Die Zeiten sind turbulent und unübersichtlich; kein Wunder, wenn alle Kulturen der Welt gleichzeitig in Transformationsprozessen stecken. Speziell Unternehmen müssen sehr schnell darin sein, sich den immer wieder verändernden Markt- und Wettbewerbsbedingungen der Globalisierung anzupassen. Für sie, aber auch für alle anderen Systeme kann es lebenswichtig sein, Know-how darüber zu erwerben, wie man die eigene Kultur transformiert.

3. *Wir müssen unser Lernen »monitoren«.*

Die Tatsache, dass wir bewusste Wesen sind, erlaubt es uns, dass wir

- wahrnehmen, was wir überhaupt als Lernherausforderung begreifen und was nicht
- uns bewusst machen, nach welchen Maßstäben wir bewerten, was bedeutungsvoll ist – und was nicht
- unsere Lernversuche einschätzen, bewerten und justieren.

Nur unsere bewusste Zeugenschaft des eigenen Lernens kann verhindern, dass wir um die heiligen Kühe unseres öffentlichen Raums herumnavigieren, dass wir unserer eigenen Komplizenschaft in der Bewahrung des Überkommenen aufsitzen, dass wir unserer kulturellen Betriebsblindheit auf den Leim gehen. Nur sie kann uns davor bewahren zu denken, wir könnten einfach bleiben wie wir sind.

Transformatives Lernen Lernen, wie wir lernen (das Deutero-Lernen von *G. Bateson*) ist die Essenz dessen, was wir im Folgenden mit dem Begriff »transformatives Lernen« bezeichnen werden, weil es im Lernen uns als Lernende transformiert. Die bewusste Zeugenschaft des eigenen Lernens ist die Essenz kultureller Kompetenz.

Die transformatorische Krise der Menschheit, ihrer Kulturen und Systeme ist das Ende von etwas und der Beginn von etwas Neuem. Jetzt entscheidet sich, wie wir gemeinsam und jeweils einzeln in der Lage sind, die Krise schöpferisch zu bewältigen. In diesem Sinne leben wir in mythischen Zeiten, weil unser Umgehen mit der globalen Transformation zu der Geschichte wird, die sich unsere Nachfahren erzählen werden, zum Schöpfungsmythos der einen, vernetzten und multipolaren Welt. Vielleicht war es noch nie wichtiger als heute, uns daran zu erinnern, dass wir mit unserem Leben Geschichte machen, nicht nur *Joschka Fischer* und andere, sondern jede Frau und jeder Mann.

3. Teil – Paradigma

»Wer will etwas Lebendiges erkennen und beschreiben,
sucht erst den Geist herauszutreiben,
dann hat er die Teile in der Hand,
fehlt leider nur das geistige Band.«
JOHANN WOLFGANG VON GOETHE

Welches Paradigma können wir anlegen, um uns transformatives Lernen zu ermöglichen? Klar ist: Mit dem Ursache-Wirkungs-Paradigma, das unser Denken, Sprechen, Handeln, also unsere Welt seit vierhundert Jahren geformt hat, geht das nicht. In Kontrast zu diesem muss ein Paradigma transformativen Lernens die Zirkularität lebendigen Geschehens abbilden (wie wirkt die Wirkung auf die Ursache zurück?), und es muss, statt einen unbeteiligten Beobachter zu unterstellen, diesen ausweisen und sein Beteiligtsein spezifizieren.

Vor allem muss es im Hier und Jetzt anwendbar sein. Da alles, was wir bisher über Kultur geschrieben haben, in der Gegenwart geschieht und wahrgenommen werden kann, wenn wir unsere Aufmerksamkeit darauf richten, brauchen wir ein Paradigma, das es uns erlaubt, im Hier und Jetzt zu lernen: Die Systemdynamik, das Ausbalancieren von Konkurrenz und Abhängigkeit, passiert jetzt. Die mythologische Figuren- und Geschichtenwelt lebt jetzt. Unsere Kommunikation und Kommunion in Sprache, unsere Spaltung in eine private und eine öffentliche Person geschieht jetzt. Der Kulturanthropos lebt jetzt. Wir können ihn jederzeit besuchen.

Im Hier und Jetzt lernen

1. Die Struktur des kulturellen Feldes

Kultur als Feld Eine Kultur ist ein sich selbst organisierendes menschliches Feld. Dieses ist in jedem Augenblick seiner Entwicklung vollständig. Das Feld umfasst alles, was auf alle Mitglieder der Kultur einzeln und gemeinsam wirkt und was durch sie auf es zurückwirkt. Dieser Prozess ist unserer Wahrnehmung und unserer Bewusstheit zugänglich.

Das kulturelle Feld hat Struktur und Form. Seine äußersten Grenzen werden durch die Vorannahmen markiert, die eine Kultur über ihr Welt- und Selbstverständnis macht. Diese stecken den kulturellen Bedeutungsraum ab. Innerhalb dieses großen Rahmens spaltet das Feld sich in die Bewusstseinssphären, die das Heilige, das Öffentliche, das Private und das Intime voneinander trennen. Wo diese Grenzen gezogen werden, was die einzelnen Sphären beinhalten, ist von Kultur zu Kultur unterschiedlich und wie die Vorannahmen im Mythos verankert. Jede Kultur entwickelt und transformiert sich in der Dynamik zwischen den Bewusstseinssphären.

Die Kultur gestaltenden Kräfte *Person, System* und *Mythos,* die wir im zweiten Teil beschrieben haben, sind in ihren Bedeutungsräumen gewissermaßen ineinander verschachtelt, während das Feld holografisch und ganz ist:

Hier beginnt der *persönliche Bedeutungsraum*. Er umfasst alles, was für uns als Person Bedeutung hat, also auch Privates und Intimes.

Hier beginnt der *biologische Bedeutungsraum*. Er umfasst alles, was für uns als Gattung Bedeutung hat. Er verbindet jede Kultur mit dem großen Menschheitsfeld.

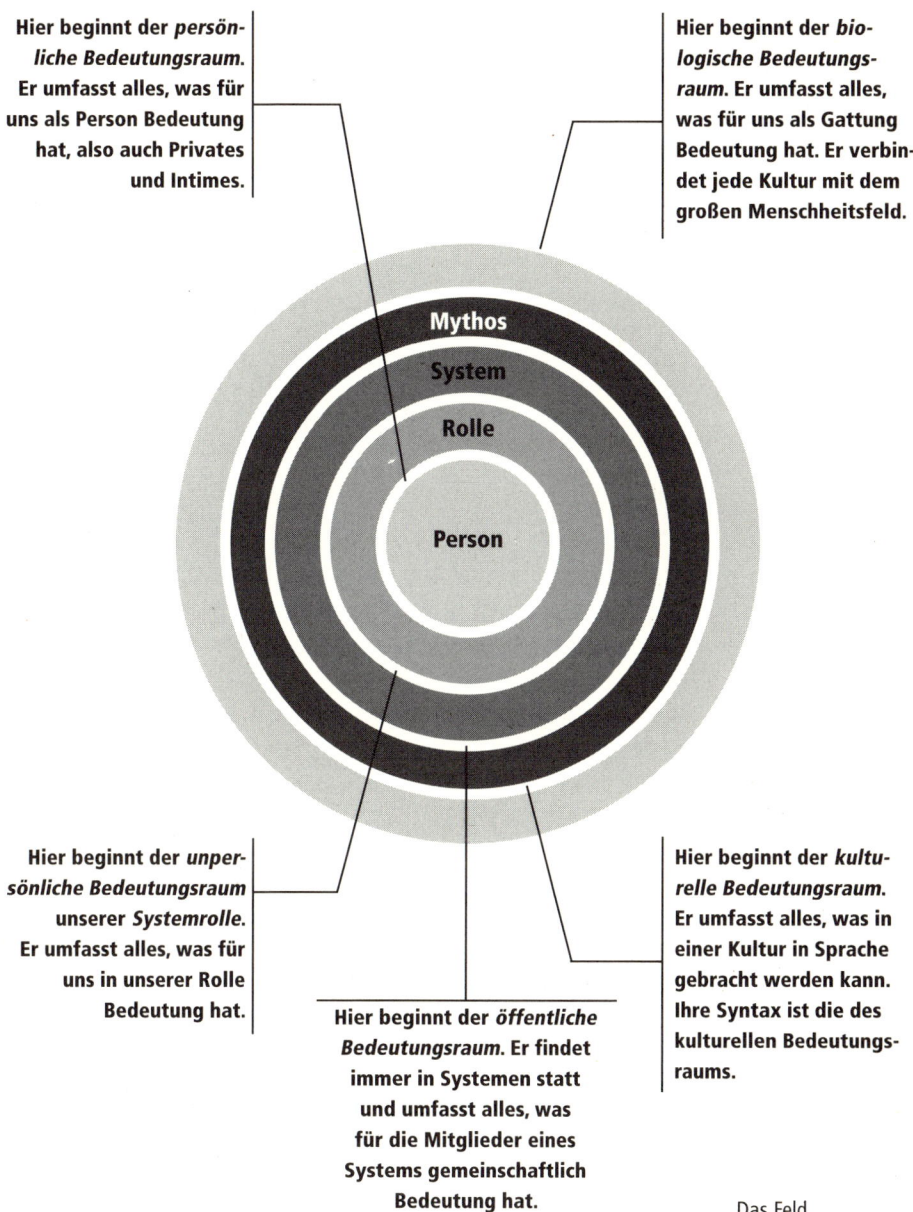

Mythos

System

Rolle

Person

Hier beginnt der *unpersönliche Bedeutungsraum* unserer *Systemrolle*. Er umfasst alles, was für uns in unserer Rolle Bedeutung hat.

Hier beginnt der *öffentliche Bedeutungsraum*. Er findet immer in Systemen statt und umfasst alles, was für die Mitglieder eines Systems gemeinschaftlich Bedeutung hat.

Hier beginnt der *kulturelle Bedeutungsraum*. Er umfasst alles, was in einer Kultur in Sprache gebracht werden kann. Ihre Syntax ist die des kulturellen Bedeutungsraums.

Das Feld

Unser persönlicher Bewusstwerdungsprozess wird von der Kultur geprägt und wirkt auf diese zurück. Dieser Prozess vollzieht sich immer zuerst in den privaten und intimen Sphären und führt dann in den öffentlichen Raum. Als Personen sind wir also Kanäle des Feldes, durch das sich dieses zum Ausdruck bringt, sich seiner selbst bewusst wird, sich entwickelt und transformiert. Und wir sind Resonanzkörper (»Person« kommt von lat. *personare*, d. h. »durchklingen«), durch die das Feld schwingt.

- In unterschiedlichen Rollen lernen wir das kulturelle Feld aus verschiedenen Perspektiven kennen.
- Als Mitglieder von Systemen gestalten wir unsere Welt.
- Innerhalb eines Systems spaltet sich die Kultur in einen öffentlichen Raum und in private Räume.
- Eine Systemkultur entwickelt und transformiert sich über die Beziehungen ihrer Mitglieder, in der Dynamik zwischen der öffentlichen und den privaten Bewusstseinssphären.

2. Das Paradigma des Feldes

Das menschliche Feld entwickelt sich nach dem Informations-Bedeutungs-Paradigma. Information ist definiert als Unterschied, der einen Unterschied macht. Bedeutung ist definiert als das individuelle Verständnis bzw. das gemeinschaftliche Einverständnis über den Unterschied, den eine Information macht.

Information und Bedeutung

Jede Kultur, jedes System, jede Person hat ihren eigenen Bedeutungsraum, in dem sie auf der Basis ihrer Erfahrungen bewertet, was die Informationen bedeuten, die sie empfängt. Wird eine Information als bedeutungsvoll bewertet, erfolgt eine Reaktion, ein Handeln.

Information ist der sinnlich wahrnehmbare Vordergrund, Bedeutung wird konstruiert vor dem sinnlich nicht unmittelbar zugänglichen, kulturellen Bedeutungshintergrund.

Wir können uns das am Beispiel des kleinsten menschlichen Feldes auf der folgenden Seite anschaulich machen:

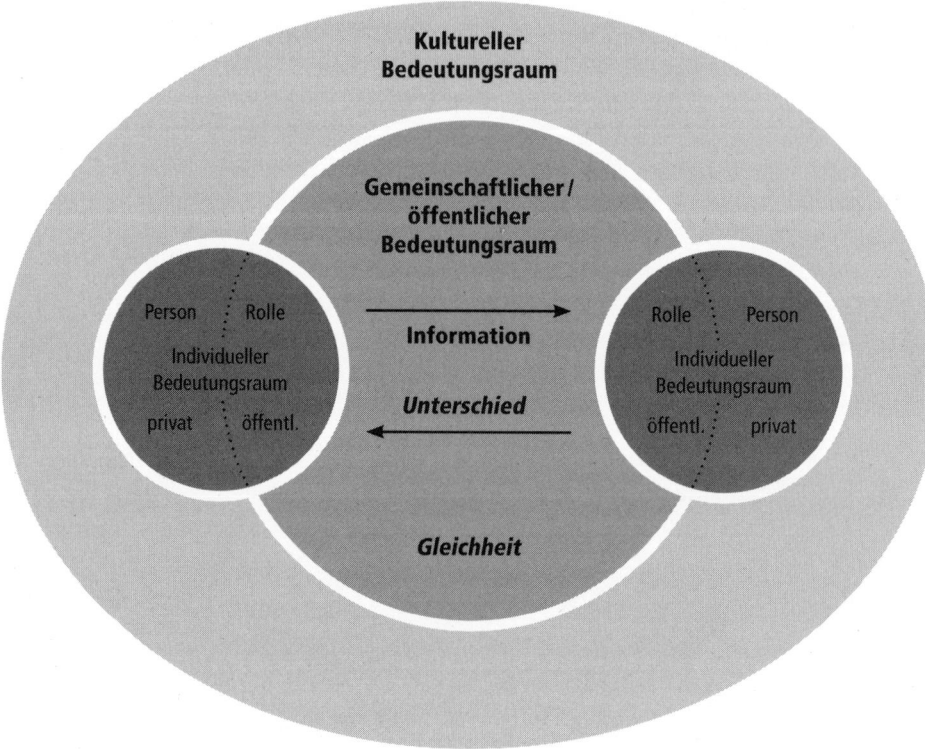

Das Informations-Bedeutungs-Paradigma formt das Muster,

- in dem sich das kulturelle Feld fortwährend entwickelt
- in dem es von seinen Mitgliedern wahrgenommen und zwischen ihnen in Kommunikation und Kommunion bestätigt oder verändert wird
- in dem Informationen in den und durch die kulturellen Bewusstseinssphären verlaufen und an deren Grenzen gefiltert, unterdrückt oder moduliert werden
- in dem es mit anderen kulturellen Feldern interagiert und sich über die Zeit hinweg verändert.

3. Der Prozess des Feldes

Das Informations-Bedeutungs-Paradigma strukturiert unsere Interaktionen mit der Welt. Es beschreibt die »Grammatik«, nach der wir Erfahrungen machen und bewerten, nach der wir lernen, nach der wir uns durch unser Lernen verändern. Das Paradigma tut dies für alles, was ein »Ich« oder ein »Wir« hat – einschließlich des Beobachters.

Grammatik

Führen wir uns zunächst anhand eines alltäglichen Vorgangs vor Augen, was im Einzelnen geschieht, wenn wir als Person etwas wahrnehmen und dann darauf reagieren. Das kann das Lesen dieser Zeilen sein, das kann der Prozess vom Wahrnehmen einer Wespe auf unserem Bienenstich bis zu ihrem Wegwedeln sein oder das »Hallo! Schöner Tag heute, was?« unseres Nachbarn über den Zaun hinweg, auf das wir antworten.

Wenn wir diesen kurzen Prozess unter der Lupe anschauen, stellen wir fest, dass er in fünf Schritten erfolgt:

In fünf Schritten von der Wahrnehmung zum Handeln

1. Wir nehmen über unsere Sinnesorgane konkrete Daten wahr. Wir sehen schwarze Buchstaben auf hellem Papier, wir sehen aus dem Augenwinkel ein schwirrendes Etwas auf dem Bienenstich landen, wir sehen, während wir im Garten auf der Liege dösen, einen Schatten auf unserem Rasen und hören eine männliche Stimme. Die Menge der immerfort auf uns einströmenden senso-

rischen »Bits« ist ungeheuerlich groß. Unsere Wahrnehmung wird begrenzt durch das Spektrum unserer Sinnesorgane, die Geschwindigkeit der Reizleitung und unsere
Aufmerksamkeitsrichtung. Wenn wir unsere Aufmerksamkeit auf etwas fokussieren, erhöht sich unsere Wahrnehmungsschwelle für alles andere.

2. Wir fassen die wahrgenommenen Bits zu Informations-
bytes zusammen, um die Vielfalt und Menge zu reduzieren:
Wörter und Sätze, Wespe, Nachbar.
Jede Sinneswahrnehmung, die kein Informationsbyte in
Sprache wird, die nicht benannt wird, wird an dieser Stelle
getilgt.
Bis hierher verläuft der Prozess so automatisiert (wenn uns
Wörter, Wespen und Nachbarn vertraute Phänomene sind),
dass wir uns seiner selten bewusst werden.

3. Wir konstruieren in unserer »inneren Öffentlichkeit«, was
die wahrgenommenen und vorselektierten Informations-
bytes für uns bedeuten: Wir vollziehen den Sinn dieses
Satzes nach; wir verstehen die Wespe als eine Bedrohung
für unseren Bienenstich und unser Baby; wir ahnen, dass
der Nachbar mit irgendetwas Trivialem unsere Mittagsruhe
stören wird, die wir eigentlich auf unserer Liege halten
möchten.
Unser persönlicher Bedeutungsraum wird durch unsere kulturelle Zugehörigkeit, unser Geschlecht und Alter,
unsere Lebensgeschichte, unsere Rollen, unsere Werte und Fähigkeiten geformt. Jede Information, die hier
keine Bedeutung bekommt, wird in den inneren Papierkorb entsorgt. Dort schlummert sie, wie die Dateien, die
man auf seinem Rechner in den Papierkorb verschiebt,
noch eine Zeit lang, so dass man später noch mal darauf
zugreifen kann. Wenn das nicht geschieht, wird die Information irgendwann gelöscht.

4. Je nach Bedeutung der Information resonieren wir mit
Gefühlen. Wir freuen uns, weil das Gelesene das bestä-

tigt, was wir selbst schon lange dachten; wir erschrecken und haben Angst davor, dass die Wespe unser Baby sticht; wir sind ärgerlich, dass der blöde Nachbar mal wieder so indiskret und distanzlos ist. Eigentlich wachen wir erst in diesem Moment richtig auf und werden sehr aufmerksam, wenn wir mit einem körperlich spürbaren Gefühl resonieren. Jetzt wissen wir, dass die Information, oder genauer: die Bedeutung der Information, bedeutsam für uns ist.

5. Wir handeln, je nach Bedeutung und Resonanz: Wir lesen den nächsten Satz, wir wedeln die Wespe vom Bienenstich, wir jubeln dem Nachbarn ein »Ja! Endlich mal wieder Sonne. Und so ruhig, nicht?« über den Zaun zurück.

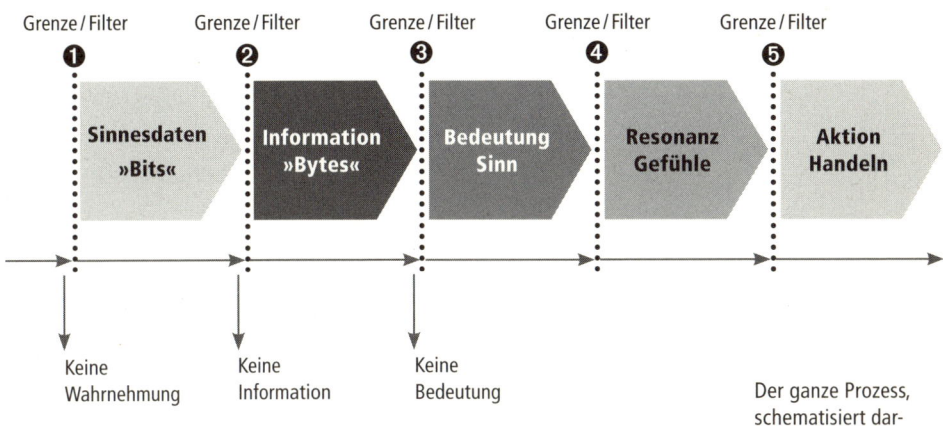

Der ganze Prozess, schematisiert dargestellt

Der in fünf Stationen verlaufende Signalfluss vom Input über das interne »Processing« bis zum Output wird an fünf Grenzen interpunktiert, an denen sich jeweils entscheidet, was mit einer Information geschieht: Sie wird entweder getilgt oder weitergereicht und im nächsten Segment moduliert. Die erste Grenze ergibt sich aus unserer biologischen Ausstattung als Gattung und unserer Aufmerksamkeitsrichtung. Die zweite Grenze ist bereits kulturell, weil an ihr die Benennung erfolgt. Das ist die »Hühner«-Grenze. An der dritten Grenze kommt der Bedeutungsraum unserer »inneren Öffentlichkeit« ins Spiel. Hier entscheiden wir, ob das, was wir wahrgenommen haben, bedeutungsvoll für uns ist. Wenn es das ist, erfolgt eine Handlung.

Geschehen im Resonanz-Segment Halten wir jetzt eine noch stärkere Lupe über das Geschehen im Resonanz-Segment, so stellen wir Folgendes fest:

1. Wir resonieren immer als ganzer Mensch. Dazu gehören Körperimpulse und Gefühle.
2. Dann reagieren wir in unserer inneren Öffentlichkeit auf das, was wir als unser Gefühl wahrnehmen, und benennen es.
3. Anschließend geben wir unserem benannten Gefühl in unserer inneren Öffentlichkeit eine Bedeutung, je nach Situation, in der wir uns befinden.
4. Dann erst handeln wir.

Mit Ausnahme der Fälle, in denen wir handeln müssen, bevor wir denken können, durchläuft der Prozess also noch einmal eine große Informations-Bedeutungs-Schleife: Wenn wir uns als Leser gerne in unseren Gedanken bestätigt finden, lesen wir weiter. Wenn wir aber sehr damit identifiziert sind, ein kritischer Leser zu sein, mag die Information »Freude« ein Unterschied sein, der uns nicht behagt, weil wir uns als kritischer Leser vielleicht am wohlsten fühlen, wenn wir dem Autor sachliche Fehler, falsches Denken oder Schlampigkeit bescheinigen können. Wir bewerten also unsere Freude als negativ und lesen ab jetzt kritischer weiter. Analog dazu mag die Wespe Angst und Wut in uns auslösen und den Impuls, sie zu erschlagen. Das nehmen wir wahr (Information), erinnern uns daran, dass wir als Mutter keine Wut empfinden sollten (Bedeutung), sind zufrieden mit uns, weil wir uns schließlich zügeln können (Resonanz), und verscheuchen das Insekt (Handlung). Als Nachbar nehmen wir unseren Ärger wahr (Information), bewerten es als unklug, ihn jetzt auszudrücken, weil wir unsere nachbarlichen Beziehungen nicht leichtfertig irritieren wollen (Bedeutung), und entschließen uns, stattdessen nett zu antworten (Resonanz), lassen aber mit dem »Und so ruhig, nicht?« doch einen ganz kleinen Schienbeintritt los (Handlung).

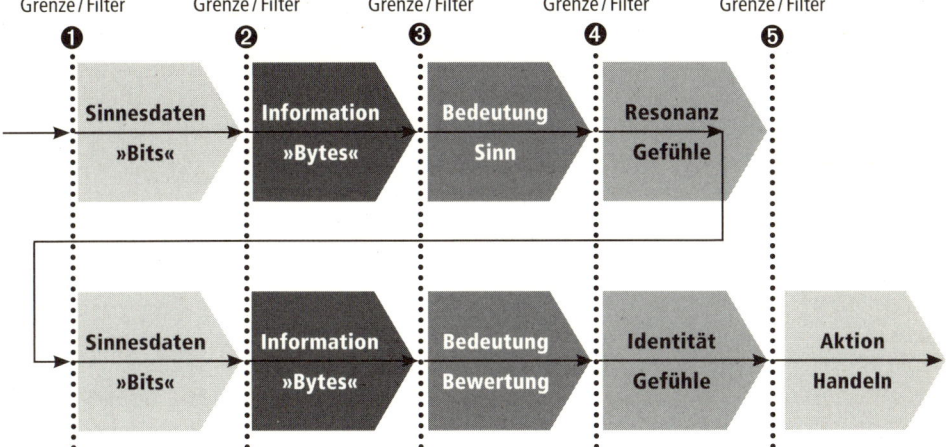

Der gesamte Prozess, schematisch dargestellt

In Segment 4 des Prozesses wird unser innerer Beobachter aktiv, **Innerer Beobachter**
den wir im Laufe unseres kulturellen Erziehungsprozesses erwor-
ben haben. Mit ihm setzt auch unsere bewusste Wahrnehmung
ein. Vorher reagieren wir mehr oder weniger automatisch. Damit
setzt sich die Schleife in Bewegung, die in absichtliches Handeln
mündet. Wir distanzieren uns also von unserem primären Infor-
mations-Bedeutungs-Erleben, indem wir es durch die Brille unserer Identität bzw. Rolle wahrnehmen und bewerten. Hier findet
das Geschehen statt, das notwendig dafür sorgt, dass wir als kulturelle Wesen kaum jemals hundertprozentig kongruent sind. Hier
findet aber auch unser Lernen statt, das uns ermöglicht, unser
Verhalten zu korrigieren. Dies wird allerdings dadurch begrenzt,
dass unsere bewusste Selbstwahrnehmung erst im vierten Segment ansetzt. Wir werden uns der kulturellen Voraussetzungen
unserer Bedeutungsgebung so noch nicht bewusst, die ja bereits
an der ersten, zweiten und dritten Grenze des Signalverarbei-
tungsprozesses ansetzen. Wir handeln einfach als Leser, Mutter
oder Nachbar, und für die meisten Fälle des alltäglichen Lebens
und Lernens ist das auch ausreichend.

**Transformativ wird unser Lernen, wenn wir den inneren
Beobachter – die Instanz in uns, die in der ersten Schleife**

das Wahrgenommene bewertet und unsere Reaktionen veranlasst – ans Licht holen und uns bewusst machen.

Wir müssen also die erste Schleife ein zweites Mal durchlaufen, indem wir wahrnehmen, was wir überhaupt als bedeutungsvoll bewerten und was nicht. Transformatives Lernen geschieht immer dann, wenn wir wahrnehmen, wie wir bewerten, was geschieht. *David Bohm* (2002, S. 138) schrieb über den inneren Beobachter: *»Es scheint einen Zweifler zu geben, der zweifelt. Irgendwo ganz hinten ist jemand, der beobachtet, was falsch ist, aber er selbst wird nicht beobachtet. Genau das Falsche, das er sich ansehen sollte, steckt im Betrachter, weil das der sicherste Ort ist, es zu verbergen. Versteck es im Betrachter selbst, und der Betrachter wird es niemals finden.«*

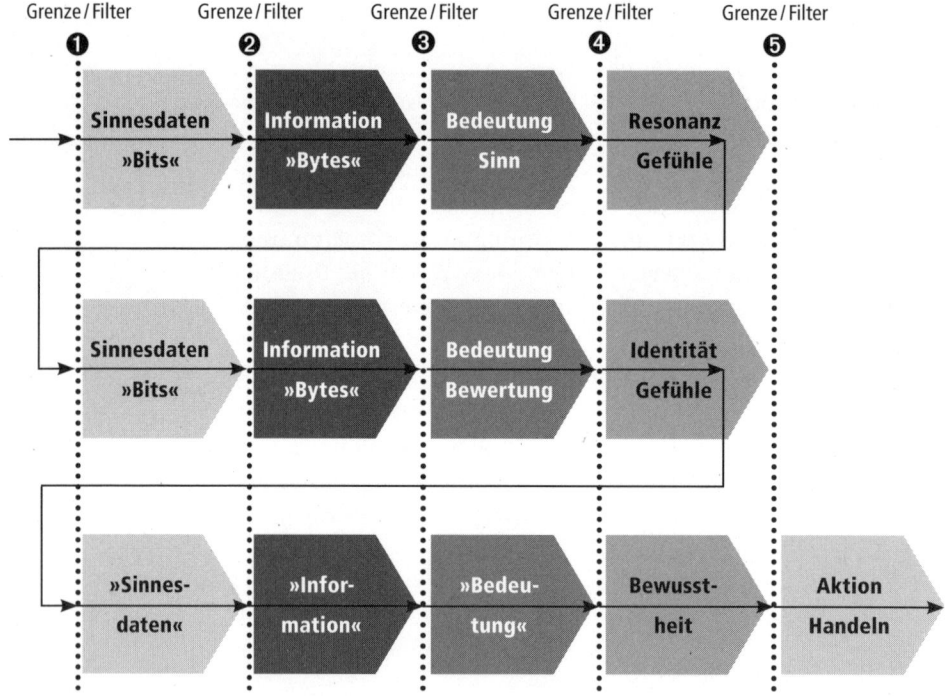

Der Prozess transformativen Lernens

Auch Systeme durchlaufen den Prozess von der Wahrnehmung zum Handeln. Auch für sie gilt: An den fünf Grenzen entscheidet sich, welche Informationen wahrgenommen, wie sie interpretiert, weiterverarbeitet und schließlich in Handeln umgesetzt werden. Auch sie haben eine Identität, die sich im Transformationsprozess verändern wird. Nur können Systeme nicht lernen, das können nur Personen. Was bedeutet das für den transformatorischen Wandlungsprozess in Systemen?

1. Die Mitglieder des Systems müssen im öffentlichen Raum zusammenkommen.
2. Sie müssen gemeinsam den Prozess von der Wahrnehmung bis zur Antwort durchlaufen. Dazu braucht es vor allem eins: Verlangsamung. Informations-Bedeutungs-Prozesse gehen sehr schnell.
3. An jeder der fünf Prozessgrenzen muss der Vorhang zwischen der öffentlichen und der privaten Sphäre gelüftet werden, damit die inneren Beobachter ans Licht geholt und transformiert werden können. Dies geschieht, indem die Informations-Bedeutungs-Prozesse miteinander ausgetauscht werden.
4. Wenn das System vor der Herausforderung steht, seine eigene Identität zu transformieren und eine schöpferische Antwort zu entwickeln, braucht es die bewusste Rückbindung an seine mythologischen Ursprünge. Wie ein solcher Prozess gestaltet werden kann, beschreiben wir im fünften Teil.

4. Das Veränderungsmodell der kulturellen Kompetenz

Definition der kulturellen Kompetenz

Kulturelle Kompetenz ist die Fähigkeit, den transformatorischen Wandlungsprozess eines Systems zu gestalten und einen Raum zu schaffen, in dem transformatives Lernen möglich wird. Die Mitglieder eines Systems werden Schritt für Schritt durch die fünf Phasen des Prozesses von der Wahrnehmung bis zur Antwort geführt.

Da dieser Fünf-Phasen-Prozess im öffentlichen Raum stattfindet, aktualisiert sich die Grenze zwischen dem Privaten und dem Öffentlichen im Hier und Jetzt, während die Personen in ihren Rollen miteinander interagieren.

Wenn sich der gemeinschaftliche Bedeutungsraum ändern soll, was er in transformatorischen Phasen muss, setzt die praktische Arbeit dort an, wo sich entscheidet, was überhaupt als Information in den öffentlichen Raum vordringt und was nicht. Es geht also darum, bewusst werden zu lassen, was gemeinschaftlich oder individuell an dieser Grenze getilgt wird und wie das geschieht, während es geschieht. Nur dann werden die Mitglieder eines Systems in die Lage versetzt, neu zu entscheiden, was sie vor dem Hintergrund der Herausforderungen, vor denen sie stehen, als gemeinschaftlich bedeutungsvoll bewerten.

Da das kulturelle Feld in jedem Augenblick vollständig ist, kann **Vertrauen**
man in diesen Prozess Vertrauen haben, denn alles, was benötigt
wird, ist jetzt da. Es liegt in den privaten Sphären geborgen. Wenn
sich die Mitglieder damit auseinandersetzen, was in ihrem Feld
wirkt, können Konflikte, die die weitere Entwicklung des Systems behindern, ausgetragen werden. Die Atmosphäre klärt sich.
Über den Weg der gemeinschaftlichen Bewusstwerdung werden
das Wissen, die Kreativität und die Ressourcen frei, die das System
für eine Erneuerung braucht.

Veränderungsarbeit ist Grenzarbeit im Hier und Jetzt des öffentlichen Raums einer Kultur. Die Überzeugungen, Einstellungen
und Werthaltungen, die den öffentlichen Raum in seinen Qualitäten prägen und begrenzen, werden von den Mitgliedern eines
Systems in stillem Konsens aufrechterhalten – innerhalb des Freiraums, der durch Recht und Gesetz gezogen ist. Wenn wir uns
an dieser Stelle noch einmal der Vorgänge um *Paul Kirchhof* im
Wahlkampf 2005 erinnern, wird klar, dass es natürlich kein Gesetz dagegen gibt, im öffentlichen Raum der politischen Kultur
Berlins die Wahrheit zu sagen; eher verpflichten unsere Gesetze
die Repräsentanten dazu, das zu tun. Grenzen sind die »Orte«, an
denen wir uns spalten, wie wir das zum Beispiel tun, wenn wir
die Tür zu unserem öffentlichen Raum durchschreiten.

In Veränderungsprozessen, und zumal in transformatorischen **Heiße Grenzen**
Prozessen, werden die Grenzen »heiß« *(A. Mindell)*. Ganz buchstäblich: Man beginnt zu schwitzen. Auch das konnte man sehr
schön an der Reaktion der *Kirchhof*-Bewacher beobachten, die
gerne mehr Spaltung von ihrem Schützling erwartet hätten und
auf seine Fähigkeit dazu nicht vertrauen konnten. Weil sich in
solchen Phasen unsere Spaltung zwischen öffentlicher und privater Person vertieft, ist es zum einen anstrengender, die Spaltung
aufrechtzuerhalten, zum anderen wird der stille Konsens wackeliger, und zum Dritten sind eben alle sehr nervös. Da gehen die
Nerven schon mal durch. Wie heiß es sich an der Grenze anfühlt,
wenn man vor ihr steht, weiß jeder, der im öffentlichen Raum seiner Gemeinschaft schon einmal aufgestanden ist, um eine verstörende Wahrheit auszusprechen, oder dies seit langer Zeit vorhat,

aber immer wieder aufschiebt. Je abhängiger wir sind oder uns fühlen, desto mehr Mut müssen wir aufbieten. Genau deswegen sind »heiße« Grenzen aber auch so gut geeignet, um an ihnen aus der Alltagstrance aufzuwachen.

Das Fünf-Grenzen-Prozessmodell Der Fünf-Grenzen-Prozess, den wir jetzt vorstellen, ist der, den Personen und Systeme auf dem Weg von der Herausforderung zur schöpferischen Antwort durchlaufen.

1. Grenze	Die Grenze gegen die Wahrnehmung	Der Grenzzaun um das Heimatgrundstück unserer Identität kann so hoch sein, dass wir die Signale, die uns zur Veränderung aufrufen, lange Zeit überhaupt nicht wahrnehmen.
2. Grenze	Die Grenze gegen die Information	Wenn die Signale so stark sind, dass wir sie nicht mehr verleugnen können, stehen wir vor der zweiten Grenze. An dieser sind wir aufgefordert, unsere Aufmerksamkeit auf das zu richten, was uns in Schwierigkeiten bringt. Noch verstehen wir nicht, wozu uns die von außen kommende Störung aufruft und in welcher Beziehung sie zu unserem Denken und Handeln steht.
3. Grenze	Die Grenze gegen die Bedeutung	Wenn wir so weit sind anzuerkennen, dass das, was uns zustößt, etwas mit uns zu tun hat, stellt sich als Nächstes die Frage, welche Bedeutung die Störung für uns hat. Wozu fordert sie uns heraus? Wenn uns das klarer wird, kommen wir an die nächste Grenze.
4. Grenze	Die Grenze gegen die Veränderung der Identität	Jetzt wird es wirklich heiß, denn nun es geht um uns. An dieser Grenze begegnen wir uns selbst. Indem wir wahrnehmen, wie wir im Hier und Jetzt auf das reagieren, was uns zustößt, werden uns unsere Überzeugungen, Glaubenssätze und Werthaltungen bewusst. Im Transformationsprozess von Systemen geht es in dieser Phase darum, den Schöpfungsauftrag und die mythologische Entwicklungsgeschichte bewusst zu machen, die die Kultur des öffentlichen Raums geprägt hat, um dann zu entscheiden, wie sich die Identität des Systems ändern soll, damit es fähig wird, die Herausforderungen, vor denen es steht, schöpferisch zu bewältigen.

5. Grenze	Die Grenze gegen die Veränderung des Handelns	An Grenze fünf stehen wir vor der Notwendigkeit, die Konsequenzen zu ziehen, die sich aus unserem Erkenntnisprozess ergeben. Wir sind aufgerufen, tatsächlich anders zu handeln. Im Transformationsprozess von Systemen ist jetzt der Zeitpunkt, um den strategischen, strukturellen und kulturellen Veränderungsprozess zu planen und umzusetzen.

Im vierten Teil werden wir das Paradigma der kulturellen Kompetenz in seiner strukturellen Perspektive (die Struktur des Feldes) auf den öffentlichen Raum in unserer Kultur anwenden. Im fünften Teil entwickeln wir aus dem Fünf-Grenzen-Prozessmodell Formate transformativen Lernens in Systemen und von Personen.

4. Teil – Bewusstsein

»*Senatus bestia est – Senatores boni viri.*«
RÖMISCHES SPRICHWORT

»Der Senat ist eine Bestie – die Senatoren sind allesamt gute Männer.« **Bestie im**
Die Römer wussten schon sehr gut Bescheid, was mit einer Grup- **öffentlichen**
pe passiert, deren Mitglieder sich eben noch in den Pausenhal- **Raum**
len nett unterhalten und verständigt haben, sobald sie den Sit-
zungsraum betritt und es öffentlich wird. Dieses Phänomen kennt
wahrscheinlich jedes Vereinsmitglied, jeder, der in einer Organisation berufstätig ist, und jeder politische Repräsentant sowieso. Es
stand am Ursprung dessen, was uns Autoren auf die Spur setzte,
dem Thema Kultur systematischer nachzugehen. Wenn man als
Beraterin oder Moderator tätig ist, arbeitet man ja fast immer in
öffentlichen Räumen. Wir haben oft erlebt, wie die Atmosphäre
auf einmal eiskalt wird, wie der Ton sich ändert, wie indirekte Angriffe, versteckte Kritik oder sarkastische Mehrdeutigkeiten den
Kommunikationsstil beherrschen, wie man sich durch sprachliche Nebelbänke und unpersönliche Ursache-Wirkungs-Wüs-
ten tasten muss. Wir haben erlebt, dass gut meinende Männer
plötzlich in übler Manier übereinander herfallen, und einige Male
sind wir auch selbst in der Öffentlichkeit, wie man das so nennt,
geschlachtet worden. Und hinterher, beim Mittagsbuffet, ist alles wieder, als wenn nichts gewesen wäre. Solche Erlebnisse sind
verwirrend und verletzend, und Leute, die professionell in der
Öffentlichkeit arbeiten, wissen ganze Liederbücher davon zu singen. Wenn man versuchen will, so etwas zu begreifen, muss man
einfach anfangen, über Kultur nachzudenken.

Die öffentliche Arena ist der Raum des gemeinschaftlich geteilten Bewusstseins. Wir verweisen an dieser Stelle auf *Hannah Arendt,* die sich in *Vita Activa* mit dem Raum des Öffentlichen und dem Bereich des Privaten auseinandersetzt. *»Dass etwas erscheint und von anderen genau wie von uns selbst als solches wahrgenommen werden kann, bedeutet innerhalb der Menschenwelt, dass ihm Wirklichkeit zukommt« (S. 49).* Von hier aus wirkt die Kultur nach außen und innen. Diese Arena gehört zum Habitat jeder Führungsperson und jeder externen Begleitung. Sie ist der Arbeitsplatz der kulturellen Kompetenz. In diesem Teil wollen wir versuchen, Bewusstsein über den Raum des gemeinschaftlichen Bewusstseins zu schaffen:

- Welches sind die systemischen Merkmale, die den öffentlichen im Unterschied zum privaten Raum kennzeichnen?
- Wie erschaffen die Mitglieder eines Systems ihn in Kommunikation und Kommunion als Bedeutungsraum?
- Welche mythologischen Wurzeln hat der öffentliche Raum in unserer Kultur?
- Durch welche spezifischen Grenzziehungen zeichnet er sich aus? Welches Muster bringt diese Grenzen hervor?
- Wie kann man an ihnen arbeiten, um sie bewusst zu machen, und wer darf das?

1. Der öffentliche Raum

Mit dem Begriff »öffentlicher Raum« bezeichnen wir

- den konkreten Ort, an dem sich die Mitglieder eines Systems zusammenfinden, um ihren gemeinsamen Anliegen und Geschäften nachzugehen
- den gemeinschaftlich geteilten Bedeutungsraum eines Systems.

Es gibt einen typischen Bewusstseinszustand, der sich einstellt, sobald wir den öffentlichen Raum betreten: Er zeichnet sich durch das Gefühl aus, unter Beobachtung zu stehen. Was dabei beobachtet wird und wie, unterscheidet sich von Öffentlichkeit zu Öffentlichkeit und hängt davon ab, welche Überzeugungen und Wertvorstellungen den gemeinsamen Bedeutungsraum begrenzen.

Unter Beobachtung

Im Folgenden beschreiben wir die systemischen Merkmale, die den öffentlichen Raum im Unterschied zum privaten charakterisieren. Danach widmen wir uns ihm als Ort öffentlicher Kommunikation und Kommunion.

Der öffentliche Raum entsteht, wenn die Leute zusammenkommen, die es angeht, und über das reden, was sie gemeinsam angeht.

Wenn wir mit unserem Lebenspartner den Urlaub planen, geschieht das in unserer Beziehungsöffentlichkeit. Wenn wir unser Auto zur Inspektion bringen und mit dem Meister sprechen, geschieht das in der Kunden-Dienstleister-Öffentlichkeit. Wenn der Einsatzleiter die Streifenwagenbesatzungen bekannt gibt, geschieht das in der Öffentlichkeit von LA PD. Wenn sich das Team einer psychosozialen Beratungsstelle montags morgens bei Dinkelcroissants und Rotbuschtee zusammensetzt, um die Klienten zu verteilen, geschieht das in der Teamöffentlichkeit. Wenn zum gleichen Zeitpunkt im Leitungsmeeting eines Unternehmens ein Projektleiter seinen Status reportet, geschieht das in der Unternehmensöffentlichkeit.

Klassischerweise findet der öffentliche Raum statt, wenn die Beteiligten am selben Ort zur gleichen Zeit physisch zusammenkommen. Er entsteht aber ebenso, wenn das Ehepaar die Urlaubsplanung am Telefon bespricht oder die Unternehmensleitung eine Videokonferenz anordnet, damit die Beteiligten, die Niederlassungen in anderen Kontinenten repräsentieren, teilnehmen können. Ein Nachteil virtualisierter Öffentlichkeiten besteht darin, dass sie auf Kosten der Reduktion sinnlich wahrnehmbarer Daten stattfinden. Am Telefon kann man nur hören, in der Videokonferenz nichts spüren oder riechen oder den anderen am Hälschen würgen, selbst wenn man es wollte. Vor allem aber kann man nicht zwischendurch in der Pause ein Seitengespräch führen. Virtuelle Öffentlichkeiten sind vor allem deswegen kein guter Ersatz für wirkliche, weil sie den privaten Teil des Feldes tilgen.

Im öffentlichen Raum begegnen sich die Mitglieder eines Systems in ihren Rollen.

Unpersönliche Rollen

Wenn es darum geht, Dinge zu besprechen, die für das ganze System von Belang sind, kommen die Mitglieder in ihren unpersönlichen Systemrollen zusammen. Und anders herum: Dass es jetzt öffentlich wird, merkt man daran, dass jemand beginnt, aus seiner unpersönlichen Rolle heraus zu sprechen.

Prinzipiell sind alle Mitglieder in ihren Rollen voneinander abhängig, unmittelbar oder mittelbar; sonst brauchte es sie nicht zu geben. Diese Abhängigkeit ist hierarchieübergreifend. Wenn Rollen miteinander konkurrieren, liegt das oft daran, dass ihre Aufträge unklar oder strittig sind. Die Auseinandersetzungen um Ziele, Wege und Ressourcen, um Macht und Rang, die sich in jedem öffentlichen Raum entfalten, sind davon getrieben, den eigenen Einfluss auf das Ganze bzw. auf die, die das Ganze repräsentieren, zu behaupten und auszubauen. Darin konkurrieren die Mitglieder.

Abhängigkeit und Konkurrenz sind als Beziehungsmuster aber auch situativ. Sie variieren stark, je nach thematischem Fokus, Unmittelbarkeit der Beteiligung, je nach Produkt oder Projekt. Wer relativ weniger abhängig ist von dem anderen als der von einem selbst, hat den höheren Rang.

Alle Rolleninteressen, die im öffentlichen Raum kein Gehör finden, entfalten ihre Wirkung in den privaten Räumen.

Meistens sind nicht alle da, die es angeht. Dies ist natürlich kein theoretisches Kriterium, sondern eine Tatsache des praktischen Lebens. Sie schränkt das oben aufgestellte Vollständigkeitskriterium nicht theoretisch, aber eben praktisch ein, und deswegen ist sie bedeutungsvoll.

Nicht vollständig

Mindestens ein Mitglied ist immer gerade im Urlaub, auf Dienstreise, beim Kunden, krankgeschrieben, in noch dringenderen Besprechungen oder anderen Prioritätensetzungen unterwegs. Das System ist also in den anwesenden Funktionsträgern nicht komplett repräsentiert. Das unvollständige Plenum muss damit umgehen. Wenn zu viele fehlen, ist die Beschlussfähigkeit des Plenums eingeschränkt oder aufgehoben, weil es seinen Namen nicht mehr verdient. Unterschiedliche Systeme haben unterschiedliche Kriterien dafür, welches »Quorum« erreicht sein muss, damit die Versammlung beschlussfähig ist. (So muss z. B. im Deutschen Bundestag mindestens die Hälfte aller Abgeordneten anwesend sein, damit dieses Verfassungsorgan Beschlüsse fassen kann.) In Unternehmen sind diese Quoren meist nicht formell definiert, sondern werden situativ entschieden. Immer stellt sich die Frage, wie man mit den Abwesenden, ihren Interessen oder vermuteten Standpunkten umgehen möchte, was sie sagen würden, wenn sie da wären, wie man sie unterrichtet oder ins Boot holt. Abwesende Mitglieder gehören zu den Geistern des öffentlichen Raums.

In demokratischen Systemen macht es die schiere Anzahl der Mitglieder des Souveräns unmöglich, dass alle teilnehmen. Deshalb werden Repräsentanten gewählt, die im öffentlichen Raum Gruppen der Wählerschaft vertreten und an deren statt sprechen und handeln. (Die griechische Polis war im Gegensatz dazu klein genug, dass alle – freien männlichen Erwachsenen – an den öffentlichen Versammlungen teilnehmen konnten. In diesen wählten sie sogar ihre Heerführer. Die Gewählten konnten in der Regel nicht ablehnen.) In Unternehmen repräsentiert das Topmanagement die abwesenden Eigner, die Abteilungsleiter das abwesende Topmanagement, ein entsandter Teamleiter vertritt seinen Abteilungsleiter. Sie alle müssen darauf achten, ihre Loyalitäten zu wahren, während sie miteinander kommunizieren.

In beiden Fällen ist der abwesende Souverän der machtvollste Geist, ob nun als »Bürger draußen im Lande« oder »unsere Eigner«. In keiner Funktion ist die Spaltung zwischen Person und Rolle so groß wie in der des Repräsentanten, denn eigentlich ist er selbst ja gar nicht da, sondern vertritt nur andere. Abgeordnete haben es nicht leicht im Drama-Dreieck zwischen Mandat, Fraktionsloyalität und persönlicher Gewissensfreiheit.

Auf dem Präsentierteller *Was im öffentlichen Raum geschieht, wird von allen bezeugt.* Wenn wir im öffentlichen Raum sind, befinden wir uns »auf dem Präsentierteller«. Alles, was wir sagen oder tun, geschieht unter den Augen aller und kann gegen uns verwendet werden. In der politischen Arena wissen Politiker nie, welcher Fünf-Sekunden-Ausschnitt abends in der Tagesschau zu sehen sein wird oder welchen

Schnappschuss ihrer selbst sie anderntags auf den Titelseiten der Boulevardblätter vorfinden werden. Deshalb entwickeln sie häufig einen jederzeit fotografierbaren Null-Signale-Ausdruck.

Die Zeugenschaft (in politischen Systemen schließt diese die internationale Stakeholderschaft ein) ist ein wesentlicher Grund dafür, dass viele Menschen Öffentlichkeit scheuen. Sie fühlen sich schutzlos und ausgeliefert, stehen unter Stress, sind nervös und unsicher. Andere wiederum empfinden genau das als Herausforderung und blühen auf, wenn sich der Vorhang hebt. Viele Menschen kennen beide Zustände.

Öffentlichkeit wird nicht nur »live« bezeugt, sondern oft auch schriftlich in Form eines Verlaufs- oder Ergebnisprotokolls oder einer Dokumentation. In diesem wird schwarz auf weiß festgehalten, was im öffentlichen Raum besprochen und entschieden wurde. »Wer das Protokoll macht, hat die Macht«, ist eine lebenspraktische Einsicht aller Öffentlichkeitserfahrenen.

Der öffentliche Raum ist eine Geisterbahn. Er ist nicht nur von den **Geisterbahn** Personen bevölkert, die physisch zusammenkommen, sondern auch von den Geistern abwesender Stakeholder:

- fehlende Mitglieder
- Eigner, Kunden, Lieferanten
- andere Abteilungen entlang der Prozesskette
- konkurrierende Systeme
- die von Repräsentanten vertretenen Gruppierungen, Instanzen oder Lobbys
- Figuren aus dem Mythos, wie die Gründer, andere richtungsweisende Gestalten oder Ereignisse (wie z. B. Transformationsphasen), die symbolisch für die Seelengeschichte der Kultur stehen und die für alle oder für Teilgruppen mit starken hellen oder dunklen Gefühlen verknüpft sind, die die Atmosphäre prägen
- Skelette in den Schränken oder Leichen im Keller, die in stillem Konsens dorthin verbannt, aber nicht bewältigt wurden. (Viele deutsche Unternehmen tilgten ihre Kolla-

boration mit den Nazis komplett aus ihren mythologischen
Annalen. Es dauerte mehrere Generationen und z. T. bis
in diese Tage, bis sie sich dieser Epoche ihrer Geschichte
wieder stellten, siehe z. B. die Studie zum Mitvollzug der
Arisierung durch die *Dresdner Bank*, eine jüdische Gründung.)
- andere Abhängige, wie Nachbarn, die Kommune,
die Region, die Familien der Mitglieder etc.
- nachfolgende Generationen.

Geister wirken im Hier und Jetzt, im kulturellen Feld des öffentlichen Raums. Sie beeinflussen Meinungsbildungs-, Entscheidungsprozesse und Verhaltensweisen. Manchmal sprechen die
Personen in der öffentlichen Sphäre sogar mehr zu den Geistern
abwesender Stakeholder als miteinander. Vor allem, wenn Medien das Geschehen bezeugen, lässt sich dieses Phänomen beobachten.

**In den Geistern konstelliert sich das größere Konkurrenz-
und Abhängigkeitsgefüge, innerhalb dessen sich ein
System bewegt. Dieses beeinflusst die Rollen- und
Rangbeziehungen der Systemmitglieder, ihr Denken
und Handeln. Je hintergründiger sie auftauchen, desto
weniger ist sich die Kultur öffentlich dessen bewusst, was
die Feldmatrix von Konkurrenz und Abhängigkeit für sie
bedeutet.**

Anstrengend *Öffentlichkeit ist anstrengend.* Kein Wunder: Man muss hoch konzentriert sein, die richtigen Worte sagen und die falschen vermeiden, auf alle Signale achten und die eigenen unter Kontrolle halten, sich im verdeckten Rang- und Machtspiel behaupten,
die eigene Rolle spielen, den eigenen Einfluss wahren und sich
gleichzeitig um die Sache bemühen. Dabei fährt man auch noch
Geisterbahn. Das halten nur wenige lange und gut aus. Der öffentliche Raum als Dauerarbeitsplatz führt häufig zu einer ernsten
»beruflichen Deformation« (siehe z. B. *Im Rausch der Macht. Süße
Droge Politik*, ein Film von *Ferdos Forudastan, Käthe Jowanowitsch,
Stephanie Rapp*).

Deswegen sind die Pausen wichtig: durchatmen, sich vorüberge-hend aus der Gemeinschaftstrance lösen, den Kopf wieder klar kriegen, Käffchen und Konferenzgebäck, Klatsch und Tratsch, Entspannung; sich mit Verbündeten absprechen, Beziehungs-signale deuten, Mutmaßungen anstellen, kleine oder größere Gemeinheiten loswerden, sich über die eigene Wirkung erkun-digen.

In den Pausen, in denen sich das Plenum aufhebt, drückt sich in kleinen Grüppchen der Teil des kulturellen Feldes aus, der im öffentlichen Raum keinen Platz hat. Das Feld wird sozusagen erst mit seiner Fragmentierung wie-der ganz. Die Grenze zwischen der öffentlichen und der privaten Sphäre wird in den Gesprächen vorübergehend durchlässig. Vielleicht braucht der Spalter ja auch eine Pause, und dann schnappt die Grenze wieder zu, wenn das Meeting weitergeht.

Trotzdem ändert sich nach solchen Pausen oft spontan die Atmo-sphäre: Themen, in die man vorher noch verstrickt war, haben plötzlich ihren Saft verloren, oder neue Spannung kommt auf, nachdem einige Mitglieder sich in der Pause in ihren Wahrneh-mungen oder Gedanken bestätigt und den Mut gesammelt haben, etwas davon in die Öffentlichkeit zu tragen. Die beste Werbung dafür, physisch zusammenzukommen und nicht über elektro-nische Kanäle, sind wirklich die Pausen.

privater Raum

persönliche
Beziehungen

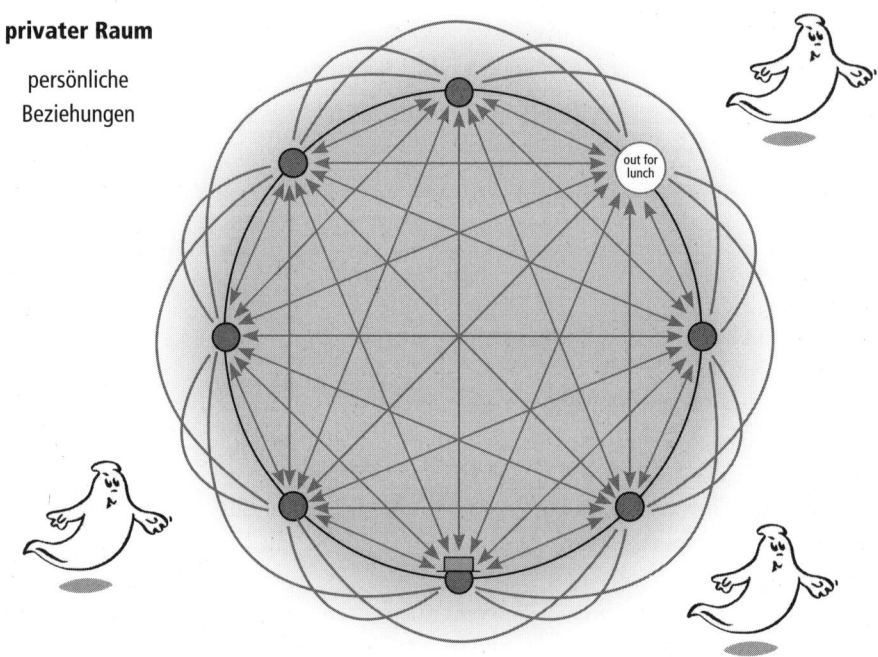

Der öffentliche Raum aus systemischer Sicht

2. Der private Raum

Mit dem Begriff »privater Raum« bezeichnen wir

- unsere persönliche Privatsphäre und all die konkreten
  Orte, an denen wir uns privat treffen
- den Bedeutungsraum, der sich etabliert, wenn wir nicht
  in unseren Rollen, sondern als Personen mit anderen
  zusammenkommen.

Der Bewusstseinszustand, der sich in solchen Situationen ein-   **Entspannung**
stellt, ist gekennzeichnet durch Entspannung und Wohligkeit:
Wir müssen nicht »funktionieren«, können Schwächen zugeben,
Unfertiges und nicht zu Ende Gedachtes behaupten, wir müssen
nicht um Einfluss kämpfen, wir fühlen uns nicht so sehr unter
Beobachtung.

Diesen Zustand erleben wir nur selten in seiner reinen Form, am
ehesten sicher in unserer Familie oder mit engen Freunden. Aber
auch dort wird es ja öffentlich, sobald wir uns Themen widmen,
die uns gemeinsam und unser System betreffen. Wenn Eltern
über die Erziehung ihres Kindes sprechen, tun sie das in ihrer
Öffentlichkeit, auch wenn das Gespräch zu Hause stattfindet.

Situativ stellt sich der private Bewusstseinszustand immer dann
ein, wenn wir über Dritte oder Drittes sprechen. Am perfektesten
realisiert er sich, wenn wir die unbeobachteten Zeugen eines Ge-

schehens sind, das uns nicht direkt etwas angeht und über das wir uns austauschen: im Theater, im Fußballstadion, am allerbesten beim Fernsehen – als Zaungäste des Lebens sozusagen. Statler und Waldorf (die beiden alten Männer in der *Muppets*-Show, die zum Schluss immer noch einen richtig lästerlichen Kommentar abgeben und sich vor Begeisterung darüber auf die Schenkel schlagen) verkörpern die Privilegiertheit dieses Zustandes auf das Charmanteste.

Über Dritte sprechen

Wenn wir während einer Sitzung mit unserem Nachbarn tuscheln, ist das privat, auch wenn wir uns gleichzeitig im öffentlichen Raum befinden.

Privatgespräche Wenn sich Mitarbeiter über ihre Vorgesetzten oder Vorgesetzte über ihre Mitarbeiter in deren Abwesenheit beklagen, sind sie privat – Gleiche unter Gleichen, die sich austauschen. Dasselbe gilt für Frauen, die unter sich über Männer, und Männer, die über Frauen reden. Es gilt für Paare, die sich über andere Paare unterhalten, ebenso wie für Lehrer, die über Schüler, und Schüler, die über Lehrer sprechen; für Deutsche, die über Italiener, und Italiener, die über Deutsche sprechen; für Politiker, die über Bürger, und Bürger, die über Politiker sprechen; für Gewerkschafter, die über Arbeitgeber, und Arbeitgeber, die über Gewerkschafter sprechen.

> **Über Dritte zu sprechen ist ein menschliches Bedürfnis, denn es entlastet die Seele und hilft, Emotionen loszuwerden. Wir können uns in kühnen Verallgemeinerungen ergehen, schimpfen oder uns lustig machen, ohne dass wir zur Rechenschaft gezogen werden. Das verschafft uns eine kurze Pause vom Ernst des Lebens, wir tanken auf. Wir sprechen aber nicht nur über Dritte, um uns abzureagieren, sondern auch, um zu überprüfen, ob wir mit dem, was wir erleben, denken und fühlen, alleine dastehen oder nicht.**

Wir bestätigen oder relativieren in diesen Gesprächen unsere Wahrnehmung. Dabei reflektieren wir uns als Person und in unseren Rollen und verarbeiten Erfahrungen. Das wirkt auf unser Verhalten im öffentlichen Raum zurück.

Über Drittes sprechen

Wenn wir im privaten Raum nicht über Abwesende sprechen, was wir häufig, ausgiebig und lustvoll tun, bleibt uns als Alternative noch, über Drittes zu sprechen. Das sind alle Themen, die vielleicht jeweils oder auch gemeinsam von Belang sind, aber keinesfalls als Rollenträger eines gemeinsamen Systems. Mit unseren alltäglichen Unterhaltungen über Politik, mit unseren Kommentaren über das Wetter, die Vogelgrippe oder die Fußball-WM, über Kinofilme oder die neusten Handys und Computerprogramme, versetzen wir uns, und sei es nur für Momente, in die Gemütlichkeit der privaten Sphäre.

3. Kommunikation und Kommunion im öffentlichen Raum

Kommunikation ist Unterschied, Kommunion ist Einheit und Gleichheit. Der öffentliche Raum einer Kultur ist nicht nur der, in dem man über gemeinsam Wichtiges redet, sondern auch der, der für die Einheit des Ganzen steht und in dem man diese begeht. In Sprache feiern wir, wie wir gesehen haben, den gemeinschaftlichen Bedeutungsraum durch Tilgungen, Redundanzen, Allgemeinplätze oder Metaphern der Gleichheit, also durch sprachliche Nicht-Information. Sprache ist aber weder das einzige noch das beste Medium, um kulturelle Einheit-in-Bedeutung zu erleben, denn sie ist ihrer Natur nach auf den Austausch von Unterschieden ausgelegt. Sie ist nur das einzige Medium, mit dem wir unsere Kommunion von Minute zu Minute und jeden Tag erneuern.

Das Wesen der Kommunion ist Abwesenheit von Kommunikation und Unterschied, ist Resonanz in Redundanz. Kommunion findet statt, wenn die Mitglieder eine Gruppe gleichzeitig dasselbe tun oder erfahren, am besten im gleichen Rhythmus.

Rhythmus erleben *Rhythmus ist Resonanz in Redundanz.* Taktschläge und die sich immer wiederholenden metrischen Muster beinhalten keine Information. Das regelmäßige Pochen unseres Herzens von Schlag zu Schlag ist keine Information, sondern ein Ausdruck unserer Kommunion mit dem Leben. Zur Information wird unser Herzschlag erst, wenn er aussetzt. Unser Körper resoniert mit jedem Rhythmus, unser Atem und unser Puls passen sich der Taktgeschwindigkeit an und suchen geradezu die Resonanz. In jeder Disco findet abends Kommunion statt: in rhythmischem Flackerlicht in gleichem Tempo auf- und abwallende Leiber, die tiefen Bassfrequenzen in allen Bäuchen gleich resonierend – alles ist gut. Kommunikation stört da nur. Jede Art von gleichzeitig und gemeinsam erlebtem Rhythmus ist kommunionsfördernd, nicht nur der musikalische: der Wechsel von Sitzung und Pause, die Reihenfolge der Menügänge, das Abarbeiten der Agendapunkte usw.

Gemeinsam singen ist Resonanz in Redundanz. Wenn ein Chor ein Lied singt, kommunizieren die Chormitglieder nicht untereinander, sondern sie singen gleichzeitig und hören zu, während sie es tun. Jeder, der einmal im Chor gesungen hat, weiß, wie beseelend und verbindend das ist. Dasselbe gilt in schwächerer Weise auch für gemeinsames, rhythmisches Sprechen: Wenn eine Gemeinde laut das Vaterunser betet, hat auch das mit Information nichts zu tun, sondern beinhaltet das feierliche Aufheben aller Unterschiede in der Kommunion der Gläubigen.

Gemeinsam singen

Gemeinsam essen und trinken ist Resonanz in Redundanz. In Gemeinschaft zu essen ist keine Kommunikation von Unterschieden, auch wenn man zwischendurch mal den Nachbarn um Pfeffer und Salz bittet. Die Körper der Esser sind einfach gleichzeitig in allseitiger Resonanz mit denselben grundlegenden Vorgängen beschäftigt, mit der Aufnahme und Verdauung von Nahrung. Gemeinsame Nahrungsaufnahme ist eine der ältesten menschlichen Kommunionsvarianten und heute noch eins der wenigen übrig gebliebenen Elemente, die Familien gemeinsam begehen. Vor diesem Hintergrund von Einheit lässt sich über vieles Unterschiedliche besser sprechen. Deshalb werden Geschäftsabschlüsse oder andere Verträge häufig während gemeinsamer Essen vorbereitet oder kommen da zustande. Ähnliches gilt in schwächerer Form für gemeinsame Spaziergänge, gemeinsames Golfen oder gemeinsame rezeptive Erlebnisse wie einen Film ansehen, eine Tanzgruppe sehen, einen Vortrag hören.

Gemeinsam essen und trinken

Rituale *Ritual ist Resonanz in Redundanz.* Rituale sind ja an sich schon redundant, eben weil sie als Rituale in immer gleicher Form ablaufen, mit den gleichen Symbolen der Gleichheit in der immer gleichen Reihenfolge. Jede Abweichung davon wäre Information und ein verstörender Fall aus der Einheit in Gleichheit.

Schaut man die Punkte an, so muss man der katholischen Kirche ein hohes Maß an Redundanzkompetenz bescheinigen: Die Sakramente in lateinischer Sprache, die für die meisten keine Information beinhalten, weil sie sie nicht verstehen, der immer gleiche rhythmische Ablauf, die gemeinsamen Gebete und Gesänge, das Abendmahl – all das hat enorme Kommunionspower. Nicht zufällig entstammt ja der Begriff Kommunion ihrer Terminologie.

Kommunikation und Kommunion, Unterschied vor dem Hintergrund von Einheit in Gleichheit ist das, was eine Kultur ausmacht und sie im Innersten zusammenhält. So wie jede Kultur sich durch ihren öffentlichen Kommunikationsstil auszeichnet, hat sie den für sie typischen öffentlichen Kommunionsstil: Das ist die explizite Art und Weise, die sie in ihrem öffentlichen Raum bevorzugt, um in Ritual, Rhythmus und Reim ihre Einheit zu feiern und zu bestätigen – und gemeinsam wie individuell daraus Kraft zu schöpfen. Dieser Stil entspricht natürlich ebenso ihren Überzeugungen über sich und die Welt wie ihr Kommunikationsstil.

Rituale expliziter Kommunion können Betriebsfeiern und Ausflüge sein, Feierlichkeiten zu Jahrestagen und Jubiläen, Verabschiedungen und Begrüßungen und vieles andere mehr. Kulturen unterscheiden sich je nach ihren mythologischen Identifikationen sehr im Ausmaß und in der Art, in der sie Kommunion begehen. So dürfte das *IBM-Songbook* für alle *IBM*-Beschäftigten ein starkes kommunionsförderndes Element sein. Dieselbe Idee liegt sicher den morgendlichen Lobliedern zugrunde, zu denen *Wal-Mart*-Mitarbeiter aufgefordert sind, und natürlich auch dem Steigerlied der IG BCE.

Vielleicht ist beim Lesen der Beispiele zu Resonanz in Redundanz aufgefallen, dass fast alle aus der privaten oder der religiösen Sphäre stammen. Explizite Kommunion in den öffentlichen Räumen unserer Kultur gibt es eher in privatwirtschaftlichen Unternehmen und fast gar nicht in unseren politischen Sphären, die seit der Aufklärung säkular geprägt sind.

4. Der öffentliche Raum in unserer Kultur

Wenn wir den schützenden Raum unserer Privatsphäre verlassen und den öffentlichen Raum betreten, sind wir im Scheinwerferlicht und auf der Bühne: Das Improvisationstheater, das dort gespielt wird, hat keinen Regisseur, aber alle Spieler richten sich in ihrem Verhalten nach ungeschriebenen Regieanweisungen. Diese sehen einen unpersönlichen Kommunikationsstil von Rede und Gegenrede vor, der auf »die Sache« fokussiert ist und die Beziehungen der Sprecher zur Sache und zueinander tilgt. »Das bessere Argument gewinnt« ist der Glaubenssatz, der diesem Stil zugrunde liegt. Die Diskussion wird aus der Perspektive des unbeteiligten Beobachters und im Jargon von Nominalisierungen und Ursache-Wirkungs-Konstruktionen geführt.

Regieanweisungen für den öffentlichen Raum Die Regieanweisungen lauten mehr oder weniger wie folgt:

- Sei konsistent, authentisch und professionell!
- Sprich sachlich, eindeutig und ergebnisorientiert!
- Zeige dich schlagkräftig und unangreifbar!
- Spiel deine formelle Rolle perfekt!
- Verhalte dich fair und objektiv!
- Mach keinen Fehler!

Für uns als Spieler heißt das: Wir müssen sarkastische Anspielungen und indirekte Angriffe wegstecken und mit unterschwelliger Kritik sachlich umgehen. Wir müssen einstecken und austeilen können, nicht zu wenig und nicht zu viel, und auf keinen Fall dürfen wir uns anmerken lassen, was uns verletzt oder wütend macht. Wir müssen jederzeit so tun, als hätten wir die Antwort auf alle Fragen, auch wenn wir sie nicht haben; in der Arena des Öffentlichen hat nur das Fertige seinen Platz. Während all das vor sich geht, müssen wir uns selbst auch noch durch die Augen der anderen wahrnehmen: Kommt wirklich das an, was ich sagen will? Kommt wirklich das nicht an, was ich nicht sagen will? Welches Echo erzeuge ich? Bestätigen mich die Reaktionen der anderen, kritisieren, isolieren oder ignorieren sie mich? Merken die, denen ich zu Loyalität verpflichtet bin, das auch, und merken die anderen das möglichst nicht? Wir müssen private Absprachen einhalten, ohne dass dies offensichtlich wird, und wir dürfen uns möglichst keinen Ausrutscher erlauben, der zum Thema von Pausengesprächen der anderen wird.

Im öffentlichen Raum sind wir allein. Wir können nicht darauf zählen, dass die, mit denen wir privat Loyalität verabredet haben, wirklich für uns einstehen, wenn wir angegriffen werden. Und dann sind da auch noch die heiligen Kühe, die wir auf jeden Fall umschiffen müssen, die Eigner, die Geister der Stakeholder hinter den Kulissen, und die derer, die sich von Repräsentanten vertreten lassen.

Der öffentliche Raum ist ein heißkalter Dschungel. In ihm überlebt nur der Stärkere. Der Stärkere ist der Härtere. »Wer die Hitze nicht aushalten kann, soll aus der Küche verschwinden«, ist ein beliebtes Motto der Matadore des öffentlichen Raums, die ihn als ihr ureigenes Jagdrevier beanspruchen. *Joschka Fischers* Nachrede »Heulsuse« über seine grüne Kabinettskollegin *Andrea Fischer,* die in einer Versammlung von Ärztevertretern übel angegangen worden war und dabei Gefühl gezeigt hatte, ist noch eine der milderen Abqualifizierungen, die man sich gefallen lassen muss, sollte man sich der Kälte und der Brutalität der öffentlichen Arena nicht immer gewachsen zeigen.

Heißkalter Dschungel

Dieser Dschungel ist eine ironische Umkehrung dessen, was unserer Kultur des Öffentlichen als Hoffnung, Verheißung und Anspruch zugrunde liegt.

Der Mythos unseres öffentlichen Raums

Auf absolute Monarchien und totalitäre Diktaturen ist das Konzept des öffentlichen Raums, wie wir gesehen haben, nicht sinnvoll anwendbar. Unsere Kultur der Öffentlichkeit ist denn auch ein Kind der Aufklärung des 18. Jahrhunderts. Sie ist nicht denkbar ohne den Aufstieg des Bürgertums und den Kampf des Individuums um seine Emanzipation. Freiheit, Gleichheit und Brüderlichkeit brauchten im Wortsinn öffentliche Räume, in denen es möglich war, sich frei zu äußern und dafür nicht geköpft zu werden, in gegenseitigem Respekt vor der Gleichheit mit anderen Standpunkten umzugehen und aus dem Widerstreit der Argumente zu Entscheidungen zu gelangen, denen sich alle in Brüderlichkeit verpflichtet fühlten. Seitdem üben wir uns darin.

Das Wort »öffentlich« wurde noch im Spätmittelalter und in der frühen Neuzeit gleichbedeutend mit »offenlich« verwendet und bezeichnete, dass etwas offenbar, also bekannt, war. Im Neuhochdeutschen setzte sich langsam die Bedeutung durch, dass etwas dazu bestimmt ist, bekannt zu werden, sein Bekanntwerden nicht verhindert wird (*Kluge* 1975) und es dem prüfenden Blick von jedermann zugänglich ist.

Publicité Der Begriff »Öffentlichkeit« ist als deutsches Ersatzwort für »*publicité*« seit 1777 dokumentiert (*Adelung* 1774–1786). Er setzte sich aber erst mit *Jean Paul* und dem Verleger *Campe* durch, der in der Zeit der Restauration nach dem Wiener Kongress junge und rebellische Schriftsteller förderte. So wie »*publicité*« ein Schlagwort in der französischen Revolution war, wurde in Deutschland »Öffentlichkeit« zum Schlagwort im gesellschaftlichen Kampf um die Geschworenengerichte. Diese waren eine Errungenschaft der Revolution von 1848. Sie setzten auf die Beteiligung einfacher

Bürger zur Klärung der juristischen Sachlage bei Verbrechen. Es gab sie in Deutschland bis 1924.

Unser Konzept von Öffentlichkeit ist also (wie die Presse- und Meinungsfreiheit) ganz eng mit dem Schöpfungsmythos unserer bürgerlichen Kultur verknüpft. Einer der großen Köpfe der Aufklärung, *Immanuel Kant*, schrieb 1788 in *Was ist Aufklärung?*:

> *»Zu dieser Aufklärung aber wird nichts erfordert als Freiheit; und zwar die unschädlichste unter allem, was nur Freiheit heißen mag, nämlich die: von seiner Vernunft in allen Stücken öffentlichen Gebrauch zu machen. [...] Der öffentliche Gebrauch seiner Vernunft muss jederzeit frei sein, und der allein kann Aufklärung unter Menschen zu Stande bringen; der Privatgebrauch derselben darf aber öfters sehr enge eingeschränkt sein, ohne doch darum den Fortschritt der Aufklärung sonderlich zu hindern.«*

Aufklärung nach Kant

Allerdings versteht *Kant* Öffentlichkeit noch in einem ganz anderen Sinn, als wir es heute tun, wenn wir etwa schreiben, dass Öffentlichkeit entsteht, wenn die zusammenkommen, die es angeht:

> *»Ich verstehe aber unter dem öffentlichen Gebrauche seiner eigenen Vernunft denjenigen, den jemand als Gelehrter von ihr vor dem ganzen Publikum der Leserwelt macht. Den Privatgebrauch nenne ich denjenigen, den er in einem gewissen ihm anvertrauten bürgerlichen Posten oder Amte von seiner Vernunft machen darf.«*

Die Freiheit des öffentlichen Gebrauchs der kritischen Vernunft sollte nach Kant auf den Gedankenaustausch zwischen Gelehrten über das Buch beschränkt sein. Über den »Privatgebrauch«, also über die Anwendung kritischer Vernunft in der normalen gesellschaftlichen Rolle als Lehrer, Offizier oder Finanzrat, schreibt er:

> *»Hier ist es nun freilich nicht erlaubt zu räsonieren; sondern hier muss man gehorchen.«*

Zwar können sich Lehrer, Offiziere oder Finanzräte als Gelehrte äußern, wenn sie welche sind, aber eben nicht in ihrer Systemrolle.

Man spürt förmlich durch den Text hindurch, dass *Kant* sich nicht nur an Gelehrte wendet, sondern auch an den Stakeholder / Eigner *Friedrich den Großen* und andere Monarchen. Zum einen hatte der Alte Fritz die Aufklärung nach Preußen gebracht, zum anderen ist es *Kant* wichtig, dem Souverän zu versichern, dass die Freiheit, seine Vernunft öffentlich zu gebrauchen, ganz »unschädlich« ist und den Gehorsam der Untertanen nicht gefährdet.

Gehorsam *Kants* Gedankengut beeinflusste wie kein anderes die Entwicklung der öffentlichen Räume in Deutschland: Gedankenfreiheit als »Gelehrter«, Gehorsam in der Systemrolle. Zwar meldeten sich auch bald Gegenstimmen gegen die Aufklärung als Herrschaft des kritischen Intellekts. *Herder* sagte sinngemäß: »*Aufklärung kann immer nur Mittel sein, nicht Ziel. Wenn sie dieses geworden ist, hat sie aufgehört, jenes zu sein.*« Der Romantiker *Novalis* sprach von der »*Wüste des Verstandes*«, und andere wie *Hegel, Schelling* oder *Hölderlin* äußerten sich ähnlich. Die Wirkung der Romantik beschränkte sich aber, wiewohl sie die deutsche Seele tief berührte, größtenteils auf die private Domäne. Unser von *Kant* inspiriertes kulturelles Konzept von Öffentlichkeit blieb im Wesentlichen unverändert, bis die Nazis den Bürgern die Gedankenfreiheit nahmen, die öffentliche Räume abschafften und den Gehorsam der Volksgenossen bis zum Kadavergehorsam steigerten – auch, indem sie romantische deutsche Sehnsüchte bedienten.

Kritische Theorie Nach dem Krieg kroch die kritische Vernunft in Westdeutschland wieder aus den Verliesen und Verstecken hervor oder kehrte heim aus dem Exil, und Leute wie *Horkheimer, Adorno* und *Habermas* aus der Frankfurter Schule begannen erneut, mit ihrer Kritischen Theorie den öffentlichen Gebrauch der Vernunft zu propagieren. Sie waren inspiriert von der Hoffnung, Wirklichkeit zu gestalten und zu verändern, aber enttäuscht vom Marxismus, beeindruckt von *Freud* und traumatisiert vom Nationalsozialismus, und vor diesem Hintergrund versuchten sie aufs Neue, die Möglichkeiten für einen rationalen gesellschaftlichen Diskurs in neokantianischen »herrschaftsfreien Räumen« auszuloten. Erst ab 1968 aber, unter dem Eindruck der weltweiten Jugendbewegung und des Generationenkonfliktes, befreite sich in Westdeutschland die kritische Vernunft, die *Dialektik der Aufklärung (Adorno)* aus ihrer Beschränkung auf Gelehrtendebatten und kaperte die öffentlichen Räume, die es in jedem System gibt. Seitdem wird mehr diskutiert und weniger angeordnet, die Kommunikationsstile und die Führungskulturen haben sich geändert. (Andererseits begann hier der Prozess der zunehmenden Kontaminierung der medialen öffentlichen Räume mit dem Privaten, siehe *Sennett*.)

Da jedoch das Denken der Kritischen Theoretiker wie auch der sogenannten 68er (soweit sie den »langen Marsch durch die Institutionen« antraten und nicht gegenkulturelle Entwürfe zu leben versuchten) denselben paradigmatischen Annahmen folgte, die *Descartes* erstmals formulierte und die *Kant* für den öffentlichen Diskurs spezifizierte, änderte sich der öffentliche Diskussionsstil nicht. Er löste nur die Command-and-Control-Kultur ab und findet seitdem in den Systemen und zwischen den Systemrollen statt, die zu *Kants* Zeiten noch in die private Domäne gehört hatten.

Öffentlicher Diskussionsstil

Die Grenzen des öffentlichen Bedeutungsraums

Wie wir gesehen haben, entwickelt jede Systemkultur auf der Grundlage ihres Mythos eine eigene kulturelle Identität. Womit sich die Mitglieder eines Systems in ihrem öffentlichen Raum im Einzelnen identifizieren, ist also von Kultur zu Kultur unterschiedlich. Jede Systemkultur hat ihre eigenen heiligen Kühe, die vom Souverän gesetzt und von den Führenden bewacht werden.

Die Identifikationen und Grenzen des öffentlichen Bedeutungsraums, die wir hier in den Fokus nehmen wollen, sind in den öffentlichen Räumen aller Systemkulturen der westlichen Welt in der einen oder anderen Weise anzutreffen. Da ihre mythologischen Wurzeln in

der Zeit der Aufklärung liegen, sind sie uns als Mitgliedern des abendländischen Kulturkreises so selbstverständlich, dass wir sie nicht in Frage stellen.

Wenn wir sie jetzt zusammenfassend erläutern, nutzen wir unsere nationale, deutschsprachige Kultur als Beispiel, um zu zeigen, wie sie wirken.

Die Identifikation mit Wachstum und Quantität

Mehr ist besser Der Kapitalismus ist das System, nach dem wir uns heute weltweit organisieren; sein Wesen besteht in der Produktion von stetigem, quantitativem Wachstum. Die kapitalistischen Grundüberzeugungen lauten »mehr ist besser« und »nur der Stärkere überlebt«. Das stille Einverständnis in die »Mehr ist besser«-Wachstumsideologie ist in unseren nationalen und supranationalen öffentlichen Räumen so tief verankert, dass niemand überhaupt auf die Idee käme, ihre Klugheit in Frage zu stellen. Im Gegenteil: Unter den veränderten Vorzeichen der globalen Matrix ist aus dem »Mehr ist besser« ein »Wachs oder stirb« geworden. Allerdings bleibt völlig im Dunkeln, zu was für einer Qualität von Sein das zwangsläufig gewordene globale Wachstumsstreben eigentlich führen soll, zumal wenn in diesem allseitigen Wettrennen der Erde mehr genommen wird, als sie verträgt.

Unsere Wachstumsideologie ist uns so selbstverständlich, dass wir auch privat nur selten darüber nachdenken, ob sie vernünftig ist. Zwar lassen wir uns im Urlaub in der Karibik gerne davon bezaubern, wie »gut drauf« Menschen sein können, die nur einen Bruchteil von dem besitzen, was wir haben, und fühlen uns – zu Recht – als Knechte der unerbittlichen Mehr-von-allem-Produktionsmaschinerie. Dann aber seufzen wir einmal tief und genehmigen uns noch eine Piña Colada, um uns nicht weiter damit beschäftigen zu müssen. (Ein Freund erzählte uns dieses kleine ethnologische Erleuchtungserlebnis: Während eines Urlaubs in der Dominikanischen Republik lernte er in einer Disco eine einheimische junge Dame kennen. In einer Tanzpause fragte sie ihn, woher er käme. Auf seine Auskunft, er wäre aus Deutschland, antwortete sie mit mitfühlendem Interesse: »Ach ja, Deutschland! Ist das nicht das Land, wo die Menschen sich schämen, wenn sie keine Arbeit haben?«)

In Deutschland sind wir mit quantitativem Wachstum ganz besonders identifiziert, denn die Weltwirtschaftskrise von 1928/29 leitete den Untergang der vom Souverän ohnehin nicht besonders gemochten Weimarer Demokratie ein.

Seit der Gründung des »Zweckverbands« Bundesrepublik waren die politischen Eliten Westdeutschlands getrieben davon, die Bevölkerung mit wirtschaftlichem Erfolg für die Demokratie zu gewinnen, damit sich das Schicksal der Weimarer Republik nie wiederholen möge.

Zugleich stürzten sich die Menschen, ihrerseits getrieben davon, ihre Versündigung der Teilnahme am Nazisystem zu überwinden, mit aller Energie in den Wiederaufbau und die Konstruktion des »Wirtschaftswunders«. Die alte Bundesrepublik war zu wirtschaftlichem Erfolg geradezu verdammt, denn es gab einfach nichts anderes, mit dem sie sich hätte identifizieren können. Das Land war geteilt. Die Bewältigung der Nazivergangenheit fand öffentlich nur juristisch statt, und auch das nur zögerlich, unter den kritischen Augen der Alliierten. In jeder konjunkturellen Krise hatte das Gespenst der Weimarer Republik seine Auftritte in den öffentlichen Räumen der Politik. Mit der Wiedervereinigung verstärkte sich die Hypnose auf den wirtschaftlichen Erfolg noch, denn mit den neuen Ländern kamen 16 Millionen Demokratie-Ungeübte hinzu. Fantastische Summen wurden und werden von West nach Ost transferiert, um es auch den Ostdeutschen zu ermöglichen, sich in die Demokratie einzukaufen.

Seit Beginn des neuen Jahrtausends aber stagniert die deutsche **Heilsfigur** Mehr-von-allem-Produktionsmaschinerie, sie stottert, rumpelt, **Aufschwung** ächzt und verheizt astronomische Beträge in dem Versuch, zu bleiben oder wieder zu werden, was sie war. Der sogenannte »Aufschwung« wird andauernd von jemandem irgendwo gesich-

tet. Er ist zu einer Art mythischen Heilsfigur geworden, deren
»Kommen« in gemeinschaftlicher Anrufung beschworen wird,
weil dann alles gut wird.

Von wegen. Mittlerweile müssten wir schon einen Aufschwung
wie in China hinlegen, um die vielen Millionen in Brot und Arbeit
zu bringen, deren Unterhalt die immer weniger werdenden Ar-
beitsplatzinhaber unter uns immer mehr kostet. Aber auch damit
wären so vitale Probleme wie unsere Kinderlosigkeit und die mit
ihr einhergehende Vergreisung unserer Kultur keinesfalls gelöst.

Ganz zweifellos ist die transformatorische Krise unseres Gemeinwesens nicht nur zu bewältigen, indem »der Aufschwung
kommt«, zumal der eben nicht einfach »kommt«.

> **Unsere öffentliche Fixierung auf quantitatives Wachstum
> erweist sich in einer Situation, in der wir qualitativ und
> innovativ auf die Herausforderungen der globalen Matrix
> antworten müssen, als eine ziemlich unüberlegte Stress-
> reaktion nach dem Muster »mehr desselben«.**

Wer sind wir ohne Wachstum? Sie erinnert an jene Laborratten in Konditionierungsexperi-
menten, die auch dann noch fortwährend mit der Nase gegen eine
bestimmte Scheibe stupsen, wenn sie dafür schon längst kein Fut-
ter mehr bekommen. Diese Fixierung bewahrt uns davor, uns die
Frage zu stellen, wer wir sind, wenn wir einmal nicht wachsen.
Die alte Bundesrepublik hätte sich dieser Frage gar nicht stellen
können, Gott sei Dank musste sie es nicht. Das neue Deutschland
wird sie beantworten müssen – so oder so. Erst dann werden wir
wissen, was da wachsen soll, wenn es denn wieder wächst.

Die Grenze gegen Qualität

Die Identifikation mit Quantität beinhaltet die Grenze gegen
Qualität. In unseren öffentlichen Räumen hat nur das Platz, was
quantifizierbar ist, was also in Zahlen und Skalen objektiv dar-
stellbar und vergleichbar ist. Das Problem mit quantitativen Er-

hebungsmethoden ist aber, dass sie etwas messen, von dem oft unklar bleibt,

1. was dieses Etwas genau ist und
2. was die Information, die die Messung birgt, bedeutet.

Das kann nur in einem Dialog zwischen den von Umfragen, Erhebungen und Statistiken Betroffenen herausgefunden werden, denn Bedeutung konstruiert sich immer lokal, ist kultur- und situationsabhängig. Darüber hinaus treten durch die Auswahl und die Richtung der Fragen bestimmte Informationen gar nicht erst zu Tage.

Qualitätsmanagement ist z. B. ein verbreitetes und durchaus nützliches Tool, um Arbeitsabläufe und Geschäftsprozesse zu optimieren und die Qualität von Produkten und Dienstleistungen sicherzustellen. Aber durch die Messung alleine verbessert sich die Qualität der Zusammenarbeit ja noch nicht. In Unternehmen lässt sich häufig beobachten, dass das Management über den Ergebnissen einer Mitarbeiterbefragung brütet, sie politisch interpretiert und diskutiert, um dann weitere quantitative Maßnahmen anzuordnen, während es sich eigentlich nur den internen Beziehungen zu widmen bräuchte, und die gesamte Qualität der Thematik wäre im Raum.

Qualitäts-management im Unternehmen

Solche Vorgehensweisen sind Ausweichmanöver an der Grenze gegen das, was als Qualität unmittelbar da ist: Atmosphäre, Geruch, Beziehungen, Dynamik – das ganze Feld. Das lässt sich aber nicht sinnvoll quantifizieren.

> **Statt sich dem zu stellen, was im kulturellen Feld des Unternehmens wirkt, werden Ist-Soll-Vergleiche gezogen, Ziele definiert, Arbeitsgruppen gebildet, Projekte aufgesetzt, Aktivität bewiesen. Es fehlt ganz offenbar an kulturellen Werkzeugen im Umgang mit dem Hier und Jetzt.**

Während es aber möglich ist, die Grenze gegen die Wahrnehmung von Qualitäten bewusst zu machen (etwa in der Rolle als externer

Moderator), gibt es keine Systemrolle, weder intern noch extern, welche die Erlaubnis hat, auf die Grenze aufmerksam zu machen, die sich aus unserer habituellen Besessenheit mit quantitativ messbarem Wachstum ergibt. Unsere Verschwörung darin, dies unablässig zu produzieren, ist so mächtig, dass jeder, der in der Öffentlichkeit die Parole »Mut zum Abschwung!« ernst gemeint ausgäbe, sofort seine Papiere abholen könnte. Jeder.

Die Frage, wie wir als Kultur im Wandlungsprozess damit umgehen wollen, dass das Leben keine Linie ist, die immer schräg nach oben führt, sondern aus Aufs und Abs besteht (*»Leben ist Schwingung« – Hugo Kükelhaus),* und wie wir in einem Abschwung gemeinschaftlich lernen können, um die Kraft zu gewinnen für einen nächsten Aufschwung – diese Frage können wir nur in klassisch kantianischer Manier stellen: im Dialog mit dem Leser nach Feierabend. Tagsüber sind wir Gefangene unseres Systems. Da heißt es gehorchen.

Die Identifikation mit Sachlichkeit und Objektivität

Mysteriöse Sachlichkeit

Versuchen Sie mal, für das Wort »Sachlichkeit« eine treffende Übersetzung ins Englische zu finden. Sie werden es schwer haben. Das Wörterbuch wird Ihnen Begriffe vorschlagen wie *dispassion, objectivity, practicality* oder *relevance,* aber diese treffen das, was wir im Deutschen darunter verstehen, nur ungefähr. Im Französischen ist es genauso. Offenbar entfaltet das Wort nur im deutschen Bedeutungsraum die spezielle Bedeutung, die es für uns hat. Schlägt man im Duden das Adjektiv »sachlich« nach, erhält man folgende Auskunft:

1. Nicht von Gefühlen oder Vorurteilen bestimmt; nüchtern; ohne Gefühlsbeteiligung; nur auf den in Frage stehenden Sachzusammenhang bezogen; objektiv
2. In der Sache begründet; von der Sache her; ein sachlicher Unterschied; etwas ist richtig, falsch
3. Ohne Verzierungen oder Schnörkel; durch Zweckgebundenheit und Schmucklosigkeit gekennzeichnet.

Da haben wir den protestantisch-fundamentalistischen Restzustand des abendländischen Denkens, das mit *Descartes* in die Welt kam, die Aufklärung hervorbrachte und sich jetzt in »Sachlichkeit« der Dingwelt ergibt: Seiner eigenen Vorannahmen nicht bewusst, stattet es Sachen / Dinge mit Eigenschaften aus, die objektive Kriterien von falsch und richtig in sich bergen. Damit erzwingen sie aus sich selbst heraus ein bestimmtes Umgehen mit ihnen. Das handelnde Subjekt verschwindet im »Sachzwang« – ebenfalls ein spezifisch deutsches Konzept. Es ist schwer zu ergründen, warum diese Art der Sachlichkeit, die ja weder männlich noch weiblich, weder Fisch noch Fleisch ist, so attraktiv ist. Aber sie ist es.

Die Grenze gegen die Person

»Sachliche« Diskussionen erzwingen, indem sie in Kommunion das handelnde Subjekt tilgen, den unpersönlichen, unberührten Sprecher und den unbeteiligten, objektiven Beobachter. Dieser Kommunikationsstil erfordert die Spaltung aller Beteiligten in ihren Intellekt und den Rest ihrer Existenz. Im öffentlichen Raum beziehen sich die Mitglieder eines Systems aus der Perspektive ihrer Rolle auf die Sache und diskutieren sie in Rede und Gegenrede. Damit sind sie so leidenschaftlich leidenschaftslos beschäftigt, dass sie den Rest ihrer Wahrnehmung des Hier und Jetzt ausblenden.

Der Rest »gehört auch nicht hierher«, denn die Identifikation mit Sachlichkeit schließt die Grenze gegen die Person ein. Der dahinterliegende Glaubenssatz lautet: Sache und Person, Innen- und Außenwahrnehmung haben nichts miteinander zu tun. Welch ein Irrtum!

1. Sachdiskussionen finden nicht in einem »Sachzusammenhang« statt, sondern im systemischen Zusammenhang von Abhängigkeit und Konkurrenz. Im öffentlichen Raum ringen die Mitglieder eines Systems um Interpretationen und Entscheidungen, wie sie mit Herausforderungen, vor denen

Rang, Macht und Einfluss

sie stehen, umgehen wollen. Sachen werden hier immer mit Personen identifiziert: Ob Produkt A oder Produkt B entwickelt, Maßnahme C oder Maßnahme D ergriffen, Entscheidung X oder Entscheidung Y getroffen wird, stets geht es um Rang, Macht und Einfluss, den die Mitglieder in ihren Rollen verhandeln. Und weil wir als Personen mit unseren Rollen identifiziert sind, sind sachliche Erfolge immer persönliche Erfolge und sachliche Niederlagen persönliche Niederlagen. Jeder weiß das natürlich, aber die gemeinschaftliche Grenze dagegen, die in der Sache angelegte Rollen- und Rangdynamik offen wahrzunehmen, ist enorm. Das wäre unsachlich.

Persönliche Bestätigung oder Kritik

2. Während Sachdiskussionen im öffentlichen Raum keine Berührtheit der Sprechenden zulassen, sind doch alle mit ihrem Gesprochenen identifiziert. Wir registrieren jede Bestätigung unserer Argumentation auch als persönliche Bestätigung, jede offene oder versteckte Kritik auch als persönliche – wir reagieren darauf und die anderen wieder auf unsere Reaktion.

Paradoxerweise geht die sachlich-kalte und schmucklose Spitze des kulturellen Eisbergs unabdingbar damit einher, dass unter der Wasserlinie des Sagbaren jenes »bestialische« Dschungelleben stattfindet, das wir eingangs dieses Kapitels beschrieben haben. Wagt ein Einzelner, sich persönlich zu äußern, etwa einer Verletzung Ausdruck zu geben, anstatt einfach mit gleicher Münze heimzuzahlen, läuft er Gefahr, sich dafür noch mehr Verletzungen einzuhandeln oder sich sogar für eine weitere Teilnahme zu disqualifizieren. Unsere in stillem Konsens geteilte Überzeugung, dass das Leben im öffentlichen Raum eben so ist und sein muss, ist ganz erstaunlich. Ist es unsachlich zu denken, dass der Dschungel nicht halb so bestialisch wäre, wenn man ihn unter der Wasserlinie des Öffentlichen nicht sich selbst überließe, sondern ihn kultivierte?

Etymologisch stehen am Ursprung der Bedeutung des Wortes »Sache« solche Dinge wie »Verfolgung, Streit, Krieg, Prozess«. In Worten wie »Sachwalter« oder »Widersacher« sind diese Konnotationen noch enthalten. Heute suggeriert »Sachlichkeit« als Begriff genau das Gegenteil, dafür findet der Krieg im Untergrund umso ungezügelter statt. Wenn wir auf kultivierte Weise wirklich »sachlich« werden wollen, müssen wir diese Spaltung wieder aufheben. Dann gibt es auch keinen Sachzwang mehr.

3. Wenn unsere Aufmerksamkeit auf die Sache hypnotisiert ist, spalten wir unsere bewusste Eigenwahrnehmung ab – also all das, was nicht im engsten Sinne thematisch ist. Dazu gehören innere Bilder, Gedanken, Gefühle und Resonanzen sowie Körperreaktionen und -impulse. Nur ganz am Rande nehmen wir Stimmungswechsel, Gerüche oder atmosphärische Strömungen wahr. Manchmal merken wir erst nach Stunden, dass wir müde sind oder Kopfschmerzen haben, dass der Rücken weh tut oder der Magen drückt; und wenn, dann neigen wir dazu zu denken, dass das eben unsere persönlichen Beschwerden sind.

Aber wenn Menschen physisch zusammenkommen, um etwas zu besprechen, das für sie wichtig ist, sind sie ja nicht nur mit ihrem Verstand anwesend, sondern auch mit ihren Körpern. Ob die Luft dünn oder dick ist, kühl oder stickig, ob die Atmosphäre gespannt oder entspannt ist, verkrampft oder locker, ob Bedeutung fließt oder stockt und stolpert – unsere Körper reagieren in ihren Konsonanz- und Dissonanzzuständen auf das, was im Hier und Jetzt geschieht. Durch unseren selbst auferlegten Zwang zu immerwährender Sachlichkeit tilgen wir 90 Prozent der Informationen, durch die das kulturelle Feld zu uns spricht, weil die Kanäle, über die es das tut, im öffentlichen Raum in stillem Konsens nicht als solche zugelassen sind.

Zwang zur Sachlichkeit tilgt Information

Nun ist es durchaus nicht so, dass wir dies alles überhaupt nicht mitbekommen. Wir denken nur, dass das keine Bedeutung hat, während die Musik des öffentlichen Raums genau dort spielt.

Wirkliche Sachlichkeit erreichen wir erst dann, wenn wir uns der Vielfalt an Informationen widmen, die im öffent-

lichen Raum jederzeit verfügbar sind. Was transformatives Lernen angeht, ist die Krönung der Sachlichkeit, das auszusprechen, was offensichtlich gerade ist.

Körperwahrnehmungen

Will man einer in ihrem öffentlichen Raum versammelten Gruppe diese Informationen zur Verfügung stellen, muss man zuerst an der Grenze arbeiten, welche die gemeinsame Fixierung auf die »Sache« umzäunt. In unserer Kultur gibt es fast keine Öffentlichkeiten, in denen es üblich und erlaubt ist, auf körperliche Vorgänge aufmerksam zu machen. Schon das Erwähnen einfacher äußerer Körpersignale ist im Angesicht der allseitigen Kommunion-in-Inkongruenz heikel (z. B. »Sie sehen amüsiert aus, während Sie sehr ernste Dinge sagen«), aber mit Fingerspitzengefühl und ein bisschen Mut ist es möglich. Die Grenze dagegen, Körperwahrnehmungen mitzuteilen, ist aber noch viel stärker, denn diese gehören in unserer Kultur in die intime Sphäre. Wenn überhaupt, tun das Frauen, wenn sie sich dazu ermutigt fühlen. Die meisten Männer antworten, wenn sie auf ihre Körperwahrnehmungen angesprochen werden, mit Aussagen wie »alles im grünen Bereich«, weil sie dazu neigen, ihre Eigenwahrnehmung auf die Dichotomie von o.k. / nicht o.k. zu beschränken.

Im öffentlichen Raum an der Grenze gegen die Person zu arbeiten, heißt deshalb immer, an dem von Tilgungen und Verdinglichungen dominierten Kommunikationsstil anzusetzen:

- das im Passiv oder im »man« getilgte Subjekt erfragen
- den Prozess und den Kontext erfragen, der sich hinter Verdinglichungen versteckt
- den getilgten Adressaten erfragen (wer ist eigentlich gemeint?).

Jedes Mal, wenn dann Genaueres zum Vorschein kommt, bröckelt die Gemeinschaftstrance ein wenig, findet Aufwachen an der Grenze statt. Dieser Prozess wird erleichtert, wenn ein Mitglied der Gruppe beginnt, sich anders zu äußern, und dies wiederum andere ermutigt oder herausfordert, ebenfalls etwas mehr ihrer persönlichen Wahrheit auszudrücken.

Hinter allen Sachpositionen stehen Haltungen und Einstellungen, kulturelle Werte und Überzeugungen, die diese erst hervorbringen. Ist eine Gruppe bereit, ihre Kultur der Zusammenarbeit zum Thema zu machen, so beginnt die Arbeit an der Grenze gegen die Person immer damit, die abgespaltenen Gefühle, die das Gruppenklima prägen, in den Raum zu holen.

Spricht man das Gruppenklima an, so stellt man häufig fest, dass Verletzung, Verbitterung, Enttäuschung oder Ärger eingeräumt werden, dass sich aber alle aus der Position derer äußern, denen etwas angetan wird, also aus der Opferperspektive. Kein Täter da. Niemand ist damit identifiziert, Verletzung, Verbitterung oder Ärger hervorzurufen, aber alle leiden darunter. Dieses Leiden ist der erste Schritt hin zum gemeinsamen transformativen Lernen, denn der Täter ist die »Bestie« des öffentlichen Raums, die die Römer schon beschrieben haben. Keiner der Anwesenden ist mit ihr identisch. Diese Bestie ist ein verurteilender Geist, der die Atmosphäre des Feldes prägt und auf alle wirkt. Setzt sich eine Gruppe mit diesem auseinander und wird den einzelnen Personen bewusst, wie sie selbst gegenüber den anderen die Rolle des verurteilenden Geistes einnehmen, haben sie ein bedeutendes Stück kultureller Bewusstheit erlangt. Dies geht mit der Entlastung einher, einfach nur persönlich versagt zu haben, weil man am Hauen und Stechen teilgenommen hat. Dann kann sich die Qualität der Kommunikation weiter ändern.

Opfer und Täter

Die Identifikation mit Recht, Gesetz und Regeln

Die deutsche Regelungswut ist legendär. Abertausende Vorschriften und Gesetzesausführungsbestimmungen blasen unsere Bürokratien auf, führen zur Bildung von abstrusesten Expertengruppen, schaffen durch ihre sich selbst vermehrende Existenz immer neue Labyrinthe von »Sachzwängen« und kosten viel Geld. Die Euro-Bürokratie und zigtausende von Lobbyisten, die in konsequenter Hinterzimmerarbeit ihren partikularen Einfluss nehmen, tun das Ihrige dazu, dass hierzulande jede Erneuerung im Treibsand bizarrster, wirklich fragmentierter Kleinteiligkeit zu versacken droht.

Nicht nur, dass wir in unseren öffentlichen Räumen fast ausschließlich damit beschäftigt sind, Maßnahmen und Regeln zu diskutieren und zu verabschieden, wir gehen auch davon aus, dass dies allein unsere Aufgabe ist: Regelvorschläge als Input, regelhaftes Vorbringen, regelhaftes Diskutieren, regelhaftes Entscheiden, Regeln als Output.

Der in Regularien erstarrte Auseinandersetzungsprozess erzwingt es geradezu, dass man sich immer wieder privatissime verständigen und absprechen muss. Die Agenda- und Regelgepflogenheiten des öffentlichen Raums lassen das gar nicht anders zu.

Die Auffassung von Recht An der mythologischen Wurzel unserer Regelorientierung liegt unsere Auffassung von Recht. Die ist auch wieder ein Kind der Aufklärung und der bürgerlichen Revolutionen mit ihren transformatorischen Siegen über absolutistische Willkürherrschaft, feudale Vetternwirtschaft und Korruption. Dass wir heute in den westlichen Demokratien vor dem Gesetz alle gleich sind, ist eine gewaltige Errungenschaft und in vielen Gegenden der Welt noch nicht erreicht. Sie wurde erst durch die Idee der Gewaltenteilung möglich, die mit dem französischen Staatstheoretiker *Charles-Louis Montesquieu (Vom Geist der Gesetze,* 1748) ihren Durchbruch fand. Allerdings hatte *John Locke (Two Treatises of Government)* bereits 1690, in der Auseinandersetzung zwischen der englischen Krone und dem Parlament, die naturgegebenen Rechte des Menschen formuliert: Leben, Gesundheit, Freiheit und Eigentum. Als Erstes liegt die Gewaltenteilung der amerikanischen Verfassung von 1789 zugrunde, in deren Einleitung die lockeschen Grundrechte wörtlich zitiert werden. (Das Recht auf Eigentum wurde erst von *Thomas Jefferson* umformuliert in: *»the pursuit of happiness«*). Die amerikanischen Verfassungsväter hatten sich von *Montesquieu* beraten lassen, wie sie ein so großes Land wie die Vereinigten Staaten demokratisch regierbar machen können.

Im Zentrum der Rechtsphilosophie *Montesquieus* steht der Gedanke, dass Gesetze dafür da sind, den Bürgern Freiräume zu schaffen, innerhalb derer sie sich nach Belieben und Erfordernis bewegen und Beziehungen eingehen können. Wenn man sich unser heutiges Gesetzes- und Regulierungsdickicht anschaut, fragt man sich, wo dieser Grundgedanke geblieben ist. Vielleicht hat das Wuchern des Dickichts damit zu tun, dass immer mehr Rechtsexperten der Versuchung erlagen, die Beziehungen der Systemmitglieder nach der Maßgabe ihrer eigenen Fachkenntnis zu regulieren. Jedenfalls haben sich unsere demokratischen öffentlichen Räume zu Gesetzes- und Vorschriftenproduktionsmaschinerien entwickelt. Im Zweifelsfall geht da Fleiß vor Vernunft – vor jener Vernunft, die diese Räume erst schuf.

Was uns Deutsche betrifft, so sind wir natürlich deswegen so **Rechtsstaat** besonders stolz auf unseren »Rechtsstaat«, weil wir ihn erst so spät, nach vielen leidvollen Irrungen und Wirrungen, bekommen haben. Der Begriff selbst ist eine weitere deutsche Besonderheit und betont ja schon den Unterschied zum »Unrechtsstaat« des Naziregimes. Dass wir unseren demokratischen Rechtsstaat nicht selbst erkämpften, sondern dass er zumindest den Westdeutschen nach dem Armageddon des Dritten Reiches von den Alliierten geschenkt wurde, trug dazu bei, sich öffentlich umso mehr mit ihm zu identifizieren. Diese Identifikation war aber immer auch getragen von der Angst der Demokraten, ihn gegen die vielen überlebenden Nazis und deren alte Kollaborateure verteidigen zu müssen. In der Tat war die alte Bundesrepublik noch viele Jahrzehnte durchsetzt von ihnen. Nicht nur an den privaten Stammtischen, an denen noch in den Siebzigern nach dem dritten Pils schon gerne mal nach einem »kleinen Hitler« gerufen wurde, sondern auch in Politik, Wirtschaft, Verwaltung und – Recht. Die »furchtbaren Juristen« (das waren Leute wie der baden-württembergische Ministerpräsident (!) *Filbinger,* der als Richter noch in den letzten Kriegstagen Todesurteile hatte vollstrecken lassen; der Begriff wurde 1978 von *Rolf Hochhuth* geprägt) waren ein beunruhigendes Schlagwort in jenen Zeiten.

Letzten Endes ist die politische Klasse Deutschlands in ihrem »Verfassungspatriotismus« immer noch von der Furcht vor der Bedrohung des Rechtsstaats aus dem Inneren getragen. (Dass die Verfasser des Grundgesetzes Angst vor dem Volk hatten, zeigt sich darin, dass die Wirksamkeit des Souveräns auf ein Minimum beschränkt ist. Die Staatsführung liegt in den Händen der Parteienoligarchie. Darüber hinaus ist die deutsche Justizverwaltung im wesentlichsten Teil, der Spitze, den Gerichten entzogen und in die Hand der Exekutive gelegt.) Diese Furcht, heutzutage noch ergänzt durch die Angst vor dem Fremden im Außen (»Terrorismus«) und im Inneren (»Parallelgesellschaften«), mündet natürlich in der nochmals gesteigerten Produktion von Gesetzen, welche unsere Bewegungsfreiräume einschränken. Unsere Verfassung, das Grundgesetz, ist in den letzten Jahren immer wieder zum Gegenstand von Kritik geworden, weil es auf zu kleinteiliger Ebene zu Vieles zu regeln versucht, was eigentlich nicht in einen Grundlagenvertrag gehört, und natürlich ein Vielfaches an Anrufung der Verfassungsgerichte nach sich zieht, die dann erneut Spezifizierungen vornehmen müssen, die die Spielräume des politischen Handelns weiter einschränken.

Die Grenze gegen Beziehungen

Das in unserem Zusammenhang entscheidende Problem mit unserer kulturellen Fixierung auf Recht und Regeln ist: Seit wir in unseren Öffentlichkeiten mit ihnen identifiziert sind, gehören Beziehungen in die Privatsphäre. Die Identifikation mit dem Ersten erzeugt die Grenze gegen das Zweite.

Kommunikations-probleme Überlegen Sie mal: Werden im öffentlichen Raum des Systems, in dem Sie Mitglied sind, die Rollen- und Rangbeziehungen der Beteiligten untereinander offen verhandelt? Das geschieht nur in den seltensten Fällen. Eigentlich nur, wenn mit den Betroffenen die Pferde durchgehen, es eher laut, heftig und unkultiviert wird, und dann ist es allen, auch denen, die nicht direkt beteiligt sind, ziemlich peinlich. Mit etwas Glück wird der Konflikt nicht totgeschwiegen, sondern stattdessen ein »Kommunikationsproblem«

festgestellt. Dann gibt es drei Möglichkeiten, die sich ergänzen können:

- Man wird gebeten, den Beziehungskonflikt »mal unter vier Augen« zu bereinigen (also privat).
- Es wird nach einem Schlichter oder Richter gerufen, der entscheiden soll, wer jetzt Recht und wer Unrecht hat.
- Es werden Regeln aufgestellt, die solche Vorkommnisse in Zukunft verhindern sollen.

Wir haben ganz offenbar keine Werkzeuge, die es uns erlauben, im öffentlichen Raum mit Beziehungsdynamiken bewusst und kultiviert zu arbeiten. Welche Folgen das hat, wird klar, sobald wir uns wieder vor Augen führen, dass Kulturen sich in Beziehungen entwickeln. Wir sind gar nicht in der Lage, die transformatorische Krise unseres Gemeinwesens schöpferisch zu beantworten, wenn wir nicht bereit sind, uns in unseren öffentlichen Räumen unseren Beziehungen zu widmen.

Erstens sind Beziehungen, ebenso wie wir als Personen, Kanäle des kulturellen Feldes, über die das Feld zu uns spricht und über die wir es formen. Zweitens haben sich unsere Beziehungen vor dem Hintergrund der global angelegten Beziehungsmatrix von Konkurrenz und Abhängigkeit bereits dramatisch geändert, und sie werden es weiter tun. Welche Alternative gibt es also dazu, dies in unseren öffentlichen Räumen zur Kenntnis zu nehmen, anstatt Beziehungen entweder ins Private zu verbannen oder zu regulieren?

Um öffentlich mit Beziehungen arbeiten zu können, sind zwei Dinge wichtig:

Öffentlich mit Beziehungen arbeiten

1. *Das Bewusstsein, dass Rollenbeziehungen, und um die geht es ja, keine Privatsache sind.* Wenn es gelingt, mit zwei Mitgliedern eines Systems im öffentlichen Raum an deren Rollenbeziehung zu arbeiten, ist das nicht nur für die unmittelbar Betroffenen von Bedeutung, sondern für alle. Das gesamte

Feld löst sich aus der Erstarrung, kommt in Bewegung und kann sich neu arrangieren.

2. *Das Wissen, dass es dabei auch persönlich werden wird.* Wir sind so mit unseren Rollen identifiziert, dass immer persönliche Gefühle auftauchen, wenn wir in einer Beziehungsauseinandersetzung in unserer Rolle sind. Das heißt aber noch lange nicht, dass es intim werden muss. Die Privatsphäre bleibt schützenswert. Nur unsere persönliche Präsenz ist gefordert.

Beziehungen konstellieren sich immer in einer Dynamik von Macht und Rang, von Gewicht und Einfluss, von Privilegien und Status. Wir können gar nicht anders als mit allem, was wir tun, sagen oder lassen, auch unseren sozialen Status zu signalisieren. Dies ist der alte Affenfelsen in uns, und der ist im Hier und Jetzt sehr lebendig. Der Kampf um Rang, Macht und Einfluss ist einer der stärksten Motoren in der Entwicklung einer Kultur.

Gleichheit versus Rang Das Erstaunliche ist: Während uns auch dies privat ganz klar ist – und immer eines der leidenschaftlich ausgetauschten Themen in den Kaffeepausen –, scheinen wir diese Bewusstheit komplett auszuknipsen, sobald es öffentlich wird. In unserer öffentlichen Gemeinschaftstrance sind wir nämlich mit unserer Gleichheit identifiziert. Diese, man ahnt es, ergibt sich aus der Identifikation mit Recht, Gesetz und Regeln, mit unserer Gleichheit vor dem Gesetz, mit unserem demokratischen Mythos. Durch unsere gesetzliche *Egalité* werden aber unsere Rang- und Machtprozesse nicht abgeschafft. Die Gesetze stecken nur die Freiräume ab, in denen wir jene gestalten können. Die Identifikation mit unserer Gleichheit macht es vielen von uns schwer, sich überhaupt über ihren eigenen Rang Bewusstheit zu verschaffen. Die meisten von uns machen sich kleiner, als sie sind. Insbesondere Führungskräfte haben Mühe damit, zwischen ihrer Mitgliedschaft im Team und dem Rang, den ihnen ihre Führungsrolle verleiht, zu wechseln.

Die Identifikation mit dem unterscheidenden Denken

Im öffentlichen Gebrauch der kritischen Vernunft liegt die Essenz der Aufklärung, die mythologische Wurzel unserer säkularen Kultur und insbesondere unserer öffentlichen Räume. Unser ganzes Bildungssystem ist darauf ausgerichtet, die kognitiven Fähigkeiten auszubilden, die wir brauchen, um seriös kritisch zu denken. Wenn man an der Uni etwas Fachübergreifendes lernt, dann ist es dies. Die Fähigkeit zu kritischem Denken ist die Voraussetzung für die Übernahme von Führungspositionen und für die Teilnahme am öffentlichen Raum.

Der Kern der kritischen Vernunft ist das schlussfolgernde Denken. Dieses wurde natürlich nicht von den Aufklärern erfunden. Sie fühlten sich nur als Erste frei, es öffentlich zu benutzen und sich gegenseitig damit zu inspirieren. Es geht auf den ersten großen Logiker unter den Philosophen Griechenlands zurück, auf *Aristoteles*. Er war es, der den Syllogismus entdeckte. Ein Syllogismus ist eine Art und Weise, einen logischen Beweis zu führen. Der berühmteste seiner Syllogismen, von den Scholastikern des Mittelalters mit »Barbara« benannt, ist dieser:

Schlussfolgerndes Denken

Menschen sterben.
Sokrates ist ein Mensch.
Sokrates wird sterben.

Klingt einleuchtend, nicht wahr? Wenn eine Aussage für alle Elemente einer Klasse gilt, gilt sie für jedes einzelne Element. Die deduktive aristotelische Logik nahm denn auch einen enormen Einfluss auf das westliche Denken der letzten 2300 Jahre. Unser Mainstream-Denken ist bis heute von ihm geprägt. *Bertrand Russell* kritisiert in seiner *Philosophie des Abendlandes* (2004, S. 217 ff.):

»*Selbst heute noch [...] lehnen viele [...] die Entdeckungen der modernen Logik ab und halten seltsam zäh an einem System fest, das ganz entschieden ebenso überholt ist wie die ptolemäische Astronomie. Der Einfluss, den er noch heute besitzt, ist klarem Denken so hinderlich, dass man sich kaum vorstellen kann, welch großen Fortschritt er im Vergleich zu seinen Vorgängern bedeutete; seine Leistung auf dem Gebiet der Logik würde noch weit bewundernswerter erscheinen, wenn sie nur die Stufe in einer kontinuierlichen Entwicklung gewesen wäre, statt bei einem toten Punkt zu enden [...], dem mehr als zwei Jahrtausende der Stagnation folgten.«*

Dann zerlegt *Russell* einige aristotelische Syllogismen nach allen Regeln der Kunst, aber das ist alles viel zu abstrakt, um es hier auszubreiten. Man kann die Begrenztheiten und Schwächen dieses Denkens so zusammenfassen:

- Es geht von unbewussten Vorannahmen aus, die in der sprachlichen Syntax sichtbar werden (Ursache – Wirkung bzw. Täter – Opfer).
- Es tilgt den Sprecher als das handelnde Subjekt sowie seine Beziehungen zum Gesagten und zu anderen.
- Es unterstellt verallgemeinernd die Kommunion eines gemeinschaftlichen Bedeutungsraums, der nicht benannt wird.
- Kurz: Es sagt mehr über die Kultur, in deren Sprache es formuliert wird, als über die Welt.

Deduktive Unterscheidung Diese Punkte spiegeln exakt jene kulturellen Archetypen wieder, die wir im zweiten Teil im Kapitel »Sprache« kennengelernt haben. Die still auf sie fußende aristotelische Logik, die immer noch unser öffentliches Denken dominiert, ist die der deduktiven (Unter-)Scheidung, der Getrenntheit, der Kritik (gr. *kritein* = scheiden). Man kann das ganz praktisch beobachten, wenn etwa im Bundestag die Vertreter der Parteien einander aus programmatischen Positionen heraus kritisieren, deren Vorannahmen sie verschweigen.

Die Fähigkeiten des unterscheidenden Denkens sind gewöhnlich in der linken Gehirnhälfte beheimatet.

Die Grenze gegen das analoge Denken

Gregory Bateson stellt dem aristotelischen Syllogismus folgenden gegenüber:

Menschen sterben.
Gras stirbt.
Menschen sind Gras.

Der Bateson'sche, durchaus humorvoll gemeinte Syllogismus ist jener der Analogie, der Metapher und des Symbols, deren Fähigkeiten in der rechten Gehirnhälfte angelegt sind. Das analoge Denken sucht nicht das Muster, das unterscheidet, sondern das Muster, das verbindet: Dass wir sterben müssen, zur Welt des Vergänglichen gehören, verbindet uns mit jedem Grashalm. Man kann die Geschichte eines kleinen Grashalms erzählen, wie aus dem Samen der Spross wird, wie er Wind und Wetter ausgesetzt wird, der Sonne entgegenwächst und stärker wird, aber auch ab und zu vom Leben gestutzt wird …, und jeder von uns kann sich darin wiedererkennen.

Das verbindende Muster

> **Das analoge Denken ist der Kern des Mythos und des Märchens, der Geschichte und der Poesie, von Gleichnis und Fabel, aber es steht auch am Beginn von Erfindung, Kreativität und Innovation, nämlich in der schöpferischen Idee und dem induktiven Denken. Es sucht die Muster nicht in den Unterschieden, sondern in der Gleichheit, Verbindung und Einheit alles Lebendigen.**

Wer wollte sagen, dass dieser Syllogismus weniger »wahr« wäre als der andere? »*Das Mittel, tote Formen zu erkennen, ist das mathematische Gesetz. Das Mittel, lebendige Formen zu verstehen, ist die Analogie*«, so *Oswald Spengler*. Die Wahrheit des Syllogismus ist nur eine andere, die wahrscheinlich tiefere Schichten in uns anspricht. Die immense Beliebtheit von Romantik- und Fantasyschmökern, in die wir in unseren privaten Stunden abtauchen, ist ein schwacher Abglanz dieser Wahrheit.

Metapher In unseren öffentlichen Räumen sind wir so identifiziert mit dem deduktiv unterscheidenden Denken, dass wir der Logik der Metapher mit Verachtung begegnen müssen. Obwohl wir gar nicht anders können, als ständig in unbewussten Metaphern zu sprechen (siehe Raum, Ursache – Wirkung, Dinge usw.). Der mit der Aufklärung identifizierte Kommunikationsstil richtet Grenzen gegen alles auf, was sich nur in der Sprache der Metapher ausdrücken lässt. Das wird in der Terminologie des öffentlichen Bedeutungsraums als »irrational« bewertet.

Die Grenze gegen den Mythos

Zum Irrationalen gehört vor allem der Mythos, dazu gehört die ganze – in Wirklichkeit alles durchdringende – kollektive Psychologie des Gemeinschaftslebens und seiner »Seelengeschichte«.

Da die Sprache der Metapher und des Mythos die der Verbundenheit und Einheit ist, beinhaltet diese Grenze eben auch die dagegen, in unseren öffentlichen Räumen Einheit und Verbundenheit, also Resonanz in Kommunion, zu erleben. Dies gilt sicher für alle Kulturen, deren öffentliche Räume der Aufklärung entsprangen. Seitdem gehören die Einheit in die Kirche und die Unterschiede in den öffentlichen Raum, seitdem ist Glaube Privatsache.

Öffentliche Kommunion In Deutschland ist die Grenze gegen Mythos und öffentliche Kommunion noch ein bisschen höher als anderswo, und das hat natürlich mit unserer Geschichte zu tun. Der Schöpfungsmythos der Bundesrepublik war eben ein sehr unzeremonieller. Für uns ist das selbstverständlich, aber wir merken es, wenn wir Zeugen öffentlicher Kommunion in anderen Kulturen werden: Wir bekommen dabei sehr zwiespältige Gefühle. Als die Amerikaner im *Shea Stadium* ihre Toten des 11. September 2001 betrauerten, taten sie das mit sehr viel Gefühl, mit »schamlosem« Pathos und in lauter Einheit vor dem gemeinschaftlichen Mythos. Als Deutschem wird einem bei so viel nationalem Hollywood ganz unwohl, aber es wirkt auch so unbeschädigt, so heil und mit sich selbst im Reinen.

In einem Ereignis ganz anderer Art feierten die Engländer im Sommer 2002 das 50. Thronjubiläum ihrer Königin mit einem großen musikalischen Volksfest im *Buckingham Palace Park*. Die ganze Oberliga der britischen Popstars trat auf, eine fröhliche, ausgelassene Stimmung, Jung und Alt, Weiß, Braun, Schwarz – alle waren da. Bei uns saßen viele vor den Fernsehern, angerührt und auch ein bisschen traurig, weil so etwas in Deutschland schwer zu haben ist. Öffentliche Kommunion ist uns peinlich. Wir erlauben sie uns als Bayern oder Sachsen, als Fußballfans, als Mitarbeiter eines Unternehmens oder Mitglieder eines Kegelvereins, aber nicht einfach als Deutsche.

Erst in jüngster Zeit mehren sich die Informationen in unserem öffentlichen Bedeutungsraum, dass die deutsche kollektive Psychologie weiter zurückreicht als bis 1949 bzw. 1933. Zahlreiche Veröffentlichungen widmen sich der Wiederentdeckung unserer kulturellen Identität. Auch wurden wir während der Fußball-WM 2006 von einer Art unbeschwerter nationaler Kommunion fast überrumpelt, die weder rationaler Verfassungspatriotismus war noch irrationaler Nationalismus, sondern einfach nett.

Kollektive deutsche Psychologie

Die Angst vor dem Hier und Jetzt

Unserer kulturellen Furcht vor dem Hier und Jetzt sind wir schon begegnet. Sie ist eine Folge unserer linearen Zeitvorstellung (dem »Zeitlineal«) und die Schattenseite des Versuchs, das Rätsel Zeit zu beherrschen.

Diese Furcht ist besonders groß, wenn wir in unseren öffentlichen Räumen zusammenkommen: agenda- und ergebnisgetrieben, die helle Zukunft fest im Blick, viele kleine Schritte in die richtige Richtung planend, in magerer Kommunion im Nichtsein und in stillem Einverständnis, das Offensichtliche im Augenblick, unser aller Inkongruenz, nicht wahrzunehmen.

Ungestraft Illusionen verbreiten

Sie ist so groß, dass man aus einem Meeting gehen kann – allseits wissend, dass man heute wieder den größten Blödsinn auf den Weg gebracht hat, aus dem nichts Gutes werden kann, ohne dass jemand seinen Mund aufmacht. Niemand denkt auch nur daran. Die Furcht ist so groß, dass man »ungestraft Illusionen verbreiten« kann, ohne damit rechnen zu müssen, dass das im Hier und Jetzt von irgendjemandem offengelegt wird. Sie ist so groß, dass man sich gegenseitig verletzen, beleidigen und angreifen kann, natürlich unpersönlich formuliert und sachlich begründet, und keiner steht auf und ruft: »Autsch!« Nur das nicht!

Denn im Hier und Jetzt des öffentlichen Raums lauert die Bestie, und die ist auch wirklich Furcht erregend. Nur verschwindet sie ja nicht einfach deshalb, weil wir so tun, als gäbe es sie nicht. Damit verdrängen wir sie nur aus unserem öffentlichen Bewusstsein, während sie unter der Wasserlinie der Sachlichkeit, des Unbeteiligtseins, des Nicht-Berührt-Seins und des Es-nicht-gewesen-Seins immer bedrohlicher und wilder wird.

Die Angst davor, dass das dünne Eis des stillen Konsenses aufbricht, ist durchaus berechtigt. Denn es besteht die Gefahr, dass einiges von dem, was zuvor in die private Domäne abgespalten war, in den öffentlichen Raum flutet: »schmutzige Wäsche«, Leichen aus dem Keller und Skelette aus den Schränken, Rang- und Machtkonflikte, Verletzungen und Kränkungen, Missbrauch von Privilegien, Komplizen- und Seilschaften, Rache- und Vergeltungsgelüste, Heulen und Zähneklappern.

Wolf des Wandels

Nur geschieht all das in Krisenzeiten ja ohnehin und endet in der Regel in einem gewaltsamen Prozess, in dem die alte Welt niedergerissen und eine neue auf deren Trümmern errichtet wird. Haben wir eine Möglichkeit, die Bestie zu zähmen, anstatt sie nach außen zu projizieren und dort zu bekämpfen, bis das irgendwann nicht mehr geht und sie als Wolf des Wandels über uns herfällt?

Ja. Es geht aber nur gemeinsam. Denn wenn einzelne Personen oder Gruppen den stillen Konsens öffentlich in Frage stellen, wird das ganze in die Wildnis vertriebene Leben des kulturellen Feldes offensichtlich. Damit ist auch die Bestie im Raum, und mit ihr die Angst vor dem Verlust von Rang, Macht und Ansehen.

Wenn sich die bipolare, schwarzweiße und geordnete Welt des öffentlichen Raums in eine multipolare, chaotische Wirklichkeit verwandelt, sind auf einmal viele Wahrheiten und Gefühle da, und es gibt kein Einverständnis mehr über Richtig und Falsch, Gut und Böse. Der gemeinschaftliche Bedeutungsraum implodiert. Die Angst vor dem Hier und Jetzt ist also auch immer die vor Chaos, Fragmentierung, Gewalt; davor, dass alles zusammenbricht und nie wieder gut wird.

Sind die Mitglieder eines Systems aber bereit, sich diesem Prozess zu stellen und sich damit auseinanderzusetzen, wie sie bewirken, was sie beklagen, können sie die Bestie ihres öffentlichen Raums transformieren. Sie werden sich ihrer Kultur nicht nur aus der Opfer-, sondern auch aus der Täterperspektive bewusst.

Prozesse transformativen Lernens gehen ebenso wie jede transformatorische Krisenbewältigung mit vorübergehender Zersplitterung, Auflösung und Verwirrung einher; sonst kann nichts Neues entstehen. Da Kulturen sich selbst organisierende Felder sind, wird im absichtlich aufgesuchten transformativen Lernprozess aber, wenn das Informations-Bedeutungs-Babylon durchgestanden ist, wenn alles ausgedrückt, ausgetauscht, gehört und gefühlt worden ist, wie von selbst eine neue Kohärenz sichtbar – und mit ihr eine neue Verbundenheit der Mitglieder. Auf die Ebbe folgt die Flut, auf das Chaos eine neue Ordnung. Die Nebel des Bedeutungsraums lichten sich, die Donnerwetter verebben, die Luft ist klarer und frischer, man kann wieder atmen. Die Gruppe ist unverkennbar wieder da, schließlich sind ihre Mitglieder abhängig voneinander. Das kulturelle Leben geht weiter, aber jetzt um einiges kraftvoller als zuvor.

Vorübergehende Auflösung

Das Muster, das verbindet ...

Wer scheidet nun das, was in unseren öffentlichen Räumen als Unterschied, der einen Unterschied macht, ausgedrückt werden kann und was nicht? Wer trennt das Öffentliche vom Privaten, die Sache von der Person, das Außen vom Innen, den Geist vom Körper? Wer ist der Herrscher des öffentlichen Bedeutungsraums?

Der relativistische Intellekt In unserer Kultur ist es der kritische, relativistische Intellekt, der sich in der Zeit der Aufklärung entwickelt hat. Er ist der Spalter, denn seine Tätigkeit ist das Spalten. Seine mythologischen Wurzeln liegen im cartesianischen Dualismus, in der Trennung von Geist und Materie, der Spaltung von Raum und Zeit. Erst diese hat es möglich gemacht,

- dass *Newton* die Naturgesetze entdecken konnte,
- dass *Kant* seine Philosophie der Aufklärung schreiben konnte,
- dass absolutistische Herrschaftsstrukturen ihr Ende fanden,
- dass demokratische Systeme erfunden wurden, der öffentliche Raum in die Hände der Bürger überging und die Privatsphäre schützenswert wurde,
- dass sich der Individualismus entwickeln konnte,
- dass die wissenschaftlichen Domänen entstehen konnten,
- dass Entwicklung ein Wert wurde.

Ihm haben wir zu verdanken, dass wir in unserer aufgeklärten Kultur über diese großen öffentlichen Räume verfügen, die so Vielfältiges unter ihrem Dach vereinen. Ihm haben wir es auch zu verdanken, dass es genug private Räume gibt, in denen wir fast alles tun und denken können, was wir wollen. Deshalb ist es auch sein Verdienst, dass sich unser Wissen, unser individuelles Selbst- und Weltverständnis, unser kultureller Bedeutungsraum weiterentwickeln konnte. So steht uns alles zur Verfügung, was wir brauchen, um uns und unsere Gemeinwesen in der gegenwärtigen transformatorischen Krise schöpferisch zu erneuern.

Der kritische relativistische Intellekt ist es aber auch, der verhindert, dass uns dieses Wissen im öffentlichen Raum zugänglich wird. Die transformatorische Krise der abendländischen Kultur ist seine Krise.

Fassen wir die Überzeugungen zusammen, von denen der kritische Intellekt ausgeht:

Überzeugungen des Intellekts

- Entwicklung ist Fortschritt und dieser findet im Außen statt. Der kritische Intellekt versucht das, was auf ihn einwirkt, zu verändern und unter Kontrolle zu bekommen. Er sieht sich selbst nicht als Mitschöpfer seiner Wirklichkeit.
- Veränderung findet in der Zukunft statt und wird nach dem Ist-Maßnahme-Soll-Veränderungsmodell geplant und umgesetzt. Der kritische Intellekt sucht nach Lösungen, nicht nach Bewusstheit. Er bezieht sein eigenes Denken nicht in die Veränderung mit ein.
- Die Welt ist eine Maschine, aus vielen Einzelteilen zusammengesetzt. Der kritische Intellekt sucht in allen Lebensbereichen nach dem Ursache-Wirkungs-Prinzip.
- Realität (von lat. *res,* »Ding«) ist das, was außerhalb des Denkens existiert und objektiv messbar ist. Der kritische Intellekt konzentriert sich auf Dinge, nicht auf Kontexte und Prozesse. Gefühle, Subjektivität, Beziehungen und Wechselwirkungen sind aus seiner Sicht irrational, unwissenschaftlich und damit nicht wirklich real.
- Der kritische Intellekt denkt bipolar – etwas ist entweder richtig oder falsch, gut oder schlecht, wichtig oder unwichtig. Die Maßstäbe, nach denen er beurteilt, was richtig, gut und wichtig ist, versteht er als allgemeingültige Gesetze. Er ist sich nicht darüber im Klaren, dass er selbst diese Maßstäbe setzt und dass andere Kulturen andere Maßstäbe setzen.
- Der kritische Intellekt verwechselt seine Kultur mit der Welt.

Da unsere aufgeklärte Kultur auf den Überzeugungen des kritischen Intellekts erbaut ist, prägt er auch unser

persönliches Denken und Handeln zutiefst. Deshalb können wir die Grenzen unserer öffentlichen Räume nur transformieren, wenn wir unser eigenes Denken als Teil dieses Prozesses verstehen und unsere Aufmerksamkeit auf das richten, was wir aus unserer Wahrnehmung ausgrenzen und dann als von außen kommend und störend erleben.

Welches Bild ergibt sich nun, wenn wir die Puzzlestücke nochmals anders zusammensetzen und uns die Identifikationen und Grenzen im Überblick vor Augen führen?

... ist das Muster, das spaltet

Das Muster, das verbindet, ist zugleich das Muster, das spaltet. Wie wir gesehen haben, sind wir in den öffentlichen Räumen unserer Kultur mit den folgenden »Selbstverständlichkeiten« identifiziert:

- Quantitatives Wachstum
- Sachlichkeit und Objektivität
- Recht, Gesetz und Regeln
- Kritisches Denken
- Beherrschen der Zeit

Grenzen Als Ensemble errichten sie die folgenden Grenzen:

- Die Grenze gegen alles nicht Quantifizierbare
- Die Grenze gegen die Person (Gefühle, Resonanzen, Körper)
- Die Grenze gegen Beziehungen (Rang und Macht, Abhängigkeit und Konkurrenz, Zirkularität)
- Die Grenze gegen Mythos und Kommunion
- Die Grenze gegen das Hier und Jetzt (Feld, Chaos, Prozess)

Diese Grenzen, in stillem Konsens aufrechterhalten, markieren den öffentlichen Bedeutungsraum, den alle Mitglieder in gegenseitiger Tranceinduktion minütlich am Leben erhalten. Das ist sozusagen unsere alltägliche Esoterik. Wir wissen jetzt, dass das Muster, das alles verbindet, die Herrschaft des kritischen Intellekts ist.

Eine ganz andere Perspektive tut sich auf, wenn man die meisten der Identifikationen und Grenzen der öffentlichen Räume in unserer Kultur im Lichte jener Verallgemeinerung betrachtet, die wir im Kapitel »Sprache« ausgeführt haben:

- Die Faszination für die Dingwelt im Außen, die der Wachstumsbesessenheit zugrunde liegt, ist männlich.

Männliche Grenzen

- Die Grenze dagegen, dass man überhaupt situativ Gefühle hat – und wenn, dass diese irgendetwas mit dem zu tun hätten, was im Außen vor sich geht –, ist männlich.
- Die Grenze dagegen, dass es persönlich wird, dass irgendetwas überhaupt persönlich werden könnte, ist männlich. In gewissen, männlich dominierten Kreisen kann man sich gegenseitig umbringen, und es ist »nichts Persönliches«.
- Die Abwehr gegen Auseinandersetzungen auf der Beziehungsebene, die nicht über Regeln laufen, eben »Beziehungsgespräche«, ist männlich. Millionen von Frauen tauschen sich täglich in ihren Privatsphären darüber aus. Sie wissen, dass es hoffnungslos ist, es mit ihren Männern zu versuchen, weil die es als den Versuch eines Beziehungsgesprächs verstünden, das sie mit dem beleidigten Hinweis abwehren würden, sie täten doch bereits ihr Bestes – was sie auch tun.
- Die Grenze dagegen, sich auf einen sich selbst entfaltenden, in diesem Sinne chaotischen Prozess einzulassen, den man nicht unter Kontrolle hat, ist männlich. Zum einen ist es gleichbedeutend damit, die Herrschaft aufgeben (der Begriff spricht für sich selbst), zum anderen hat so etwas wie Vertrauen in natürliche Lebensprozesse mit Hingabe zu tun, und das ist eine sehr weibliche Qualität. Solche Prozesse werden, wie wir aus vielen Coachingstunden mit Frauen und Männern wissen, von Frauen eher mit der

Hoffnung auf Stärkung begrüßt, während Männern ihnen eher aus Furcht vor Schwächung mit Skepsis und Abwehr begegnen, da sie als solche schon das Ende von Herrschaft sind.

Wir sind uns bewusst, dass wir hier über sehr viele und sehr unterschiedliche männliche und weibliche Individuen hinweg verallgemeinern und dass wir übertreiben und typisieren, um zu klären. Es bleibt aber, auch im Angesicht der sehr männlich getönten kulturellen Archetypen, auf welche die beschriebenen Identifikationen und Grenzen aufbauen, nur ein Schluss:

Der öffentliche Bedeutungsraum in unserer Kultur ist männlich.

Wir Autoren müssen gestehen, dass wir, als wir zu dieser Einsicht kamen, zunächst ein bisschen fassungslos waren. Kann das wirklich so einfach und schlicht sein, fragten wir uns. Soll es wirklich wahr sein, dass 150 Jahre Kampf um Frauenrechte, die 68er-Bewegung, Jahrzehnte der Beziehungsarbeit zwischen Männern und Frauen, die Etablierung neuer partnerschaftlicher und familiärer Lebensformen, persönliche Bewusstseinsentwicklung und das Streben nach Individualität und Selbstverwirklichung nicht dazu geführt haben, diesen Bedeutungsraum zu verändern? Und das, obgleich in unserer westlichen Kultur heute Männer und Frauen dort zusammenarbeiten?

Was Frauen dürfen Aber dann begannen die Puzzleteile an ihren Platz zu fallen: Natürlich, noch bis 1958 brauchte frau in Westdeutschland die Unterschrift ihres Ehemannes für jeden Kaufvertrag, den sie abschließen wollte. Bis in die Siebzigerjahre musste sie ihren Ehegatten um Erlaubnis fragen, wenn sie arbeiten gehen wollte. In Deutschland und Österreich dürfen Frauen erst seit 1918 überhaupt wählen, in der Schweiz erst seit 1971 (allerdings war die Schweiz das erste Land, in dem das Frauenwahlrecht per Volksabstimmung beschlossen wurde); in einigen Ländern der Welt dürfen sie es immer noch nicht oder nur sehr eingeschränkt. Im Staat Vatikanstadt dürfen Frauen nicht bei der Wahl zum Papst als

Staatsoberhaupt mitmachen, von den Männern allerdings auch nur die Kardinäle. Frauen in Top-Positionen sind immer noch rar. Natürlich, in unserer Kultur hieß es: »*Der Mann muss hinaus …*« und »*drinnen waltet die züchtige Hausfrau …*« (*Schillers Glocke*). Natürlich, in unserer Kultur ging die Trennung zwischen der öffentlichen und der privaten Domäne auch immer mit einer Rollenteilung zwischen Mann und Frau einher! *Richard Sennett* (2004, S. 41) schildert diese in Bezug auf England um 1800:

> »*Öffentlichkeit als Sphäre der Unmoral bedeutete für die Frauen etwas anderes als für die Männer. Frauen liefen in ihr Gefahr, ihre Tugenden zu verlieren, sich zu beschmutzen, in einen ›Strudel von Unordnung und Ungestüm‹ (Thackeray) zu geraten. Öffentlichkeit war mit der Vorstellung von Schande eng verknüpft. Für den bürgerlichen Mann besaß ›Öffentlichkeit‹ einen anderen moralischen Klang. Indem er in die Öffentlichkeit hinausging, ›sich in der Öffentlichkeit verlor‹, wie man vor hundert Jahren sagte, konnte er sich den repressiven, autoritären Zügen der Ehrbarkeit entziehen, die er daheim, als Vater und Ehemann, zu verkörpern hatte.*«

Öffentlichkeit als Raum der Freiheit für den Mann, als Ort der Schande für die Frau. Das aber war nicht immer so. Die Konstruktion der bis heute wirksamen männlichen und weiblichen Geschlechterstereotypien ist ohne die Durchsetzung der bürgerlichen Kernfamilie im Verlauf des 18. und 19. Jahrhunderts nicht denkbar. Sie sind im Wesentlichen ein Ergebnis geschlechtsspezifischer Arbeitsteilung, deren Hintergrund die bürgerliche Aufspaltung der Welt in einen Raum der Privatheit und einen öffentlichen Raum war.

Im Feudalismus gab es keine privaten Räume, wie wir sie heute **Mittelalter** kennen. Alles war öffentlich. Bauern und Bürger, Männer und Frauen lebten in Wirtschaftsverbänden zusammen, zu denen mehrere Generationen, parallele Ehen, Kinder, Gesinde oder unverheiratete Verwandte gehören konnten. Die Politik in den Städten wurde von den Zünften betrieben, wobei es sowohl gemischtgeschlechtliche Zünfte gab, als auch reine Frauen- und Männerzünfte, die miteinander um die Macht kämpften und den Alltag im städtischen öffentlichen Raum prägten. Die Adelsgeschlechter wiederum waren darauf angewiesen, durch Macht-, Wirtschafts-, Heiratspolitik und Erbfolge sicherzustellen, dass sie im Besitz der höchsten Fürstenwürde ihres Landes blieben. Dabei war das biologische Geschlecht unwesentlich gegenüber der Notwendigkeit, die Familiendynastie zu erhalten. So gab es in jeder Phase des Mittelalters Fürstinnen und Königinnen, die herrschten, in Konkurrenz um die Krone standen und Einfluss auf die Epoche nahmen. Das weibliche Prinzip war allerdings auch im öffentlichen Raum des Mittelalters kein Wert, galt es doch in der christlich-mittelalterlichen Lebenshaltung als sündig.

Als dann Mitteleuropa in Schutt und Asche lag, halb entvölkert durch den Dreißigjährigen Krieg und in unzählige Fürstentümer zersplittert, konsolidierte sich die französische Staatsmacht im 17. Jahrhundert neu. Damit erlangte das absolutistische Zeitalter einen letzten Höhepunkt, während sich gleichzeitig das Bürgertum zu etablieren begann. Mit *Diderot* als Herausgeber wurde in Frankreich das gesamte damalige Wissen und Können der Menschheit – gegen den Widerstand weltlicher und geistlicher Machthaber – in einer Enzyklopädie öffentlich verfügbar gemacht. Ein individueller und gesellschaftlicher Emanzipationsprozess entfaltete sich, der darauf abzielte, allein auf dem Glauben an Autoritäten beruhende Denkweisen kritisch zu hinterfragen, das eigene Denken und Leben selbst zu bestimmen. Das war auch die Zeit, in der die privaten Räume zu entstehen begannen, allerdings argwöhnisch beobachtet und überwacht von den Hütern der Monarchie.

Die Gelehrten-republik Die *res publica literaria*, die *republic of letters* oder »Gelehrtenrepublik«, war bis zum Ende des 18. Jahrhunderts der Ausdruck für das Netzwerk der wissenschaftlich Publizierenden und Interessierten – Bibliothekare, Professoren, Theologen, Privatgelehrte usw., ein reiner Männerclub natürlich und genau die herrschaftsfreie Öffentlichkeit, die *Kant* im Sinne hatte und an die er sich wandte, als er vom Gebrauch der kritischen Vernunft schrieb. Es war üblich, dass Gelehrte, die sich nur aus Schriften kannten, sich auf Reisen nach den Adressen anderer Gelehrter erkundigten und diese besuchten, um das Erlebnis dann wiederum in Reisetagebüchern festzuhalten. Auf diese Weise entstand eine große Anzahl von wechselseitig schonungslosen Charakterporträts.

Für eine Frau war es damals fast undenkbar, dass über sie publiziert wurde. Da aber die gelehrte, kritische Öffentlichkeit in den Privathäusern der Community-Mitglieder zusammenkam, waren auch die Frauen dabei, und sie beteiligten sich natürlich an den Kamingesprächen und Diskussionen. Auf diese Weise, in einer Grauzone zwischen Gelehrtenöffentlichkeit und gastgeberischer Hausmütterlichkeit, nahmen sie auch Einfluss. Eines von vielen Beispielen dafür ist *Voltaire*, eine der Lichtgestalten der Aufklärung, und seine Beziehung mit *Émilie du Châtelet*, selbst eine brillante Philosophin und Naturforscherin. Diese machte ihn nicht nur mit dem newtonschen Denken vertraut (über dessen Philosophie er dann ein Buch veröffentlichte, um die bahnbrechenden Erkenntnisse *Newtons* den Franzosen zugänglich zu machen), sondern sie beeinflusste auch sein gesamtes wissenschaftliches und philosophisches Denken immens. Der Einfluss der Frauen schwand, als mit der zunehmenden Professionalisierung des Wissenschaftsbetriebs im 19. Jahrhundert die Männer morgens in ihre Universitätsinstitute gingen, sich dort mit anderen Männern austauschten und abends müde nach Hause kamen. Keine Grauzonen mehr.

In den gesellschaftlichen Umwälzungsprozessen, die Frankreich im 18. Jahrhundert erlebte, spielten die Frauen noch eine bedeutende Rolle. Sie hatten sich Nischen geschaffen, in denen sie kulturellen, ökonomischen und politischen Einfluss ausübten. Sie führten traditionell die Aufstände an, die während der Hungersnöte in Frankreich ausbrachen, und viele Frauen kämpften während der Französischen Revolution auf den Barrikaden. *Olympe de Gouges,* eine Schriftstellerin, übersandte der Nationalversammlung in den 1790er-Jahren eine *Erklärung der Rechte der Frau und Bürgerin* zur Ratifizierung und erregte damit in ganz Europa Aufsehen. Als sie schließlich analog zu *Rousseaus Contrat social* einen »Gesellschaftsvertrag zwischen Mann und Frau« formulierte, in dem

Gesellschaftsvertrag zwischen Mann und Frau

sie die bisherige Ehe durch einen auf Gleichberechtigung basierenden Vertrag ersetzen wollte und besondere Rechte für die Frau als Mutter einforderte, kam sie in Konflikt mit den Anhängern *Rousseaus,* die der Ansicht waren, Mutter zu sein und in der Öffentlichkeit aufzutreten sei unvereinbar. *Olympe des Gouges* wurde 1793 auf dem Schafott hingerichtet. Eine restriktive Frauenpolitik setzte ein, die von *Napoléon I.* fortgesetzt und schließlich 1804 im *Code Napoléon* festgeschrieben wurde. Ab diesem Zeitpunkt waren die Frauen von allen Bürgerrechten ausgeschlossen und standen unter der Vormundschaft ihrer Ehemänner, bis sie nach 1948, im Zuge der allgemeinen sozialen Fragen dieser Zeit, nach und nach ebenfalls wieder ihre Stimmen zu erheben begannen.

Erst im rationalen bürgerlichen Staat des 19. Jahrhunderts gab es also endgültig keinen Platz mehr für Frauen in der Öffentlichkeit. Damit festigten sich auch die weiblichen und männlichen Rollenbilder, die in den 1950er-Jahren einen letzten Höhepunkt erreichten und bis heute nachwirken. Der Satz »das Private ist politisch« wurde übrigens ein wichtiger Leitgedanke der Frauenbewegung nach 1969.

Die Frau als Vertreterin eines rational unbeherrschbaren Prinzips, das kontrolliert werden muss, in vollkommener Rechtlosigkeit und Besitzlosigkeit im nichtöffentlichen Raum: zuständig für die sozialen Bindungen innerhalb der Familie, schwach, emotional, irrational, passiv und abhängig von einem männlichen Beschützer. Der Mann als Vertreter des rationalen Prinzips, ein gefühlloses funktionierendes Rädchen im Getriebe der Öffentlichkeit: zuständig für Kontakte nach außen, stark, kämpferisch, aktiv, zielgerichtet und als Oberhaupt und Ernährer der Familie verantwortlich für deren Existenz.

Res publica Überhaupt, *res publica:* Das Konzept entstand, verfolgen wir es an seine Wurzeln zurück, natürlich nicht in der Gelehrtenrepublik oder der Aufklärung, sondern im alten Rom. Man denkt sofort an das berühmte Werk *Ciceros, De re publica,* das er 54 bis 51 v. Chr., kurz vor dem Ende der römischen Republik, in Form eines sokratischen Dialogs geschrieben hat. In diesem legt er u. a. seine Staatstheorie dar:

>*Der Staat ist Sache des Volkes, aber das Volk ist nicht irgendeine Menge von Menschen, sondern eine Menschenmenge [multitudo = Vielfalt, Multipolarität], welche in der Rechtsauffassung überein-stimmt und zum gemeinsamen Nutzen vereint ist.*<

Dieses Verständnis der »öffentlichen Dinge« ist dem Modernen näher als die Öffentlichkeit, die *Kant* uns empfahl. Vielleicht wäre das anders, hätten die Aufklärer *Cicero* gekannt. Kannten sie aber nicht, denn das Werk galt als verloren und wurde erst 1819, in der Zeit der Restauration, in der Bibliothek des Vatikans als Pa-limpsest wiedergefunden (= eine meist antike Schriftrolle oder ein Manuskript, das beschrieben, dann durch Schaben oder Wa-schen gereinigt und danach neu beschrieben wurde. Die Spuren des Originaltextes sind oft erhalten und können sichtbar gemacht werden). Es war im 4. Jahrhundert, und wahrscheinlich aus gut erwogenen Gründen, von *Augustinus*, der maßgeblich an der sys-temischen Geburt der christlichen Kultur beteiligt war, mit Psalm-kommentaren überschrieben worden. Ein Sensationsfund also, aber die Restauration atmete einen ganz anderen Zeitgeist als die Aufklärung, und so dauerte es noch einmal erstaunliche hundert Jahre, bis man begann, sich mit dem Klassiker wissenschaftlich auseinanderzusetzen.

Frauen allerdings hatten in *Ciceros* Öffentlichkeit auch nichts zu **Familie** suchen, wenngleich sie als *mater familiae* eine angesehene Stel-lung in der römischen Gesellschaft hatten und indirekt das po-litische Geschehen stark mitsteuerten. Außerdem waren sie rechtlich bedeutend unabhängiger und freier als die Frauen der Neuzeit. Interessant ist in diesem Zusammenhang auch das Fa-milienkonzept der römischen Republik. Der lateinische Begriff *familia* bedeutet nicht die Familie im heutigen Sinne (Ehepaar und Kinder), sondern den Besitz eines Mannes, seinen gesamten Hausstand: Ehefrau, Kinder, Sklaven, Freigelassene, das Vieh. Und mit bürgerlichen Familienidealen hatte das schon gar nichts zu tun. *Familia* und *pater* waren Herrschaftsbezeichnungen, keine

Verwandtschaftsbezeichnungen. Der leibliche Vater wurde *genitor* genannt.

Geht man weiter zurück, an den Beginn der römischen Republik nach der Vertreibung des letzten Königs *Lucius Tarquinius Superbus*, landet man ungefähr im Jahr 475 v. Chr. – damals war Rom noch klein und sehr damit beschäftigt, sich auf der Halbinsel gegen die Etrusker durchzusetzen, eine rätselhafte, nicht indoeuropäische Kultur, in der Männer und Frauen egalitär gewesen sein sollen. Im Angesicht dieser Konkurrenz schieden die Römer, nach ihrem Sieg über die Etrusker und im Kontext ihrer Transformation zur Republik, die *res publicae,* die öffentlichen Dinge, von den *res privatae* (lat. *privatus* = »einer Einzelperson gehörig, persönlich, eigen«), den davon abgeteilten Dingen. Und damit formell die männlichen und weiblichen Domänen.

Patriarchat Das Patriarchat aber ist noch viel älter. Die Vermutungen über die Gründe und den Zeitpunkt seines Entstehens variieren stark, zwischen 5000 und 10 000 Jahren, jedoch gibt es einige gute Gründe zu vermuten, dass es mit der Sesshaftwerdung und der Entwicklung der Landwirtschaft einherging, und mit der Arbeitsteilung der Männer und Frauen in lustvolle Jagd und mühevolle Feldarbeit.

> **Wir haben also eine 2500 Jahre lange Geschichte der mehr oder weniger erfolgreichen systemischen Ausgrenzung der Frauen aus der öffentlichen Domäne hinter uns. Da sollte es uns eigentlich nicht wundern, dass das weibliche Prinzip in unserer Kultur ein Schattendasein führt und der öffentliche Bedeutungsraum nach wie vor männlich ist. Da das Weibliche aber Teil des Lebens ist und als solches zwar verdrängt, aber nicht entsorgt werden kann, äußert es sich in verzerrter Form – schwach, abhängig, irrational, unberechenbar! Darüber hinaus beeinflusst die bipolare Zuspitzung öffentlich / männlich, privat / weiblich des 19. Jahrhunderts unser Denken, Fühlen und Verhalten als Männer und Frauen bis heute.**

Machen wir uns klar, was das bedeutet: Die Dinge, die wir öffentlich benennen, die Syntax, in der wir sie in Raum und Zeit in Beziehung miteinander setzen, das Weltmodell, das wir dem zugrunde legen, was wir als Information bewerten und was nicht, und wie wir diese Informationen miteinander verknüpfen und Sinn aus ihnen konstruieren: All das ist männlich.

Das bedeutet auch, dass hundert Jahre des »dritten Weltkriegs« (A. Mindell), dem zwischen den Geschlechtern, noch nicht dazu geführt haben, diesen Bedeutungsraum zu verändern oder gar zu transformieren.

Frauen in Führungs-positionen

Das bedeutet, dass die steigende Anzahl von Frauen in Führungspositionen, bis hin zur Regierungschefin, noch keinen Einfluss gehabt hat auf das, was wir als gemeinschaftlich bedeutungsvoll verstehen. All die Frauen, die sich in solche Positionen hochgearbeitet haben, mussten sich an die »Kultur«, so muss man jetzt schon apostrophieren, des öffentlichen Dschungels, der Jagdheimat des Mannes, anpassen. Die Hypothese scheint zulässig, dass Frauen in einer solchen Kultur mehr von sich abspalten müssen und dass sie dafür ein größeres Bewusstsein haben als Männer, deren angestammtes Revier der öffentliche Raum ja ist. Für einen Mann ist daran grundsätzlich nichts auszusetzen, so ist das »feindliche Leben« eben, und von den Anstrengungen und Blessuren der Jagd kann man sich ja bei seiner Frau erholen.

Privater Einfluss

Bislang ist es immer noch so, dass der Einfluss, den Frauen auf öffentliche Prozesse nehmen, wahrscheinlich größer ist, wenn sie ihn in ihrer ehelichen Privatsphäre auf ihre Männer ausüben, als wenn sie sich selbst in die männlich dominierten öffentlichen Räume begeben. Der Einfluss z. B. von *Hillary Clinton* oder *Doris Schröder-Köpf* auf das Denken und Handeln ihrer Gatten ist wohlbekannt, um nur zwei rezente Beispiele zu nennen. Es gibt natürlich Hunderte, ach was, Hunderttausende. In den letzten Jahren wurde bekannt, dass *Nancy Reagans* Einfluss darauf, dass ihr *Ronnie* die nuklearen Abrüstungsgespräche mit *Gorbatschow* in Reykjavik aufnahm, die das Ende des Kalten Krieges einläuteten, keinesfalls zu unterschätzen ist. *Nancy* war getrieben davon, das Geschichtsbild ihres Mannes nach dem Iran-Contra-Schandfleck ins Positive zu verklären, und stand ihrerseits unter einem nicht zu unterschätzenden Einfluss ihres Astrologen ... *Cherchez la femme*, in der Tat.

Dieses Phänomen hat mehrere bedenkenswerte Seiten: Zum Ersten macht es klar, dass eheliche Beziehungen, insbesondere der Mächtigen, wichtige Kanäle des kulturellen Feldes sind, über die es sich selbst reguliert. Vor dieser Weisheit kann man sich nur verbeugen. Zum Zweiten mystifiziert es natürlich den weiblichen Einfluss, überhöht ihn ins beinahe Überlebensgroße, und es macht ihn problematisch, weil er nicht systemisch legitimiert ist. Zum Dritten sind öffentliche Räume dafür da, dass in ihnen diejenigen repräsentiert sind, die es angeht, und auch in diesem Sinne erscheint weiblicher Einfluss nur über private Beziehungskanäle einfach nicht mehr zeitgemäß, zweihundert und noch mehr Jahre nach *Schiller*.

Das Weibliche ist gefordert

Bezieht man das Muster, das die Identifikationen und Grenzen unseres öffentlichen Bedeutungsraums verbindet, zurück auf die Matrix des aktuellen globalen Feldes, die durch Konkurrenz und Abhängigkeit geprägt ist, lädt das zu folgender Mutmaßung ein: Das Beziehungsmuster Konkurrenz scheint eher dem männlichen Geschlechtsstereotyp unserer Kultur zu entsprechen, das Beziehungsmuster Abhängigkeit (als Wissen um unsere gegenseitige Gebundenheit) eher dem weiblichen. In der transformatorischen Krise der Menschheit – in der die sicht- und voraussehbare Entwicklung die ist, dass wir, von den innewohnenden Gesetzmäßigkeiten des globalisierten Kapitalismus getrieben, immer militarisierter um die begrenzten Ressourcen von Mutter Erde konkurrieren – brauchen wir ein akutes Bewusstsein unserer allseitigen Abhängigkeiten und unser aller Abhängigkeit von unserem Planeten.

Die »weiblichen« Qualitäten in uns allen sind also aktuell gefordert, sich in den öffentlichen Raum zu wagen.

Es geht uns hier nicht darum, Fanfarenstöße für eine neue Frauenbewegung loszulassen. Die hätte auch keinen würdigen Gegner mehr, denn das Patriarchat ist zumindest in unserem Kulturkreis sichtlich am Ende – wenngleich es immer noch recht vitale Archipele seiner Herrschaft in unserem kulturellen Ozean gibt. (Wir denken an Leute wie den freundlichen Herrn von *Trigema*, der immer ganz allerliebst für seine Hemden mit Arbeitsplätzen in Deutschland wirbt.) Aber das sind Auslaufmodelle. Nach den Jahrtausenden seiner Frauen und Männer prägenden Dominanz, nach unbestreitbaren Verdiensten und unbeschreiblichen Sauereien ist das Patriarchat ausgelaugt, kompromittiert und ohne Antworten für die Zukunft. Der öffentliche Bedeutungsraum, den es geschaffen hat – und den wir als unseren Ozean so selbstverständlich finden –, steht mittlerweile auf dürren Beinchen und hat Diabetes II. Die heiligen Kühe dieses Bedeutungsraums, und das sind genau die Identifikationen, die wir in den vorangegangenen Abschnitten exploriert haben, stellen sich im Lichte des Musters, das verbindet, als heilige Ochsen heraus, deren »Best Before«-Datum bereits abgelaufen ist.

Wenn wir die globalen Beziehungsmuster Konkurrenz und Abhängigkeit in kultureller Bewusstheit in unseren öffentlichen Räumen abbilden wollen, braucht es die männlichen und weiblichen Qualitäten, die in uns allen sind, braucht es Männer und Frauen, die Verantwortung übernehmen. Das Feld ist immer vollständig, unsere öffentlichen Räume sind es nicht.

Unsere geschlechtsspezifischen Ausgangssituationen sind dabei allerdings verschieden. Im zweiten Teil, Kultur und Individuum, haben wir die unterschiedlichen Wege zu kultureller Bewusstheit kennengelernt. Diese unterscheiden sich danach, ob man sich eher aus einer Täter- oder einer Opferposition auf diesen Weg macht. Nicht immer, aber häufig ist es so, dass der Mann, dessen geschlechtsspezifischer Rollenstereotyp so viel näher an unserer kulturellen Kernidentität ist, aus der Täterposition startet. Nicht immer, aber häufig beginnen Frauen aus der Opferposition, mit einer Jahrtausende alten Geschichte der Unterdrückung und Ab-

**Geschlechts-
spezifische
Ausgangs-
situationen**

spaltung auf dem kollektiven Rücken – aber auch einem schärferen sensorischen Bewusstsein für das, was frau abspalten muss, um in unseren öffentlichen Räumen mitmachen zu dürfen.

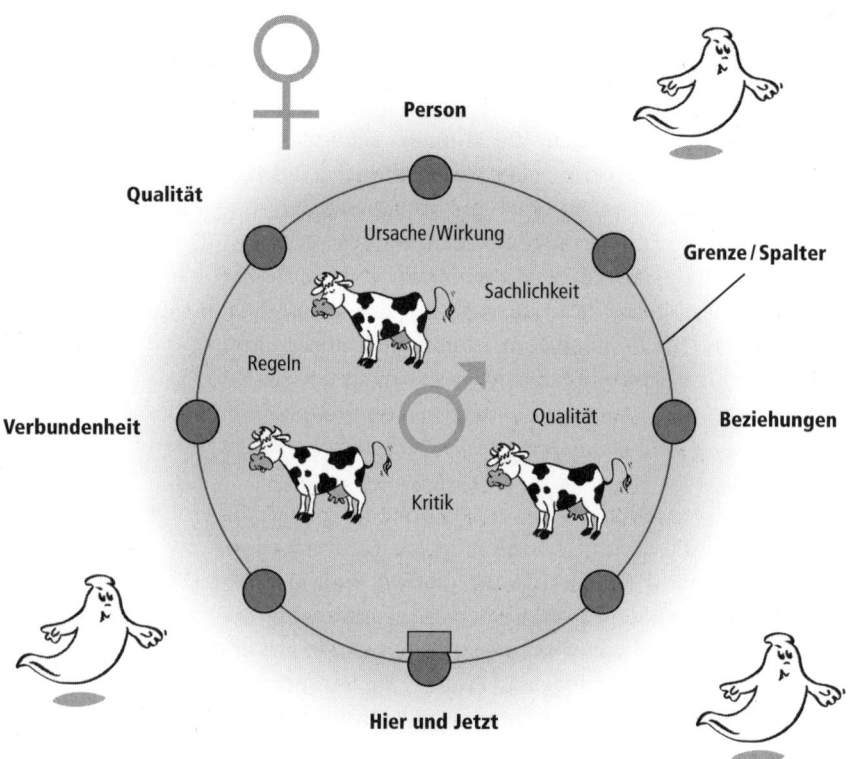

Unser öffentlicher Bedeutungsraum aus mythologischer Sicht

5. Wer darf den stillen Konsens stören?

Jetzt haben wir die Topografie unseres öffentlichen Raumes klar vor uns liegen: die ganze Landschaft mit ihren systemisch und mythologisch gezogenen Grenzlinien, die das Eigene vom Fremden trennen und in stillem Einverständnis aufrechterhalten werden.

Diese Grenzen werden »heiß«, wenn in Veränderungsprozessen oder transformatorischen Krisen die inneren Konflikte der Mitglieder und die Beziehungskonflikte zwischen ihnen größer werden, wenn die Spaltung zwischen öffentlich Verkündetem und privat Gestöhntem tiefer wird.

Dass eine Grenze heiß wird, kann man z.B. so merken:

- Plötzlich wird das Thema gewechselt.
- Es liegt auf einmal Spannung in der Luft.
- Die Diskussion dreht sich im Kreis.
- Jemand reißt einen Witz, alle lachen, das heiße Thema ist weg.
- Betretene Stille.
- Sarkastische Bemerkungen häufen sich usw.

Kulturelle Kompetenz ist die bewusst machende Arbeit an den »heißen« Grenzen des gemeinschaftlichen Bedeutungsraums. An diesen Grenzen im Hier und Jetzt zu intervenieren, bedeutet u.a.

Kulturelle Kompetenz

- das, was offensichtlich gerade passiert, zu benennen
- die Atmosphäre anzusprechen
- erkundende Nachfragen zu Sender und Empfänger zu stellen
- die Grenzen gegen Person und Beziehung zu überschreiten.

Kurz, es bedeutet, den stillen Konsens zu verstören, der die öffentliche von der privaten Bedeutungssphäre trennt. Jede Intervention findet ja auf der systemischen, auf der Beziehungsebene statt. Sie muss von einer Person in einer Rolle an andere in deren Rollen gerichtet sein, und nicht als unverbindlicher Beitrag beim Kamingespräch in den Rauch des Feuers. Die Frage, die uns jetzt beschäftigen soll, lautet: *Wer darf das?*

Diese Frage ist an sich schon merkwürdig, denn dieses Recht sollte ja eigentlich jedes wache Mitglied eines Systems haben, das in der Tradition der Aufklärung steht. Wahrscheinlich wird einem, wenn man so allgemein danach fragt, auch bereitwillig die Erlaubnis, ja Einladung erteilt. Wenn man es dann aber konkret tut, kann, abhängig von der eigenen Rolle, deren Rang und einigen anderen Dingen, die Hölle über einen hereinbrechen. Die Sanktionen, mit denen man rechnen muss, sind zwar keine juristischen, aber doch ziemlich abschreckend.

Sanktionen Es kann einem geschehen, dass man

- ignoriert wird
- lächerlich gemacht wird
- angegriffen wird
- bloßgestellt wird
- als Agent des Fremden gebrandmarkt wird
- isoliert oder gar hinausgeworfen wird.

Deshalb lautete die Frage nicht: Wer *kann* das? Denn jedes Mitglied, das seine fünf Sinne beieinander hat, kann das. Sogar jeder naive Gast kann das, jeder zufällig hineinplatzende Lieferant. Wenn aber etwas anderes dabei herauskommen soll als eine momentane Verwirrung, eine allgemeine Peinlichkeit oder eine barsche Zurechtweisung, dann braucht es zwei Arten von Voraussetzungen. Die erste liegt in uns als Personen, die zweite in unseren systemischen Rollen.

Persönliche Voraussetzungen

- Wir sollten nicht auf Gedeih und Verderb von der Gemeinschaft abhängig sein, deren Mitglied wir sind. Es ist gut, im schlimmsten Fall auch gehen zu können. In Systemen, von denen wir existenziell abhängig sind, ist kulturelle Kompetenz, wenn kein Austritt erlaubt ist, ein Kamikazeprojekt. Liebe Kinder, liebe Nonnen und Mönche, liebe Mafiosi: Macht euch euren privaten Reim, aber haltet lieber den Mund!
- Wir sollten auch innerlich nicht vollkommen von der Gemeinschaft abhängig sein – davon, dass wir von den anderen unablässig wertgeschätzt, anerkannt und geliebt werden. Manchmal braucht es die Verbundenheit mit etwas noch Größerem als unserer Gemeinschaft, mit einer inneren Kraftquelle, aus der wir die Sicherheit schöpfen, die wir brauchen, wenn wir von den anderen als Störung identifiziert werden.

Keine totale Abhängigkeit

- Wir dürfen nicht aus blankem Eigennutz sprechen, sondern mit der Perspektive auf das Ganze und mit Engagement für dessen Wohlergehen.
- Wir müssen uns darüber im Klaren sein, dass wir, indem wir etwa auf das Offensichtliche aufmerksam machen, einen sehr hohen Rang einnehmen, unabhängig davon, welchen Rang unsere Systemrolle hat – einfach, weil es sonst niemand tut. Aus demselben Grund dürfen wir auch innerlich nicht nur mit unserer Systemrolle, deren Perspektive und Beitrag identifiziert sein. Wir sprechen in erster Linie als Person.

Diese Voraussetzungen klingen anspruchsvoll, sind aber bei Licht besehen für die meisten von uns meistens gegeben, oder?

Systemrollen

Was die Systemrollen, ihre Erlaubnisse und Begrenzungen angeht, möchten wir einen Moment innehalten und fragen: Welche Systemrollen gibt es überhaupt, die den Auftrag oder zumindest die Erlaubnis haben, die Grenzen zwischen dem öffentlichen Bedeutungsraum und der Privatsphäre zu übertreten? Wir haben im letzten Abschnitt die ehelichen Beziehungen der Mächtigen als einen der Kanäle kennengelernt, über die das kulturelle Feld sich selbst reguliert. Aber »Ehefrau« ist ja keine eigentliche Systemrolle.

Narren Als Erstes fallen einem die Hofnarren ein, die dem Souverän des mittelalterlichen feudalen Systems öffentlich den Zerrspiegel vorhalten und ihm Dinge sagen durften, die jeden anderen den Kopf gekostet hätten. Durch die Verzerrung ins Komische, eben Närrische, mussten sie wiederum versuchen, ihrem Feedback die Schärfe zu nehmen. Ursprünglich sollten die Hofnarren als »Offizianten« (in einem festen höfischen Amt) ihren Herrn nicht belustigen, sondern ihn als ernste Figur ständig daran erinnern, dass auch er in Sünde fallen könnte und daran sterben würde. Über die Jahrhunderte professionalisierte sich das Hofnarrenwesen. Es gab teilweise an den Höfen Narrenausbilder, die auffällige Kinder aus der Umgebung zusammensuchten und diese zu Hofnarren heranbildeten. Im Absolutismus wurden die Hofnarren wichtige Mittler zwischen den Sphären und von allen möglichen Seiten instrumentalisiert und »vorgeschickt«.

Die Begrenzung ihrer Narrenfreiheit lag natürlich darin, dass sie sonst nichts durften, also keinem eigenen systemischen Ehrgeiz nachgehen und sich nicht am Kräftespiel der anderen Mitglieder beteiligen durften. Nicht alle hielten sich immer daran. Die französische Närrin *Marthurine* zum Beispiel verdiente sich zusätzliches Geld damit, dass sie Hofklatsch drucken ließ und eigenhändig auf der Pont Neuf in Paris an das gemeine Volk verkaufte.

Künstler Auf der gesellschaftlichen Ebene geht es heute den Künstlern ähnlich wie den Hofnarren. Ihre Rolle erlaubt ihnen, Privates und

Intimes öffentlich zu präsentieren und uns als demokratischem Souverän den Spiegel vorzuhalten. Ihre Begrenzung liegt darin, dass sie nur ins Private wirken dürfen. Ins Theater geht man als Person, ein Buch liest man als Person. Auch dürfen sich Künstler in dieser Rolle z. B. nicht direkt in politische Auseinandersetzungen einmischen. Sie dürfen es, anders als die Hofnarren, wie jeder von uns als Person (siehe etwa *Václav Havel*, der tschechischer Präsident wurde), aber dann müssen sie aufhören, als Künstler zu sprechen.

Geistliche Führung

Eine weitere Systemrolle ist bedenkenswert: Das ist die der geistlichen, nicht der weltlichen Führung. In naturverbundenen Kulturen sind das die Schamanen, in unserer christlichen Kultur sind das die Priester. Sie durften – und dürfen – in öffentlichen Situationen Wahrheiten sagen, welche die Grenzen zwischen den Bewusstseinssphären missachten, aber um diese Autorität zu haben, müssen auch sie eigenen weltlichen Strebungen entsagen. Das gelang der christlichen Kirche, wie man weiß, z. T. über Jahrhunderte gar nicht gut. Dies führte mit der Reformation zum Schisma der Christenheit und brachte die Aufklärung auf den Weg. Spätestens seitdem kann kein geistlicher Führer mehr für alle Mitglieder unserer säkularen Kultur sprechen, und in unserer globalisierten, multipolaren religiösen Landschaft, die sich auch im Inneren unserer Gemeinwesen repräsentiert, noch viel weniger.

> **Wir stellen fest: Wenn es Systemrollen gibt, zu deren Auftrag oder Erlaubnis es gehört, den stillen Konsens zu stören, sich nicht in der Öffentlichkeit zu spalten, dann geht dies damit einher, dass die Träger dieser Rollen sich jeder anderen »weltlichen« Einflussnahme enthalten müssen. Sie dürfen in der Öffentlichkeit die Wahrheit sagen, aber nur ins Private wirken.**

Wir stellen auch fest: In modernen Organisationen gibt es solche Rollen nicht mehr. Wir kennen weder Vorstandsnarren noch Betriebsschamanen, und wenn Unternehmen Theologen beschäftigen, dann haben die meistens umgeschult und sitzen in der IT-Abteilung oder der Organisationsentwicklung.

Mitglieder Was bleibt also? Wir als Personen bleiben. Wir als Mitglieder des großen Souveräns unseres demokratischen Systems. Diese Systemrolle erlaubt uns nicht nur, sie verpflichtet uns in unserem eigenen Interesse nachgerade dazu, uns gegenseitig den Spiegel vorzuhalten. Unsere demokratischen Führer dürfen es in ihrer Rolle nicht, denn sie sind von unserem Mandat abhängig. Für sie ist der Souverän tabu – und mal ehrlich, in Narrenkostümen möchten wir sie uns auch nicht gerne vorstellen.

In modernen Organisationen, auch wenn sie nach dem Top-down-Muster autoritär aufgestellt sind, sind wir ebenfalls, egal welche Systemrolle wir einnehmen, viel mehr als früher aufgefordert, über den Tellerrand unserer unmittelbaren Tätigkeit hinauszublicken, selbstregulativ zu handeln und »unternehmerisch« (für das Ganze) zu denken. Die Zusammenarbeit in unserem Sachgebiet als einem Team von Gleichen kann gar nicht funktionieren, wenn wir zu all dem nicht in der Lage sind.

> **Auch in unseren Organisationen sind wir also heute innerhalb unseres Verantwortungsbereichs aufgerufen, nicht der kulturellen Betriebsblindheit, der Alltagstrance, zum Opfer zu fallen, sondern gegebenenfalls unsere Wachheit den anderen zur Verfügung zu stellen. Wir müssen uns nur unserer Rolle und deren Rang und Einfluss bewusst sein, wissend, dass wir, sobald wir aufstehen und das tun, uns in eine Position der informellen Führerschaft, der bewussten Einflussnahme begeben. Und wir müssen sehr vorsichtig sein mit Kritik am Souverän, dem Eigner. Dafür braucht es eventuell eine moderne Version des Hofnarren, den externen Coach oder Berater.**

Führungskräfte Und was ist nun mit den Führungskräften? Dürfen die den stillen Konsens stören? Wenn Sie eine Führungsperson sind, dann repräsentieren Sie einerseits gegenüber Ihren Mitarbeitern die Unternehmensleitung, den Unternehmenswillen und damit auch den Eigner. Andererseits repräsentieren Sie Ihren Verantwortungsbereich und dessen Mitglieder in die Organisation hinein, nach oben und seitwärts.

Schauen wir uns zunächst den ersten Aspekt an. Sie haben kein Wahlamt, sondern sind von der Hierarchie eingesetzt. Soweit alles im grünen Bereich: Sie sind nicht vom formellen Mandat Ihrer Mitarbeiter abhängig. Im Gegenteil, Ihre Mitarbeiter sind disziplinarisch abhängig von Ihnen. Ihre Rolle berechtigt Sie nicht nur, sie verpflichtet Sie sogar, Ihren Leuten auch unangenehme Wahrheiten zu sagen, wenn es nötig ist – wenn Ihr Team etwa in ungenügendem Maße effektiv darin ist, beim Erreichen der Ihnen gesetzten Ziele zu helfen. Das hat aber nichts damit zu tun, dass Sie einen stillen Konsens verstören würden. Der Trick ist ja: Aus der Sicht Ihrer Untergebenen sind Sie der- oder diejenige, der oder die maßgeblich darüber bestimmt, was in der Öffentlichkeit Ihres Teams gesagt werden kann und was nicht. Und das stimmt ja auch, Sie sind der Herr oder die Dame Ihres öffentlichen Raums.

Ihre Aufgabe ist es im Allgemeinen nicht, die Grenzen des öffentlichen Bedeutungsraums Ihres Teams zu beackern; das müssen Sie nur, wenn Sie einen Verantwortungsbereich neu übernehmen, der vorher anders geführt wurde, weil Sie dann nämlich an diese Grenzen stoßen. Ansonsten ist es Ihre Aufgabe, diesen Raum bewusst zu gestalten und zu formen. Das tun Sie weniger durch Ankündigungen und allgemeines Philosophieren, als dadurch, wie Sie sich ganz konkret verhalten, wenn alle zusammen sind, die es angeht. Wir werden dem im fünften Teil noch weiter nachgehen.

Aufgabe von Führungskräften

Anders ist es, wenn Sie als Repräsentant Ihrer Einheit in Gremien oder Arbeitsgruppen sitzen, in denen Sie nicht die hierarchische Führung innehaben. Hier prägt natürlich das Team die Kultur der Öffentlichkeit oder die Unternehmensleitung und über diese die Eigner, wenn sie nicht ohnehin in Personalunion verschmolzen sind. In diesen Situationen werden Sie viel wachsamer sein und ein akuteres Bewusstsein davon haben, was ausgedrückt werden kann und was nicht. Hier haben Sie dann die Gelegenheit, wenn nötig, den stillen Konsens anzusprechen – wenn Sie die Voraussetzungen erfüllen, die wir für uns als Personen formuliert haben.

Älteste   Eine letzte Systemrolle wollen wir uns unter dem Gesichtspunkt der Erlaubnis, den stillen Konsens zu verstören, noch anschauen: die Ältestenrolle. *Wie bitte?*, fragen Sie sich jetzt vielleicht. Genau. Die gibt es nämlich bei uns (fast) gar nicht mehr. Sie ist eine so gut wie ausgestorbene Rollenspezies in unserem kulturellen Biotop. Wenige Exemplare ihrer Art haben überlebt, wie etwa der Ältestenrat oder der Alterspräsident. Sie muten wie Fossilien aus längst vergangenen Zeiten an. Ihre Rollenbeschreibungen haben nur noch wenig mit dem Kern dessen zu tun, was wir hier unter Ältestenschaft zusammenfassen. (Der Ältestenrat des Deutschen Bundestages legt die Tagesordnung des Bundestages fest und regelt die Geschäfte des Hauses. Er besteht aus dem Bundestagspräsidenten, seinen Stellvertretern und 23 erfahrenen, nicht notwendigerweise den ältesten Abgeordneten. In ihm werden auch Streitigkeiten besprochen und, wenn möglich, geschlichtet. Der Alterspräsident ist der älteste Abgeordnete, der die erste Sitzung des Bundestages so lange leitet, bis ein Vorsitzender bzw. Bundestagspräsident gewählt ist. Im Bundestag hält er die erste, programmatische Rede zu Beginn einer Legislaturperiode.)

Vom dänischen König *Frederik IX.*, dem Vater der jetzt regierenden *Margarethe II.*, wird berichtet, dass er Anfang der Siebziger, als die Studentenrevolte auch in Dänemark militanter und gewalttätiger wurde, gegen erhebliche und höchst entrüstete Proteste in der »öffentlichen Meinung« darauf bestand, mehrere junge Leute im Untersuchungsgefängnis zu besuchen, die sich wegen terroristischer Aktivitäten zu verantworten hatten. Er wollte einfach nur mit ihnen reden und verteidigte das mit dem Hinweis, er wäre schließlich der König aller Dänen. Auch der terroristischen. Das ist Ältestenschaft.

Ältestenschaft   Das Rollenkonzept von Ältestenschaft ist uralt und wahrscheinlich gattungsweit verbreitet. Es reicht bis in die Stammeskulturen zurück. In diesen waren (und sind, wo es sie noch gibt) die Ältesten die Gruppe der erfahrenen Männer und Frauen, die die Führenden in ihrer Tätigkeit berieten, Streitigkeiten und Konflikte schlichten halfen und mahnend die Stimme erhoben, wenn es Anlass zur Sorge in Bezug auf das Wohlergehen des Ganzen gab.

Sie verkörperten das Wissen, die Weisheit und Erfahrung des gesamten Stammes.

Ältestenschaft ist die Fähigkeit,

- sich in die Erlebniswelt jedes Mitglieds einer Gemeinschaft hineinzudenken und hineinzufühlen, weil man weiß oder sich vorstellen kann, wie das Leben von dort aus aussieht
- das Verbindende im Trennenden zu sehen und das Trennende im scheinbar Verbindenden
- dem menschelnden Gewusel, dem ewigen Spiel von Konkurrenz und Abhängigkeit, von Rang, Macht und Einfluss, mit Illusionslosigkeit und Mitgefühl zu begegnen
- den stillen Konsens zu benennen und dabei keinen Zweifel daran zu lassen, dass man das zum Besten des Ganzen tut
- darauf zu vertrauen, dass Führerschaft sich zeigt, wenn sie gebraucht wird, und sie uneigennützig zu unterstützen und zu fördern, wenn sie sich zeigt
- das Ganze zu »halten«, wenn seine Teile miteinander hadern, streiten und sich zu verlieren drohen, wenn sie sich verletzen und aneinander leiden (das ist es, was *David Bohm* mit der Fähigkeit bezeichnet, den »Container« zu bilden – den, der alle aufnimmt)
- vor dem Hintergrund der eigenen Lebenserfahrung nicht nur den Täter im Opfer, sondern auch das Opfer im Täter zu sehen – und die Bescheidenheit, diese Seite der Wahrheit den Betroffenen erst dann zu offenbaren, wenn sie bereit dafür sind
- in großer Ruhe und mit der ganzen Aufmerksamkeit im Hier und Jetzt da zu sein, weil man dem Tode näher ist als die anderen – und der Wunsch, diese Qualitäten der Gemeinschaft zu schenken.

Diesen Fähigkeiten liegt die Gewissheit zugrunde, dass es alle braucht – vom Größten bis zum Kleinsten, vom Dicksten bis zum Dünnsten, vom Klügsten bis zum Dümmsten, vom Geradesten bis zum Schrägsten, vom Verschlafensten bis zum Wachsten, damit das Ganze sich entwickeln kann.

Alle werden gebraucht

Ältestenschaft ist also nicht einfach eine primitive und vorsintflutliche soziale Institution. Vielmehr gehört sie zu unseren edelsten Talenten. Jeder Mensch entwickelt Aspekte dieser Fähigkeiten im Laufe seines Lebens – der eine mehr, der andere weniger. Eine Kultur, in der es keine Menschen gibt, die diese Fähigkeiten verkörpern, ist schlicht undenkbar. Die Ältestenrolle spielt denn auch, und deswegen kommen wir auf sie, in jedem kulturellen Feld eine wichtige Rolle – auch, wenn sie in unseren modernen Kulturen nicht (mehr) als Systemrolle repräsentiert ist.

Weil aber jede Kultur Ältestenschaft braucht, um sich zu entfalten und nicht einfach auseinanderzubrechen, gibt es immer wieder Personen, die ihre Eigenschaften situativ verkörpern, die für einen Augenblick zu Ältesten werden und eine integrierende Wirkung auf das Feld ausüben.

Voraussetzungen für den Ältestenstatus

Gewöhnlich erwirbt man den Status des Ältesten, wie der Name schon sagt, durch die Erfahrung vieler Sommer und Winter. Man muss gute und schlechte Zeiten durchlebt, Siege gefeiert und Niederlagen beweint haben. Man muss erfahren haben, wie es ist, zu führen und geführt zu werden, gefeiert und verdammt zu werden, zu triumphieren und zu scheitern. Und man braucht ein Gedächtnis, das weit genug zurückreicht, um festzustellen, dass sich in der Rückschau manchmal das Erste als das Zweite erweist. Ein Gedächtnis, das sich an die Geschichte seiner persönlichen Transformationen erinnert, daran, wie es in seinen transformatorischen Krisen gelernt hat – und was es dabei über sein Lernen gelernt hat.

Was unseren Kulturkreis angeht, müssen wir schon genau hinsehen, um Personen zu finden, die ihre Qualitäten verkörpern. Außerdem ist in unserer Kultur, während sie altert, das Alter auch kein Wert. Es fallen einem Namen ein wie *Gandhi, Nelson Mandela* oder der *Dalai Lama*, allesamt Leuchttürme der Menschlichkeit, aber die gehören weiß Gott nicht im engeren Sinne zu unserem Kulturkreis. Andererseits zeigt sich Ältestenschaft, wie anderes auch, besonders dann, wenn sie gebraucht wird. Die oben genannten Lichtgestalten weisen darauf hin, und sie belegen auch, was wir eingangs dieses Abschnitts als eine der persönlichen Voraussetzungen dafür formuliert haben, den stillen Konsens zu stören: Eine spirituelle Ressource ist sehr hilfreich.

Ohne die Qualitäten und Fähigkeiten der Ältestenschaft ist kollektives transformatives Lernen nicht denkbar, sind transformatorische Krisen nicht friedlich zu bewältigen. Aber wenn alle ein bisschen davon haben, muss nicht unbedingt jemand Einzelnes die Rolle des Ältesten verkörpern. Darüber hinaus ist es durchaus nicht so, dass ein hohes Lebensalter alleine die Gewähr dafür bietet, ihre Qualitäten zu entwickeln. Auch jüngere Menschen können bereits über die Eigenschaften von Ältesten verfügen, wenn sie entsprechende Erfahrungen mitbringen. Was die Entwicklung dieser Qualitäten allerdings sehr fördert, ist:

Entwicklung von Ältesten-Qualitäten

- Führungserfahrung, denn die fordert uns auf, uns mit den Möglichkeiten und Grenzen unserer persönlichen Macht und Einflussnahme auseinanderzusetzen
- Die Bereitschaft, darum zu ringen, das Täter-Opfer-Paradigma zu transformieren. Jeder Schritt, den wir auf diesem Weg gehen, verhindert, dass wir uns provozieren, polarisieren, antagonisieren lassen, dass Impulse aus dem Außen oder dem Inneren uns einfach »triggern«, dass wir uns in Spiegelfechtereien, Egospielen, Macht- und Ranggerangel verlieren. Nur diese Bereitschaft befähigt uns, unsere hellen wie unsere dunklen Seiten, unsere Stärken wie unsere Schwächen, unsere Wachheit und unsere Trance, unsere ganze Person als »Kanal« für den kollektiven Wandlungs- und Wachstumsprozess kennenzulernen und zu nutzen
- Reisen. Heutzutage, in der globalisierten Matrix, sollten wir andere Kulturen kennen, damit wir überhaupt wissen, womit wir unsere Leute konfrontieren müssen, damit sie aufwachen aus der Alltagstrance, die die unbewusste Annahme enthält, die eigene Kultur sei die Welt

Dass Ältestenschaft als Systemrolle bei uns so gut wie ausgestorben ist, ist dennoch bedauerlich. In unseren Wirtschaftsunternehmen haben ihr Shareholder-Value und abwesende Eignerschaft den Rest gegeben. In unserem demokratischen System haben wir den Bundespräsidenten, dessen Rolle insofern Ältestenschaft beinhaltet, als er »über« den Parteien, »über« der Politik steht und uns alle repräsentiert. Wir denken noch mal an *Roman Herzogs* Ruck-Rede, die sicher ein Beispiel dafür ist, wie man aus der Ältestenperspektive den stillen Konsens ansprechen kann, und die gleichzeitig in ihren Unter- und Obertönen ein Verzagen daran erkennen lässt, dass die eigene Position auch nicht viel mehr ermöglicht als eine kurzfristige Verstörung. Wenig hat sich ja seitdem geändert.

Externe Rollen Bleiben noch externe Rollen. Das sind solche, die kein fester Bestandteil des Systems sind, aber von außen eingekauft werden können – bzw. müssen, eben weil es sie im System nicht gibt. Wird eine externe Moderatorin oder ein Mediator angefragt, dann geschieht das meist mit der Erläuterung, es brauche in der gegenwärtig schwierigen Situation »eine Person von außen«, weil es ein »Kommunikationsproblem« gebe. Das hört sich oft an wie der Ruf nach einem Schiedsrichter, der distanziert, unparteilich, unberührbar und nüchtern ist und von dem erwartet wird, dass er die Regeln überwacht und eventuell neue etablieren hilft. In solchen Formulierungen spiegelt sich unser männlicher Bedeutungsraum. Sie drücken dessen Ideal von Sicherheit durch Recht und Ordnung aus. Dahinter liegt jedoch das Bedürfnis danach, dass jemand da sein möge, der

- nicht in die internen Beziehungskonflikte verstrickt ist
- nicht kulturell betriebsblind ist
- in der Lage ist, alle beteiligten Parteien zu unterstützen
- mit dem Blick auf das Ganze und ohne Eigennutz die Beteiligten auch mit unangenehmen Dingen, blinden Flecken usw. konfrontieren kann.

Das sind Merkmale von Ältestenschaft. Und gerade weil Externe, mögen sie innerlich noch so abgeklärt und neutral sein, immer auch in die Beziehungsdynamik des Systems hineingezogen werden, für das sie arbeiten, kann niemand als Mediatorin oder

Moderator arbeiten, der diese Fähigkeiten überhaupt nicht ausweist. Diese Rollen haben die Erlaubnis, den stillen Konsens zu verstören – innerhalb des Rahmens, der durch den thematischen Fokus und die Art des Auftrags gesteckt ist, und mit Ausnahme bestimmter heiliger Kühe (etwa Wachstum) und Tabus (Eigner / Souverän). Wie bei den anderen Systemrollen, die wir schon diskutiert haben, ist diese Erlaubnis mit den bekannten Einschränkungen verbunden: Ein Externer darf keine eigenen Aktien in den Beziehungskonflikten haben und keinen anderen Ehrgeiz verfolgen als den, gute Arbeit zu leisten. Ihre Grenze hat die Ältestenschaft externer Begleitung dort, wo die Interessen derer berührt sind, von denen sie ihr Honorar erhält, und das ist die Unternehmensleitung. Dies gilt natürlich insbesondere für das herkömmliche Beratungsgeschäft.

Trotz dieser Einschränkungen sind Ältestenqualitäten notwendig, will man Systeme durch schwierige Veränderungsphasen begleiten und dabei die Beteiligten mitnehmen. Sie sind unerlässlich, wenn es darum geht, transformative Lernprozesse zu ermöglichen. Vor allem die Fähigkeit, sich in die unterschiedlichsten Positionen, Personen und Rollen einfühlen zu können, ist eines der wesentlichen Merkmale kultureller Kompetenz. Nebenbei gesagt, steht diese natürlich auch jeder Führungskraft gut zu Gesicht, deren Herausforderung es ist, ihr Schiff und ihre Besatzung durch die stürmische See des Wandels zu navigieren.

6. Der Kritiker im Transformationsprozess

Ein Transformationsprozess beginnt immer damit, dass irgendetwas geschieht, das unsere Sicherheit erschüttert. Je länger wir die Signale, die auf eine kommende Veränderung hinweisen, in unserer inneren Welt verleugnen, desto stärker wird die Erschütterung sein, die schließlich von außen auf uns zukommt und uns vor unverrückbare Tatsachen stellt. Aber auch wenn sie bereits eingetreten ist, so bedeutet das nicht, dass uns automatisch klar wird, was wir an uns verändern müssen, um die Herausforderungen, vor denen wir dann stehen, zu beantworten. Transformatives Lernen beginnt erst, wenn wir anfangen, unser eigenes Denken zu beobachten und das, was uns geschieht, neu zu bewerten.

Sich dem eigenen Mythos stellen Deshalb ist es im transformativen Lernprozess unabdingbar, sich dem eigenen Mythos zu stellen – ob nun als Einzelperson oder als System im Veränderungsprozess. Das in Teil 3 beschriebene Doppelschleifenlernen geht damit einher, dass wir uns anschauen, woher wir kommen, und uns an die eigenen Anfänge zurückbinden. Das können wir natürlich nur tun, wenn wir vorübergehend aus der Tagesgeschäftshypnose aussteigen und uns klarmachen, wie die Vergangenheit in der Gegenwart lebt: welcher Schöpfungsauftrag uns ins Leben gebracht hat und welchen Weg wir bisher gegangen sind, um diesen Auftrag zu erfüllen. Während wir das tun, begegnen wir den Figuren und Ereignissen wieder, die uns im Guten wie im Schlechten geprägt haben, den heiligen Kühen und ihren Hütern, die unserer weiteren Entwicklung im Weg stehen. Wir gewinnen ein tieferes Verständnis dafür, welchen Platz wir zwischen denen, die uns vorangegangen sind, und denen, die nachfolgen werden, einnehmen. Wir klären unsere Verantwortung, die in dem spezifischen Beitrag geborgen liegt, den zu leisten dieser Platz erfordert.

Bezeugen wir diesen Rückbindungsprozess wach und aufmerksam, findet transformatives Lernen statt. Dann versöhnt sich der Mythos mit seinen Voraussetzungen, und die liegen schließlich in unserem Bewusstsein. Dann sind wir frei, schöpferisch zu handeln. Gehen wir den Weg der mythologischen Rückbindung als Gruppe, bedeutet dies ein starkes Kommunionserlebnis für alle Beteiligten, im Laufe dessen sich der Mythos transformiert und neue Rituale entstehen.

Dieser Prozess, so süß seine Früchte sind, ist allerdings kein reines Zuckerschlecken. An jeder seiner Weggabelungen, an jeder Prozessgrenze begegnen wir nicht nur den Fußtruppen des Mythos, die uns belehren, wie die Welt ist. Wir sehen uns auch immer den schärfsten Waffen gegenüber, derer eine Kultur sich bedient, um dafür zu sorgen, dass es bleibt, wie es war. Jede Kultur hat ihre eigenen. In unserer auf die kritische Vernunft gegründeten Kultur ist diese Waffe die Kritik.

Wir können uns den Kritiker als eine Geistfigur des kulturellen Feldes vorstellen, als Hüter des Status quo und Herrscher des öffentlichen Bedeutungsraums. Er ist deswegen ein Geist, weil er auf alle Mitglieder eines Systems wirkt: auf die, die kritisieren, und auf die, die kritisiert werden. Er ist nicht einfach identisch mit einem der Anwesenden, sondern spricht immer wieder durch verschiedene Personen, die ihm als Kanal dienen. Er ist außerordentlich mächtig, weil nichts uns so kleinmacht wie Kritik, die trifft. Wenn wir dafür kritisiert werden, dass

Die Kritiker-Geistfigur

- wir unsere Hausaufgaben nicht gemacht haben,
- wir unseren Job nicht gut tun,
- wir unsere Rolle nicht spielen,
- wir unsere Verantwortung nicht wahrnehmen,
- wir lieber erst zu Ende denken sollten, bevor wir den Mund aufmachen,

oder für anderes, sinken wir erst einmal in uns zusammen, ringen um Fassung und Verteidigung, fühlen uns mickrig und allein. Der Kritiker aus dem Außen ist deswegen so mächtig, weil er Dependancen in unserem Gehirn hat, weil er unsere ärgsten Befürchtungen über uns selbst bestätigt und verstärkt. Weil er gnadenlos ausspricht, was wir selbst immer geahnt, aber nicht zu Ende zu denken gewagt haben.

Eigenschaften des Kritikers Fassen wir die Eigenschaften des kulturellen Kritikers idealtypisch zusammen, so türmt sich folgende mythologische Geistfigur vor uns auf:

Vorannahmen	Das Kritisierte ist »draußen«. Dieses »Draußen« ist vom »Drinnen« unabhängig und existiert getrennt von ihm. Ich kann aus der Getrenntheit wahre Aussagen über das »Draußen« machen.
Schärfste Waffen	Das sogenannte logische Denken, das analysierend, unterscheidend, zerlegend und zerschneidend wie ein Messer die Außenwelt zerteilt, nach Widersprüchlichkeit fahndet und diese im Sinne dualistischer Polaritäten als genügend/ungenügend, wahr/falsch, rational/irrational beurteilt.
Statussignale	Machtvoll, urteilend, gnadenlos, in der Unterscheidung vernichtend (»falsch!«).

Sprachgebrauch	Neigung zu objektivierenden, verabsolutierenden und normativen Formulierungen wie:
	• »Es ist doch ganz offensichtlich, dass …«
	• »Jeder, der denken kann, muss doch klar sehen, dass …«
	• »Man kann doch nicht daherkommen und behaupten, dass …«
	und zu Unterstellungen wie:
	• »Ein eigenverantwortlich denkender Mitarbeiter hätte das schon längst geändert.«
	• »Sie haben eben keinen Humor.«
Gefühle	Keine. Jedenfalls keine, die mit der Kritik in Zusammenhang stehen. »Ich rede hier nicht über mich. Sondern über dich!«

Diese Figur hat nichts Aufklärerisches mehr. Angesichts der transformatorischen Herausforderungen, denen wir uns gegenübersehen, haben wir es hier mit einer Art vulgarisiertem Restzustand der Aufklärung zu tun, die, wie *Herder* schon vorausahnte, aufgehört hat, ein Prozess zu sein, und stattdessen ein Zustand wurde.

Wollen wir zu kreativen Antworten finden, müssen wir uns diesem Kritiker in uns und anderen stellen.

Der Kritiker ist die Bestie unserer abendländischen Räume, weil er alles bekämpft und aus seiner Wahrnehmung ausgrenzt, das seine Vorannahmen in Frage stellen könnte. Er ist es, der sich seiner selbst bewusst werden muss, wenn sich die Identität eines Systems gewaltlos transformieren soll, denn er ist allgegenwärtig.

• Er wirkt in uns als Personen und greift uns innerlich an, wenn wir etwas tun, sagen und denken wollen, dass seinen Überzeugungen und Wertvorstellungen entgegensteht.
• Er wirkt zwischen uns, wenn wir andere angreifen und sie in Frage stellen oder selbst angegriffen und in Frage gestellt werden.

- Er wirkt als vernichtende Geistfigur in unseren öffentlichen Räumen, der gegenüber wir alle zu Opfern werden, während wir wenig Bewusstsein darüber haben, wann wir selbst in der Rolle des Kritikers sind und andere emotional vernichten.

Im Kritiker liegt aber auch die Kraft, Entschlossenheit und geistige Klarheit geborgen, die wir brauchen, um uns schöpferisch zu erneuern. Denn er hat ja den Adlerblick für das, was nicht stimmt, was unvollkommen und verbesserungsfähig ist, und für das, was abgespalten wird. Nur sieht er das Problem eben immer im Außen und bei den anderen, während er sein Urteil zum Maßstab aller Dinge macht.

Der tragende Boden Deshalb können wir uns dieser Figur in uns und in anderen mit Bewusstheit öffentlich nur stellen, wenn wir einen Boden haben, der uns trägt. Dieser Boden kann unser gemeinsamer Mythos sein, der Respekt unseren Wurzeln gegenüber, unser Wissen darum, woher wir kommen. Er kann entstehen, wenn wir uns vor Augen führen, dass wir alle voneinander abhängig sind und dass unsere persönliche Entwicklung untrennbar mit der Entwicklung unserer Gemeinschaften verbunden ist. Er kann auch entstehen, wenn wir uns klarmachen, dass wir selbst und unsere Kulturen keine Dinge sind, die wir verändern können, sondern lebendige Ganzheiten, die sich in Zeit und Raum in Beziehung zueinander entfalten, entwickeln und transformieren. Und er entsteht ganz von selbst immer dann, wenn wir in Berührung kommen mit dem, was wir aus unserem öffentlichen Bewusstsein ausgrenzen, was aber nichtsdestotrotz in jedem Augenblick da ist und wahrgenommen werden kann:

- Gefühle, Bilder, Körperempfindungen, Intuitionen und Träume
- Vielfalt und Kreativität
- Mythen als Seelen lebendiger Gemeinschaften
- Die spirituelle Einheit und Verbundenheit alles Lebendigen

Für uns als Personen besteht der erste Schritt in der Auseinandersetzung mit dem Kritiker darin, dass wir ihn dabei beobachten, wie
er auf uns wirkt, und wie er bewirkt, dass wir uns klein und abge-
schnitten fühlen. Denn er ist derjenige, der in der ersten Schleife
des Fünf-Grenzen-Prozesses seine entwertenden Beurteilungen
abgibt. Viele von uns haben einen so drakonischen inneren Kritiker, dass sie gar nicht erst spüren möchten, was er ihnen antut;
heilfroh, ihm mit der Kindheit und Jugend entronnen zu sein. In
manchen ist seine Macht so groß, dass sie denken, sie seien der
Kritiker, der ihr eigenes Tun, Denken und Fühlen heruntermacht.
Sind sie aber nicht, jedenfalls nicht ausschließlich.

> **Der Kritiker ist »nur« ein Geist des kulturellen Feldes,
> der die Gemeinschaftstrance bewacht und uns an unserer
> Wahrnehmung zweifeln lässt, uns unsicher und mundtot
> macht. Wir können ihn ignorieren, uns mit ihm identifizie-
> ren, uns ihm unterwerfen oder gegen ihn rebellieren.
> Wenn wir aber lernen wollen, wie Kultur in uns wirkt,
> ist die bewusste Auseinandersetzung mit dem inneren
> Kritiker der Königsweg. Wir sind in seinem Namen
> erzogen worden. Alle.**

Der zweite Schritt besteht darin, ihm unsere eigene »Wahrheit«
entgegenzuhalten, nicht in die Knie zu gehen, ihn mit seinen
eigenen Waffen zu parieren. Das bedeutet auch, das Quäntchen
Wahrheit, die Information, das »Gold« in der Kritik, zu entdecken
und in unsere Selbstwahrnehmung einzuschließen. Oft wehren
wir diese Information ab, weil sie – lassen wir sie in ihrer ganzen
Größe und Schrecklichkeit zu – uns damit konfrontiert, dass wir
mächtiger und größer sind, als wir gerne denken. Mit anderen
Worten: Eine durchgestandene Auseinandersetzung mit dem inneren Kritiker erlöst uns nachhaltig aus der Täter-Opfer-Verstri-
ckung, indem sie uns unsere Verletzlichkeit und unsere Stärke,
unsere Liebe und unsere Macht ungetrübt vor Augen führt. Sie
transformiert die Syntax unseres persönlichen Bedeutungsraums,
weil sie uns befähigt, weder als Täter noch als Opfer mit Veränderung umzugehen, sondern als bewusst Gestaltende und in dem
Wissen, dass wir die Zauberer sind, die unsere Welten erschaffen.

Sie befähigt uns, das Schwert des Geistes, das Kritik ja essenziell ist, so zu führen, dass wir

- als Sprechende für die anderen spürbar und greifbar bleiben,
- klar Stellung beziehen und uns gleichzeitig verbinden,
- wahrnehmen, was wir beim Gegenüber auslösen,
- anerkennen, wie unser Tun auf uns selbst zurückwirkt,
- unsere Abhängigkeit und Konkurrenz berücksichtigen,
- unsere Unterschiede und Gemeinsamkeiten würdigen.

Transformation des Kritikers

Im Prozess transformativen Lernens transformiert sich der Kritiker. Ist er einmal entmystifiziert, kann er unser Freund werden. Damit sind wir bereit, uns ihm im Außen zu stellen, denn auf der Systemebene spricht er durch andere Personen, über die er noch mehr Macht hat als dann über uns.

Im transformativen Lernprozess innerhalb von Systemen besteht der erste Schritt darin, die Bestie des öffentlichen Raums zu enttabuisieren und ans Licht zu holen. Ist das geglückt, geht es darum, den kulturellen Bewusstwerdungsprozess zu ermöglichen, indem an der Grenze zwischen der öffentlichen und privaten Sphäre die Konflikte zwischen Minderheiten und Mehrheiten ausgetragen werden. Dabei taucht der kulturelle Kritiker zwischen den Personen auf, die ihn zu unterschiedlichen Momenten und in unterschiedlicher Weise verkörpern. Hier gilt es, die Aufmerksamkeit darauf zu legen, wie er im Hier und Jetzt in den Beziehungen wirkt.

Der öffentliche Raum im Transformationsprozess

7. Kultur und Spalter

Zum Abschluss dieses Teils möchten wir uns noch gemeinsam mit Ihnen über die Unglaublichkeit wundern, dass wir uns spalten und uns dabei beobachten, während wir das tun. Diese Gabe, oder dieser Fluch, ist ein Mysterium, und sie ist bestimmend dafür, dass wir kulturelle Wesen sind – die Einzigen auf unserem Planeten und die Einzigen weit und breit im Universum, so weit wir wissen. Weil wir fähig sind, uns zu spalten, sind wir kulturelle Wesen, und weil wir kulturelle Wesen sind, spalten wir uns.

Fähigkeit zur Spaltung Unsere Fähigkeit zur Spaltung – oder sollte man sagen: unsere *Conditio humana,* dass wir gespalten sind, dass wir uns innerlich von uns selbst distanzieren können, dass wir nicht, wie der Rest der Schöpfung, ganz augenscheinlich einfach sind – ist nicht nur dafür verantwortlich, wie wir uns in den öffentlichen und privaten Räumen bewegen. Sie unterliegt auch allen anderen kulturellen Leistungen:

Sie ist Grundlage und Voraussetzung für die Ethik. Kultur kann nur »funktionieren«, wenn die Mitglieder eines Systems in der Lage sind, sich und ihr Verhalten vor dem Hintergrund gemeinsamer Normen und Werte selbst zu beobachten, zu bewerten und zu regulieren, sich also zu spalten.

Der Konsens über diese Richtlinien muss still sein, weil es sehr unpraktisch ist, ihn ständig explizit zu erneuern. Das Gewissen, der innere Kritiker, das Über-Ich, die innere Stimme, wie auch immer wir es nennen: Die Fähigkeit, den kulturellen Wertekonsens in sich hineinzunehmen und das eigene Erleben und Verhalten danach zu evaluieren, ist essenziell für Kultur. Dasselbe gilt für unser Vermögen, innerlich in Konflikt mit uns zu geraten, diesen Konflikt beobachtend wahrzunehmen und neue Entscheidungen zu treffen. (*Norbert Elias* hat den historischen Prozess in seinem Ineinandergreifen von individueller und kollektiver Entwicklung für unsere Kultur in *Über den Prozess der Zivilisation* nachgezeichnet.)

Sie ist Grundlage und Voraussetzung für unsere Bewusstseinsentwicklung. Indem wir introjizieren / die Außenwelt verinnerlichen, werden wir uns unserer selbst bewusst, indem wir projizieren / die Innenwelt veräußerlichen, werden wir uns der Welt bewusst. In der Dynamik zwischen diesen beiden Polen entwickelt sich unser Bewusstsein – und indem wir diesen Vorgang beobachten, gelangen wir zur Selbsterkenntnis.

Sie ist Grundlage und Voraussetzung für unsere Fähigkeit, so zu tun als ob. (Wir erweisen *Hans Vaihinger* unsere Referenz, einem neokantianischen deutschen Philosophen (1852–1933), der eine *Philosophie des Als-Ob* entwickelte.) Dies ist das vielleicht erstaunlichste Geschenk, das die Spaltung uns macht. Wir haben sie bereits näher kennengelernt, denn sie erlaubt uns, mit Symbolen umzugehen, die ja für etwas stehen, was sie selbst nicht sind. Das Als-ob-Muster findet sich darüber hinaus aber in einer Vielzahl weiterer menschlicher Eigenarten: Es liegt natürlich dem kindlichen Spiel zugrunde, indem Kinder so tun, als seien z. B. Stoffpuppen lebendige Tiere oder als seien sie jemand anderes, wenn sie in die Rollen von Mutter, Vater, Prinzessin oder Polizist schlüpfen. Als verlängerte Kindlichkeit ist sie die Wurzel aller menschlichen Fantasie in Künsten und Wissenschaften. Ohne unsere zauberische Fähigkeit, so zu tun als ob – die, aus der Spaltung geboren, über das analoge Denken die Einheit des Lebendigen erforscht (»Menschen sind Gras«) –, gäbe es auch keine Nachahmung. Und Nachahmung (oder Modellieren) ist der vielleicht mächtigste Faktor in all unserem Lernen, in der Art und Weise,

So tun, als ob

wie wir Kultur erwerben, wenn wir aufwachsen oder Mitglied eines neuen Systems werden. Ohne Als-ob gibt es weder Einfühlung noch Lüge, und beides sind essenzielle Kulturfähigkeiten. (Interessanterweise erlernen Kinder beides im selben Lebensalter: mit ungefähr fünf Jahren.) Nicht zuletzt liegt das Als-ob-Prinzip unserer Fähigkeit zugrunde, in unterschiedlichen Situationen und Kontexten in unterschiedliche Rollen zu schlüpfen und uns dabei in unterschiedlicher Weise zu spalten.

Aspekt des Menschseins »Tun wir doch mal so, als ob« – das ist der wunderlichste und der wunderbarste Aspekt daran, was es heißt, ein Mensch und ein kulturelles Wesen zu sein. Wunderlich, weil die Evolution vier Milliarden Jahre gut ohne ihn ausgekommen ist. Wunderbar ist er in dreierlei Hinsicht:

1. Aus Eigentlichkeit wird Wirklichkeit, aus Virtualität wird Realität, aus Als-ob wird Etwas. Erst stellt man sich vor, dass man fliegen kann, dann guckt man bei den Vögeln ab, wie die das machen, dann baut man einen mechanischen Vogel, dann fliegt man tatsächlich, dann entsteht eine Luftfahrtindustrie, von der die Weltwirtschaft abhängig ist. Die kulturelle Welt ist nichts anderes als Wirklichkeit gewordene Eigentlichkeit.

2. Das menschliche Gehirn macht, so weit wir wissen, keinen Unterschied zwischen Virtualität und Realität. Ob wir uns visuell an etwas erinnern, es uns in der Zukunft vorstellen oder gerade Gesehenes verarbeiten – dieselben Areale und Verknüpfungen werden aktiv. Andersherum lassen wir uns durch Virtuelles genauso beeindrucken wie durch Reales: Wir werden traurig, wenn wir eine melancholische Filmszene sehen, ein Theaterstück erregt unseren Protest, ein alter Song erfüllt uns mit Wehmut. Der Spalter ist noch kein gehirnphysiologischer Befund, und unsere Gehirnspezialisten sind noch weit davon entfernt, ihn überhaupt zu suchen. Sie kartografieren erst mal das Terrain, und zwar mit virtuellen Versuchsarrangements.

3. Dennoch sind wir uns, außer, wenn der Spalter schläft und wir träumen, des Unterschiedes zwischen Vorstellung und unmittelbarer Realität bewusst. Wir wissen, dass wir nur eine Rolle spielen, dass wir eine höfliche Lüge erzählen, dass wir fantasieren und nachahmen – dass wir so tun, als ob, und damit unsere Welt erst erschaffen, denn wir können uns dabei beobachten; und wir können uns sogar dabei beobachten, wie wir uns beobachten. Allerdings neigen wir dazu zu vergessen, dass unsere reale kulturelle Welt aus Virtualität geboren ist, weil das Faktische Macht über uns gewinnt und wir unserer Schöpfung folgen müssen. All das wird dadurch möglich, dass wir uns spalten.

Und weil wir gespaltene Wesen sind – während wir mit einer Mischung aus Neid und Herablassung auf den Rest der Schöpfung blicken, der nicht gespalten ist –, lebt in uns allen eine tiefe Sehnsucht nach Verschmelzung, nach Einssein und Kommunion, danach, aus der Spaltung erlöst zu werden. Schon unser Als-ob ist Ausdruck dieser Sehnsucht und der Versuch, die Getrenntheit zu überwinden – sich und die Welt, wenn man so will, wieder ganz zu machen. Allerdings geht das wieder nicht anders als über Symbole (etwa der religiösen Kommunion) und Als-ob (wie etwa in schamanischen Tänzen).

Viele von uns kennen die Aufhebung der Abgetrenntheit aus der sexuellen Ekstase, aus der Selbstvergessenheit des kreativen »Flow«, aus den stillen Momenten des Friedens mit sich und der Welt, und wir erwarten sie im Tode. Viele von uns suchen sie in den Ritualen der Religion, oder auf dem Abkürzungswege oral in Drogen, Alkohol und anderen Süchten, oder genital verzerrt in der Macht oder der Hingabe. Paradoxerweise bedingen sich also Spaltung und Verschmelzung gegenseitig.

Aufhebung der Trennung

Diese Geschichte erzählt uns der Mythos von der Gottheit, dem Selbst, das sprach: »Ich bin«. Sobald es »Ich bin« gesagt hatte, fürchtete es sich. Dann dachte es: »Wovor soll ich mich fürchten, ich bin das Einzige, was ist.« Und kaum hatte es das gesagt, fühlte

Ich bin

es sich einsam und wünschte, es wäre ein anderes da, und schon fühlte es Begehren. Es schwoll an, spaltete sich in zwei, wurde Mann und Frau und zeugte die Welt.

Einheit aus der Spaltung
Während sich also das Ganze durch die Spaltung bewusst wird, stellt sich aus der Spaltung auch die Einheit des Ganzen wieder her. Das ist die mephistophelische Paradoxie *(»Ich bin ein Teil von jener Kraft, die stets das Böse will und stets das Gute schafft.«)* unseres Daseins, aus der es für uns keinen prinzipiellen Ausweg gibt. Entscheidend ist letztlich, wie wir das wahrnehmen und bewerten, was auf uns einwirkt, und wie wir dann damit umgehen. Und das ist eine Frage unserer grundlegenden Vorannahmen. Uns scheint, dass das uns beherrschende Ursache-Wirkungs-Paradigma in seiner Linearität und seiner Unfähigkeit, Zirkularität zu verstehen, gemäß seinem eigenen Muster ursächlich dafür sorgt, dass uns unsere kulturell spezifische Spaltung mit so viel Ironie konfrontiert. Und jetzt wirken seine Folgen auf das Paradigma zurück, was wiederum von diesem gar nicht verstanden wird …

Da der Spalter eine individuelle und eine kollektive Instanz ist, hängen kulturelle und persönliche Veränderung, hängen individuelles und gemeinschaftliches Lernen untrennbar zusammen. Ob sie einander verhindern oder fördern, können wir entscheiden. Mit unserer existenziellen Spaltung hingegen müssen wir leben, sie ist die Bedingung unseres Menschseins. Wo wir uns aber spalten, um die sein zu können, die wir sind, und wie wir das tun, steht ebenso zu unserer freien Verfügung wie das Paradigma, das wir anlegen, um all das zu verstehen. Die Matrix der Globalisierung fordert uns auf, dies in unserer Kultur neu zu bewerten.

Die Weisen der Welt belehren uns, dass der Spalter eine Fiktion ist. Ist er auch. Eigentlich.

5. Teil – Transformation

»Das ganze Leben ist ein Prozess
des Miteinander-in-Beziehung-Stehens.
Erhöhe die Qualität dieses Prozesses,
und der Rest wird sich von selbst ergeben.«
MOSCHÉ FELDENKRAIS

Nachdem wir den öffentlichen Raum in seiner systemisch und mythologisch begründeten Topografie vermessen und beschrieben haben, wollen wir in diesem Teil diskutieren, wie kulturelle Kompetenz es erleichtern kann, dass wir unter den transformatorischen Vorzeichen der globalen Matrix

- als Führungspersonen unsere professionellen Beziehungen gestalten
- den öffentlichen Raum des Systems formen, für das wir verantwortlich sind
- unser System von der Herausforderung aus dem Außen bis zur erfolgreichen Antwort führen.

Wir werden die Werkzeuge und Interventionen der kulturellen Kompetenz zusammenfassend darstellen.

Abschließend werden wir Formate entwickeln, die das transformative Lernen in Systemen und von Personen ermöglichen und fördern.

1. Kultur und Prozess transformativen Lernens

Bei alldem legen wir zwei paradigmatische Modelle zugrunde: das Strukturmodell des kulturellen Feldes mit seinen »Zwiebelschalen« Mythos, System, Rolle und Person sowie das Veränderungsmodell mit seinen fünf aufeinanderfolgenden Prozessgrenzen. Legen wir beide Modelle übereinander, ergibt sich das folgende Bild. Es veranschaulicht den Prozess vom Input (der Herausforderung aus dem Außen) durch die Bedeutungsräume eines Systems bis zum Output (der Antwort):

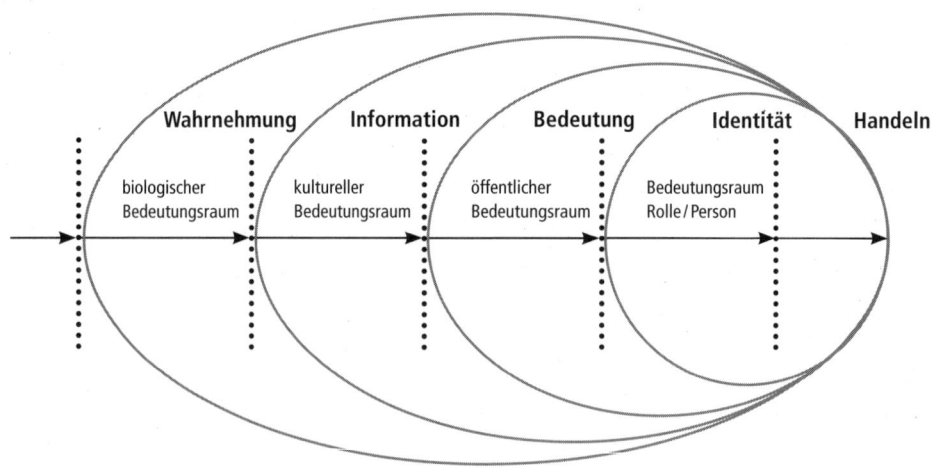

Was in einer Grafik immer sehr ordentlich aussieht, ist im richtigen Leben ein vielschichtiger und zum Teil konfliktreicher Prozess. Damit der anschaulicher wird, wollen wir das Fünf-Grenzen-Prozessmodell sich hier entfalten lassen.

Die Grenze gegen die Wahrnehmung

Innerhalb der Bandbreite dessen, was wir aus biologischen Gründen überhaupt wahrnehmen können (allerdings durch unsere technologischen Instrumente erweitert), ergibt sich diese Grenze vor allem aus unserer Aufmerksamkeitsrichtung. Die Aufmerksamkeit ist nicht überall zugleich, und wo man nicht hinschaut, sieht man auch nichts. Meist liegt unsere Aufmerksamkeit darauf, unsere operativen Ziele zu erreichen und die täglichen Baustellen abzuarbeiten. Damit sind wir beschäftigt. Alles andere stört. So geschieht es, dass Veränderungssignale in der Regel zunächst gar nicht wahrgenommen werden. Da sie aber in Krisenzeiten nicht einfach über Nacht verschwinden, neigen wir dazu, unsere Wahrnehmungsschwelle zu erhöhen, indem wir uns noch stärker auf unsere Ziele konzentrieren und, solange das irgendwie möglich ist, so zu tun, als sei da nichts.

Widerstandskräfte

Es gibt unterschiedliche Begrifflichkeiten für die individuellen und kollektiven Kräfte, die in uns wirken, um Störungen, Gefahr, Stress und Bedrohung zu widerstehen. Wir kennen die Begriffe »Abwehrmechanismus« oder »Widerstand«. Wir können sie auch als eine Art Immunabwehr verstehen. Diese Widerstandskräfte wirken an unserer bewussten Wahrnehmung vorbei, oder besser ihr voraus, denn sie setzen schon vor der ersten Grenze ein. Das müssen sie auch, sonst würden wir von Informationen überschwemmt. Eine ganz grundlegende Form, dem zu widerstehen, besteht darin, die Reizschwelle zu erhöhen. Das ist auch die erste Widerstandskraft, die bereits Säuglingen und Kleinkindern zur Verfügung steht, und sie ist die letzte, die ganz alte Menschen aufweisen. Eine Erhöhung der Reizschwelle geht aber mit jeder Fokussierung der Aufmerksamkeit einher.

Was mit dem Nicht-Hingucken beginnt und mit dem »So tun, als sei nichts« als Leugnung weitergeht, kann eine ganze Zeit lang gut gehen, bevor es nicht mehr gut geht. Viele von uns wissen das aus der Geschichte von Krankheiten, von Beziehungs- oder Lebenskrisen. Auch Organisationen, besonders, wenn sie nicht unmittelbar dem knallharten Wettbewerb ausgesetzt sind, aber durchaus nicht nur dann, können Jahre damit verbringen, vor der Grenze gegen die Wahrnehmung vor sich hin zu werkeln, und manchmal verschlafen sie die Signale auch zu lange.

Während also die Grenze gegen die Wahrnehmung dafür sorgt, dass wir unsere Absichten und Ziele verfolgen können, verwandelt sie sich in transformatorischen Krisen zur ersten großen Hürde, die es zu überwinden gilt.

Die Grenze gegen die Information

Sind die Signale stark genug oder haben sie sich lange genug unterschwellig summiert, so dass sie unleugbar »da« sind, richten wir früher oder später unsere Aufmerksamkeit auf sie. Wenn das geschieht, werden sie mit einem sprachlichen Symbol des Unterschieds belegt: Sie werden in der Sprache oder dem Jargon der Kultur benannt. An der zweiten Grenze beginnt also der kulturelle Bedeutungsraum, der alles umfasst, wofür eine Kultur Worte hat. Dem kulturellen Bedeutungsraum und seinen sprachlichen Konzepten unterliegen die kulturellen Archetypen, die Vorannahmen über Zeit, Raum, Dinge und darüber, in welcher Beziehung diese zueinander stehen (Syntax).

Der Akt des Benennens An Grenze zwei findet also der magische, welterschaffende und welterhaltende Akt des Benennens statt. Der Name, den man der wahrgenommenen Störung gibt, entscheidet über ihr weiteres »Schicksal«. Ob man ihr tiefer nachgeht, und wenn ja, wo man dann nach Antworten sucht: außen oder innen, in der Tiefe oder der Breite, in Vergangenheit oder Zukunft, in Qualität oder Quantität.

Nehmen wir den Begriff »Umweltverschmutzung«, der Anfang der 1970er-Jahre erstmalig in unserem kulturellen Bedeutungsraum auftauchte. Er ist reine Sprachmagie: Nachdem die Kultur zur Welt geworden war, wurde die Welt zur Um-Welt – eine Welt rund um die eigentliche Welt herum, so, als sei die Natur eine Art Kulisse, vor der die wirklich wirkliche Welt stattfindet. Wie viel treffender wäre es, wenn wir »Weltverschmutzung« sagen würden und das Problem in der Folge so behandelten. Organisationen konstatieren ein Einnahmen- oder ein Ausgabenproblem, im politischen Bereich kennen wir Vermittlungs-, Akzeptanz- und sonstige Probleme, als Personen finden wir uns zu schüchtern, nachgiebig, aufbrausend, gutmütig oder ehrlich – die ersten Benennungen sind immer oberflächlich.

Die Grenze gegen die Information sorgt also dafür, dass wir Störungen schnell identifizieren, als wichtig oder unwichtig erkennen und in eine Kategorie einordnen können. Während dieser Mechanismus im Alltag überlebensnotwendig sein kann, verwandelt er sich in transformatorischen Krisen in ein Hindernis, denn Benennungen liegen immer Vorannahmen zugrunde. Die Grenze gegen die Information richtet sich dagegen, dem was man benennend wahrgenommen hat, mit offenem Geist forschend weiter nachzugehen.

Die Grenze gegen die Bedeutung

Wird die Information als wichtig bewertet und gibt es keine unmittelbare Antwort auf sie, rückt sie ins Zentrum der bewussten Aufmerksamkeit. Jetzt beginnt im öffentlichen Raum die Diskussion darüber, welche Bedeutung die Information hat. Das muss deshalb geklärt werden, weil es von der Bedeutung einer Information abhängt, welche Handlung erfolgen wird. An dieser Auseinandersetzung sind die Personen beteiligt, die aufgrund ihrer Rolle im öffentlichen Raum Stimme und Einfluss haben. Sie wird in dem Kommunikations- und Kommunionsstil geführt, der eine

Bedeutung konstruieren

Kultur kennzeichnet. Bei uns Personen findet dieser Bedeutungs-konstruktionsprozess zwischen all den Stimmen und Persönlich-keitsaspekten statt, die in unserem inneren öffentlichen Raum Zutritt haben.

Erinnert man sich an den gesellschaftlich-politischen Prozess, der in Deutschland durch die Ergebnisse der PISA-Studien angesto-ßen wurde, kann man gut nachvollziehen, wie aus anfänglicher Nichtwahrnehmung (vor PISA) eine Störung und dann eine Information wurde, deren Bedeutung im Augenblick unter an-derem in der Föderalismus-Debatte verhandelt wird. Wie diese Debatte geführt wird, was inhaltlich diskutiert wird und welche Bedeutung man einzelnen Diskussionsbeiträgen zugesteht, wird von den systemischen und mythologischen heiligen Kühen sorg-sam beobachtet und bewacht.

Handeln Jede Information, die durch einen solchen Auseinandersetzungs-prozess gegangen ist, führt zu einer Handlung. Diese kann die Form von Maßnahmen, Gesetzen, Erlassen, Projekten oder an-derem annehmen. Ob diese geeignet sind, die Herausforderung schöpferisch zu beantworten, hängt von der Qualität des Kom-munikationsprozesses ab, der im öffentlichen Raum geführt wird, also davon, wie es den Beteiligten gelingt, ihre Interpretationen neu zu bewerten, Rollenbeziehungen zu reflektieren und Kon-flikte zu klären. Gelingt das nicht gut, weil systemische Kompli-zenschaften und Tabus die Diskussion beherrschen oder weil die Grenzwächter des öffentlichen Bedeutungsraums das nicht zulas-sen, wird mit der Antwort die Herausforderung nicht angemessen bewältigt werden können. Das führt dazu, dass die Antwort mehr Probleme schafft, als sie löst. Vorübergehend aber entschwinden die Probleme der Aufmerksamkeit der Verantwortlichen und entfalten sich erst mal anderenorts, nämlich bei denjenigen, die davon betroffen oder mit der Umsetzung betraut sind. Bis sie dann eines Tages wieder an die Grenze gegen die Wahrnehmung pochen. Analoges gilt für den Prozess der inneren Bedeutungs-konstruktion, den wir als Personen durchlaufen, bevor wir han-deln.

Die Grenze gegen die Bedeutung umschließt und bewahrt den Erfahrungsschatz eines Systems. Dieser sorgt dafür, dass wir auf vorhandenes Wissen und ein Spektrum bewährter Handlungsweisen zurückgreifen können. In transformatorischen Zeiten sind wir gefordert, den mythologischen Geistern, die diesen Grenzzaun repräsentieren, von Angesicht zu Angesicht gegenüberzutreten, um zu überprüfen, inwiefern sie uns auch gegenwärtig noch helfen, mit Herausforderungen angemessen umzugehen.

Die Grenze gegen die Veränderung der Identität

Bis an Grenze vier muss ein System immer dann voranschreiten, wenn der Kern dessen herausgefordert ist, mit dem es sich identifiziert. Denn selbst und gerade wenn klar ist, wozu uns eine Störung oder Herausforderung aufruft, suchen starke Widerstandskräfte zu verhindern, dass wir jemand anderes werden, als wir sind. Der Identitätskern, den diese beschützen, wird auf der systemischen Ebene durch die Organisationsform repräsentiert, die das System angenommen hat, um die Interessen seiner Eigner zu verfolgen. Auf der kulturellen Ebene kristallisiert er sich im Schöpfungsmythos und den Überzeugungen, die das System im Laufe seiner Geschichte über sich und die Welt entwickelt hat. Seine Identität ändert man nicht alle Tage. In transformatorischen Krisen aber besteht genau darin die eigentliche Herausforderung. Und das ist es ja auch, was in diesen Zeiten sowieso geschieht. Nur wie, ist eben die Frage.

In Systemen besteht die Grenze dagegen, die eigene Identität bewusst zu transformieren, darin, die Loyalität gegenüber den systemischen Auftraggebern aufzugeben und den mythologischen Wurzeln des Systems, dem Erbe seiner Ahnen, untreu zu werden. Das käme einem Tabubruch gleich. Deshalb kann transformatives Lernen in Systemen nur beim Eigner / Souverän beginnen. Sind wir selbst der Souverän, handelt es sich also um die Transformation unseres Systems oder unserer persönlichen Identität, dann

Tabubruch

besteht diese Grenze aus den unbewussten mythologischen Identifikationen, die uns mit unserer Vergangenheit und unserer Herkunft verbinden.

Transformatives Lernen kann hier über zwei Wege geschehen:

1. *Die Rückbindung an die Anfänge.* Dafür müssen wir eine Reise in die Vergangenheit unternehmen und aus heutiger Perspektive nachvollziehen, wie alles begann, um zu werden, wie es ist. Wir müssen uns die Geschichte unseres Schöpfungsmythos, des Auftrages, mit dem wir in die Welt kamen, und die großen Höhen und Tiefen seitdem also noch einmal erzählen. Dann können wir vor dem Hintergrund unserer gegenwärtigen Situation entscheiden, was aus der Vergangenheit weiterhin wichtig und wertvoll ist und wovon wir uns jetzt verabschieden wollen oder müssen.

2. *Die Auseinandersetzung mit dem Kritiker.* Dem werden wir im Prozess der Transformation immer begegnen, denn er bewacht unsere Identität. In Systemen wird er durch Gründerfiguren oder deren Statthalter verkörpert, in unserem persönlichen Leben durch unsere Eltern oder andere Autoritäten. Dabei geht es in dieser Phase nicht so sehr um die tatsächlichen, noch lebenden oder bereits verstorbenen Personen, sondern vor allem darum, uns bewusst zu werden, wie diese unseren inneren Kritiker geprägt haben und prägen. Es geht also um jenen inneren Beobachter, der all die Gefühle, Impulse und Gedanken unterdrückt, die deren Wertvorstellungen in Frage stellen. Indem wir uns von diesem inneren Kritiker scheiden, uns ihm stellen und uns mit ihm auseinandersetzen, transformiert sich diese Figur und mit ihr unser Bedeutungsraum.

Traumata ansprechen In Systemen wird der kulturelle Kritiker auf die den Gründerfiguren nachfolgenden Eigner und Führungspersonen projiziert. Deshalb beginnt dort dieser Prozess immer damit, dass die Führungspersonen und ggf. die Eigner selbst diesen Kritiker in den öffentlichen Raum holen, indem sie z. B. ansprechen, welches Verhalten in der Vergangenheit erwünscht, welches verboten war und welche Konsequenzen das Überschreiten dieser Grenzen nach sich zog. Und noch wichtiger als das ist, dass sie organisationelle Traumata ansprechen, wenn sie über diese Kenntnis haben, und sie enttabuisieren, indem sie die Gedanken und Gefühle rund um diese Ereignisse in den öffentlichen Raum einladen. Erst dann öffnet sich für die Mitglieder der Weg, den kulturellen Kritiker in sich selbst zu finden und zu entlassen. Das ist dann aber auch meistens keine große Sache mehr.

In diesem Prozess wird uns klar werden, dass – was wir natürlich nicht wissen konnten, als wir am Beginn des transformativen Lernprozesses standen – schon die erste Grenze von den Hütern unserer Identität bewacht wurde, die nach dem Leitsatz »Wehret den Anfängen!« tätig waren.

Hüter der Identität

> **Die Grenze gegen die Transformation schützt uns vor inneren Konflikten und damit einhergehenden schmerzhaften Erinnerungen und Gefühlen. Hier wirkt die Angst vor Fragmentierung, Chaos, Verwirrung und davor, das Leben oder unsere Arbeit nicht mehr bewältigen zu können. In transformatorischen Krisen kommen wir aber nicht darum herum, die Vorannahmen unseres Denkens und Handelns in Frage zu stellen und vor dem Hintergrund dessen, wozu wir aufgerufen sind, frühere Entscheidungen neu zu bewerten. Was uns dabei helfen kann, ist Vertrauen in uns und die Menschen, die mit uns diesen Weg gehen.**

Die Grenze gegen die Veränderung des Handelns

Ist der Lernprozess bis zur Transformation des Identitätskonzepts durchlaufen, ist alles gut. Könnte man denken. Die Person oder das System hat sich psychologisch erneuert, und das ist die Stelle, an der wir in Filmen das Happy End erwarten. Im wirklichen Leben aber stehen wir vor der letzten und nicht weniger anspruchsvollen Grenze: der Grenze dagegen, jetzt auch tatsächlich anders zu handeln – in die Welt und Gemeinschaft hinein, von der wir ein Teil sind, in Beziehung zu denen, von denen wir und die von uns abhängig sind.

Diese Grenze ist aus drei Gründen anspruchsvoll:

1. Unsere »Stakeholder« sind möglicherweise, wahrscheinlich üblicherweise, überhaupt nicht interessiert daran, dass wir uns auf einmal anders verhalten. Schließlich war man daran gewöhnt, dass wir so handeln wie immer, und Veränderung konfrontiert unsere Leute mit Irritation, Verunsicherung, Durcheinander und fordert sie heraus, sich ebenfalls zu verändern. Dagegen werden sie sich wehren, und wir machen uns eventuell sehr unbeliebt.

2. Wir werden kritisiert werden. Auch wenn wir den kulturellen Kritiker als innere Instanz transformiert haben, ist er im Außen noch eine sehr mächtige Figur, die durch viele Mitglieder sprechen kann. Wir werden uns eventuell sehr alleine fühlen.

3. Wenn wir uns innerlich aus der Gemeinschaftstrance gelöst haben, wenn der stille Konsens uns nicht mehr heilig ist und wenn wir ihn in Folge verstören, benennen oder missachten, werden wir von den anderen vielleicht als Repräsentant des Fremden ausgemacht. Damit riskieren wir eventuell unsere Zugehörigkeit.

Andere an die Grenze bringen

Grenze fünf ist also deswegen schwierig, weil wir, wenn wir anders handeln, die anderen an die erste Grenze bringen, an die gegen die Wahrnehmung. Die »Bestie« des öffentlichen Raums unserer Gruppe wird sich wehren, und wenn wir uns ungeliebt, isoliert und in unserer Zugehörigkeit bedroht fühlen, sind das starke Anzeichen dafür, dass die Widerstandskräfte, welche die Grenze gegen die Wahrnehmung bei der Gruppe bewachen, tätig sind.

Die Grenze gegen die Veränderung des Handelns schützt uns vor dem Verlust unserer Zugehörigkeit. An ihr sind wir gefordert, uns ganz klar zu werden, wie wir jetzt nach außen wirken wollen.

So weit zu uns als Personen. Was Unternehmen angeht, verhält es sich hier anders: Ist im öffentlichen Raum des Leitungskreises eines Unternehmens, also dem von Eignern und Führung, die Transformation der Unternehmensausrichtung beschlossen, gibt es auf der Ebene keine Grenze mehr dagegen, in den Markt hinein anders zu handeln. Das wird ständig so getan. Die Konflikte haben sich dort vorher abgespielt, nämlich rund um die Frage, wie das System neu organisiert werden soll und wer dort welchen Rang und Posten bekommt.

In Unternehmen

Das »Außen«, das hier jenseits des öffentlichen Raums von Eigner und Führung liegt, ist die Belegschaft, die jetzt erst einmal vor der ersten Grenze steht und für die Veränderung »ins Boot geholt« werden muss.

Im dritten Teil hatten wir den Fünf-Grenzen-Prozess in zwei Varianten vorgestellt. In seiner Ein-Schleifen-Variante unterliegt er allem, was wir im Folgenden zum Führungsalltag ausführen werden, denn wir müssen natürlich nicht tagtäglich über die Veränderung unserer Identität nachdenken. Seine Doppelschleifen-Variante ist die Basis dessen, was wir zum transformativen Lernen vorschlagen werden.

2. Führungsalltag

In der globalen Matrix sind Sie als Führungsperson ständig mit Veränderungen konfrontiert. Sie müssen sich an neue Rahmenbedingungen anpassen und mit Instabilität umgehen. Abstimmungs- und Entscheidungsprozesse nehmen viel Zeit in Anspruch, der Kommunikationsbedarf ist hoch. Ungeklärte Rahmenbedingungen ziehen widersprüchliche Aufträge nach sich, während es ohnehin schon an vielen Stellen gleichzeitig brennt. Werden Maßnahmen umgesetzt, die nicht die erhoffte Wirkung erzielen, nehmen Konflikte insbesondere an den Schnittstellen zu. In einer solchen Situation erfolgreich zu führen, ist nicht leicht.

Aspekte der Führungstätigkeit Deshalb wollen wir in diesem Abschnitt drei Aspekte Ihrer täglichen Führungstätigkeit herausgreifen, die uns aus Sicht der kulturellen Kompetenz wesentlich erscheinen, um eine Kultur der Zusammenarbeit zu entwickeln, die den Herausforderungen der Matrix gerecht wird:

- Beziehungen gestalten
- Den öffentlichen Raum formen
- Von der Herausforderung zur Antwort führen

Beziehungen gestalten

Wenn wir uns begegnen, beeinflussen wir uns. Wir nehmen Einfluss durch das, was wir sagen, und durch das, was wir nicht sagen. Wir nehmen Einfluss mit unserer Körpersprache und mit dem, was wir denken und fühlen. Wir prägen die Atmosphäre des kulturellen Feldes, innerhalb dessen wir mit anderen kommunizieren und interagieren, und reagieren selbst auf die Atmosphäre und den Einfluss, den die anderen auf uns ausüben. Wir wirken und werden bewirkt. All das findet im Alltag jenseits der Grenzen des öffentlichen Raums statt, außerhalb unseres gemeinschaftlichen Bewusstseins. Richten wir also unsere Aufmerksamkeit darauf, wie sich die Grenze zwischen dem Öffentlichen und dem Privaten in der Art und Weise aktualisiert, wie wir tagtäglich miteinander sprechen.

Rolle und Beziehung

Was wir miteinander austauschen und mit welchen Worten wir das tun, entscheiden wir danach, was uns verbindet und in welchen Rollen wir uns begegnen. Es ist ein Unterschied, ob wir im Büro mit unserem Chef sprechen oder abends in der Kneipe beim Bier, selbst dann, wenn wir uns mit Wolfgang, unserem Chef, gut verstehen. Die Kultur prägt unser Rollenverständnis und unsere Beziehungsaufnahme, wie wir miteinander umgehen und worüber wir inhaltlich sprechen. Die Grenze zwischen dem Öffentlichen und dem Privaten ziehen wir entsprechend dem, wie erwartet wird, dass wir uns in unserer Rolle verhalten. So rücken je nach Situation verschiedene Teile unserer selbst und unserer Beziehungen zueinander in den Vordergrund, während wir andere unterdrücken, die dann den Hintergrund bilden.

Erwartetes Verhalten

Während wir von Chef zu Mitarbeiter im Büro sprechen, tauschen wir Themen aus, die bearbeitet oder entschieden werden müssen. In der Regel kommunizieren wir so miteinander, dass auch ein Außenstehender erkennen kann, wer der Chef ist und wer der Mitarbeiter. Gleichzeitig kann das Gespräch in einer freundlichen

Atmosphäre verlaufen, die einem Außenstehenden die Schlussfolgerung nahelegt, dass wir uns gut verstehen.

Sitzen wir abends beim Bier zusammen, sprechen wir über Interessen, die wir teilen, oder wir tauschen uns über persönliche Erfahrungen, Hobbys, unsere Familien aus. Das Chef-Mitarbeiter-Verhältnis rutscht in den Hintergrund, die Freundschaftsbeziehung in den Vordergrund. Entsprechend gehen wir anders miteinander um. Vielleicht klopfen wir uns gegenseitig auf die Schulter und drücken so unsere Zuneigung aus, was wir in gleicher Weise in der Chef-Mitarbeiter-Beziehung wahrscheinlich nicht tun würden.

Situation am Arbeitsplatz Stellen wir uns jetzt folgende Situation vor: Chef und Mitarbeiter sind Freunde und für den Abend verabredet. Tagsüber im Büro findet ein Gespräch zwischen dem Chef, seinem Mitarbeiter und einer weiteren Kollegin statt. Besprochen wird die Vorgehensweise in einem Projekt, dessen Erfolg für alle drei Personen wichtig ist. Die Kollegin leitet das Projekt, der Mitarbeiter ist Teil des Projektteams. Der Chef ist mit den bisherigen Ergebnissen unzufrieden. Das Gespräch verläuft spannungsgeladen, es kommt zu Unstimmigkeiten. Der Chef möchte die Kollegin nicht in Gegenwart seines Mitarbeiters kritisieren, um sie nicht bloßzustellen. Er hält sich zurück, auch weil er zu ahnen meint, dass die Projektleiterin mutmaßt, er behandele den Mitarbeiter bevorzugt, weil er mit ihm befreundet ist. Schließlich macht sich sein Ärger aber doch Luft, und er greift den Mitarbeiter an. Dieser empfindet das als ungerecht und reagiert, indem er betont sachlich und kalt dagegenargumentiert. Der Chef fühlt sich verletzt und bricht das Gespräch ab.

Wäre dies der Fall, könnte ein Außenstehender abends in der Kneipe zwei Männer in einem freundschaftlichen Gespräch beobachten, aber atmosphärisch hintergründige Spannungen wahrnehmen, die er sich aufgrund der sich objektiv vor ihm abspielenden Situation, ohne weitere Informationen, nicht zu erklären wüsste. Es könnte sogar passieren, dass die beiden Männer plötzlich über irgendeine Lappalie in Streit gerieten, selbst in diesem

Moment nicht ahnend, dass der ungelöste Konflikt des Nachmittags der Auslöser hierfür ist.

Rollenerwartung und Konflikt

Jede Gesprächssituation ist durch den kulturellen Kontext geprägt, in dem sie stattfindet. Auf diesen reagieren wir mit unserem Verhalten. Wir passen uns an unausgesprochene Erwartungen an, die wir in stillem Konsens als gegeben voraussetzen.

In dem Gespräch mit der Kollegin werden die gegenseitigen Rollenerwartungen von dem Tabu beherrscht, niemanden aufgrund von persönlichen Sympathien zu bevorzugen. Diese unausgesprochene Erwartung projiziert der Chef in die Kollegin hinein. Wir wissen nicht, ob sie wirklich so denkt, darüber gesprochen wurde nicht. Der Chef reagiert aber mit seinem Verhalten darauf, und es kommt zum Konflikt zwischen den beiden Männern, weil der eine sich gemäß seiner öffentlichen Rolle verhält und die Freundschaftsbeziehung zu schützen versucht, während der andere sich in seiner freundschaftlichen Rollenerwartung enttäuscht fühlt und sich rächt, indem er betont formal wird. Das wiederum führt dazu, dass der Chef sich nicht verstanden fühlt. In dem anschließenden Gespräch der beiden Männer beim Bier wirkt der unausgetragene Konflikt im Hintergrund. Aber der stille Konsens darüber, sich gegenseitig zu mögen, zu verstehen und die freundschaftliche Atmosphäre nicht zu gefährden, führt dazu, dass dieser beiseite geschoben wird und dann auf unerwartete Weise doch noch zum Ausdruck kommt.

Beherrschen des Tabu

Unausgesprochene Erwartungen wirken als Geister in unseren Rollenbeziehungen und rufen viele Konflikte hervor. Im Gegensatz zu den Regeln und Werten, die von den Mitgliedern einer Kultur bewusst vertreten und verfolgt werden, steht niemand auf und bekennt sich zu ihnen. Niemand ist damit identifiziert, sie zu erwarten, aber alle reagieren darauf und fantasieren sie gegenseitig in sich hinein. Deshalb nennt man sie auch ungeschriebene Regeln.

Erwartungs-Erwartungen

Die Systemtheoretiker nennen sie die Erwartungs-Erwartungen, also die Erwartungen, von denen wir meinen, die anderen hätten sie uns gegenüber, während die Betroffenen davon gar nichts wissen und sich wundern, warum wir uns verhalten, wie wir es tun, um dann ihrerseits darauf wieder zu reagieren. Die Informations-Bedeutungs-Schleife nimmt ihren Lauf als Teufelskreis.

Man kann sich gut vorstellen, dass die Kollegin durch das Verhalten des Chefs in dem Gespräch tatsächlich misstrauisch geworden ist, selbst wenn sie es vorher gar nicht war. Schließlich weiß auch sie, dass das Projekt in ihrer Verantwortlichkeit liegt, und die Auseinandersetzung zwischen den beiden Männern könnte bei ihr das Gefühl hervorgerufen haben, nicht ernst genommen zu werden, und sie zu der Schlussfolgerung verleiten: Der Chef bevorzugt ihren Kollegen!

Persönlicher und öffentlicher Bedeutungsraum

Nicht dasselbe meinen

Der Inhalt, den wir mitteilen, ergibt sich aus unserer formalen Beziehungsaufnahme, aus der Situation, in der wir uns begegnen. Wir sprechen über das, was für uns gegenseitig in einer bestimmten Rolle von Bedeutung ist: Eltern sprechen über Kindererziehung; Besucher einer Vernissage sprechen über Gemälde, die Person der Künstlerin und die Entwicklung der modernen Malerei; Sozialarbeiter tauschen sich über ihre Erfahrungen mit der zunehmenden Gewaltbereitschaft unter Jugendlichen aus. Wir teilen einen gemeinsamen Bedeutungsraum und kommunizieren Erfahrungen, Ansichten, Kenntnisse und so fort. Das verbindet uns. Die Bedeutung, die das für uns hat, was wir kommunizieren, benennen wir im Allgemeinen nicht ausdrücklich. Sie ist in der Information enthalten. Einerseits in dem, was wir sagen, denn damit unterstellen wir bereits, dass dies für unser Gegenüber von Interesse ist, und andererseits in unserem Tonfall, unserer Gestik und Mimik. Dabei gehen wir davon aus, dass unsere Gesprächspartner das, was wir sagen, genau so verstehen, wie wir es meinen. Ist das nicht der Fall, treten schnell Irritationen auf. Dies führt dazu, dass wir uns gegenseitig viel häufiger signalisieren, wir hätten verstanden und seien einer Meinung, als wir es tatsächlich sind. Solange wir uns im Bereich des Smalltalks befinden, ist das auch völlig ausreichend. In der Zusammenarbeit hingegen sind wir viel mehr darauf angewiesen, auf eine Weise miteinander zu sprechen, dass wir sicher sein können, dasselbe zu meinen.

Dafür müssen wir nicht nur unterschiedliche Sichtweisen nachvollziehen, sondern darüber hinaus in einer Weise miteinander sprechen, dass jeder weiß, was die Umsetzung der Gesprächsergebnisse für ihn bedeutet. Auch sollte ein Ergebnis dabei herauskommen, das mehr ist als der kleinste gemeinsame Nenner. Damit das möglich ist, muss kontrovers und persönlich diskutiert werden, während gleichzeitig ein expliziter Konsens erarbeitet wird. Wir sind also darauf angewiesen, möglichst viele der vorhandenen Meinungen, Positionen und Erfahrungen zu einem Thema zu hören, zu diskutieren und vor dem Hintergrund des gemeinsamen Interesses zu bewerten.

Was aber in einer Gesprächssituation, egal ob Zweiergespräch oder Gruppensituation, geäußert wird und was nicht, entscheidet sich maßgeblich danach, wie die anwesenden Gesprächspartner mit ihrem Rang umgehen und inwieweit sie sich gegenseitig Zustimmung oder Ablehnung signalisieren. Abhängig davon wählt jeder Beteiligte in seinem privaten Raum / seinem Kopf aus, welche Informationen er mitteilt und welche er weglässt. Gleichzeitig entscheidet die Beziehungsebene darüber, welche Bedeutung wir den Informationen geben, die wir hören.

Öffentliche und private Beziehungsmuster

Es gibt drei Beziehungsmuster, die unser Kommunikationsverhalten maßgeblich beeinflussen:

1. Konkurrenz und Abhängigkeit
2. Sympathie und Antipathie
3. Dominanz und Unterwerfung.

Konkurrenz und Abhängigkeit Konkurrenz und Abhängigkeit haben wir schon ausführlich behandelt. Sie beschreiben den systemischen Kontext, innerhalb dessen wir miteinander interagieren, und gehen mit unseren Rollenbeziehungen einher.

Sympathie und Antipathie Sympathie und Antipathie wirken in unseren persönlichen Beziehungen. Ob wir jemanden mögen oder nicht mögen, ob »die Chemie stimmt«, beeinflusst unsere Beziehungsaufnahme. Hierher gehören auch alle Gefühle über eine andere Person: Nähe und Distanz, Anziehung und Abstoßung, Respekt und Verachtung, Neid, Eifersucht, Begehren ... In unseren persönlichen Beziehungen ist die psychologische Projektionsdynamik wirksam, die mit Abspaltung einhergeht. Gefühle, Eigenschaften, Bedürfnisse oder Verhaltensweisen, die wir an uns selbst nicht mögen und unterdrücken, lehnen wir bei anderen ebenfalls ab oder bekämpfen sie in diesen sogar. Andersherum fühlen wir uns von Menschen angezogen, die etwas von dem repräsentieren oder zum Ausdruck bringen, was wir selbst auch gerne wären, uns aber nicht zugestehen.

Das Unangenehme daran ist, dass wir die Fähigkeit verlieren, mit dem, was wir abspalten, konstruktiv umzugehen. Das gilt für unser persönliches Leben ebenso wie für unser öffentliches. Wenn wir z. B. unsere Wut abspalten, weil wir in unserer Kindheit die Erfahrung gemacht haben, dass es nicht erlaubt und darüber hinaus gefährlich ist, wütend zu sein, nehmen wir als Erwachsene Impulse von Wut in uns nicht mehr als solche wahr. Das führt dazu, dass wir der Wut im Außen begegnen, als Eigenschaften anderer Menschen. Wir fühlen uns von deren Wut bedroht und gehen ihnen aus dem Weg. Weil das nicht immer möglich ist, versuchen wir vielleicht, diese zu Friedfertigkeit zu erziehen. Da das in der Regel einen wütenden Mensch noch wütender macht, begegnen wir überproportional häufig wütenden Menschen, und wir schützen uns vor diesen Emotionen, indem wir sie abwerten und uns als diejenigen empfinden, die sich besser unter Kontrolle haben. Dass damit allerhand Beziehungsschwierigkeiten einhergehen, liegt auf der Hand.

Zu dem, was wir abspalten, also in diesem Beispiel zu unserer Wut, stehen wir in keiner bewussten Beziehung mehr. Wir tun so, als hätte sie nichts mit uns zu tun. Damit können wir sie nicht mehr aktiv beeinflussen, sondern sind ihr ausgeliefert. Alles, was uns stört, in Schwierigkeiten bringt, aufrüttelt und an Grenzen führt, ist eine Möglichkeit, persönlich zu wachsen, indem wir uns darüber klarer werden, in welcher Beziehung wir dazu stehen und wie wir dazu beitragen, dass es auftaucht. Auf diese Weise lernen wir etwas über uns selbst und überwinden nach und nach die sich aus dem Ursache-Wirkungs-Paradigma nährende Lebenshaltung, die uns vorgaukelt, ein Opfer äußerer Umstände zu sein. Das ist die Essenz der Transformationsarbeit.

Dominanz und Unterwerfung sind Statushandlungen. Mit ihnen verhandeln wir unseren Rang: Wer übt Macht über wen aus? Wer passt sich an, macht sich klein, unterwirft sich? Mit welchen Signalen geschieht das? Wie wird im Kommunikationsprozess mit Überlegenheit und Unterlegenheit, Stärke und Schwäche, Sicherheit und Unsicherheit, Abwertung und Aufwertung umgegangen?

Dominanz und Unterwerfung

Jede menschliche Gemeinschaft bildet Rangordnungen aus, sonst kann sie gar nicht funktionieren. Führer und Geführte sind archetypische Rollen des kulturellen Menschheitsfeldes. Es ist ebenso eine Kunst, zu dienen und zu folgen, wie zu führen und Einfluss zu nehmen. Beide Rollen bedingen sich gegenseitig, die eine ohne die andere ist undenkbar. Problematisch wird es nur dann, wenn die eine den anderen aufgezwungen wird. Wenn jemand immer dominant auftritt, bleibt denjenigen, die mit ihm zu tun haben, kaum etwas anderes übrig, als sich anzupassen, offen zu rebellieren oder zu gehen. Ist derjenige, der dominiert, dann noch ein Vorgesetzter, sind die Handlungsspielräume sehr beschränkt. Wenn sich andererseits jemand ständig unterwürfig verhält, hat man auf der anderen Seite auch kaum eine andere Wahl, als dominant zu werden. Oft fühlt man sich dazu geradezu provoziert. Sich kleinmachende Vorgesetzte verlieren schnell den Respekt ihrer Mitarbeiter. Sie machen häufig die Erfahrung, dass diese ihnen auf der Nase herumtanzen.

Da die Reflexion dieser Beziehungsdynamiken in unseren öffentlichen Räumen bisher tabu ist, haben wir wenig Werkzeuge entwickelt, um einander Feedback zu geben, wie wir mit unserem Rang und unserem Einfluss umgehen. Wir haben nicht nur eine kulturelle Grenze dagegen, öffentlich zu Unsicherheiten und Schwächen zu stehen, sondern auch eine dagegen, unsere Überzeugungen und Stärken allzu offensichtlich zum Ausdruck zu bringen. Dafür sind wir umso mehr damit beschäftigt, Rangsignale zu interpretieren, um auf diese möglichst in einer Weise zu antworten, die unseren eigenen Status festigt, aber so, dass keiner auf die Idee kommt, sich zu erlauben, ihn zu hinterfragen.

Je nachdem, wie wir in unseren Rollenbeziehungen mit Rang und Macht umgehen, erschaffen wir ein kulturelles Klima des Vertrauens oder des Misstrauens. An unserem Unvermögen, in unseren öffentlichen Räumen miteinander statt privat übereinander zu sprechen, scheitern unsere Bemühungen, lernende Organisationen oder Fehlerkulturen zu realisieren.

Wie machtvoll wir in jedem Moment, in dem wir miteinander kommunizieren, Einfluss auf unser gegenseitiges Verhalten nehmen, wird deutlich, wenn wir uns klarmachen, was in uns abläuft, während wir miteinander reden.

Informations-Bedeutungs-Prozesse

Aufmerksamkeit beim anderen

Wir kommunizieren nicht nur mit Worten, sondern mit unserer ganzen Person. In allem, was wir sagen und tun, drückt sich aus, wer wir sind: in unserer Kleidung, unserer Körperhaltung, in Gestik, Mimik, Tonfall, in unserem Sprachstil und unseren Ansichten. Da unsere vorwiegende Absicht in einer Gesprächssituation jedoch darin besteht, uns mit unserem Gegenüber zu verständigen, liegt unsere Aufmerksamkeit mehr bei den anderen als bei uns selbst. Das heißt, wir bilden uns eine Meinung über die andere Person und reagieren mit dem, was wir sagen, bereits auf das Bild, das wir uns gemacht haben. Wir antizipieren aufgrund des

Erscheinungsbildes und Auftretens, wen wir vor uns haben (Rolle / Rang / Identität); wir teilen das mit, wovon wir glauben, dass es die Person interessiert (Information); wir schlussfolgern aus deren Reaktion und Körpersprache, was sie über uns und über das, was wir sagen, denkt (Bedeutung), und wählen daraufhin aus, was wir als Nächstes mitteilen. Da unsere Gesprächspartner genau dasselbe tun, erschaffen wir in jedem kommunikativen Akt unsere gemeinsame Realität, wobei dieser ganze Prozess öffentlich weitgehend unbezeugt bleibt. In unserer privaten Sphäre / in unseren Köpfen befinden wir uns aber in einem ständigen Dialog mit unserem inneren Beobachter, der den Gesprächsverlauf bezeugt, Signale empfängt, sie interpretiert und bewertet und unsere weiteren Handlungen veranlasst. Unser innerer Beobachter bewacht die Grenze zwischen dem Öffentlichen und dem Privaten. Er sagt z. B.:

- *»Pass auf, wenn du ihr jetzt widersprichst, wird sie sich abwenden«* – und wir wechseln das Thema,
- *»Hast du das Stirnrunzeln gesehen, er schaut auf dich herab«* – und wir fangen an, uns zu rechtfertigen,
- *»Zeig nicht, dass du dich überfordert fühlst, sie werden dich bei nächster Gelegenheit entlassen«* – und wir treten betont selbstsicher und überlegen auf.

Der innere Dialog

Solange wir uns dieses inneren Dialogs bewusst sind, haben wir die Wahlfreiheit zu entscheiden, wie wir reagieren wollen. Wir können uns anders verhalten, als wir es gewöhnlich tun, neue Erfahrungen machen und unsere Überzeugungen verändern. Sind wir uns des inneren Beobachters aber nicht bewusst, nehmen wir in unserer Vorstellung das Verhalten unseres Gegenübers voraus und reagieren emotional positiv oder negativ darauf, noch bevor dieser überhaupt irgendetwas gesagt oder getan hat. Wir projizieren also unsere Erwartungen in die andere Person und entscheiden dann auf dieser Basis, wie wir uns verhalten. Die andere Person spürt das natürlich und reagiert ihrerseits nicht nur auf das, was wir sagen, sondern auch auf die unausgesprochene Bewertung, die sie in unserer Körpersprache wahrnimmt. So bewirken wir häufig genau das, was wir verhindern wollen.

Sie wendet sich deshalb ab, weil sie spürt, dass wir wieder einmal dem Konflikt mit ihr aus dem Weg gehen. Sie bewertet das als Gleichgültigkeit gegenüber ihrer Person.

Der Respekt des Gegenübers sinkt weiter, weil wir uns rechtfertigen, anstatt selbstbewusst unsere Meinung zu vertreten. Er bewertet das als Rückgratlosigkeit.

Der Mitarbeiter wird tatsächlich entlassen, weil sein Chef dessen Verhalten als mangelnde Bereitschaft interpretiert, eigenen Schwächen ins Auge zu blicken und sich entsprechend zu entwickeln.

Was ist jetzt der Ausweg aus diesem Dilemma? Zwei Dinge sind unerlässlich: den Beobachter zu beobachten und den inneren Dialog offenzulegen.

Den Beobachter beobachten

Den inneren Beobachter wahrnehmen

Zum einen ist es wichtig, dass wir unseren inneren Beobachter wahrnehmen und seine Bewertungen hinterfragen. Denn den obigen Beispielen liegen ja bereits die unhinterfragten Vorannahmen zugrunde – dass unsere Freundin sich abwendet, wenn wir ihr widersprechen; dass unser Gesprächspartner uns nicht respektiert; dass wir entlassen werden, wenn wir unsere Überforderung zugeben. Diese Vorannahmen resultieren natürlich aus vergangenen Erlebnissen, denn der innere Beobachter ist ja ein Ergebnis des »Kultivierungsprozesses«, den wir in unseren Unternehmen und davor in unserer Familie durchlaufen haben. Nur müssen diese früheren Erfahrungen nicht mit der gegenwärtigen Realität übereinstimmen. Wenn wir sie aber einfach auf die Ist-Situation übertragen, wiederholen wir in unseren Beziehungen die Erfahrungen der Vergangenheit.

Den inneren Dialog offenlegen

Zum anderen ist es hilfreich, über unsere inneren Dialoge miteinander zu sprechen. Wir müssen sie transparent machen, um uns darüber klar zu werden, wie wir interpretieren, und um gemeinsam die Vorannahmen ans Licht holen zu können, die unser Verhalten motivieren. Natürlich nicht immer und überall, sondern dann, wenn wir merken, dass wir aneinander vorbeireden, dass sich Missverständnisse häufen, dass wir uns in der Begegnung zunehmend spalten und uns nicht mehr wohlfühlen.

Dafür haben wir alle Fähigkeiten, die wir brauchen. Was fehlt, ist einzig die Erlaubnis, das auszudrücken, was im Hier und Jetzt in uns und zwischen uns vor sich geht, während wir in unseren Rollen miteinander kommunizieren. Dabei sollten wir darauf achten, nicht in das Ursache-Wirkungs-Denken zurückzufallen, sondern stattdessen unsere Aufmerksamkeit darauf legen, welche Bedeutung die anderen dem geben, was wir sagen, und ob das damit übereinstimmt, was wir denken oder mitteilen wollen. Meistens reicht das völlig aus, um eine ganz neue Beziehungsqualität zu verwirklichen. Schwieriger wird es, wenn das Kind schon in den Brunnen gefallen ist, wenn wir also bereits in Konflikten gefangen sind.

Ausdrücken, was im Hier und Jetzt ist

Das Beziehungsfeld in Aktion

Im Folgenden beschreiben wir drei Konfliktsituationen, denen wir in unserer Arbeit als Beratende im öffentlichen Kontext immer wieder begegnen. Sie sollen verdeutlichen, in welcher Weise die Ebenen

• Person
• persönliche Beziehung
• Rollenbeziehung
• Kultur

miteinander konkret vernetzt sind und aufeinander einwirken.

Zwei Gesellschafter einer Privatklinik, Herr Müller, von Hause aus Professor, und Herr Meier, gelernter Physiotherapeut, geraten immer wieder aneinander. Herr Müller wird auf finanzielle Unregelmäßigkeiten aufmerksam. Offensichtlich sind Herrn Meier einige Fehler unterlaufen. Nichts wirklich Dramatisches, aber auffällig. Herr Müller kommt darüber ins Nachdenken. Er fragt sich, ob Herr Meier, der für den betriebswirtschaftlichen Bereich zuständig ist, kompetent genug ist. Er spricht die entdeckten Unregelmäßigkeiten an, freundlich, aber nachdrücklich, denn sie brauchen eine Regelung. Herr Meier reagiert abwehrend und vermittelt den Eindruck, alles im Griff zu haben. Herr Müller wird misstrauisch. Dieser Vorfall bestärkt sein schon länger vorhandenes Bauchgefühl, dass mit Herrn Meier etwas nicht stimmt. Einige Wochen später wird eine Verwaltungsstelle vakant, die auch einen Teil der Finanzbuchhaltung in ihrem Aufgabenbereich hat. Die Personalfragen liegen in den Händen von Herrn Meier, Gesellschafter haben aber natürlich ein Mitspracherecht. Herr Müller schlägt eine Kollegin vor, die er von früher kennt. Diese kommt zum Vorstellungsgespräch. Herr Meier will die Frau auf keinen Fall haben und sagt Herrn Müller, sie würde nicht ins Team passen. Herr Müller wird wütend, es kommt zum Streit. Seither ist die Beziehung spannungsgeladen, Gespräche eskalieren schnell, beide Männer gehen zunehmend auf Abstand miteinander um. Noch steht die Privatklinik gut da, aber erste Signale weisen bereits darauf hin, dass die Wirtschaftlichkeit bald gefährdet ist.

Schauen wir uns an, was in diesem Konflikt im Hintergrund abläuft. Wir haben zwei hierarchisch gleichrangige Männer vor uns, die in ihrer Rolle als Gesellschafter jeweils voneinander abhängig sind. Sie tragen gemeinsam die Verantwortung für den Erfolg der Klinik. Die Art und Weise, wie Herr Meier damit umgeht, als Herr Müller ihn auf die Unregelmäßigkeiten aufmerksam macht, bestätigt dessen vorher schon latent vorhandenes Misstrauen. Er ist sich unsicher, ob dahinter Absicht steckt oder einfach Überforderung. Er tippt auf Unsicherheit, hat aber den Eindruck, dass Herr Meier Interessen verschleiert. Da dieser sich in dem Gespräch mit ihm distanziert darstellt und er nicht weiß, wie er an ihn herankommen soll, wird er wachsam. Die vakante Stelle gibt ihm die Möglichkeit, eine ehemalige Mitarbeiterin, zu der er ein gutes Verhältnis hat, in eine Position zu bringen, von der aus er bessere Kontrolle über das hat, was finanziell vor sich geht. Als Herr Meier die Frau ablehnt, wird er wütend. Er fühlt sich dessen »Machenschaften« ausgeliefert, sein Misstrauen steigt.

Herr Meier wiederum spürt sehr genau, dass Herr Müller an seiner Kompetenz zweifelt. In dem Gespräch hat er zwischen den Zeilen herausgehört, dass dieser nicht allzu viel von ihm hält. Einerseits trifft dessen Kritik auf einen Widerhall in ihm selbst, denn es gibt eine innere Stimme, die ihn ebenfalls dafür kritisiert, dass er seinen Job nicht gut genug macht. Und er arbeitet viel, um seine Schwächen auszugleichen. Andererseits fühlt er sich durch Herrn Müller provoziert, der ein angesehener Professor ist, mit dem er in puncto Selbstvertrauen und Einfluss nicht mithalten kann. Als dieser ihm dann seine ehemalige Mitarbeiterin unterschieben will, platzt ihm der Kragen. »Was fällt diesem arroganten Typen ein, der soll sich um seine eigenen Angelegenheiten kümmern!«, das ist es, was ihm durch den Kopf geht. In dem darauf folgenden Streit wirft der eine dem anderen jeweils durch die Blume vor, eigene Interessen zu verschleiern und sich in den Zuständigkeitsbereich des anderen einzumischen.

Zweifel an der Kompetenz

Zwei Aspekte an diesem Fall wollen wir herausstellen:

1. Beide Männer reagieren mit Misstrauen auf die Signale des anderen, die er nicht direkt zum Ausdruck bringt. Zum Beispiel reagiert Herr Meier nicht auf die Sachebene, sondern auf die unausgesprochene Kritik von Herrn Müller, die in Form von Inkongruenzen zu Tage tritt. Herrn Müllers Absicht ist aber gerade das Gegenteil. Er will nur eine Lösung und auf jeden Fall vermeiden, Herrn Meier persönlich anzugreifen.

2. Herrn Müllers Misstrauen bricht sich Bahn, als er erlebt, wie Herr Meier sich verhält, während er ihn auf die Unregelmäßigkeiten anspricht. Da er davon abhängig ist, wie dieser seine Rolle ausfüllt, kommt er in eine Dilem-

masituation. Er kann nicht nicht reagieren, schließlich geht es um die Klinik. Eigentlich erwartet Herr Müller, dass Herr Meier offen anspricht, was da gelaufen ist, die Hintergründe erläutert, gegebenenfalls Fehler eingesteht und sie gemeinsam nach Lösungen suchen. Da sich nun aber seine Befürchtungen bestätigen, greift er die Gelegenheit beim Schopf, eine »Spionin« einzuführen. Damit macht er qualitativ genau dasselbe wie Herr Meier: Er verschleiert seine Interessen. Der sachliche Konflikt wird also in dem Moment zu einem persönlichen Konflikt, in dem Herr Meier sich der Verantwortung seiner Rolle nicht stellt. Weil Herr Müller von Herrn Meiers Verhalten abhängig ist, kann er sich dem Konflikt nicht entziehen.

Persönlichkeiten der Betreffenden

Schauen wir noch eine Schicht tiefer in die Persönlichkeiten der beiden Männer. Herr Meier ist sich seiner fachlichen Grenzen bewusst, kann aber nicht dazu stehen. Er fühlt sich dem erfolgreichen Professor unterlegen, ist neidisch auf ihn, weiß aber auch, dass dessen Ruf der Klinik Patienten bringt. Die Situation löst in ihm die Erinnerung an seinen Bruder aus, der immer besser war als er und schon von seinen Eltern bewundert wurde. Seine verinnerlichte Überzeugung, immer nur die zweite Geige zu spielen, scheint sich jetzt mit dem Professor zu wiederholen, demgegenüber er sich unterlegen fühlt. Seine innere kritische Stimme sagt ihm: Siehst du, jetzt stehst du wieder im Schatten, es wird dir nie gelingen, als gleichwertig anerkannt zu werden. Indem er seinen eigenen inneren Kritiker übergeht, verhält er sich selbst überschätzend, und die kritischen Gedanken tauchen im Kopf des Professors auf.

Herr Müller stößt in der Beziehung mit Herrn Meier an dessen Grenze, sich offen auseinanderzusetzen, und reagiert auf die Abspaltung. Er ist selbstbewusst genug, um zu erkennen, dass Herr Meier seine Unsicherheit überspielt, schafft es aber seinerseits nicht, mit ihm direkt und auf eine Weise zu sprechen, die es ermöglichen würde, den Tatsachen ins Auge zu sehen und eine positive Entwicklung herbeizuführen. Schließlich will er ihn auch nicht bloßstellen. Seine persönliche Geschichte ist die: Er war das

Kind sehr erfolgreicher, aber bescheidener Eltern. Diese bewundert er sehr, und auf seinem eigenen Lebensweg hat er sich durch harte Arbeit verdiente Anerkennung erworben, wobei er immer darauf geachtet hat, bescheiden zu bleiben. Die Überzeugung, dass Bescheidenheit über alles geht, hat er von seinen Eltern übernommen. Er will auf jeden Fall verhindern, dass Herr Meier den Eindruck bekommt, er würde sich aufspielen. Also reagiert er mit seinem Verhalten ebenfalls auf eine innere kritische Stimme, die ihm sagt: Wer bist du schon? Aber gerade die Tatsache, dass er zu dem Rang, den er als Person gegenüber Herrn Meier hat, nicht steht, führt dazu, dass dieser ihn als arrogant empfindet. Herr Meier reagiert also seinerseits auf das, was Herr Müller abspaltet. Und Herr Müller kann nicht mit Menschen umgehen, die sich, wie Herr Meier, kompetenter darstellen, als sie sind. Denn das ist es ja genau, was er sich selbst nie erlauben würde, und deshalb kann er dem Konflikt nur ausweichen.

Innere Konflikte hindern uns also daran, Rollenkonflikte im Sinne des gemeinsamen Interesses (Erfolg der Klinik) zu lösen, weil wir an Grenzen stoßen. Der Konflikt der beiden Männer könnte rasch gelöst werden, wenn sie gemeinsam bereit wären zu reflektieren, wie sie als Personen mit ihrer Rolle und ihrem jeweiligen Rang umgehen. Denn beide reagieren auf die Rangsignale des anderen, während sie kein Bewusstsein ihrer eigenen haben. Sie könnten z. B. ihr Misstrauen ausdrücken, anstatt einfach darauf zu reagieren, und sich dann jeweils fragen, was sie konkret tun, das dieses beim anderen auslöst. Um den Rollenkonflikt zu klären, sind die persönlichen Hintergründe nicht wichtig. Es ist nicht notwendig, dass sie einander ihr Seelenleben entblößen. Entscheidend ist einzig die Bereitschaft, sich bewusst zu werden, wie sich die Informations-Bedeutungs-Schleife im Hier und Jetzt der Zusammenarbeit dreht. Alles andere ist intim. Und wäre, wenn überhaupt, ein Thema für ein Coaching.

Innere Konflikte

Herr Schulz führt seit einem Jahr ein Team von sechs Ingenieuren in einem großen Unternehmen. Bevor er die Führungsaufgabe übernahm, war er als Vertriebsmann sehr erfolgreich. Er liebt den Wettbewerb, die tägliche Herausforderung, den Kontakt mit

**Fall 2:
Das Schaf im
Wolfspelz**

Kunden. Der Druck auf das Unternehmen ist hoch, die Aufträge müssen erkämpft werden, die Qualität der Arbeit muss stimmen. Er kommt in zunehmenden Konflikt mit seinen Ingenieuren, mit denen er ein partnerschaftliches Verhältnis pflegt. Diese sind nicht gleich vertriebsstark wie er, die Zusammenarbeit untereinander klappt auch nicht besonders, es sind eher Einzelkämpfer. In vielen Projekten steht und fällt die Qualität des Arbeitsergebnisses jedoch mit der Vernetzung. Im Team wächst Unzufriedenheit. Die Ingenieure verhalten sich Herrn Schulz gegenüber immer reservierter. Er merkt, dass er zunehmend weniger an sie herankommt. Gleichzeitig wachsen die Anforderungen, Aufträge gehen durch die Lappen. Herr Schulz kommt an die Grenzen seiner Leistungsfähigkeit. Er hat das Gefühl, an einem Abgrund zu stehen, hat Angst, seiner Aufgabe nicht gewachsen zu sein.

Als Vorgesetzter ist Herr Schulz dafür verantwortlich, die betriebswirtschaftlichen Ziele mit seinem Team zu erreichen. Der Druck, der auf ihm lastet, ist eine Tatsache, der er sich nicht entziehen kann. Die Frage, die sich stellt, ist, ob sein Verhalten ihm dabei hilft, diesen erfolgreich zu beantworten. Betrachten wir die Dynamik, die sich unter diesen Bedingungen zwischen Herrn Schulz und seinem Team abspielt.

Beziehungs-
dynamik
Herrn Schulz ist es wichtig, einen kooperativen und vertrauensvollen Führungsstil zu pflegen. Er möchte kein Rudelführer sein, sondern ein Teil des Teams. Als Vertriebsmann fühlt er sich wohl und sicher, wenn er Aufträge akquiriert und einen guten Kontakt zum Kunden hat. Und damit steht und fällt ja auch das Betriebsergebnis. Herr Schulz ist ständig außer Haus. Er fühlt sich für die Kunden verantwortlich und ist nicht damit zufrieden, wie seine Mitarbeiter die Aufträge bearbeiten. Also springt er in die Lücken und richtet es. Entsprechend wenden sich die Kunden vertrauensvoll an ihn, und er hat Angst, wenn er nicht Gewehr bei Fuß steht, Aufträge zu verlieren. Für die Führungsaufgabe bleibt ihm wenig Zeit. Darüber hinaus kommt er mit seinem Team auch nicht weiter. Die Mitarbeiter verstehen den Job nicht in seinem Sinne. Das ist auch nicht sehr verwunderlich, denn die Ingenieure sind alle schon seit vielen Jahren im Unternehmen. Sie haben men-

tal noch nicht nachvollzogen, was der Wandel im Markt für ihr Selbstverständnis und ihre Arbeitsweise bedeutet. Sie verstehen sich als technische Experten, nicht als Vertriebsleute oder Dienstleistende. Qualität, Verlässlichkeit, Genauigkeit und Sicherheit sind ihre Werte.

Herr Schulz wird gegenüber seinen Mitarbeitern ungeduldiger. Es kommt zu Wutausbrüchen, er ist immer wieder kurz angebunden und verhält sich von einem Moment zum anderen dominant. Die Ingenieure sehen zunehmend den Wolf im Schafspelz in ihm. Sie misstrauen seinem netten, verbindlichen Auftreten und reagieren auf den Tyrannen, der im Hintergrund lauert und immer wieder durchbricht. Sie ziehen sich zurück, gehen auf Widerstand. Herr Schulz registriert, dass er den Kontakt zu seinen Mitarbeitern verliert, fühlt sich schuldig für seine kleinen Ausbrüche, versucht sachlich und kooperativ die Dinge zu regeln, die zu regeln sind. Da er sich aber auf seine Mitarbeiter nicht verlassen kann, muss er wieder hinaus zum Kunden. So hält er unter einem enormen persönlichen Einsatz das Tagesgeschäft am Laufen. Gleichzeitig spürt er stärker und stärker, dass er das nicht mehr lange durchhalten kann. Die Situation beginnt, ihm den Boden unter den Füßen wegzuziehen.

Kontaktverlust

Was geschieht? Herr Schulz nimmt den gesamten Druck, die ganze Verantwortung auf seine Schultern. Da er die Führung innehat, bleibt ihm aus seiner Sicht nichts anderes übrig, als zu handeln, wie er es tut. Er versteht seine Rolle so, dass er unter allen Umständen dafür sorgen muss, dass das Betriebsergebnis erreicht wird, was auch stimmt. Dabei überschätzt er sich aber völlig und missversteht gleichzeitig seine Verantwortung. Er blendet aus, dass seine Aufgabe darin besteht, sein Team so zu fördern und zu fordern, dass sie gemeinsam das Ergebnis sicherstellen. Darauf muss der Schwerpunkt seiner Aufmerksamkeit liegen, denn nur so kann er dauerhaft erfolgreich sein. Den Konflikten mit den Ingenieuren geht er aber aus dem Weg. Das liegt nicht nur an seinem Rollenverständnis, er stößt auch an persönliche Grenzen.

Herr Schulz hat die Überzeugung verinnerlicht, es allen recht machen zu müssen. Sobald er Erwartungen spürt, kommt er emotional unter Druck und hat das Gefühl: Jetzt muss ich ran – den Erwartungen gerecht werden! Er reagiert auf alle Erwartungen: Erwartungen seiner Ingenieure; Erwartungen der Kunden und allen Erwartungen, die er sonst noch spürt, von seinen Kollegen, seinem Vorgesetzten etc. Je mehr er versucht, diesen natürlich sehr widersprüchlichen Erwartungen gerecht zu werden, desto weniger gelingt es ihm. Seine Ingenieure gehen zunehmend auf Widerstand und misstrauen ihm. Aus ihrer Sicht nimmt er seinen Rang als Führungskraft nicht ein. Seine kooperativen Führungswerte sind in ihren Augen unglaubwürdig, er zeigt sich durchaus dominant und tyrannisch. Aber Herr Schulz hat seine dominanten Anteile abgespalten. Eine innere kritische Stimme sorgt dafür, dass er diese nicht bewusst ausdrücken kann. Macht er es nicht recht, fühlt er sich sofort schuldig. Könnte Herr Schulz bewusster dominant sein, würde ihm das helfen, eigene Erwartungen zu formulieren und seine Ingenieure zu fordern, Mitverantwortung zu übernehmen. Er könnte sich konsequenter verhalten und glaubwürdiger auftreten. Er könnte mit seinen Mitarbeitern in einen Auseinandersetzungsprozess eintreten, wie sie mit den Erwartungen der Kunden so umgehen können, dass ihre Interessen und die der Kunden Berücksichtigung finden. Und er könnte dafür sorgen, dass seinem Team die Rahmenbedingungen zur Verfügung stehen, die sie brauchen, um eigenverantwortlich zu arbeiten.

Frau Schmid ist Personalleiterin in einer Tochtergesellschaft eines Konzerns. In den vergangenen Jahren sind strategische und strukturelle Neuausrichtungen vorgenommen worden. Es gehört zu ihren Aufgaben, den kulturellen Wandel durch entsprechende Personalinstrumente und Entwicklungsmaßnahmen zu fördern. Vor seinem Börsengang wurde das Unternehmen von einer Familie geführt. Der Führungsstil war patriarchalisch. Jetzt wird stark auf unternehmerische Mitverantwortung gesetzt, Kundennutzen und Erfolgsorientierung sind hohe Werte, vernetztes Denken und bereichsübergreifende Zusammenarbeit werden erwartet. Es laufen zahlreiche Projekte zur Kulturentwicklung. Der Personalleiter der Konzernzentrale gibt den Auftrag, unternehmensweit ein 360-Grad-Feedback, ein Personalentwicklungsinstrument, einzuführen. Frau Schmid ist mit den Maßnahmen, die zeitgleich umgesetzt werden, an der Grenze ihrer eigenen Belastbarkeit und der der Führungskräfte angelangt. Außerdem hat sie erst vor wenigen Monaten die Einführung eines 180-Grad-Feedbacks abgeschlossen, das zwischenzeitlich gut angenommen wird und erste Früchte trägt. Sie sucht das Gespräch mit ihrem Vorgesetzten in der Zentrale, um diesen Auftrag abzuwenden. Er bleibt bei seiner Entscheidung. In der Tochtergesellschaft wird eine enorme Unruhe ausgelöst, die Führungskräfte weigern sich, an dem neuen Projekt teilzunehmen. Frau Schmid wird angegriffen; es kommt zu persönlichen Verletzungen. Schließlich wird das Projekt in Angriff genommen, obwohl alle insgeheim wissen, dass es, wie viele andere Projekte zuvor, nicht zur Umsetzung kommen wird.

Dieser Fall macht deutlich, wie der ungeklärte Konflikt zwischen Frau Schmid und dem Personalleiter des Konzerns die hierarchischen Treppenstufen hinab das gesamte Tochterunternehmen ergreift, zu Stellvertreterkonflikten führt, persönliche Verletzungen provoziert, das Klima vergiftet und weitere Spaltungen zwischen dem Öffentlichen und dem Privaten hervorruft. All das ist natürlich weder im Interesse von Frau Schmid noch im Interesse des Personalleiters. Sie wird versucht haben, in dem Gespräch die Situation in der Tochtergesellschaft zu erläutern. Was ihn betrifft, sind zwei Szenarien naheliegend: Entweder steht er selbst unter dem Druck des Vorstandes, der seine Einwände nicht aufgenommen hat, oder er hat Frau Schmids Argumente nicht ernst genommen und fehlinterpretiert, z. B. als »typisch Frau Schmid, will ihre eigene Personalentwicklungsphilosophie durchsetzen«, oder »typisch Tochtergesellschaft, will immer eine Extrawurst«.

Ungeklärter Konflikt

Wenn wir uns jetzt noch vorstellen, dass es in der Kultur des Unternehmens eine ungeschriebene Regel gibt, die lautet: »Äußere nicht zu viele Bedenken, sonst wirst du nicht mehr ernst genommen«, dann ergibt das eine weitere Perspektive, nach der dieser Konflikt betrachtet werden kann.

Die kulturelle Bewusstseinspyramide aktualisiert sich in jeder Begegnung. Kulturelle Werte und Normen bilden den Hintergrund, vor dem wir in unseren Rollen und als Personen miteinander in Beziehung treten, vor dem wir entscheiden, was wir sagen und zum Ausdruck bringen und was besser nicht. Die Qualität unserer Beziehungsaufnahme interpunktiert den Kommunikationsprozess und entscheidet damit über die Qualität des Ergebnisses, das auf der Sachebene entsteht.

In Unternehmen und Organisationen ist es Ihre Aufgabe als Führungsperson, eine Kultur der Zusammenarbeit zu entwickeln, die den Kriterien der globalen Matrix entspricht, die wir im ersten Teil entwickelt haben. Der Weg dazu führt über Sie als Person und Ihre Beziehungen. Insbesondere in Konfliktsituationen ist es wichtig, dass Sie innehalten, aus Ihrer Rolle heraustreten und sich als Person der Dynamik widmen, die sich in Ihren Rolleninteraktionen mit anderen Personen abspielt.

Den öffentlichen Raum formen

Beziehungen zu gestalten ist das eine, die Kultur des öffentlichen Raums zu entwickeln das andere. Was bedeutet es für Sie, den öffentlichen Raum, dem Sie vorsitzen, mit kultureller Kompetenz zu formen?

Konkurrenz- und Abhängigkeitsbeziehungen Betrachten wir zuerst die unmittelbaren Konkurrenz- und Abhängigkeitsbeziehungen detaillierter, innerhalb derer Sie sich bewegen:

- Als Führungskraft stehen Sie und Ihre Mitarbeiter in einer gegenseitigen und gemeinsamen Abhängigkeitsbeziehung. Ihre Mitarbeiter sind disziplinarisch abhängig von Ihnen, was letztlich nichts anderes bedeutet, als dass Sie darüber entscheiden, ob diese Teil des Systems bleiben dürfen oder nicht. Damit haben sie die Macht, die Leistungen und das

Verhalten Ihrer Mitarbeiter gemäß Ihren Vorstellungen und natürlich abgestimmt mit der Personalpolitik Ihrer Organisation zu beurteilen und entsprechende Konsequenzen zu ziehen. Sie wiederum sind abhängig von Ihren Mitarbeitern, von deren Leistungen, Kreativität und Engagement im Rahmen des Auftrags, den das Team zu erfüllen hat. Sie und Ihre Mitarbeiter sind gemeinsam abhängig von den anderen Subsystemen, mit denen sie zusammenarbeiten, und vom Erfolg der Gesamtorganisation.

- Ihre Mitarbeiter stehen als Gleiche untereinander in Konkurrenz um Einfluss, Anerkennung und Vergütung. Von Ihrer Seite aus gibt es keine Konkurrenzbeziehung zu Ihren Mitarbeitern. Ihre Rolle fordert Sie deshalb auf, für die Lösung von Konflikten zu sorgen, die die Mitarbeiter untereinander nicht klären können.

- Entscheidungen, die Sie hinauszögern, ohne die Hintergründe zu kommunizieren, die sie dazu bewegen, wirken in Ihr Team hinein und rufen dort, aufgrund der Abhängigkeit Ihrer Mitarbeiter von Ihnen, Stellvertreterkonflikte und Misstrauen hervor. Sie selbst sind wiederum in Ihrer Entscheidungsfindung abhängig von denjenigen, die hierarchisch über Ihnen stehen, sowie von Ihren Kollegen und Kolleginnen, mit denen Sie auf einer Ebene zusammenarbeiten und zu denen Sie ebenfalls in einer Konkurrenzbeziehung stehen. Das bedeutet, dass Sie sich in einem Netz von Loyalitäten, Rollenanforderungen und Erwartungen bewegen, mit dem Sie umgehen müssen.

- Unter Umständen kommen Sie in die Situation, Politik zu betreiben, um Ihre Interessen und die Interessen Ihres Teams zu verfolgen. Sollte sich Ihre Organisation in einer transformatorischen Krise befinden, verstärkt sich der politische Aspekt in der Zusammenarbeit ohnehin. Entscheidend ist, wie Sie damit umgehen: Geraten Sie nämlich bewusst oder unbewusst in eine Konkurrenzbeziehung zu Ihren Mitarbeitern, indem Sie

Der politische Aspekt

1. das politische Loyalitätsgeflecht, das auf Ihr Handeln einwirkt, gegenüber Ihren Mitarbeitern tabuisieren,
2. sich in Zweiergesprächen mit einzelnen Mitarbeitern verbünden,
3. bei virulenten Konflikten zwischen Ihren Mitarbeitern nicht für alle nachvollziehbar eingreifen,

dann hat das zur Folge, dass auch die Zusammenarbeit in Ihrem Team eine politische Note bekommt.

Entsprechend steigt das Misstrauen: Die Spaltung zwischen dem Öffentlichen und dem Privaten verstärkt sich, Sprechen und Handeln klaffen auseinander, Effektivität und Effizienz im Team nehmen ab, mehr und mehr geschieht hinter Ihrem Rücken. Soweit zu der systemischen Perspektive.

Qualitative Voraussetzungen von Führung

Betrachten wir dazu noch einmal die qualitativen Voraussetzungen, unter denen Führung heute stattfindet. Sie führen häufig qualifizierte und fachlich spezialisierte Mitarbeiter, die eine Vielzahl von internen und externen Schnittstellen selbstregulativ steuern müssen.

Gleichzeitig sind Sie als Führungskraft gefordert, den mentalen Wandel bei Ihren Mitarbeitern voranzutreiben, sie zu fordern und zu fördern. Ihre Mitarbeiter sollen vernetzt denken, eigenverantwortlich handeln, sich selbst als Teil des Ganzen sehen und veränderungsbereit sein.

Für viele Führungskräfte bedeuten diese Arbeitsbedingungen, dass sie täglich zwischen den beiden Polen »zu viel Führung« und »zu wenig Führung« hin- und herpendeln. Emotional geht damit oft eine Zerreißprobe einher. Begeben Sie sich zu tief ins Team hinein, besteht die Gefahr, dass Sie sich psychosozial mit ihren Mitarbeitern verstricken, an Durchsetzungsfähigkeit verlieren und in Dilemmasituationen geraten, weil Sie aufgrund Ihrer Rolle auch unangenehme Entscheidungen treffen müssen – und das oft gegen ihren Willen. Gleichzeitig besteht die Gefahr, dass Sie sich in Details verlieren, sich überlasten und als unangenehmen Nebeneffekt Ihre Mitarbeiter kleiner machen, als sie als erwachsene Menschen sind. Sind Sie hingegen zu weit von ihren Mitarbeitern entfernt, verlieren Sie den Überblick über die Dynamik in ihrem Team, verpassen womöglich, an den notwendigen Stellen steuernd einzugreifen, und überfordern Ihre Mitarbeiter. Beide Male nehmen Sie den Rang Ihrer Führungsrolle nicht angemessen wahr, was Sie durch Vorwürfe zu spüren bekommen, die von außen auf Sie zukommen oder die Sie sich selbst machen. Was also tun?

Nutzen Sie Ihren öffentlichen Raum, um eine Teamkultur zu schaffen, die es erleichtert, mit dem Kräftefeld umzugehen, in dem Sie sich bewegen. Dann ist schon einiges erreicht.

Dabei sollten Sie auf Folgendes achten:

- Die Art und Weise, wie Sie mit Ihrer Rolle, Ihrem Rang und dem Ihrer Mitarbeiter umgehen, inspiriert diese zur Nachahmung. Wie Sie in den Wald hineinrufen, so hallt es zurück. Ihre Mitarbeiter antworten mit ihrem Verhalten auf Ihr Verhalten. Überall dort, wo das, was Sie sagen, im Widerspruch zu dem steht, was Sie tun, richten sich Ihre Mitarbeiter nach Ihrem Tun, während Sie Ihnen gleichzeitig das sagen, was Sie gerne hören möchten – oder das, wovon sie annehmen, dass Sie es gerne hören möchten.

Teamkultur

- Hören Sie auf sich selbst. Vertreten Sie das, was Ihnen wichtig ist. Formulieren Sie Ihre Erwartungen und handeln Sie konsequent. Tolerieren Sie nichts, nur weil Sie denken, Sie müssten einem Führungsideal entsprechen. Ihre Mitarbeiter werden umso mehr Respekt vor Ihnen haben, je mehr Sie als Mensch mit Ihren Stärken und Schwächen für sie spürbar sind. Kein Mensch will einen perfekten Vorgesetzten. Gleichzeitig gibt das Ihren Mitarbeitern die Erlaubnis, ebenfalls Stärken und Schwächen haben zu dürfen.

- Vertrauen Sie Ihren Wahrnehmungen. Die Gedanken, Gefühle, Bilder und Impulse, die Ihnen vor, während und nach einem Teammeeting durch den Geist ziehen, geben Ihnen wichtige Hinweise auf das, was im Feld wirkt. Sprechen Sie diese Dinge an und holen Sie sich ein Feedback darüber, wie es Ihren Mitarbeitern diesbezüglich ergeht.

Aufwertung des öffentlichen Raums

- Werten Sie Ihren öffentlichen Raum auf. Machen Sie sich klar, dass in Ihrem Team nur das öffentlich ist, was Sie in diesem Raum zu allen gleichzeitig gesagt haben und was von allen gehört und bezeugt wurde. Klären Sie nur das in Zweiergesprächen, was wirklich nur Sie und den Mitarbeiter angeht.

- Thematisieren Sie in ihrem Team das Rang- und Rollenverhalten. Scheuen Sie sich nicht, Abhängigkeiten anzusprechen und Wechselwirkungen in der Zusammenarbeit bewusst zu machen. Klären Sie, wie das Verhalten der Einzelnen miteinander interagiert und sich eventuell hinderlich auf das gemeinsame Interesse auswirkt. Dabei dürfen Sie sich aber nicht ausnehmen, sondern müssen sich im Gegenteil selbst ausdrücklich als ein Rädchen des Ganzen sehen.

- Laden Sie Ihre Mitarbeiter ein, Sie zu kritisieren, und sehen Sie diese Kritik als wichtigen Spiegel, von dem Sie etwas über sich lernen können. Holen Sie unausgesprochene Erwartungen und Kritik ans Licht und fragen Sie dann nach, ob Sie richtigliegen. Sie unterstützen Ihre Mitarbeiter so, selbst klarer zu werden und eine eigene Position zu beziehen.

- Anerkennen sie das Verhalten, das Sie gerne sehen möchten. Sprechen Sie Verhaltensweisen an, die störend sind, und reflektieren sie diese im obigen Sinne. Klären Sie mit den Mitarbeitern gemeinsam, wodurch dieses Verhalten hervorgerufen wird, und konzentrieren Sie sich darauf, die auslösenden Faktoren zu verändern bzw. in neuer Weise mit diesen umzugehen. Aufgrund Ihres Ranges macht es wenig Sinn, wenn Sie Ihre Mitarbeiter angreifen.

- Vermeiden Sie Äußerungen wie: »Das ist Ihr Problem!« Und lassen Sie auch nicht zu, dass Ihre Mitarbeiter untereinander diese Haltung einnehmen. Gemessen an kultureller Kompetenz ist diese Äußerung die Krönung der kulturellen Inkompetenz. Vergessen Sie nicht, dass Sie und Ihre Mitarbeiter nicht nach dem Ursache-Wirkungs-Prinzip / der Schuldfrage miteinander in Beziehung stehen, sondern nach dem Informations-Bedeutungs-Paradigma. Information wird gesendet, Bedeutung empfangen. Beides ist ein aktiver Prozess von mindestens zwei eigenverantwortlich Beteiligten.

- Feiern Sie gemeinsame Erfolge gemeinsam. Sorgen Sie in einer Ihrer Unternehmenskultur angemessenen Art und Weise dafür, dass Ihr öffentlicher Raum nicht nur zum Schauplatz von Unterschieden, sondern auch zum Schwingungsboden von Kommunion wird, von Rhythmus, Ritual und Resonanz in Redundanz.

Öffentlicher Raum als Schwingungsboden der Gemeinsamkeit

In Ihrem Verantwortungsbereich haben Sie also die Möglichkeit, eine Kultur der Zusammenarbeit zu gestalten, die Multipolarität und Vernetzung in ihrem Inneren abbildet. Was Ihr Unternehmen und Ihre Abhängigkeiten von Vorgesetzten und KollegInnen betrifft, bleibt Ihnen nicht viel anderes übrig, als ab und zu mal einen stillen Konsens zu verstören, auf die Stolpersteine und Konsequenzen der gelebten Kultur aufmerksam zu machen und einen Bewusstseinsprozess in Gang zu setzen.

Von der Herausforderung zur Antwort führen

Das methodische Vorgehen, das wir im Folgenden vorschlagen, soll Ihnen helfen, Teamsitzungen oder Workshops so zu leiten, dass

- Sie und Ihre Mitarbeiter ein Verständnis teilen, vor welchen Herausforderungen sie gemeinsam stehen
- unterschiedliche Sichtweisen, Haltungen und Einstellungen in den Meinungsbildungsprozess einfließen, wie die Herausforderungen zu beantworten sind
- Ihre Mitarbeiter Ziele und Entscheidungen mittragen
- jedes Teammitglied seine Verantwortung für die Umsetzung der Ziele kennt und übernimmt
- Bewusstheit über die Entwicklung entsteht, in der sich die Mitglieder des Teams und das Team als Ganzes befinden.

Der Rahmen, auf den wir uns dabei konzentrieren, ist das Team, dem Sie vorsitzen. Das Format ist auf jeder Hierarchiestufe anwendbar, und je durchgängiger es in einer Organisation angewendet wird, desto mehr werden die Fähigkeiten einzelner Personen zur Fähigkeit der ganzen Kultur.

Methodisches Vorgehen Erinnern Sie sich noch einmal an die fünf Schritte, die ein Sinneseindruck durchläuft, bevor es zur Handlung kommt: Wir nehmen etwas wahr, benennen es, interpretieren es, nehmen wiederum wahr, was das für uns bedeutet, benennen das wieder und reagieren daraufhin. Derselbe Input-Output-Prozess läuft auch in Ihrem Team ab. Der Unterschied zwischen Personen und Gruppen liegt ausschließlich darin, dass der Prozess innerhalb einer Gruppe komplexer ist. Denn das System Team als lebende Einheit setzt sich ja bereits aus einer Anzahl Personen zusammen. Eine Gruppe nimmt mit einer Vielzahl von Augen, Ohren und anderen Sinneskanälen Informationen auf. Die Bandbreite an Wahrnehmungen ist also viel größer und damit auch potenziell die Wachheit gegenüber dem, was geschieht, und das vorhandene Know-how, um anstehende Aufgaben zu bewältigen. Vorausgesetzt natürlich, es gelingt Ihnen, dieses Potenzial zu erschließen und die vorhandene Vielfalt im Sinne der gemeinsamen Herausforderungen zu nutzen. Dies ist natürlich nicht automatisch so, denn mit ansteigender Komplexität steigt auch das Potenzial für Konflikte.

Der innere Beobachter, mit dem wir als Personen abhängig von unserer Rolle und der Situation, in der wir uns befinden, Informationen interpretieren, existiert auch auf der Ebene des Systems Team. Die Teammitglieder entscheiden abhängig von der Teamkultur, was sie äußern und wie sie sich verhalten. Die Grenzen des öffentlichen Raums werden von einem kollektiven Beobachter bewacht. In demokratischen Systemen wird dieser durch Gesetze und Regeln repräsentiert, und es wird erwartet, dass die Systemmitglieder sich entsprechend der in ihnen zugrunde liegenden Werte und Normen verhalten.

In hierarchischen Systemen repräsentiert der Vorgesetzte den Beobachter der Kultur. In Ihrem Team sind Sie das. Das gibt Ihnen einerseits den Rang, die Kultur stärker als jedes Teammitglied zu beeinflussen. Andererseits fordert es Sie heraus, wach dafür zu sein, was geschieht. Dabei kann es Ihnen helfen, wenn Sie sich daran erinnern, dass Ihr Team ein Feld ist und sowohl Sie als auch jedes einzelne Teammitglied ein Kanal dieses Feldes, durch den es sich zum Ausdruck bringt.

Beobachter der Kultur

Ihre Führungsaufgabe besteht darin, dem Informations-Bedeutungs-Fluss rund um einen thematischen Fokus zu folgen und auf dieser Basis die Entscheidung zu treffen, wie Sie gemeinsam auf anstehende Herausforderungen antworten wollen. Im Folgenden stellen wir Ihnen vor, wie Sie die fünf Schritte des Input-Output-Prozesses für die Gestaltung von Teamsitzungen nutzen können.

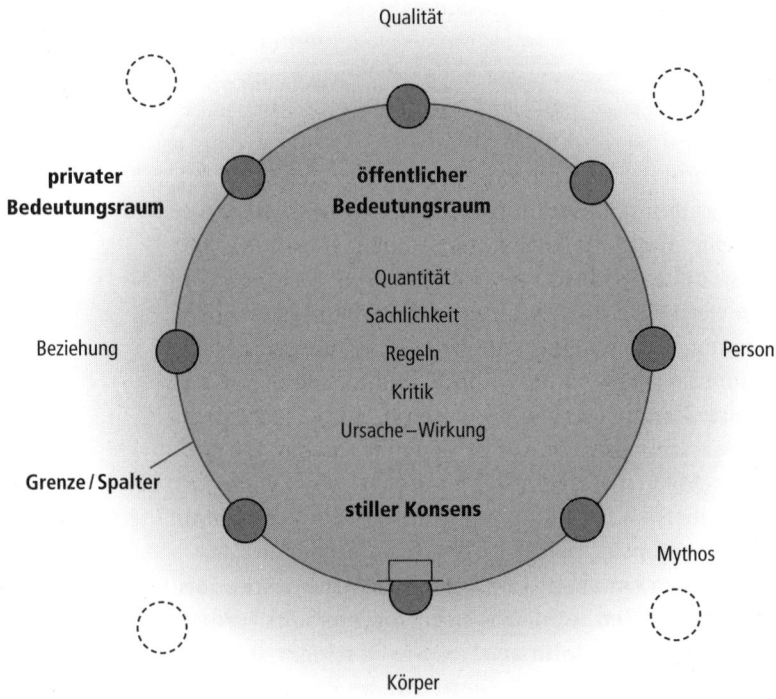

Qualität

privater
Bedeutungsraum

öffentlicher
Bedeutungsraum

Quantität
Sachlichkeit
Beziehung   Regeln   Person
Kritik
Ursache–Wirkung

Grenze / Spalter

stiller Konsens

Mythos

Körper

Bild, das sich bietet, wenn Sie sich mit Ihrem Team zusammenfinden

**Der Beginn
der Sitzung**

Das Feld spaltet sich in eine öffentliche und eine private Sphäre. Da Sie der oder die Vorsitzende der öffentlichen Sphäre sind,
erwarten alle von Ihnen, dass Sie beginnen. Gewöhnlich fangen
wir sehr abrupt an, uns den Sachthemen und der Tagesordnung
zuzuwenden. Aber natürlich ist bereits auch ganz am Anfang der
private Teil des Feldes zu spüren. Je nachdem, wo die Einzelnen
gerade herkommen, was im Vorfeld gelaufen ist, welche Themen
im Unternehmen kursieren, welche Erfolge und Misserfolge zu
verzeichnen sind, kreiert sich eine andere Atmosphäre. Manchmal
wird heftig diskutiert, während man sich zusammenfindet, an anderen Tagen verhält sich die Gruppe vielleicht zurückhaltend und

abwartend. Eventuell kann es eine gute Idee sein, die Atmosphäre oder hintergründige Ereignisse anzusprechen, bevor Sie inhaltlich einsteigen. Wenn Sie gerade ein schwieriges Gespräch mit Ihrem eigenen Vorgesetzten hatten, das Sie noch beschäftigt, können Sie das z. B. ansprechen, ohne unbedingt Namen zu nennen, und sagen, dass Sie gerade noch etwas wütend sind. Wenn es die erste Sitzung nach der Sommerpause ist, können Sie kurz darauf Bezug nehmen, dass sich das Team ja heute das erste Mal wieder zusammenfindet. Wichtig dabei ist, dass Sie nicht privat werden, sondern persönlich sprechen, also in Ihrer Rolle, aber eben nicht formal. Das hat zwei Wirkungen: Erstens wird das Klima von Anfang an persönlicher. Wenn es Gefühle im Hintergrund gibt, die kein unmittelbarer Gegenstand der Themen sind, mit denen Sie sich jetzt beschäftigen wollen, so verringern Sie allein dadurch, dass Sie diese ansprechen, dass die Gruppe auf diese Gefühle (z. B. Ihre Wut) reagiert, weil sie sie spürt, aber nicht zuordnen kann. Zweitens hilft das Ihnen und Ihren Mitarbeitern, sich gegenseitig da abzuholen, wo man gerade gedanklich ist, sich schon mal mit dem Hier und Jetzt vertraut zu machen und die Aufmerksamkeit für das zu öffnen, was als Nächstes ansteht. Dann können Sie einen kurzen Überblick darüber geben, was die Inhalte und Ziele der heutigen Sitzung sind, und eventuell etwas zu Abwesenden sowie zum organisatorischen und zeitlichen Rahmen sagen. Jetzt geht es los.

Phase 1: Daten

Das Ziel von Phase 1 besteht darin, dem Team bewusst zu machen, vor welche Herausforderungen es im Augenblick gestellt ist. Schwerpunkte dabei sind:

Herausforderungen

- *Der thematische Fokus:* Womit sind wir konfrontiert? Vor welchen Herausforderungen stehen wir? Welche Aufgaben, Aufträge, Themen ergeben sich daraus? Welche Daten haben wir dazu? Auf was müssen wir antworten?
- *Der systemische Kontext:* In welchem Feld bewegen wir uns, wie sieht das Konkurrenz- und Abhängigkeitsgefüge

aus? Wer erwartet was von uns, wer hat welches Interesse? Wodurch werden unsere Handlungsmöglichkeiten beeinflusst und begrenzt?

Machen Sie von Anfang an die Vorannahmen und Interpretationen transparent, aus denen die Themen, die bearbeitet werden sollen, hervorgehen, und spezifizieren Sie das Kräftefeld, in dem Sie sich bewegen. Damit stellen Sie Ihr Handeln in einen größeren Zusammenhang und vermitteln nicht nur Daten, sondern auch die Bedeutung, die diese aus Ihrer Sicht haben.

Bedeutung des Themas hereinholen

Wichtig dabei ist, dass Sie die Qualität der Herausforderungen, die Sie wahrnehmen, deutlich machen und sich positionieren, indem Sie sagen, was von Ihnen erwartet wird, was Sie von Ihren Leuten erwarten und in welcher systemischen Dynamik Sie sich dabei bewegen. Während Sie so nicht nur das Thema, sondern auch die Bedeutung des Themas in den Raum holen, konstellieren sich gleichzeitig die systemischen Stakeholder, die die Realitäten repräsentieren, mit denen Sie und Ihr Team umgehen müssen.

In Phase 1 sollten Sie die Teammitglieder einladen nachzufragen, aber noch keine Diskussion zulassen. Die Phase ist abgeschlossen, wenn alle verstanden haben, was es jetzt zu bearbeiten gilt, worauf und an wen das Team zu antworten gefordert ist.

Phase 2: Information

Das Ziel von Phase 2 besteht darin, die verschiedenen Sichtweisen, Meinungen und Positionen der Teammitglieder zum Thema in den Raum zu holen.

Wichtig

Jetzt geht es also darum, das Feld zu öffnen und wirklich alle mit einer ersten reflektierten Stellungnahme zu Wort kommen zu lassen. Es empfiehlt sich, einer Reihenfolge nach vorzugehen. Lassen Sie auch in dieser Phase noch keine Diskussionen zu, achten Sie stattdessen darauf, dass

- nicht nur fertige Statements geäußert werden, sondern auch unfertige Gedanken, Gefühle, Bilder und subjektive Reaktionen
- die Mitglieder einander wirklich zuhören und das Feld in seiner ganzen Vielfalt zur Kenntnis nehmen
- bei Beiträgen, die sich auf andere Mitglieder zu beziehen scheinen, ohne dass diese genannt werden, oder bei solchen, bei denen unklar ist, was gemeint ist oder um wen es dabei geht, Sie behutsam, aber beharrlich nach Sender und Empfänger fragen, und Sie auch die anderen ermuntern, das zu tun
- wenn bereits Lösungen präsentiert werden, Sie diese aufnehmen, aber zurückstellen; dafür ist es noch zu früh
- Sie eventuell nachfragen, wie abwesende Mitglieder, Stakeholder oder Konkurrenten sich wohl äußern würden, wären sie jetzt da.

In dieser Phase bröckelt die Gemeinschaftstrance, während eine **Die Tance bröckelt** Vielzahl von subjektiven Wahrheiten, von Meinungen, Positionen, Kräften, von Mehr- und Minderheiten, Fraktionen und Konflikten sichtbarer und spürbarer wird. Auf der Sachebene ist nun eine Vielzahl von partikularen Informationen im Raum. Noch ist nichts kohärent, und nicht alles ist wesentlich. Aber die Beziehungen der Mitglieder zum Thema, zu den Anwesenden und den Stakeholdern haben sich aufgefächert. Die Spannung steigt, weil vieles da, aber noch nichts gelöst ist. Je weniger gewohnt eine Gruppe ist, so zu arbeiten, desto unruhiger und ungeduldiger wird sie werden.

Die Diversität rund um das Thema ist jetzt offensichtlich, aber mit der Komplexität geht Unsicherheit einher, und Ihre Teammitglieder erwarten explizit oder implizit von Ihnen, klare Ansagen zu machen. Damit steigt für Sie als Führungskraft in dieser Phase der Druck. Das ist genau der, den Sie in Ihrem Führungsalltag sowieso spüren und der Sie oft vor Dilemmasituationen stellt, wenn Sie auf widersprüchliche Anforderungen und Erwartungen eindeutige

Antworten geben sollen, aber gleichzeitig kritisiert werden, wenn Sie es nicht recht machen.

In dieser Phase haben Sie die Gelegenheit, Ihren Leuten genau diese Dynamik erfahrbar zu machen und so Ihr Team einen ersten Schritt in Richtung Eigenverantwortung zu führen.

Phase 3: Bedeutung

Das Ziel von Phase 3 besteht darin, die zentralen Sichtweisen herauszukristallisieren und eine gemeinsame Haltung zu erarbeiten, wie man die Herausforderungen beantworten will.

Diese Phase beginnen Sie am besten mit einer Zusammenfassung dessen, was in Phase 2 zum Ausdruck gebracht wurde. Dabei können Sie die Beiträge z. B. danach strukturieren,

- welche Meinungen, Positionen, Haltungen und Einstellungen geäußert wurden,
- welche Antworten bereits formuliert wurden oder welche Ideen angeklungen sind,
- welche Gefühle, Bedenken, Hindernisse dabei empfunden werden.

Spannungsfelder Stellen Sie widersprüchliche Pole als Spannungsfelder in den Raum und fragen Sie nach, ob das dem entspricht, wie die Teammitglieder die bisherigen Beiträge erlebt haben. Diese Spannungsfelder bilden die Multipolarität des Feldes ab. Im Hintergrund der Positionen der Teammitglieder liegen unterschiedliche Wahrnehmungen und Interpretationen, die mit deren Situation, mit Funktion und Aufgabe, Konkurrenz und Abhängigkeiten, Beziehungen und Erfahrungen einhergehen. Jetzt geht es darum, mit diesen Spannungsfeldern umzugehen und sie in eine gemeinsame Sichtweise zu transformieren. Dabei sind Sie natürlich nicht in der Rolle eines neutralen Moderators. Sie bleiben in Ihrer Rolle, wechseln aber darin, Ihre Position zu vertreten und den Kommunikationsprozess zwischen Ihren Mitarbeitern zu führen. Praktisch sieht das so aus: Zu der Frage, welche Antwort auf die Herausforderungen zu geben ist, können Sie, nachdem Sie Ihre Teammitglieder gehört haben, entweder eine eigene mögliche Antwort formulieren oder eine Frage, die sie im Augenblick beschäftigt. Machen Sie transparent, wie sie dazu gekommen sind. Damit sorgen Sie in der weiteren Diskussion für einen klaren Rahmen. Im Weiteren sollten Sie darauf achten, wie diskutiert wird:

- Werden Vorannahmen und Interpretationen deutlich gemacht, die hinter inhaltlichen Positionen stehen?
- Wird deutlich, welche Bedeutung Beiträge für das Thema und die einzelnen Personen in ihren Rollen haben?
- Werden Abhängigkeiten offen angesprochen?
- Wird miteinander statt übereinander geredet?
- Gibt es unausgesprochene Erwartungen oder Kritik?
- Gibt es indirekte Angriffe?
- Sprechen immer dieselben Personen?
- Wer schweigt?
- Dreht sich die Diskussion im Kreis?
- Wann verändert sich die Atmosphäre und wie?

Wie wird diskutiert?

Nehmen Sie wahr, wie Sie im Hier und Jetzt auf das reagieren, was während der Diskussion vor sich geht. Verbalisieren Sie Ihre Eindrücke und Gefühle, wenn die Diskussion sich im Kreis dreht, die Energie nachlässt, Müdigkeit, Langeweile oder Unruhe aufkommt. Achten Sie dabei darauf, die Gesamtdynamik, die im Hier und Jetzt geschieht, bewusst zu machen, ohne Schuld zuzuweisen oder zu verurteilen. Denken Sie daran, dass Sie ein Verhalten verstehen können, aber deshalb nicht unbedingt damit einverstanden sein müssen.

Wenn die Diskussion problemorientiert bleibt, benennen Sie die Situation und die Herausforderungen noch mal und erinnern Sie daran, dass sie ja jetzt darüber sprechen, um gemeinsam zu klären, wie damit umgegangen werden soll. Geben Sie sich die Erlaubnis zu sagen, wenn Sie etwas stört, und laden Sie Ihre Leute ein, Ihnen gegenüber dasselbe zu tun. Intervenieren Sie, wenn in einer abwertenden Weise kommuniziert wird. Wenn Beiträge immer wieder übergangen werden, ohne dass jemand explizit darauf Bezug nimmt, kann das ein Hinweis darauf sein, dass die Gruppe etwas nicht hören will. Versetzen Sie sich in Ihre Mitarbeiter und drücken Sie das aus, was diese sich von sich aus nicht zu sagen trauen, sofern Sie annehmen, dass es für den weiteren Diskussionsverlauf wichtig sein könnte.

Dinge ansprechen und klären Bei all dem geht es vor allem darum, dass Sie sich selbst immer wieder bewusst machen, dass Sie den kulturellen Beobachter Ihres Teams repräsentieren und dass Sie deshalb die Erlaubnis haben und die Verantwortung, Dinge anzusprechen und zu klären, die sonst in der privaten Sphäre ihr Eigenleben führen. Sie sind gefordert, Einfluss zu nehmen, wenn die Qualität des Arbeitsergebnisses oder der Zusammenarbeit leidet. Im Laufe der Zeit können Sie dann eine Teamkultur etablieren, in der sich auch Ihre Mitarbeiter mehr und mehr für das Feld verantwortlich fühlen, bewusster Einfluss auf die Atmosphäre nehmen und auf der Beziehungsebene direkter miteinander kommunizieren.

Phase 3 ist abgeschlossen, wenn Sie mit Ihrem Team eine gemeinsame Sichtweise erarbeitet haben, wie unter den aktuellen Bedingungen mit den Spannungsfeldern umgegangen werden kann.

Phase 4: Entscheidung

Das Ziel von Phase 4 besteht darin, eine Entscheidung zu treffen, welche Antwort Sie auf die Herausforderungen geben wollen, Ziele zu vereinbaren und zu klären, wie die Aufgaben bearbeitet werden sollen.

Die Entscheidung kann im Konsens gefällt werden, durch Mehrheitsbeschluss oder von Ihnen alleine. Wichtig ist, dass Sie diese deutlich und nachvollziehbar in den Raum stellen, wenn es so weit ist, und die Ziele vereinbaren.

Dann ist zu klären:

- wer, was bis wann macht,
- worauf dabei zu achten ist, wer sich mit wem vernetzen muss, welche Informationen für wen wichtig sind.

Erst in Phase 4 steht die Arbeitsorganisation, z. B. mit Hilfe des Projektmanagements, im Mittelpunkt. Hier gilt die Planungsregel: so grob wie möglich, so genau wie nötig. Es geht also nicht darum, sich mit Details aufzuhalten, sondern darum, dass Verantwortlichkeiten und Kompetenzen für alle transparent und nachvollziehbar verteilt sind.

Arbeits-organisation

Phase 5: Handeln

Das Ziel von Phase 5 besteht darin, die Ergebnisse abschließend zu bewerten.

Auf der inhaltlichen Ebene geht es darum, gemeinsam noch einmal kurz darüber zu reflektieren, inwieweit die Einzelnen das Gefühl haben, mit den vereinbarten Zielen und Vorgehensweisen die gewünschte Wirkung zu erreichen und voranzukommen. Dabei geht es vor allem auch darum zu hinterfragen, welche Bedeutung das Arbeitsergebnis für die Stakeholder des Teams haben wird, wie sie darauf reagieren werden und wie sie informiert werden sollen.

Reflexion

Auf der Prozessebene bietet sich hier die Gelegenheit, die Sitzung gemeinsam zu evaluieren, Lerneffekte festzuhalten und die Entwicklung der Kultur der Zusammenarbeit im Team bewusst weiterzuverfolgen.

Haben Sie einmal angefangen, auf diese Weise mit Ihrem Team zu arbeiten, können Sie in den folgenden Sitzungen jeweils auf das Erreichte aufbauen, den Stand der Umsetzung besprechen und die Zusammenarbeit kontinuierlich weiterentwickeln.

Landkarte Die fünf Phasen dienen als Landkarte, die Ihnen auf dem Weg von der Herausforderung zur Antwort Orientierung geben, an welcher Station Sie sich mit Ihrem Team gerade aufhalten. Wenn Sie sich vorstellen, dass Ihre Aufgabe darin besteht, mit Ihren Teammitgliedern an einem bestimmten Zielort anzukommen, dann sind die einzelnen Stationen die Meilensteine, an denen Sie jeweils überprüfen, ob alle Mitglieder angekommen sind oder ob jemand unterwegs verloren gegangen ist. Innerhalb der einzelnen Phasen reagieren Sie auf das, was geschieht. Es kann sein, dass ein Zug nicht fährt und Ihr Team auf den Bus umsteigen muss. Oder ein Mitglied hat etwas vergessen, das Sie am Zielort unbedingt brauchen, und Sie müssen noch mal kurz zurück. Entsprechend entscheiden Sie, wann Sie auf der inhaltlichen Ebene weiter voranschreiten und wann Sie auf die Prozessebene wechseln.

Worüber diese Landkarte nichts aussagt, ist, welche spezifischen Sitten und Gebräuche in dem Land herrschen, in dem Sie sich befinden. Und da es einen großen Unterschied macht, ob man in Schweden, Italien oder gar in Indien oder Syrien unterwegs ist, werden Sie auf dem Weg mit den jeweiligen kulturellen Landesverhältnissen konfrontiert, mit denen Sie umgehen müssen, wollen Sie am Ziel ankommen.

3. Werkzeuge der kulturellen Kompetenz

Überblick

Mehrfach haben wir in den vorangegangenen Kapiteln angedeutet, wie man im Hier und Jetzt des kulturellen Feldes intervenieren kann. Im Folgenden fassen wir diese Werkzeuge in einem Überblick zusammen. Die Betonung liegt dabei auf der Wahrnehmung, denn erstens ist ohne Wahrnehmung alles nichts, und zweitens ergibt sich manchmal eine Intervention von selbst, wenn man erst mal hinguckt.

Das Feld wahrnehmen

Atmosphäre	Ist sie frostig oder erhitzt, gelähmt oder agitiert, nüchtern oder belebt, gespenstisch oder heiter? Wann ändert sie sich und wodurch? Die Atmosphäre ist das verdichtete, verdunstete Substrat des Feldes, in ihr, ihren *Base-* und *Top-Notes* (um in der Sprache der Parfümerie zu sprechen), ist alles enthalten. So duftet das kulturelle Feld.
Kommunikationsstil	Wie ist der vorherrschende Jargon, durch welche sprachlichen Symbole der Gleichheit zeichnet er sich aus? Wie beziehen sich die Sprechenden in ihren Beiträgen aufeinander? Welche Verdinglichungen und Verallgemeinerungen kommen besonders häufig vor?

Teilhabe	Wer spricht viel, wer wenig, wer dominiert und wie? Wer passt sich an? Wer nimmt überhaupt nicht teil? Wer fehlt?
Beziehungen	Welche offenen oder verdeckten sprachlichen Beziehungssignale gibt es? Wie werden sie formuliert oder verklausuliert und in welchem Ton? Wie wird auf sie reagiert? Welche nonverbalen Beziehungssignale gibt es, besonders hinsichtlich Rang und Macht, und wie werden sie beantwortet? Wie konstellieren sich Abhängigkeiten und Loyalitäten, wer konkurriert mit wem um was? Ist die sich entfaltende Dynamik bipolar oder multipolar, und wer repräsentiert die Pole? In Zusammenhang mit Beziehungen besonders wichtig:
Inkongruenzen	Welche Beziehung besteht zwischen Gesagtem und Gezeigtem? Gibt es da Unterschiede, die einen Unterschied machen? Welchen? Dazwischen liegt eine Grenze! Welche Wirkung hat die Inkongruenz beim Empfänger? Auf was reagiert er oder sie, und womit?
Grenzsignale	Umständliches Herumreden, Tilgungen des Sprechenden und des Adressaten, wolkige Formulierungen, Häufungen von Passiv oder »man«. Stammeln, Stocken oder unvollständige Sätze. Veränderungen der Hautfärbung, unwillkürliche Bewegungen, stockender Atem, Verstummen. Abbrechen oder Vermeiden des Blickkontakts …
Heiße Grenzen	Plötzliche Themenwechsel, Ablenken, Rechtfertigungen, Angriffe, Witzereißen, peinliche Stille. Starke Gefühle, Lähmung, alle stehen im Nebel, drängende Zurechtweisungen. Schweißgeruch. Wie wird damit umgegangen? Sagt jemand etwas?
Fußtruppen des Mythos	Wer stellt allgemeingültige Normen und Werte in den Raum oder zitiert sie? Woraufhin? Welche sind das? Werden mythische Gestalten genannt? Wie ist die Reaktion darauf?
Kommunionsstil	Mit welchen Ritualen (auch kleinen Dingen) und Redundanzen feiert und bestätigt sich die Gruppe? Wer sorgt und steht dafür? Was ist so selbstverständlich, dass niemand auf die Idee käme, es überhaupt zu erwähnen?

Führerschaft	Wer beeinflusst wen und wie? Argumentieren, überzeugen, anordnen, appellieren, fragen oder zuhören? Mit welchen Rangsignalen? Wer spricht aus Verantwortung für das Ganze, sorgt für Ziel, Orientierung und klare Verhältnisse? Wie? Wer gibt anderen offene Rückmeldung?
Ältestenschaft	Wer spricht stimmig und uneigennützig für die Gemeinschaft? Wer vermag sich in unterschiedliche Positionen hineinzuversetzen? Wer geht auf Minderheiten oder unterlegene Parteien zu und versucht, sie zu integrieren? Wer hat die größten Ohren, kann am besten zuhören und aufnehmen? Wer enthält sich kongruent polarisierender Bewertungen?
Pausen	Es ist wie mit diesen Wahrnehmungsspielen, in denen man das Muster nicht erkennt, wenn man zu spät anfängt oder zu früh aufhört hinzugucken: Stellen Sie erst recht alle Sinneskanäle auf Empfang, wenn es in die Pause geht, denn jetzt können Sie das kulturelle Feld in seinem homöostatischen Prozess beobachten. Ausschnittweise natürlich, denn das Plenum ist ja vorübergehend aufgehoben, man verteilt sich, und Sie können nicht überall sein. Falls Vertriebler unter Ihnen sind, sind sie natürlich alle am Telefon. Wer steht zusammen und spricht? Welche Themen können Sie aufschnappen, was beschäftigt die Leute? Alles, was jetzt ausgetauscht wird, hatte aus irgendwelchen Gründen im Plenum keinen Raum, es können wichtige Dinge darunter sein. Achten Sie auch jetzt, während über Dritte und Drittes geredet wird, auf Beziehungssignale.
Spalter	Welche Unterschiede gibt es zwischen den Pausengesprächen und dem, was im Plenum ausgedrückt wird? Welche sind besonders hervorstechend? Fantasieren Sie. Was würde wohl passieren, trügen Sie das in den öffentlichen Raum?

Hintergründiger als diese Offensichtlichkeiten, aber einflussreich:

Systemische Geister	Wer zitiert oder repräsentiert abwesende Mitglieder oder Stakeholder, spricht an deren statt? Wer wendet sich an unsichtbare Zeugen? Welche spezifischen Abhängigkeitsbeziehungen kommen darin zum Ausdruck? Wie ist das Echo, wie wird damit umgegangen? Wer spricht über oder zu abwesenden Konkurrenten? Auf welche Weise tauchen diejenigen auf, die von Repräsentanten vertreten werden?
Mythologische Geister	Welche Figuren oder Ereignisse aus der Vergangenheit werden zitiert, angerufen, beschworen oder in Abgrenzung erwähnt? Wie ist die Reaktion darauf? Auf welche transformatorischen Traumata wird eventuell allgemein reagiert, auch ohne dass sie erwähnt werden?
Stiller Konsens	Welche Themen, welche Probleme, Konflikte oder Herausforderungen, die alle angehen, werden von niemandem angesprochen, auch wenn sie es eigentlich sollten? Gibt es jemanden, der besonders darauf achtet, dass das nicht geschieht? In welcher Beziehung steht das zur Führung, zum Eigner/Souverän? Fantasieren Sie: Was wären wohl die Folgen, brächte man das zur Sprache?
Heilige Kühe	Was ist in dieser Öffentlichkeit absolut tabu zu äußern, obwohl jeder darum weiß? Was müsste man sagen oder tun, um hinausgeworfen oder ausgegrenzt zu werden? Wer würde dafür sorgen?

Wenn wir uns hier noch einmal vor Augen führen, was jenseits des auf Sachlichkeit, Quantität, Regeln, Kritik und Ursache-Wirkungs-Denken orientierten öffentlichen Raums im Hier und Jetzt des kulturellen Feldes abläuft, so beeindruckt vor allem, wie alles ineinander verwoben ist und sich gegenseitig beeinflusst. Vergangenheit und Zukunft, anwesende und abwesende Personen, Themen und Gefühle, Ausgesprochenes und Unausgesprochenes, alles wirkt in jedem Moment auf alle ein, und alle wirken auf das Feld ein. Unsere Rollenbeziehungen sind die Kanäle, an denen sich der Informations-Bedeutungs-Fluss des Feldes bricht, durch die er wahrgenommen, gefiltert und verarbeitet wird.

Intervenieren

Wir können auf unterschiedliche Weise auf das Hier und Jetzt des kulturellen Feldes Einfluss nehmen. Drei Interventionsvarianten wollen wir Ihnen vorstellen: Wahrnehmen, Führen und Integrieren.

Wahrnehmen

Wahrnehmen tun Sie natürlich sowieso. Aber wahrscheinlich sind Sie sich selten im Klaren darüber, dass Sie darüber Einfluss ausüben. Und zwar tatsächlich in zweifacher Hinsicht: durch das, *was* Sie wahrnehmen, und dadurch, *wie* Sie wahrnehmen. Schauen wir uns beide Aspekte genauer an:

Was Sie wahrnehmen, ist abhängig von den Zielen, die Sie verfolgen. Diese variieren, je nachdem in welcher Situation Sie sich befinden, welche Rolle Sie darin einnehmen und welche Absichten Sie verfolgen. Dasselbe gilt für jeden Lebensabschnitt: Ihre Absichten und Ziele lenken die Richtung Ihrer Aufmerksamkeit. Sie entspringen Ihrer Identität und ändern sich mit dieser. Was Sie nicht wahrnehmen, existiert für Sie nicht. Wenn Sie z. B. das kulturelle Feld nicht wahrnehmen, existiert es für Sie nicht. Wenn Sie es wahrnehmen, aber Ihre Kolleginnen, Mitarbeiter und Vorgesetzten nicht, dann existiert es zwar für Sie, aber nicht für diese. Entsprechend schränken sich Ihre individuellen Möglichkeiten ein, das, was im Hier und Jetzt geschieht, bewusst zu machen. Während sich Ihre Wahrnehmung, Ihr Selbstverständnis und eventuell auch Ihre Prioritäten ändern, bleibt der öffentliche Raum, wie er ist. Sind Sie in der Rolle des Vorgesetzten und mit Ihrem Team zusammen, ist das, was Sie wahrnehmen, indem Sie es benennen, entscheidend dafür, was in Ihrer Teamkultur öffentlich existiert und was nicht.

Was wir wahrnehmen

Wenn wir das kulturelle Feld in Aktion beobachten, ist es gut, von einer paradigmatischen Annahme auszugehen: Wir als Personen sind genauso Kanal des kulturellen Feldes wie alle anderen.

Weil innen und außen auf das Engste verschlungen sind, erschließen sich Informations-Bedeutungs-Prozesse nur dem teilnehmenden Beobachter. Was Sie in Ihrer inneren Welt wahrnehmen, während im Außen passiert, was passiert, birgt genauso viel Information über das Feld wie über Sie. Jede Ihrer inneren Reaktionen, jedes innere Echo, jeder Impuls ist Teil des größeren Gesamtprozesses. Die Wahrnehmung des kulturellen Feldes beginnt also damit, dass Sie Ihre Reaktionen, gefühlsmäßigen Resonanzen und Körperempfindungen im Zusammenspiel mit dem beobachten, was um Sie herum vor sich geht.

Folgen Sie einfach Ihrer Aufmerksamkeit: Wo geht sie hin? Wann geht sie weg? Was lässt sie in innere Dialoge oder Tagträumereien fallen? Was lässt sie nach innen gleiten, wovon wird sie im Außen angezogen, sei es auch noch so irrational? Was stört sie? Was drängt sie zur Seite, weil es nicht richtig, irrelevant oder gefährlich erscheint?

Bei alldem geht es nur darum, dass Sie Ihre Wahrnehmungen ernst nehmen. Noch müssen Sie gar nichts tun. Sie müssen sich nicht einmal konzentrieren, denn all das läuft sowieso in jedem Augenblick in Ihnen ab.

Wie wir wahrnehmen Wenn Sie dem folgen, kommen Sie in Kontakt damit, wie Sie wahrnehmen, was Sie wahrnehmen. Sie werden sich bewusst, wie Sie interpretieren. Denn Sie schärfen Ihre Aufmerksamkeit für die Informations-Bedeutungs-Prozesse Ihres inneren Beobachters. Information ist das, was Sie wahrnehmen, Bedeutung ist die Interpretation, die Sie einer Information geben. Da in der Sphäre des Lebendigen die Beobachtung auf den Beobachter zurückwirkt,

- entwickeln Sie mehr und mehr Ihre Fähigkeit, sich aus der Ursache-Wirkungs-Verkettung mit dem Außen und der unhinterfragten Hingabe an die Gemeinschaftstrance zu lösen. Sie reagieren nicht einfach auf Knopfdruck auf das, was Ihnen entgegenkommt, sondern erweitern

mit Ihrer Wahrnehmung auch Ihre Handlungsspielräume;
- erhöhen Sie Ihre kulturelle Intelligenz, weil Sie mehr und
mehr unterscheiden können, welche Ihrer Reaktionen
selbst motiviert und welche eine Antwort auf die Grenzen
der Kultur sind, in der Sie sich bewegen;
- beeinflussen Sie bewusster, wie die Personen, mit denen
Sie zu tun haben, auf Sie reagieren. Denn Ihre Interpretationen kommen in Ihrer Körpersprache als »Haltungen« und »Einstellungen« zum Ausdruck. Sie erzielen
eine Resonanz, werden von anderen intuitiv wahrgenommen und wirken, nachdem diese ihre eigenen Informa-
tions-Bedeutungs-Schleifen durchlaufen haben, wieder
auf Sie zurück.

Führen

Auch Führen tun Sie sowieso, und wenn Sie Führungskraft sind,
ist es ja geradezu Ihr Auftrag. Aber es geht an dieser Stelle natürlich nicht um die Sachebene, sondern darum, wie Sie mit ihrem
Handeln auf das kulturelle Feld, von dem Sie ein Teil sind, Einfluss nehmen. Hierbei spielen wieder die beiden Aspekte, *was* Sie
tun und *wie* Sie es tun, die entscheidende Rolle.

Nicht nur auf der Sachebene, sondern im kulturellen Feld

In Ihrer Führungsfunktion tragen Sie Verantwortung für Ihre
Mitarbeitenden und Ihren Kompetenzbereich und müssen für
Ziele, Orientierung und klare Verhältnisse sorgen. Wenn Sie sich
dabei nicht nur für die Sachebene verantwortlich fühlen, sondern
auch für die Kultur der Zusammenarbeit, dann praktizieren Sie
Führerschaft.

**Unter Führerschaft verstehen wir die Fähigkeit, im
öffentlichen Raum mit den eigenen Wahrnehmungen,
Haltungen und Einstellungen Position zu beziehen, bewusst
auf das zu antworten, was im Hier und Jetzt geschieht,
die darauf unvermeidlich folgenden Auseinandersetzungen zu führen und Veränderungsprozesse in Gang zu**

setzen. **Diese Fähigkeit wächst, je mehr wir uns aus der Gemeinschaftstrance, aus emotionaler Abhängigkeit von unbedingter Zugehörigkeit, Zustimmung und Anerkennung lösen, uns mit unseren Selbstzweifeln auseinandersetzen und innere Sicherheit entwickeln.**

Wagnis des Führens Führerschaft bedeutet, dass wir durch unsere formale Rolle hindurch als Person sichtbar werden. Dabei nehmen wir das Wagnis auf uns, in die Rolle des Täters gedrängt zu werden, wenn wir Dinge aussprechen oder aufdecken, die unsere Mitarbeiter oder Kollegen nicht gerne zur Kenntnis nehmen wollen. Das wiederum ist sowieso das Risiko, das wir auf uns nehmen, wenn wir eine Führungsposition innehaben. Jede Führungskraft setzt sich in ihrer privaten Sphäre damit auseinander, welche Macht sie hat und wie sie damit umgehen soll. Weil unser öffentlicher Raum aber ist, wie er ist, müssen wir, sobald wir im obigen Sinne persönlich werden, uns also nicht länger hinter der Sache verstecken, damit rechnen, kritisiert zu werden. Solange die äußeren Kritiker in unseren inneren kritischen Stimmen ihren Widerhall finden, gehen wir durch Gefühle von Macht und Ohnmacht. Denn die anderen reagieren, wie wir wissen, nicht nur darauf, was wir sagen, sondern auch wie wir es tun, also welche Bewertungen und Rangsignale wir darin zum Ausdruck bringen, ohne dass uns diese unbedingt bewusst sind. Sobald wir also damit beginnen, nach vorne zu treten, werden die äußeren Kritiker auf den Plan gerufen und zeigen uns die Grenzen unserer Macht und unseres Einflusses deutlich auf. Damit haben wir aber auch die Chance, diese Kritiker in uns selbst zu entdecken und zu transformieren. Auf diese Weise lösen wir uns nach und nach aus Verstrickungen, werden unabhängiger und bekommen einen klareren Blick auf das, was vor sich geht. Unsere Führungspersönlichkeit entwickelt sich weiter. Wir lassen weniger mit uns machen, setzen eindeutigere Grenzen, nehmen bewusster Einfluss, werden eindeutiger in dem, was wir wollen und was nicht. Wir können zuerst unsere Mitarbeiter und später auch unsere Kollegen auffordern und unterstützen, bewusster mit ihrem Einfluss umzugehen und klarer zu kommunizieren.

Der Kritiker ist die Figur des kulturellen Feldes, die immer dann aktiv wird, wenn etwas geschieht, das den Status quo in Frage stellt. Als innere Stimme bewacht er unsere persönliche Identität, als Kritik gegenüber anderen bewacht er die Identität unserer öffentlichen Räume und unserer Rollen. Über seinen spezifischen Charakter, seine Waffen und seine mythologischen Wurzeln haben wir bereits im vierten Teil geschrieben. Wie wir ihn transformieren können, werden wir noch diskutieren.

Integrieren

Aspekte der dritten Interventionsvariante, des Integrierens, leben Sie wahrscheinlich häufiger, als Ihnen das bewusst ist. Hierbei handeln Sie aus einem Gefühl der Verbundenheit mit dem Wohl des größeren Ganzen, von dem Sie ein Teil sind.

* Sie stellen das, was vor Ihren Augen passiert, in den Kontext der Kultur und intervenieren so, dass es der Situation weiterhilft.
* Sie bewerten Ihre eigenen Gedanken, Gefühle und Empfindungen danach, welche Bedeutung diese vor dem Hintergrund dessen haben, was gerade geschieht.
* Sie unterstützen Minderheiten und Minderheitenpositionen, machen Abhängigkeitsverhältnisse bewusst und gleichen Schuldvorwürfe oder Polarisierungen aus.
* Sie sehen die verschiedenen Rollen und Stimmen als Aspekte des Feldes und nehmen auf eine Weise Einfluss, die nicht wertend ist und Ihr Interesse an der Entwicklung des Ganzen zum Ausdruck bringt.
* Sie machen die Grenzen des öffentlichen Raums deutlich, indem Sie benennen, wodurch das Feld gespalten wird und was alle Anwesenden gleichermaßen beherrscht.
* Sie fördern den Dialog zwischen unterschiedlichen Rollen, tragen dazu bei, dass mehr Bewusstheit über den jeweiligen Rang entsteht und darüber, wie im Hier und Jetzt mit diesem umgegangen wird.

- Sie achten darauf, wann Sie sich innerlich mit einer Seite verbünden, und wirken dem entgegen, indem Sie sich in die andere Seite einfühlen.

Bei alldem bringen Sie sich selbst als Person ein, respektieren sich und die anderen, indem Sie aufmerksam wahrnehmen, was Ihre Interventionen auslösen, an Grenzen verlangsamen und Sorge tragen, dass die Informations-Bedeutungs-Prozesse miteinander ausgetauscht werden können. Sie achten nicht nur auf das, was Sie absichtlich tun, sondern auch auf die Wirkungen, die Sie erzielen. Sie sind bereit, von dem zu lernen, was Ihnen geschieht, während Sie tun, was Sie tun.

Das alles sind Qualitäten von Ältestenschaft. Die brauchen Sie, wenn Sie mit dem stillen Konsens auf eine Weise arbeiten wollen, die Sie und andere darin unterstützt, sich der ungeschriebenen Regeln, der unausgesprochenen Werte und Normen bewusst zu werden, die Konflikten zugrunde liegen.

Die drei Interventionsvarianten

Situative Handlungsmuster Alle drei Interventionsvarianten gehen fließend ineinander über. Es sind in erster Linie situative Handlungsmuster, die dem kulturellen Feld helfen, sich seiner selbst bewusst zu werden. Mal nehmen wir einfach wahr, was geschieht, dann sind wir in der Rolle desjenigen, der führt. Ein andermal wirken wir ausgleichend auf eine schwierige Situation ein. Auch wenn sie zum Teil anspruchsvoll klingen mögen, sind diese Fähigkeiten doch in uns allen angelegt, und es ist weniger eine Frage der persönlichen Voraussetzungen, sondern vor allem eine Frage der systemisch-kulturellen Voraussetzungen, ob und in welcher Weise sie zum Ausdruck gebracht, gefördert und weiterentwickelt werden können.

> **Die drei Interventionsvarianten sind nämlich nichts anderes als transformierte Ausdrucksweisen des Opfer-Täter-Retter-Dramadreiecks, das sich in Gruppenkonflikten häufig entfaltet.**

Die Interventionsvariante »Wahrnehmen« hilft uns, uns aus der **Wahrnehmen**
Ursache-Wirkungs-Verstrickung zu lösen. Wir fühlen uns nicht
mehr so sehr als Opfer äußerer Umstände oder anderer Personen.
Wir können besser unterscheiden, ob und wie wir uns in einer
bestimmten Situation äußern oder verhalten wollen. Wenn wir
in einer abhängigen Position sind oder wenn die konkrete Situation befürchten lässt, dass wir einen Schaden davontragen, wenn
wir ausdrücken, was in uns vor sich geht, ist es angemessen und
selbsterhaltend, uns anzupassen oder zurückzuhalten. Außerdem
ist es emotional erleichternd, wenn es uns gelingt, unsere innere
Welt vorübergehend von dem zu trennen, was um uns herum vor
sich geht. Distanzierung und Dissoziierung können sehr heilsam
sein. Wir können uns auch erst mal mit anderen austauschen, uns
über die Situation klarer werden oder Verbündete suchen, bevor
wir handeln.

Die Interventionsvariante »Führen« hilft uns zu lernen, in einer **Führen**
Weise Einfluss zu nehmen, die weniger Misstrauen hervorruft.
Nur der unbewusste und beziehungslose Umgang mit Macht
wirkt verletzend. Wenn wir klar äußern, was wir wollen und was
nicht, und unserem Gegenüber dasselbe Recht zugestehen, haben wir zwar oft ebenfalls einen Konflikt, aber einen offenen,
der uns vor dem Hintergrund unseres gemeinsamen Interesses die
Möglichkeit gibt, eine faire Lösung zu finden. Dieses gemeinsame
Interesse ist immer vorhanden, denn es gibt Konflikte nur dort,
wo Abhängigkeiten bestehen.

Die Interventionsvariante »Integrieren« hilft uns, wenn wir selbst **Integrieren**
nicht unmittelbar betroffen sind, auf einen Konflikt in einer Weise einzuwirken, der alle Beteiligten und die Situation respektiert
und unterstützt. Wir lösen uns aus der Position des unberührten
Beobachters oder der Retterrolle, öffnen unser Herz und bilden
damit einen Container, der den Konflikt halten kann.

> **Nichts fehlt in Konfliktsituationen so sehr wie mitfühlende
> Anteilnahme und Verständnis für alle Beteiligten. Das
> Bewusstsein, dass Konflikte zum Leben gehören, dass wir
> alle uns individuell und gemeinschaftlich über Konflikte**

entwickeln, dass wir uns alle zu unterschiedlichen Zeiten in der Rolle des Opfers, Täters, Retters oder Beobachters befinden, macht es möglich, die Situation differenzierter zu betrachten, konsequenter zu handeln und uns gleichzeitig mit allen Seiten liebevoll zu verbinden.

Zwei System-voraussetzungen Während wir uns als Einzelne jederzeit auf den Weg begeben können, diese Fähigkeiten zu entwickeln, und das Leben selbst uns oft von sich aus dahin führt, brauchen Systeme zwei Voraussetzungen, um diese Qualitäten in ihrer Kultur zu entwickeln:

1. Die Systemmitglieder dürfen nicht existenziell abhängig voneinander sein.
2. Die hierarchisch ranghöheren Mitglieder müssen einen solchen Entwicklungsprozess wollen, ihn vorleben, fördern und den Weg dahin als das eigentliche Ziel verstehen. Die Haltung, die dazu gebraucht wird, entsteht von selbst, sobald wir uns vor Augen führen, dass wir alle in Konkurrenz- und Abhängigkeitsverhältnissen stehen, deren wir uns mal bewusster und mal unbewusster sind, während das Feld in jedem Augenblick seiner Entwicklung vollständig ist.

Die erste Voraussetzung ist in den meisten Systemen unseres westlichen Kulturkreises heute gegeben. Während die Mehrheit der Menschen vielerorts täglich um ihr Überleben kämpfen muss, haben wir das Privileg, einen nächsten kulturellen Entwicklungsschritt gehen zu können, indem wir über unsere Systemrollen hinauswachsen, Verantwortung für das übernehmen, was im Feld wirkt, und uns um die Qualität unserer Beziehungen kümmern. Was die zweite Voraussetzung betrifft, liegt es an jedem Einzelnen, ob überhaupt und wenn ja, wann und wo er beginnen will. Dann jedoch brauchen wir die anderen, denn kulturelle Kompetenz ist ein Gemeinschaftsprojekt.

4. Transformatives Lernen

Der Weg, den ein lebendes System von der Herausforderung zur Antwort durchläuft, ist immer derselbe. Für alle alltäglichen Zwecke reicht der Prozess in seiner einfachen Variante völlig aus. Geht es aber darum, eine transformatorische Krise schöpferisch zu beantworten, müssen wir den Prozess in seiner Doppelschleifenvariante durchlaufen. Dies beginnt mit der Frage, was wir überhaupt wahrnehmen und als Herausforderung verstehen. Wir sehen uns selbst und die Welt ja immer durch unsere mythologisch geprägten Filter. Im transformativen Lernprozess stehen diese im Zentrum der Aufmerksamkeit: Wir setzen uns damit auseinander, wie wir bewerten, was geschieht. Die Grenzen, die die einzelnen Stationen des transformativen Lernprozesses voneinander trennen, haben wir zu Beginn dieses Teils geschildert. Im Folgenden beschreiben wir ein Workshop-Format, mit dem innerhalb von Systemen direkt auf der Identitätsebene gearbeitet werden kann.

Direkt auf der Identitätsebene

Transformatives Lernen in Systemen

Die Anwendung der Erkenntnisse, Methoden und Werkzeuge der kulturellen Kompetenz können eine Unternehmensführung darin unterstützen, den Weg von der Herausforderung zur schöpferischen Antwort systematisch zu durchlaufen. In hierarchischen Systemen kann die Verantwortung dafür nur top-down übernommen werden. Der transformative Lernprozess beginnt also immer bei der Unternehmensleitung. Ist es dieser in ihrem Kreis gelungen, in der Auseinandersetzung über anstehende Herausforderungen an den fünf Grenzen Bewusstheit zu schaffen und eine strategische und strukturelle Neuausrichtung zu erarbeiten, geht es als Nächstes darum, den mentalen Wandel innerhalb der Mitarbeiterschaft zu ermöglichen.

Veränderung der internen Beziehungen und Rollenerwartungen
Der Transformationsprozess einer Organisation geht mit einer Veränderung der internen Beziehungen einher. Auf der formalen Ebene wird ein neues Organigramm erstellt, Rollen und Verantwortlichkeiten werden neu zugeschnitten und verteilt. Auf der kulturellen Ebene ändern sich Anforderungen und Rollenerwartungen. Damit sind alle Beteiligten aufgerufen, ihre Identität zu transformieren, um die Veränderungen umsetzen und leben zu können.

> **In Organisationen findet transformatives Lernen deshalb immer vertikal und horizontal statt: zwischen Führenden und Mitarbeitern und in den Rollenbeziehungen der Mitarbeiter einer Hierarchieebene.**

Dieser Prozess kann von den Führenden unterstützt, aber nur begrenzt gestaltet werden. Sie sind ja selbst Teil der internen Beziehungen, von der Kultur geprägt und in der systemischen Dynamik gefangen. Im Prozess transformativen Lernens wird das kulturelle Welt- und Selbstverständnis reflektiert, werden unausgesprochene Rollenerwartungen bewusst gemacht und das Ranggefüge zwischen den Beteiligten bearbeitet, an dem sich das Öffentliche vom Privaten scheidet. Dafür braucht es Ältestenschaft, am besten in Form einer externen Begleitung. Diese kann helfen, an den fünf Grenzen zu verlangsamen, um den Informations-Bedeutungs-Fluss, der dort stattfindet, zugänglich zu machen und die auftauchenden Konflikte im Sinne aller Beteiligten zu moderieren.

Ein solcher Prozess kann in Teams oder größeren Gruppen, in denen verschiedene Subsysteme zusammenkommen, durchgeführt werden. Wir Autoren haben gute Erfahrungen mit Gruppen bis 100 Personen gemacht. Die Methoden ändern sich etwas, je größer eine Gruppe ist, aber das Format bleibt dasselbe. Wir nennen es Mythos und Innovation, denn wenn Transformation mit Bewusstheit geschehen soll, braucht es Abschied vom Alten und Neubesinnung, also Arbeit mit der »Seele« der Kultur. Dazu ist es notwendig, den stillen Konsens vorübergehend zu explizieren, die bisherige Bedeutungskonstruktion zu hinterfragen und nach einer Phase der Fragmentierung zu einer neuen Einheit-in-Bedeutung zu finden. Die einzelnen Schritte dieses Prozesses beinhalten

- die Benennung der Herausforderungen, vor die das System von außen gestellt ist, durch die Führung,
- die Wahrnehmung und Anerkennung der vorhandenen Spannungsfelder und Konflikte,
- die Rückbindung an die mythologischen Anfänge des Systems, um sich bewusst zu werden, wie die Kultur so geworden ist, wie sie zum jetzigen Zeitpunkt ist,
- ein neues Rollenverständnis der Beteiligten und wie sie in ihren Rollenbeziehungen miteinander umgehen wollen,
- die Bündelung der Energien auf die Bewältigung der Herausforderungen.

Nachdem die Herausforderungen von der Führung in den Raum gestellt worden sind, beginnt der Prozess damit, dass die Beteiligten vorhandene Spannungsfelder und Konflikte benennen. Diese konstellieren sich in den Beziehungen zwischen Führenden und Mitarbeitern, zwischen Subsystemen, Fraktionen oder einzelnen Mitgliedern. Wen auch immer sie betreffen und um was es inhaltlich geht, jetzt ist der Zeitpunkt, sie transparent zu machen, denn in ihnen repräsentieren sich überpersönliche Themen und Dynamiken, die das System als Ganzes angehen. Die Arbeit besteht in diesem ersten Schritt noch nicht darin, Lösungen zu finden, sondern darin, Bewusstheit darüber zu schaffen, wie sich das Feld über die Rollen, Personen und deren Beziehungen als Kanäle ausdrückt. Sind die Spannungsfelder und Konflikte sichtbar und spürbar geworden, geht es weiter.

Spannungsfelder und Konflikte benennen

Im nächsten Schritt steht das größere Dritte im Mittelpunkt: der Mythos und kulturelle Ozean. Um mit diesem zu arbeiten, haben wir eine Vorgehensweise aus dem NLP für unsere Zwecke modifiziert: die Mythos-Zeitlinie (vgl. u.a. *Woodsmall/James* 1991).

Mythos Zeitlinie Wir legen ein langes, den Zeitstrahl repräsentierendes Band in die Mitte des Raumes, gruppieren die Teilnehmer drum herum und markieren es zur Orientierung mit auf Moderationskarten geschriebenen Jahreszahlen. Das eine Ende steht für den Geburtszeitpunkt des Systems, das andere für den jetzigen Moment. Dann fordern wir die Teilnehmer auf, ihr Namenskärtchen an die Stelle zu legen, an der sie dem System beigetreten sind, so dass alle auf dem Zeitstrahl vertreten sind. Anschließend bitten wir das Gruppenmitglied mit dem »längsten Gedächtnis« in die Mitte. Jetzt beginnt die Zeitreise: Mit dem Zeitpunkt der »Zeugung« beginnend, rekapitulieren wir Zeugungsauftrag und Schöpfungsmythos. Den Zeitstrahl Schritt für Schritt abschreitend, vollziehen wir nach, wie sich die Kultur entwickelte, welche Triumphe und Niederlagen sie erlebt hat, welche transformatorischen Wendepunkte sie bewältigen musste und wie ihre Beziehungen dadurch geprägt wurden. Mehr und mehr wird dabei die ganze Gruppe in den Dialog integriert. Es werden natürlich auch Lagerfeuergeschichten und Anekdoten erzählt, es wird an Ausgeschiedene erinnert, an Wechsel in der Führung und Ereignisse aus der Welt, die auf das System Auswirkungen hatten. So geht es bis in die Gegenwart. Hier holen wir nochmals die aktuelle Herausforderung in den Raum und deren Bedeutung, so wie sie sich im bisherigen Auseinandersetzungsprozess herausgeschält hat, und setzen diese in Beziehung zum Mythos. Jetzt wird für alle ganz offensichtlich und greifbar, wovon man sich gemeinschaftlich und individuell verabschieden muss, um kraftvoll die Zukunft zu gestalten. Die Atmosphäre, die währenddessen im Raum entsteht, ist jedes Mal sehr »dicht«, und man spürt sehr eindrücklich die Verbundenheit der Mitglieder mit ihrem Mythos. (Wir kennen das aus dem Privatleben: Es gibt nichts, was uns Menschen so verbindet wie gemeinschaftliche Trauerarbeit.) Dies, und die ganz akute Bewusstheit, Teil von etwas Größerem zu sein, dessen transformatorische Entwicklung jetzt von den Mitgliedern verlangt, ihre Größe und

Verantwortung für dessen weiteren Weg wahrzunehmen – die Fackel, wenn man so will, zu übernehmen, weiterzutragen oder abzugeben – dies ist für alle Beteiligten ein starkes Kommunionserlebnis, im Laufe dessen die mythologischen Vorannahmen bewusster werden, die ihr Denken und Handeln geprägt haben.

Nach dieser Erfahrung ist es gut, noch einmal alle zu Wort kommen zu lassen mit dem, was sie vor dem Hintergrund der Rückbindungserfahrung in Bezug auf die anstehenden Neuerungen bewegt.

Im nächsten Schritt geht es wieder zurück in die Gegenwart und auf die Ebene der Beziehungen. Das jetzt deutlich im Raum stehende größere Ganze erleichtert die Beziehungsarbeit der Personen in ihren Rollen. Nun werden die Spannungsfelder und Konflikte ausgetragen und durchgearbeitet. In gegenseitiger Projektion festgefahrene bipolare Positionen lösen sich dabei auf. Es entsteht ein klarerer, differenzierter Blick auf den thematischen Fokus, die Bedeutung, die er für alle hat, und welche Rollenbeziehungen es braucht, um die Herausforderungen, vor denen alle gemeinsam stehen, zu beantworten. Zu beachten ist bei all dem nur, dass jeweils der private und der öffentliche Anteil der Konflikte gewürdigt wird, dass das Intime geschützt und das allgemein Bedeutungsvolle in seinem Ausdruck unterstützt wird.

In die Gegenwart

Zwei Ausnahmen bestätigen diese Regel: Konflikte zwischen den Mitgliedern der jeweils ranghöchsten Führungsebene müssen im Séparée behandelt werden, am besten bereits als Vorbereitung auf den Prozess. Dasselbe gilt für die Fälle, in denen zwei Konfliktpartner so in Loyalität zu ihren Fraktionen gefangen sind, dass ein Gesichtsverlust kaum zu verhindern wäre.

Der nächste Schritt besteht darin, dass sich die Gruppe wieder den Herausforderungen aus dem Außen zuwendet, ihre Erfahrungen daraufhin auswertet und Rollen und Verantwortlichkeiten neu definiert.

Ganz zum Schluss kommen dann die Stakeholder wieder ins Spiel, indem man sich der Frage zuwendet: Was bedeutet all das, was wir jetzt erfahren haben, für die, die von uns oder von denen wir abhängig sind? Es geht darum, die Positionen der nicht anwesenden Stakeholder im öffentlichen Raum zu repräsentieren, vorzugsweise durch die Mitglieder, die am intensivsten mit ihnen zu tun haben und sie am besten kennen. Ebenso kann man mit konkurrierenden Systemen verfahren. Die Erkenntnisse, die dabei erarbeitet werden, gilt es im weiteren Umsetzungs- und Kommunikationsprozess zu berücksichtigen. Sie sind wichtig, weil sie Hinweise dazu geben, wie das eigene Handeln über die Reaktionen der Personen, zu denen die Gruppe Schnittstellen hat, auf sie selbst zurückwirken wird. Damit senkt sie schon mal die Schwelle dagegen, die Zirkularität ihres Wirkens nach Außen wahrzunehmen.

Strategische Neuausrichtung Für diesen Prozess braucht es je nach Gruppengröße und Ausgangssituation anderthalb bis zwei Tage.

Gelingt es einer Unternehmensführung nicht oder nur in Form eines halbherzigen Kompromisses, eine Entscheidung zur strategischen und strukturellen Neuausrichtung ihres Systems zu treffen, und sitzt sie dadurch in einer Transformationssackgasse fest, kann auch ihr ein solcher Prozess helfen, einen Konsens zu erarbeiten, der eine schöpferische Antwort ermöglicht – und nicht nur eine, die auf dem kleinsten gemeinsamen Nenner beruht.

Transformatives Lernen von Personen

Es ist so einfach: Menschen verändern sich, weil Zeiten sich ändern, und Zeiten verändern sich, weil Menschen sich ändern. Kollektive und individuelle Entwicklung hängen unauflöslich zusammen. Das handelnde Subjekt aber, das eigentliche historische Agens, ist die Person: Kulturelle Veränderung beginnt immer damit, dass Einzelne anders handeln, häufig motiviert und begleitet von einem persönlichen Transformationsprozess. In kollektiven transformatorischen Krisen sind wir gemeinsam gefordert zu lernen. Je mehr die, deren systemische Rolle darin besteht, andere zu führen oder der Eigner / Souverän ihres Systems zu sein, vorangehen, desto größer wird die Chance aller, dass dieser Prozess evolutionär vor sich geht.

Deswegen wenden wir das Prozessmodell nun auf das transformative Lernen von Personen an. Indem wir einen solchen persönlichen Lernprozess durchlaufen, entwickeln wir zugleich die Fähigkeit, transformatives Lernen in Systemen oder bei Personen zu unterstützen und zu begleiten.

Im Abschnitt über transformatorische Krisen haben wir die in Stammeskulturen verbreiteten *rites de passage* mit ihrer Struktur von Abschied, Schwellenerfahrung und Wiederkehr vorgestellt. Dieses archetypische Ritual unterliegt auch der Heldenreise. *Joseph Campbell* hat die Heldenreise erforscht und dabei herausgefunden, dass ihre Grundstruktur in allen Kulturen und zu allen Zeiten zu finden ist. Er nannte sie deshalb einen »Monomythos«. *Arnold Toynbee* hat sich mit dem Aufstieg und Niedergang unterschiedlichster Kulturen beschäftigt und herausgearbeitet, dass in den Kulturen, die sich erneuern konnten, zu Beginn die Heldenreise Einzelner stand, die der Funken waren, an dem sich kollektive Transformationsprozesse entzündeten. Wenn wir an die Schöpfungsmythen zurückdenken, die zur Gründung eines neuen Systems und einer Kultur führen, dann sehen wir, dass der persönliche Prozess, den die Gründerfiguren durchlaufen, bevor sie etwas Neues in die Welt bringen, häufig dieser Struktur entspricht. *Henry Dunant,* jener Schweizer Geschäftsmann, der durch das Erlebnis des Grauens einer Schlacht aus seiner persönlichen Alltagstrance gerissen wurde, sich in der Verarbeitung dieses Erlebnisses tief veränderte und daraufhin das *Rote Kreuz* gründete, ist nur ein Beispiel von unendlich vielen. Natürlich sind längst nicht alle Heldenreisen so spektakulär und ihre Auswirkungen nicht so epochal, aber auch der Gründung einer x-beliebigen kleinen Firma geht meist eine Heldenreise ihrer Gründerperson(en) voraus. Sie geht damit einher, dass man sich auf eine Reise in

Die Heldenreise

unbekannte äußere und innere Welten begibt. Durch diese Erfahrung verändert man sich, und dann ist man bereit, ihre Früchte zu ernten, sie nach Hause zu bringen und anderen zu präsentieren. Das, wenn man so will, Heldenhafte an dieser Erfahrung ist, dass sie nicht mit einer Garantie für ihren Erfolg daherkommt. Nicht jeder macht sich wirklich auf, nicht jeder besiegt den Drachen, nicht jeder kehrt mit den Früchten des Sieges zurück und teilt sie mit seinen Leuten. Eine Heldenreise ist definitiv kein Touristikprodukt, es gibt sie nicht mit Reiserücktrittsversicherung und ADAC-Schutzbrief; dazu ist die Sache zu ernst.

Legt man nun das aus dem Informations-Bedeutungs-Paradigma entwickelte Fünf-Grenzen-Prozessmodell über die archetypische Struktur der Heldenreise, stellt man fest, dass unser Modell transformativen Lernens nichts anderes ist als eine moderne Version jenes essenziellen Formates menschlicher Erneuerung, das vielleicht so alt ist wie wir als Gattung und das seinerseits dem Paradigma der Erneuerung alles Lebendigen folgt: Etwas muss sterben, damit und bevor etwas Neues entstehen kann. Wir wissen ja nicht, was Gott getan hat, bevor Er das Universum lostrat, aber wenn wir nach Seinem Bilde geschaffen sind, hat Er das nicht aus Seinem göttlichen Tagesgeschäft heraus getan, sondern als Ergebnis einer eigenen Heldenreise … Auch Sein Sohn musste ja hinaus in die Wüste und drei wirklich harten Versuchungen des Teufels widerstehen (Matthäus 3,4), bevor er bereit und gewappnet war, sich mit seiner spirituellen Wahrheit der Welt zu stellen.

Männlicher Mythos Bevor wir darangehen können, den persönlichen transformativen Lernprozess in seinen fünf Phasen vorzustellen, müssen wir uns noch einer Augenfälligkeit stellen: Die Heldenreise ist ein männlicher Mythos. In matriarchalischen Kulturen gibt es ihn nicht. Es kann ihn gar nicht geben, denn das Heldische, der Erwerb von Ruhm und Ehre, ist in weiblich geprägten Kulturen kein Wert. Das ist das eine; das andere: Wie kommen wir Autoren dazu, in einer transformatorischen Krise unserer Kultur, die das Ergebnis von Tausenden von Jahren Patriarchat ist, das bereits selbst aus einer Unzahl männlicher Heldenreisen entstanden ist und seine evolutionäre Mission übererfüllt hat, ausgerechnet ein solches

Format vorzuschlagen, um unser aller weiblichen Seiten wieder mehr und vernehmlicher in unsere öffentlichen Räume zu bringen?

Zum Ersten ist das Fünf-Grenzen-Prozessmodell natürlich geschlechtsneutral, es gilt ja für alles, was eine menschliche Identität hat. Transformatives Lernen ist keine Domäne und kein Privileg der Männer, und dies umso weniger in einer Zeit der Auflösung traditioneller Geschlechterstereotypien, wie sie zumindest in unserem Kulturkreis unübersehbar ist. Zum Zweiten führt die Heldenreise, die wir hier im Sinn haben, durch innere Welten, durch die Kultur in uns und uns in der Kultur, und die hat die Frauen gleichermaßen geprägt wie die Männer – wenn auch anders, weil sie mehr unter dieser Kultur gelitten haben. Und zum Dritten läuft der globale kollektive Transformationsprozess, in dem wir uns alle miteinander befinden, sowieso darauf hinaus, neu zu definieren, was unser männlicher und weiblicher Beitrag zur Entwicklung unserer Kultur und der Welt sein kann.

Der transformative Lernprozess also ist in seiner Syntax und seiner Struktur für Frauen und Männer derselbe. Nur die Ausgangssituationen und die Herausforderungen, und mit ihnen das, von dem man bzw. frau sich verabschieden muss, sind andere: Täterschaft bei den Männern, Opferschaft bei den Frauen. Beide sind natürlich nichts anderes als die Kehrseiten derselben Ursache-Wirkungs-Verstrickung.

Zeit also, um aus dem noch von *Campbell* in Verallgemeinerung des Männlichen so benannten Monomythos einen Stereomythos zu machen.

Der Weg einer Person durch die fünf Phasen

>*Not I, not anyone else, can travel that road for you,*
>*You must travel it for yourself.*
>*It is not far, it is within reach,*
>*Perhaps you have been on it since you were born*
>*and did not know.*«
WALT WHITMAN

Wenn wir jetzt den Weg einer Person durch die fünf Phasen transformativen Lernens beschreiben, ist unser professioneller Bezugsrahmen ein begleitetes Erfahrungslernen, wie es zum Beispiel in Coaching-Arrangements stattfinden kann. Die Rolle eines transformativen Coachs besteht darin, den Coachee mit Behutsamkeit und Beharrlichkeit, und so zügig wie möglich, von Grenze zu Grenze zu führen. Das heißt aber weder, dass es für ein solches Lernen unbedingt professionelle Begleitung braucht, noch dass diese zu jedem Zeitpunkt erhältlich oder sinnvoll wäre. Den Weg gehen muss sowieso jeder selbst – zumindest die ersten und die letzten Schritte, und das sind die wichtigsten. Jede Grenze hat natürlich, wie das bei Grenzen so üblich ist, Grenzübergänge – Pforten –, durch die man in das Land jenseits davon gelangt. Diese Pforten öffnen sich, wenn man den Schlüssel findet, der zu ihnen passt; wenn man den Passierschein zeigt, den der Wächter der Grenze akzeptiert, wenn man das Lied singt, das die Mauer zum Einstürzen bringt. Aber: Wo sucht man den Schlüssel, und wie sieht er aus? Hier gilt die gute alte Faustregel aller Transformationsveteranen: Wo die Angst ist, ist der Weg.

Die erste Pforte: der Ruf – und die Grenze dagegen, ihn zu hören

Signale von außen Es beginnt immer damit, dass wir unseren täglichen Geschäften nachgehen, unser ganz normales Leben leben und damit ganz normal glücklich oder unglücklich sind. So wie der Ruf zum Abenteuer die Helden immer aus dem Außen ereilt, indem etwas Fremdes in ihr Leben eintritt, kommen auch die Signale, die uns zur Veränderung aufrufen, aus dem Außen: Wir geraten mehr und mehr in Beziehungskonflikte, wir werden von anderen mit Feedback über unsere Wirkung konfrontiert, es geschehen uns Dinge »aus der Welt« (wir werden übergangen, andere sind erfolgreicher und verdrängen uns, wir erleiden Unfälle, »Schiffbrüche«, Zurückweisungen, materielle oder menschliche Verluste – alles Mögliche kann uns ja passieren). Auch was mit unserem Körper und unserer Seele geschieht, gehört hierher: Veränderungen, Symptome, Erkrankungen usw. Sie kommen zwar nicht physisch aus dem Außen, aber sie widerfahren uns, wir machen sie nicht.

Sind diese Signale nicht so unleugbar massiv, dass sie unsere ganze Aufmerksamkeit unmittelbar erzwingen, wehren wir sie in aller Regel ab, indem wir so weitermachen wie bisher. Vielleicht verdoppeln wir sogar unsere Anstrengungen, versuchen, noch besser zu funktionieren, schlicht »mehr desselben« zu tun – und uns vorzumachen, da sei nichts. Erst, wenn das nicht mehr hinhaut, beginnen wir uns zu fragen: Was hat das mit mir zu tun? Was will mir das sagen? Auch in Märchen und Mythen verweigert sich die Heldenperson ja zunächst ihrer Berufung: Sie sei unabkömmlich, habe Unaufschiebbares zu erledigen, werde hier gebraucht, die Aufgabe sei unmöglich, warum überhaupt gerade sie, es gebe doch so viel Geeignetere ... Der Ruf erscheint zunächst immer als Störung, die wir wegwünschen, bevor wir bereit sind hinzuhören. Manchmal wird der Ausschlag auch dadurch gegeben, dass uns jemand ermutigt, dem wir vertrauen, oder dass jemand uns schubst oder schickt, wie das ein Vorgesetzter tun kann, dessen Urteil wir schätzen.

Abwehr der Signale

Die zweite Pforte: der Weg – und die Grenze dagegen, ihn zu gehen

Endlich macht sich die Heldenperson auf den Weg ihrer Reise, eher verwirrt und verlockt als wirklich entschlossen, halbherzig noch und voller Zweifel, und bestenfalls mit einer blassen Ahnung davon, wohin diese sie führt und was sie erwartet. Aber sie verabschiedet sich von ihrer Heimat und Gemeinschaft, und mit jedem Fuß, den sie vor den anderen setzt, entfernt sie sich weiter von ihrer gewohnten Welt und begibt sich tiefer in das Traumland des Abenteuers.

Genauso ergeht es uns, wenn wir uns aufmachen, die Information zu erkunden, die in der Störung geborgen liegt. Sie hat jetzt zwar auf der symptomatischen Ebene einen Namen, aber gerade deswegen sind wir voller Ängstlichkeit und Abwehr, die diesen Namen häufig inspiriert. Am liebsten wäre es uns, sie würde einfach wieder weggehen, oder jemand könnte sie wegmachen, so dass alles wieder so wird wie vorher.

Helfer Ganz klar: Wir brauchen Hilfe. Und so, wie die Heldenperson auf den ersten Stationen ihrer *Aventure* Helfern und Verbündeten begegnet, kleinen und großen, die sie zum Beispiel mit magischen Waffen, mit Wünschen, Zauberformeln oder anderen Fähigkeiten ausrüsten, so begegnen auch wir auf zum Teil überraschende Weise Helfern – wenn wir einmal entschlossen und hilflos genug sind, um aufmerksam für ihr Erscheinen zu sein. Wir treffen vielleicht andere, die ein ähnliches »Problem« haben, wir lesen auf einmal etwas über unser Thema in der Zeitung oder begegnen ihm in einer Fernsehsendung oder einem Buch. Das alles ändert noch nicht viel, aber wir sind dabei, unsere Erkundungen tastend zu vertiefen. Vielleicht kommt an dieser Stelle auch ein Coach ins Spiel oder ein anderer »professioneller Helfer«, und das kann natürlich ein mächtiger Verbündeter sein, dessen Hilfen wir gut gebrauchen können, um wirklich in das Traumland einzutauchen, das sich auftut, sobald wir die Pforte durchschritten haben, die mit dem Namen unseres Symptoms beschriftet ist.

Die Aufgabe des transformativen Coachs ist es jetzt, unsere eingefahrenen Informations-Bedeutungs-Konstruktionen im Hier und Jetzt zu verlangsamen, um unser Aufwachen an den Grenzen zu unterstützen. Dabei sind unter praktischen Gesichtspunkten die folgenden Perspektiven die wichtigsten:

- das sich entfalten zu lassen, was »ruft«: das Symptom verstärken, das Wahrnehmen emotionaler und körperlicher

Resonanzen ermutigen, Fantasien und Tagträume ans Licht holen

- das sich entfalten zu lassen, was widersteht: bewusst machen, dass wir das Thema wechseln; stille Befürchtungen laut werden lassen; uns sanft auf unsere Projektionen hinweisen; darauf aufmerksam machen, wenn wir über uns hinweggehen; hinterfragen, wenn wir überstürzt verallgemeinernde, einschränkende oder verzerrende Informations-Bedeutungs-Salti vollführen.

All das, während es geschieht. Die Aufmerksamkeit und die Interventionen richten sich also immer, wenn auch nicht immer gleichzeitig, auf die Ebenen Geist, Gefühl und Körper. Durch diese Arbeit wird unser Erleben deutlicher, und die Grenzen unserer Selbstwahrnehmung werden uns bewusster. Das erlaubt und ermutigt uns, tiefer in unser inneres Geschehen einzutauchen und es achtsam zu erkunden. Wie die Heldenperson auf ihrer Reise erhalten auch wir dabei magische Werkzeuge. Wir lernen mehr und mehr, unserer eigenen Wahrnehmung zu vertrauen, unserem eigenen Sehen, Hören und Resonieren. Dieses Lernen passiert zunächst fast unbemerkt, denn wir sind immer noch voller Zweifel und Verwirrung, aber es geschieht – allein schon dadurch, dass wir unsere Aufmerksamkeitsrichtung geändert haben.

Die dritte Pforte: die Herausforderung – und die Grenze dagegen, sich ihr zu stellen

Ausgerüstet mit Werkzeugen und neu erworbenen Fähigkeiten, ist die Heldenperson bereit, die Bedeutung ihrer Mission in ihrer Gänze und Größe zu erfahren. Vielleicht trifft sie auf eine wissende oder weise Gestalt (wie etwa *Yoda* in *Star Wars*, der *Luke Skywalker* einweiht), die natürlich immer schon gewusst hat, dass sie eines Tages kommen wird. Oder ihre endgültige Herausforderung offenbart sich ihr in einem geheimen Dokument, das sie findet, oder von dem sie gefunden wird. Vielleicht erschließt sie sich in einem Traum, oder es spricht gar ein Gott oder eine Göttin zu ihr. Wie auch immer: Jetzt weiß sie genau, worum es für sie geht und für die, die zu Hause auf sie warten. Jetzt kann sie immer noch an sich zweifeln, an ihren Fähigkeiten und ihrer Eignung, und in ihren dunklen Stunden tut sie das auch, aber nicht mehr an dem Ziel und der Bedeutung ihrer Mission. Die ist kristallklar.

In unserem persönlichen transformativen Lernprozess verstehen wir an dieser Stelle, dass die alten Rezepte nicht mehr funktionieren und dass und in welcher Weise es um uns geht.

Aus der Opferposition Wenn wir unsere Reise aus der Opferposition angetreten haben, identifiziert damit, schwach und abhängig zu sein und uns zugleich dafür verurteilend, erkennen wir jetzt, dass wir dazu aufgerufen sind, unsere ureigene Stärke und Kraft wieder zu entdecken, die ganz bewusstseinsfern immer in uns geschlummert hat, darauf wartend, wachgeküsst zu werden – und die uns ja auch schon bis hierher gebracht hat.

Aus der Täterposition Wenn wir uns aus der Täterposition auf den Weg in das Erleben unserer inneren Welt begeben haben, wenn wir also irgendwann nicht mehr anders konnten, als die Information über uns zur Kenntnis zu nehmen, die uns das Feedback anderer bescherte, sind wir jetzt, nachdem wir zunächst mit unserer Autonomie und unserer einsamen Stärke identifiziert waren, so weit zu begreifen, dass es für uns darum geht, mit unserer Verletzlichkeit, unserer Abhängigkeit und unserer Bedürftigkeit in Kontakt zu treten.

Unsere zentralen Glaubenssätze und Überzeugungen, die bislang selbstverständlich und automatisch unsere Wahrnehmung dessen gefiltert haben, was auf uns wirkt, werden uns bewusst, weil wir den Konflikt zwischen ihnen und den Qualitäten unseres inneren Erlebens wahrnehmen und z. T. schmerzhaft erleben. Uns wird klar, dass das, was uns einst Sicherheit und Orientierung gab, uns auch unglücklich gemacht hat, und vielleicht andere mit uns. Jetzt beginnen wir, unseren inneren Beobachter zu beobachten, aber wir sind dabei natürlich im Konflikt mit uns selbst.

Bei diesem Ringen um die Bedeutung, die ja immer in einem inneren Dialog stattfindet, unterstützt uns der transformative Coach, indem er oder sie (analog zur Beziehungsarbeit im Systemprozess) die inneren Teile miteinander in Beziehung treten lässt, in deren Spannungsfeld die Bedeutungsgebung stattfindet. Mindestens sind das natürlich der Teil in uns, der zu Neuem und Unbekanntem strebt, der den Ruf gehört hat und ihm folgen will, und der, der all dem widersteht, der festhalten möchte an Bekanntem und Vertrautem, auch wenn es unglücklich macht.

Wiewohl man in der praktischen Arbeit diese und andere innere Teile separieren, repräsentieren, polarisieren und sich austauschen lassen kann, darf man sich diese Auseinandersetzung nicht wie eine Art Tarifverhandlung am inneren runden Tisch vorstellen, denn ihr Ergebnis kommt nicht durch einen Kompromiss zustande. Die Wahrheit liegt in diesen Dingen nämlich nicht, wie einer unserer populärsten kulturellen Allgemeinplätze behauptet, in der Mitte. Das Ergebnis kann nur darin bestehen, die Abenteuerreise der Bewusstwerdung weiterzugehen oder eben nicht. Wenn wir weitergehen, dann vollzieht sich die Integration weniger dadurch, dass wir etwas tun, sondern sie geschieht, indem wir uns auf eine für uns völlig neue Weise mit uns selbst auseinandersetzen: Unser innerer Kommunikationsstil ändert sich.

Wahrheit liegt nicht in der Mitte

Jetzt sind wir über die »Störung« hinaus, denn wir haben den abgespaltenen Teil in uns kennengelernt, der sie hervorgerufen hat. Auch haben wir entdeckt, dass hinter den uns begrenzenden Glaubenssätzen die Stimmen von Figuren aus unserem persönlichen Mythos klingen und dass unsere Vorannahmen über uns, die Welt und das Leben z. T. nichts anderes sind als die heiligen Kühe unseres Familienmythos oder unserer frühen Reaktionen auf diese. In der Arbeit mit den inneren Teilen, die unsere wichtigsten Glaubenssätze repräsentieren, sind die Geister dieses Mythos aufgetaucht. Und jetzt erst ahnen wir wirklich, wovon wir uns verabschieden müssen, wollen wir unseren Lebensweg zu unserem eigenen machen. Das ist eine Ehrfurcht gebietende Herausforderung.

Aber so wie die Heldenperson, da sie weiß, was sie erwartet, sich üben und stählen kann, haben auch wir das wichtigste Werkzeug erhalten, das es auf unserer transformativen Reise gibt: Wir haben begonnen, uns mit unseren eigenen Augen zu sehen und nicht mehr hauptsächlich durch die der anderen.

Die vierte Pforte: der Drache – und die Grenze dagegen, ihn zu besiegen

Die Heldenperson macht sich auf, ihren Endgegner (wie Kinder das in ihren PC-Spielen nennen) zu treffen: den Drachen in seiner Höhle, den listigen Zauberer in seinem dunklen Schloss, den gewissenlosen Revolverhelden in der Main Street, die Hexe im Wald. Oder sie muss gar wie Odysseus oder Demeter in das Reich der Toten hinabsteigen. Die Begegnung mit dem Endgegner ist eine auf Leben und Tod. Die Heldenperson kann sie nur bestehen, wenn sie ein klares Bewusstsein ihrer Schwächen und Verwundbarkeiten, ihrer Stärken und Möglichkeiten hat. Und jener ihres Gegners. Sie hat nur eine Chance, wenn sie, zum Äußersten entschlossen, bereit ist, ihrem eigenen Tod ins Auge zu blicken. Und sie kann nur siegen, wenn sie darauf vorbereitet ist, den Endgegner mit dessen eigenen Waffen zu schlagen: listiger zu sein als der Zauberer, schneller zu ziehen als der Pistolero, selbst zum Drachen oder zur Hexe zu werden, um jene zu besiegen. Um so entschlossen und wach sein zu können, braucht sie einen Antrieb, der mit frivolem Abenteurertum nichts zu tun hat: Die Heldenperson nimmt diese Herausforderung auf sich, weil der Drache eine unschuldige Prinzessin geraubt hat, weil es ihr Job ist, dafür zu sorgen, dass die Bürger von Big Pine wieder ruhig schlafen können, weil sie die Heimat vor den Mächten des Bösen schützen muss. Sie zieht nicht nur für sich selbst in den Kampf, sondern auch für die, die von ihr abhängig sind.

Reise in die Vergangenheit In unserem persönlichen Prozess wissen wir jetzt, dass wir an die Wurzeln zurückmüssen, an die Anfänge unseres Lebens, in jene mythischen Zeiten unserer Existenz, in denen mit dem Zeugungsauftrag auch unser Lebensmythos geprägt wurde. Nur indem wir diese Reise in unsere Vergangenheit unternehmen, können wir nachvollziehen, wie unser persönlicher Bedeutungsraum sich entwickelte, wie unsere Glaubenssätze und Wertvorstellungen entstanden, die sich dann im weiteren Lebenslauf selbst bestätigten oder sich änderten, während wir transformatorische Krisen bewältigten.

Der transformative Coach begleitet und erleichtert unsere Reise zu den Anfängen, indem er oder sie

- z.B. ein Verfahren wie die Zeitlinie benutzt. Nur dass wir diesmal den Zeitstrahl unseres persönlichen Mythos nach rückwärts, nach »hinten« abschreiten, auf der Suche nach den Ereignissen und Figuren, welche die Regeln und Überzeugungen vertraten, die wir dann zu unseren Glaubenssätzen machten – und nach denen wir unser inneres Erleben bewerteten;

- dabei hilft, mit diesen Figuren in Kontakt zu treten und mit ihnen auszutauschen, was es jetzt auszutauschen gibt. Vielleicht gibt es noch Vorwürfe zu machen, vielleicht gilt es auch, sich noch einmal zu bedanken. Vielleicht gibt es Fragen, die nie gestellt wurden, über die es aber jetzt gut ist, Klarheit zu haben. Vielleicht gibt es Antworten auf Fragen zu geben, die immer offengeblieben sind. Vielleicht geht es darum, sich aus der unbedingten Loyalität zu einer oder mehrerer dieser Figuren zu verabschieden.

In diesem Prozess werden die überlebensgroßen Gestalten unseres Mythos kleiner, und wir werden größer, auch ein bisschen einsamer. Wir verstehen, dass wir jetzt selbst für unsere Informations-Bedeutungs-Konstruktion verantwortlich sind, und wir stehen vor der Frage, wie wir jetzt leben wollen. Das Alte geht nicht mehr und ist verabschiedet, das Neue ist noch zart, und wir haben schließlich nicht nur mythologische, sondern auch systemische Stakeholder; Menschen, mit denen wir in akuter Abhängigkeit verbunden sind. Die kennen uns so, wie wir immer waren. Werden sie unsere Veränderung willkommen heißen oder ablehnen? Werden sie uns kritisieren? Werden wir standhalten?

Selbst-verantwortlichkeit

Begegnung mit dem inneren Kritiker

Alles läuft auf die Begegnung mit dem Endgegner des transformativen Lernens hinaus: dem inneren Kritiker. Dieser mag als Figur mit einer der Gestalten unseres persönlichen Mythos identisch sein oder auch nicht. Er ist ja zugleich eine zutiefst persönliche wie eine kollektive Instanz, die auf jene genauso wirkte, die auf uns wirkten … In unserer aus der Aufklärung geborenen Kultur ist er der Drache, dem es sich jetzt zu stellen gilt.

Für diese Arbeit gibt es wieder zwei Ausgangsvoraussetzungen:

1. Die erste ist die, dass wir unter unserem inneren Kritiker leiden, es vielleicht schon sehr lange tun. Dann haben wir in den zurückliegenden Stationen unserer Reise gelernt, wie wir uns gegen seine vernichtenden Urteile schützen und unsere Verletzlichkeit und Weichheit umarmen können. Die Stärke, die wir daraus gewonnen haben, und die Entschlossenheit, unser Leiden zu beenden, befähigen uns jetzt, den Kritiker zu stellen und ihn zu konfrontieren.

2. Die andere Ausgangssituation ist die, dass wir so identifiziert mit unserem inneren Kritiker sind, so verschmolzen mit ihm, dass wir nicht nur denken, wir seien er, sondern sogar, dass er das Einzige ist, was wir wirklich sind – und der Rest von uns und der Welt ist vor allem dafür da, es uns recht zu machen. In diesem Fall mussten wir im Prozess unserer Reise erst lernen, dass wir eben nicht einfach der Spalter sind, sondern dass wir uns durch unsere Verschmelzung mit ihm spalten, und dass mit dem Verlust des Bewusstseins für unsere Abhängigkeit auch unsere Lebendigkeit, Kreativität, Intuition, Fürsorglichkeit und unser leidenschaftlicher Ernst gelitten haben. (*Christian Morgenstern* hat es schön ausgedrückt: »*Je ernster ein Kritiker seine Kritik nimmt, desto kritischer wird er seinen Ernst nehmen.*«) Wir haben erkannt, dass all das zu kostbar ist, um es auf dem Altar des Kritikers zu opfern – viel kostbarer, als ständig scheinbar perfekt zu sein, Recht zu haben und alles zu kontrollieren, während wir selbst gar nicht wirklich da sind.

Im Dialog mit dem Kritiker werden wir sekundiert vom Coach, der uns je nach Situation hilft, uns zu schützen oder nach vorn zu gehen. Das Entscheidende ist: Wir können gegen diesen Endgegner nicht bestehen, wenn wir verständnisvoll, einlenkend oder gar uns selbst bezichtigend vorgehen. Der Kritiker kann nur mit seinen eigenen Waffen geschlagen werden. Das heißt, wir müssen ihn kritisieren. Wir müssen ihm unbeirrbar vor Augen halten, was er anrichtet, und ihn darauf hinweisen, mit welcher Kälte er das tut. Wir müssen ihn damit konfrontieren, dass seine Objektivität Lüge ist, seine Hochmächtigkeit Pose, seine Unerreichbarkeit unerträglich, seine Maßstäbe unmenschlich und dumm. Wir werden auch Gegenschläge einstecken müssen, es wird Momente geben, in denen seine Kritik wieder genau ins Schwarze trifft und uns fast lähmt, aber wir sind weder ohnmächtig noch harmlos. Das Erstaunliche ist:

Da der Kritiker bei aller scheinbaren Übermenschlichkeit eine menschliche Figur ist, lässt er sich durchaus beeindrucken. Während wir im Verlaufe der Auseinandersetzung selbstsicherer und größer werden, sind wir freier wahrzunehmen, was unsere Kritik bei ihm auslöst. Wir werden Schwächen registrieren und Menschliches entdecken. Wir werden mehr darüber erfahren, aus welcher Position er spricht und was er schützt. Und es wird Momente geben, in denen er uns dauert, denn er wird kleiner.

So wie die Heldenperson sich durch ihren Sieg über den Drachen transformiert, indem sie, wenn man so will, die Drachenenergie integriert, um den Drachen zu töten, so transformieren auch wir uns, wenn die Arbeit mit dem inneren Kritiker gelingt: Indem wir die Energie des Kritikers übernehmen, können wir ihm standhalten. Indem wir den inhaltlichen Kern seiner Kritik in unser Selbstbild einschließen und uns dafür nicht länger schämen oder schuldig fühlen, verliert er seine Macht über uns. Indem wir ihn an seinen eigenen Maßstäben messen, bringen wir ihn ins Schleudern. Indem wir uns von seinem Urteil lösen, ihm unsere eigenen Maßstäbe entgegenhalten und so über ihn hinauswachsen, können wir ihn entzaubern; und er fällt in sich zusammen.

Die Drachenenergie integrieren

In dieser Auseinandersetzung transformieren sich sowohl unser Selbstverständnis als auch unser innerer Kritiker. Da dieser unseren persönlichen Bedeutungsraum beherrscht hat, transformiert sich dieser ebenfalls. Mit ein bisschen Glück verwandelt sich der innere Kritiker dabei zu unserem besten Freund. Wir lernen, das geistige Schwert der Unterscheidung zu führen und nicht von ihm geführt zu werden. Wir erwerben die Fähigkeit, wahrhaft kritisch zu denken, weise zu differenzieren und sind in der Lage, das Potenzial zur Bewusstwerdung, das in Kritik verborgen liegt, zu erschließen. Jetzt können wir auch sehen, welche Macht wir durch unsere Schwäche ausgeübt haben, und welche Schwäche in unserer Macht lag. Wir sind da.

Der Coach verabschiedet sich. Seine Arbeit ist getan, denn vor der letzten Pforte stehen wir wieder allein.

Die fünfte Pforte: die Wiederkehr – und die Grenze gegen die Verantwortung

Die härteste Herausforderung Der Drache ist erschlagen, der Schatz ihm entrissen, das Böse ist einstweilen gebannt. Die Heldenperson hat Versuchungen widerstanden und Siege errungen und kehrt als Gewachsene und Gewandelte in ihre Gemeinschaft zurück. Vielleicht wird sie sehnsüchtig erwartet und voller Hoffnung willkommen geheißen. Vielleicht kennt sie gar keiner mehr, weil sie so lange weg war. Vielleicht haben ihre Leute sich zwischenzeitlich ganz gut ohne sie eingerichtet, und sie ist jetzt die personifizierte Störung. Auf jeden Fall hat keiner erlebt, was sie erlebt hat. Niemand ihrer Leute hat die Höhen und Tiefen ihrer Reise mit ihr geteilt. Niemand kann wissen, zu welchen Erkenntnissen und Schlüssen sie gelangt ist und was der Schatz wirklich bedeutet, den sie von ihrer Odyssee nach Hause bringt. Welches auch immer die Fantasien sind, die auf sie projiziert werden, ob Größe oder Nichtigkeit, ob Verheißung oder Verstörung, die heimatliche Gemeinschaft steht vor der ersten Grenze, der gegen die Wahrnehmung. Damit steht die zurückgekehrte Heldenperson vor ihrer letzten und möglicherweise härtesten Herausforderung. Sie muss ihren Leuten das, was an ihrer Erfahrung für alle bedeutsam ist, vermitteln. Sie muss sie dort abholen, wo diese sind, und mitnehmen auf den Weg, der ihren Erkenntnissen nach jetzt gemeinsam zu gehen ist. Dafür muss sie die Rolle der Führerschaft besetzen und in die Verantwortung für das Ganze gehen. Sie muss achtsam sein, um nicht dem aufzusitzen, was die anderen auf sie projizieren, und am achtsamsten darauf, nicht den Versuchungen und Privilegien ihrer neuen Macht und Größe zu erliegen. Das sind wirklich anspruchsvolle Herausforderungen, und natürlich wird nicht aus jeder Heldenperson ein weiser Führer.

Vor einer ähnlichen Herausforderung stehen wir, wenn wir nach der transformativen Arbeit mit dem Spalter in unser System zurückkehren, eventuell beseelt davon, die Spaltung, die in unserer Gruppe das Öffentliche vom Privaten scheidet, zu verschieben oder bewusst zu machen. Aber natürlich ist es nicht jedem bestimmt, diesen Weg zu gehen und ein weiser Führer zu werden. Manche heiraten auch, bekommen Kinder, ziehen sie zu selbstbestimmten Menschen heran und werden Helden des Alltags. Wie auch immer, jetzt geht es darum, in der öffentlichen oder privaten Sphäre Verantwortung für die Gemeinschaft zu übernehmen. Beide Wege fordern ihren Preis. Entscheiden wir uns für die private Domäne, sind wir der Spaltung wieder stärker ausgeliefert. Menschen, die viel mit ihrem Innenleben gearbeitet haben, kennen das Gefühl von Schalheit, das mit der Zeit aufkommt, wenn die Erfüllungssuche nur im Privaten ihre Früchte trägt. Wenn wir uns entscheiden, in die Führung zu gehen und Verantwortung in der öffentlichen Sphäre zu übernehmen, stoßen wir ebenfalls gegen die Grenzen des öffentlichen Raums, können aber besser an ihnen arbeiten, denn aus einer Führungsrolle heraus fällt es einfacher, Einfluss zu nehmen und sich dafür einzusetzen, den Bewusstwerdungsprozess zusammen mit anderen voranzutreiben. Dabei zahlen wir den Preis, immer mal wieder unsere persönlichen Bedürfnisse und unser Privatleben hintanstellen zu müssen, und das kann zeitweise ebenfalls schmerzhaft sein.

Wenn wir in einem System öffentlich werden, wird der Einfluss, den wir nehmen können, durch unsere Rolle geformt. Wenn wir

Verantwortung für die Gemeinschaft

Führungskraft sind, haben wir es schon mal leichter, und die Erfahrungen, die wir gemacht haben, sind Gold wert, um Führerschaft mit persönlicher Autorität zu praktizieren. Aber: Was auch immer wir verändern wollen, auch (oder gerade) wenn es sich nur um unser eigenes Verhalten handelt, unsere Gruppe steht vor der ersten Grenze. Wenn das, was wir verändern wollen, die kulturelle Gruppenidentität berührt, werden die Mitglieder nicht nur mit Leugnung, Ablenkung oder Verstörung reagieren, sondern mit Kritik. Das bedeutet für uns, dass wir dem kulturellen Kritiker im öffentlichen Raum unserer Gruppe wieder begegnen.

Da wir uns so intensiv mit unserer inneren Kritikerfigur auseinandergesetzt haben, bewahrt uns dies hoffentlich davor, schnell aufzugeben und uns in unser Schneckenhaus zurückzuziehen, in dem wir uns oder die anderen abwerten. Wir fallen auch nicht mehr so leicht und Ursache-Wirkungs-getriggert auf das Wie-du-mir-so-ich-dir-Pingpong herein. Der vielleicht wichtigste praktische Gewinn unserer inneren Arbeit, so stellen wir jetzt fest, besteht darin, nicht mehr alles, was von anderen auf uns wirkt, für bare Münze zu nehmen, nicht mehr alles gleich auf uns zu beziehen, uns nicht mehr ständig von anderen in Trance schicken zu lassen. Jetzt können wir sehen, dass Kritik eines anderen vor allem etwas über dessen Bedeutungsraum sagt und dass es seine guten Gründe hat, die man versuchen kann zu verstehen, auch wenn man nicht damit einverstanden ist. Weiterhin wissen wir, dass Kritik an uns oder anderen in den allermeisten Fällen kein reiner Spinnkram ist, sondern auch Informationen enthält. Diese gilt es immer wieder auszubuddeln, indem wir zwischen dem Inhalt der Kritik und der Art und Weise, wie kritisiert wird, unterscheiden.

> **Die Herausforderung, der wir uns jetzt gegenübersehen, besteht darin, den Umgang mit Kritik, der in unserem System herrscht, nach den Erkenntnissen unseres Lernprozesses zu beeinflussen. Das ist sozusagen die Verantwortung, die sich aus jener bestandenen Prüfung wie von selbst ergibt – und alles andere macht eigentlich auch wirklich keinen Spaß mehr.**

Spezifisch geht es darum,

- den Kritisierenden im Ausdruck seiner Kritik zu unterstützen, damit sie so klar wie möglich im Raum ist. Oft
wird Kritik ja bereits aus einer Verletzung oder Kränkung
heraus geäußert, es ist ein kleiner Fünf-Grenzen-Prozess
abgelaufen, inklusive Spaltung, und heraus kommt manchmal Informations-Bedeutungs-Kraut-und-Rüben. Es kann
gut sein, darüber mehr zu erfahren;
- wenn wir selbst zum Kritiker werden, uns dessen bewusst
zu sein, auf was genau wir reagieren: Welche Signale?
Welche Information? Welche Bedeutung? Was verletzt
uns? Wir können versuchen, unsere Kritik so zu äußern,
dass sie uns als Sprechende, unsere Gefühle, Empfindungen und Interpretationen nicht tilgt. Dann kann auch
der andere leichter in Kontakt bleiben. Und wir sollten uns
klar darüber sein, dass wir, wenn wir das so tun, einen sehr
hohen Rang einnehmen, der die anderen wiederum zu
Projektionen in uns einladen wird …;
- das größere Dritte in den Raum zu holen, von dem Kritiker
und Kritisierter abhängig sind und unter dem sie gleichermaßen leiden, weil sie Wertmaßstäben gerecht werden
müssen, die ihre Kultur aufstellt.

Niemandem wird das alles immer gelingen – wie könnte es auch. **Konstruktive**
Jedes Mal aber, wenn es das tut, verwirklicht sich ein Stück mehr **Streitkultur**
jener »konstruktiven Streitkultur«, von der alle so schwärmen
und von der keiner so recht weiß, wie sie gehen soll. Das Zauber-
hafte an der Kommunikation ist ja, dass sie sich ändert, sobald nur
einer anders kommuniziert. Aber den oder die braucht es.

Ein russischer Dichter des 19. Jahrhunderts hat einmal gesagt: In
der Weltliteratur werden eigentlich nur zwei Geschichten erzählt.
Die erste: Ein junger Mann verlässt seine Heimat und geht hinaus
in die Welt. Die zweite: Ein Fremder kommt in die Stadt.

Bei Licht besehen ist das eigentlich nur *eine* Geschichte (und wie
es in unserem Kulturkreis so lange üblich war, die eines Mannes),

die aus zwei entgegengesetzten Wahrnehmungspositionen erzählt wird. Sie handelt davon, wie Menschen und Kulturen sich in der Begegnung und der Dynamik zwischen dem Eigenen und dem Fremden, dem Innen und dem Außen entwickeln und transformieren. Sie durchwirkt als archetypisches Leitmotiv auch den Prozess des transformativen Lernens, so wie wir ihn hier dargestellt haben. Dieser Prozess führt »horizontal« durch die fünf Phasen (oder Bedeutungsräume), und »vertikal« durch die Sphären der kulturellen Bewusstseinsschichten. In ihm begegnen wir immer wieder dem Eigenen im Fremden und dem Fremden im Eigenen, dem Innen im Außen und dem Außen im Innen. Darin offenbart sich eine große Schönheit, und deren Anblick mag uns mit Milde erfüllen angesichts unserer unausweichlichen Spaltung.

Führung mit kultureller Kompetenz Wenn wir diesen Lernprozess in seinen fünf Phasen durchschritten haben, qualifiziert uns das dafür, andere nicht nur mit persönlicher, sondern auch mit kultureller Kompetenz zu führen.

Unabdingbar ist er, um Qualitäten von Ältestenschaft zu entwickeln. Diese liegen als Haltung den Instrumenten und Interventionen zugrunde, die wir geschildert haben, um an den Grenzen bzw. Pforten des Wandlungsprozesses zu arbeiten. Sie lassen sich am besten in der Rolle der externen Begleitung nutzen.

5. Das Profil der kulturellen Kompetenz

Zum Abschluss von Teil 5 möchten wir noch einmal die Annahmen und Glaubenssätze, die Haltungen und Fähigkeiten, die Nei-
gungen und Gewohnheiten zusammenfassen, die nach unserem
Verständnis für kulturelle Kompetenz wesentlich sind:

Zusammenfassung

- Kulturelle Kompetenz richtet ihre Aufmerksamkeit nicht
  so sehr auf die Materie, nicht auf das Geschaffene, sondern
  mehr auf den Geist, der sie schafft.
- Kulturelle Kompetenz ist wachsam dafür, wie das
  Geschaffene auf den schöpfenden Geist zurückwirkt.
- Kulturelle Kompetenz interessiert sich weniger für die
  Kategorien von Raum und Zeit als für das jederzeit
  vollständige und unserer Bewusstheit zugängliche Feld.
- Kulturelle Kompetenz generiert sich nicht als unbeteiligter
  Beobachter, sondern nimmt (an)teilnehmend wahr.
- Statt auf Dinge zu achten, achtet kulturelle Kompetenz auf
  Prozesse, statt auf Positionen auf Beziehungen.
- Statt die Welt als Ursache-Wirkungs-Maschinerie wahr-
  zunehmen, sieht kulturelle Kompetenz überall Information
  und Bedeutung.
- Statt einer Welt von Tätern und Opfern, von Hämmern
  und Ambossen, sieht sie Freiheit und Verantwortung.
- Statt sich auf Bipolaritäten auszuruhen und sich in ih-
  nen zu erschöpfen, sucht kulturelle Kompetenz immer
  das Dritte: dasjenige, das die Bipolarität erst erzeugt, das

gemeinsame Dritte, das verbindet, die dritte Alternative, die erst frei macht.

- Kulturelle Kompetenz weiß, dass Sprache magisch ist und Welten erschafft, und sie benutzt sie mit Respekt vor ihrer Macht.
- Kulturelle Kompetenz konzentriert sich weniger auf den Vordergrund als auf den Hintergrund, vor dem der Vordergrund erst einer wird.
- Kulturelle Kompetenz sieht das Fragwürdige im Selbstverständlichen, das Profane im Heiligen und das Heilige im Profanen.
- Während interkulturelle Kompetenz mit verschiedenen Landkarten der Welt vertraut ist, versucht kulturelle Kompetenz, sich mit dem Geist vertraut zu machen, der die Landkarte gezeichnet hat.
- Kulturelle Kompetenz folgt der Weisheit natürlicher Lebensprozesse.
- Kulturelle Kompetenz glaubt daran, dass das Leben uns die Herausforderungen serviert, die wir brauchen, um an ihnen zu wachsen, einzeln und gemeinsam.
- Kulturelle Kompetenz hört gut zu. Und sie hört ihrem Zuhören zu.
- Kulturelle Kompetenz tanzt mit dem Spalter.

Ausgang

Von Beginn dieses Buches an haben wir uns immer wieder auf die deutschsprachige Kultur und insbesondere auf Deutschland bezogen – teils, um unsere Konzepte an einem uns vertrauten »lebenden Objekt« zu erläutern, teils, weil uns diese Kultur am Herzen liegt. Deswegen möchten wir zum Schluss, ganz privat, von Souverän zu Souverän, versuchen, inhaltlich auf die Frage zu antworten:

Was gibt es aus der Sicht der kulturellen Kompetenz in der deutschen Kultur der Öffentlichkeit zu tun, damit der Transformationsprozess unserer Gesellschaft glückvoll verläuft?

Eigentlich ist es nur ein Punkt, ist es nur ein Stichwort: Beziehungen. Wir brauchen keine Werte-, sondern eine Beziehungsdiskussion. Die muss damit beginnen, wie unsere Beziehungen sind, und nicht, wie sie sein sollten.

Beziehungen

Kultur entwickelt sich in Beziehung. Transformatorische Krisen verändern das Beziehungsgefüge, und sie entstehen, weil das Beziehungsgefüge sich ändert. So gut wie alle Themen, die die großen politischen Fragen dieser Jahre beherrschen, sind Beziehungsthemen. Egal, wohin wir horchen, alles schreit »Beziehung«:

- In der Föderalismusreform geht es um die Beziehungen zwischen den Ländern und der Zentralregierung, zwischen den Teilen und dem Ganzen.
- In der Gesundheitsreform geht es um das Beziehungsgefüge zwischen Versicherten, Versicherungsträgern, Leistungserbringern, Industrie, Arbeitgebern und Arbeitnehmern sowie dem Staat.
- In der Reform der Sozialversicherung geht es um die Beziehungen zwischen dem Einzelnen und der sogenannten Solidargemeinschaft sowie um die Beziehungen zwischen den Generationen.
- In der Bildungsreform geht es um die Beziehungen zwischen den Lernenden und den Bildungsanbietern, aber auch um die Beziehungen der Bildungsinstitutionen untereinander, es geht um die Beziehungen zwischen Eltern und Kindern sowie zwischen Eltern und Schulen, und natürlich wieder die zwischen Bund und Ländern.

Es geht um die Beziehungen zwischen politischen Mandatsträgern und Lobbyisten, zwischen den Parteien und den Wählern, zwischen Wirtschaft und Politik, zwischen Unternehmen und Mitarbeitern, zwischen Eignern und Unternehmen. Es geht um die Beziehungen zwischen Individuum und Gemeinschaft, zwischen Jung und Alt, zwischen den Geschlechtern.

Dramatischer Wandel Wohin wir unseren Blick auch wenden, ob ins Nahe oder Ferne, ins Kleine oder Große:

Unsere Beziehungen sind dabei, sich dramatisch zu wandeln. Überall sehen wir neue Verhältnisse von Konkurrenz und Abhängigkeit. Unsere kulturelle Sachlichkeitshypnose und unser Aufmerksamkeitsfokus auf Dinge allerdings bewahren uns davor, unsere Beziehungen in unseren öffentlichen Räumen auch so zu behandeln – während hinter verschlossenen Türen natürlich genau das läuft.

Politiker verbringen sicher neunzig Prozent ihrer Zeit mit Beziehungsmanagement. Öffentlich werden uns Dinge präsentiert, wird um die beste Sachlösung gerungen, herrscht gar »Sachgerechtigkeit«. So ist es den Parteien bisher nicht gelungen, dem Wähler die Bedeutung der Föderalismusreform zu vermitteln, von der doch alle, die sich je damit beschäftigt haben, wissen, dass sie die (noch immer zu niedrig aufgehängte) »Mutter aller Reformen« ist. Vielleicht sind Beziehungen nicht so leicht wahrnehmbar wie Dinge, weil sie eben zwischen den Dingen sind. Aber es ist wie immer: Da liegt die Information.

Aus unserer Sicht brauchen wir ein großes öffentliches Palaver über unsere gesellschaftlichen Beziehungen: viele kleine Schritte zu einer Kultur des öffentlichen Raums, die es ermöglicht, diese Beziehungsthemen offen so zu benennen und im Weiteren offen zu be- und verhandeln.

Wir erinnern uns noch einmal daran, dass wir, der demokratische Souverän, die Grenzen unseres öffentlichen Bedeutungsraums setzen. Letzten Endes geht es ja bei all dem auch um die Beziehung des Souveräns zu seinem politischen System, und auch das kann sich in der Bewältigung transformatorischer Krisen ändern, so oder so.

Unsere gesellschaftlichen Beziehungen verändern sich so drastisch, dass letztlich nur eine Verfassungsreform die Spielräume schafft und definiert, die es braucht, um wirklich politisch handelnd mit diesen Veränderungen umzugehen. Die breite öffentliche Debatte, die wir anregen, hat auch nur dann Sinn und Ziel, wenn sie als Verfassungsdebatte geführt wird und mit einer Reform des Grundgesetzes endet. Diese Debatte darf man nicht nur den Berufspolitikern überlassen, denn sie kann nicht mit denjenigen Gedanken geführt werden, die den jetzigen Zustand hervorgebracht haben. Auch verbietet es sich ganz offenbar für jeden in Verantwortung stehenden Politiker, eine Verfassungsdebatte überhaupt zu fordern, weil das einem öffentlichen Eingeständnis seiner Gestaltungsunfähigkeit gleichkäme, man dafür im Haifischbecken der politischen Arena direkt und genüsslich in Stücke gerissen würde, der Bürger nun aber echt verunsichert wäre, noch mehr Leute sich fragten, warum sie überhaupt noch

Verfassungsdebatte

zur Wahl gingen usw. Ebenso wenig kann man die Debatte den akademischen Verfassungsrechtlern überlassen, dazu ist sie viel zu wichtig für uns alle. Die politischen Parteien profitieren zu sehr von dem System, wie es ist, um den Willen aufzubringen, darüber grundsätzlich nachzudenken.

Was wir also brauchen, um den nicht enden werdenden transformatorischen Herausforderungen der globalen Matrix erfolgreich begegnen zu können, ist eine viel »schlankere« Verfassung, die

1. die Spiel- und Gestaltungsräume unser aller multipolarer Konkurrenz und Abhängigkeit definiert,
2. die Beziehungen zwischen Bund und (weniger) Ländern neu und klar definiert sowie
3. die Beziehungen zwischen dem Souverän und seiner politischen Führung neu umreißt, also auch unser Verhältniswahlrecht grundlegend überdenkt.

Kollektive Zeitreise Um all das mit Tiefe und, ja, Gründlichkeit tun zu können, braucht es, den bundesrepublikanischen Bedeutungsraum erkundend, eine Art kollektiver Zeitreise zurück zu den mythischen Anfängen der Nachkriegsdemokratie. Dort, 1948, entdecken wir, dass unser posttraumatischer »Zweckverband administrativer Qualität« natürlich eine Gründung der westdeutschen Ministerpräsidenten und des damaligen Souveräns, der alliierten Mächte, war. Wir haben das beschrieben. Der Geist, der unser Grundgesetz hervorbrachte, war geprägt durch ein abgrundtiefes Misstrauen gegen eine starke zentrale Regierung und ein ebensolches Misstrauen gegen eine starke Führung überhaupt. Beides, wir brauchen es nicht zu erwähnen, aus guten Gründen. Verfolgen wir den Werdegang Nachkriegsdeutschlands bis in die Gegenwart, stellen wir fest, dass dieser Geist seinen Verlauf maßgeblich geprägt hat. Selbst das Wort »Führer« war jahrzehntelang verbrannt, um nicht zu sagen radioaktiv. Noch heute durchzuckt es einen, wenn man es praktisch findet, den Begriff zu benutzen. Wir tun es, weil wir nicht einsehen, dass wir den toten Nazis so viel Macht geben sollten, eine der wichtigen Rollen des kulturellen Feldes nicht zu benennen. Und den lebenden schon gar nicht.

Das System, das jener Geist erschuf, hat wiederum die Kultur der kleinteiligen Kompromisse, der Koalitionszwänge, der Konsenssuche auf allen Entscheidungsebenen erzwungen, die wirkliches politisches Handeln fast unmöglich und die »Richtlinienkompetenz« eines Kanzlers oder einer Kanzlerin zu einer Farce macht. Niemand, der eine Rolle in diesem System hat, kann es aus seiner Rolle heraus verändern. Weil dieses System aber keine Veränderung hinbekommt, wird es sich verändern müssen. (Wir begrüßen in diesem Zusammenhang den »Konvent für Deutschland«. Initiiert von *Olaf Henkel* und *Roland Berger,* widmet sich dieser erlauchte Kreis seit 2003 unter dem Vorsitz von *Roman Herzog* der »Reform der Reformfähigkeit« unseres Landes. Seine Mitglieder, nicht zufällig überwiegend *ehemalige* Berufspolitiker, erarbeiten und veröffentlichen Diskussionsbeiträge, die das – in unseren Worten – transformative Lernen in unserem demokratischen System befördern sollen.)

Der Endgegner, wenn man es so ausdrücken kann, des bundesdeutschen Transformationsprozesses ist also das Gespenst des Großen (Ver-)Führers. Dieses Gespenst kann erst dann wirklich in die ewigen Jagdgründe verwiesen werden, wenn wir Deutsche uns konzentriert der Frage stellen, wie viel Führung wir unserer Führung erlauben möchten. Vielleicht darf es etwas mehr sein.

Der große (Ver-)Führer

Die andere Seite der Medaille ist vor demselben Hintergrund die Angst der politischen Führung vor dem demokratischen Souverän, schließlich war der »Führer« mit einem in demokratischen Wahlen errungenen Mandat an die Macht gekommen. Auch dieser Geist hat die Geschichte der Bundesrepublik geprägt.

Wir sind zu der Auffassung gelangt, dass drei Generationen stabiler Demokratie und die Herausforderungen der Globalisierung zwei gute Gründe sind, das Beziehungsmuster demokratischer Führerschaft neu zu verhandeln. Es ist immer noch ein heißes Eisen, aber es muss kein Tabu mehr sein.

Die Antwortversuche der deutschen Kultur auf die globale Matrix sind immer noch *»too little, too late«* – und das mit einer Menge Schweiß. Und Zeit. Und Geld. Wenn es ihr gelänge, und jetzt muss man sehr vorsichtig formulieren, in ihrem Transformationsprozess etwas von dieser Führungsenergie in ihr demokratisches Wesen zu integrieren, so hätte sie damit gleichzeitig mehr von jener »Wolfsenergie« zur Verfügung, die sie im Moment noch als eine räuberische und ihre Privilegien von außen bedrohende wahrnimmt.

Während der vier Jahre, die wir Autoren mit diesem Buchprojekt beschäftigt waren, hat sich dieses Land bereits erheblich verändert. Vor allem haben die Anzeichen dafür zugenommen, dass langsam wieder so etwas möglich wird wie eine friedliche nationale Kommunion, ein nicht mehr vollkommen verschämtes oder überbordendes *Coming-out* nach dem Motto »wir sind deutsch, und das ist gut so«. Man hört es in der populären Musik, es erscheinen Bücher wie das von *Matthias Matussek (Wir Deutschen – warum die anderen uns gern haben können);* der *Spiegel* und andere Medien fördern aus ihrer Sicht und mit ihren Mitteln die Auseinandersetzung um unsere kulturelle Identität. Der Höhepunkt, für jeden erlebbar, weil es kein Entrinnen gab, war natürlich die Fußball-WM 2006, als die Welt zu Gast bei Freunden war und wir Deutsche uns mit unserer Fähnchen-Kommunion schon mal für die Vereinten Partynationen qualifizierten.

Das alles sind ermutigende und Vertrauen erweckende Nachrichten. Sie können nicht unsere Zerrissenheiten überdecken, und nicht unsere großen systemischen Probleme, aber sie lassen uns denken, dass wir weit genug sind für den nächsten Schritt in unserer demokratischen Entwicklung, und dass dieser Schritt mutigere Formen politischer Führerschaft zulassen muss. Darf.

Globalisierte Welt

Weiten wir abschließend unseren Blick auf die vom Kapitalismus globalisierte Welt mit ihrer multipolaren Matrix von Konkurrenz und Abhängigkeit, und stellen wir uns noch einmal diesen Offensichtlichkeiten:

Der Kampf um den Zugang zu den natürlichen Ressourcen wird immer hektischer. Die Auseinandersetzungen um Eignerschaft und Ausbeutung der Ressourcen militarisieren sich. Die globalen Machtgewichte verschieben sich auf der Grundlage dieser Eignerschaft. Die Spannungen zwischen den Kulturen, insbesondere zwischen der islamischen Welt und dem Abendland, nehmen zu. Der Nahostkonflikt ist anscheinend nicht und von niemandem lösbar. Und das alles vor dem »Hintergrund« von zur Neige gehenden Ressourcen, der Kontaminierung der Elemente, dem Artensterben, der globalen Erwärmung. (Eine der bedrohtesten Arten ist die menschliche Kultur selbst: Man rechnet damit, dass in diesem Jahrhundert bis zu 90 Prozent aller Sprachen aussterben, d. h. 90 Prozent aller Kulturen, d. h. 90 Prozent der Möglichkeiten, ein Mensch zu sein, siehe *Spektrum der Wissenschaft Dossier*.)

Es ist vollkommen klar, dass wir uns auf entsetzliche Weise schuldig machen an der gesamten Schöpfung, einschließlich unserer selbst, wenn wir so weitermachen wie bisher. Diese gewaltigen Probleme kann selbstverständlich kein einzelnes Land lösen, wenn sie denn überhaupt zu »lösen« sind. Wir können uns aber auch nicht mehr dahinter verstecken, dass wir nur tun, was alle tun, und dass andere nicht aufhören, nur weil wir es tun. Das ist Kinderkram.

Was wir in der transformatorischen Krise der Menschheit (und der Erde) benötigen, ist eine Meta-Kultur, eine Kultur der Kulturen, eine erneuerte Menschheitsverfassung, die

Meta-Kultur

- die Rang- und Machtgewichte der neuen Welt endlich angemessen repräsentiert
- sich intensiv den Problemen widmet, die abwesende Eignerschaft mit sich bringt
- Frauenrechte als Menschenrechte versteht und durchsetzt
- unser aller Beziehung zur Erde in den Fokus ihrer Bemühungen stellt und sich zur Bewahrung der Schöpfung bekennt – dessen, was uns allen heilig sein muss.

Es wäre schön, wenn dieses Land dazu einen bescheidenen, aber kraftvollen Beitrag leisten könnte – ein bisschen Ältestenschaft aus dem alten Europa.

Letzten Endes aber werden wir wahrscheinlich unser Verhalten erst ändern, wenn wir ein anderes Paradigma an unser Verständnis und unsere Bewertung dessen anlegen, was uns geschieht.

Goethe Es ist in Deutschland wenig bekannt, dass *Goethe*, »unser Goethe«, sich schon früh mit dem Islam beschäftigte, Arabisch lernte und den Koran gut kannte (*Goethe und der Islam* von *Katharina Mommsen*). Diese Beschäftigung intensivierte sich noch, als er 1814 die Dichtungen des großen persischen Mystikers und Poeten *Hafis* (1320–ca. 1390) las. *Hafis*, zu dem *Goethe* sofort eine tiefe Seelenverwandtschaft entdeckte, beeindruckte diesen so sehr, dass er, um nicht überwältigt zu werden, »produktiv« mit seiner Rezeption umgehen musste. Daraus entstand der *West-Östliche Divan*. In dem Zusammenhang äußerte *Goethe*, dass er auf die Frage, ob er ein Muslim wäre, nicht mit Nein antworten könnte. (1995 wurde in Weimar von Schaikh *Abdalqadir Al-Murabit* sogar eine Fatwa, ein islamisches Rechtsgutachten, ausgestellt, in der *Goethe* posthum zum Muslim erklärt wird und den Beinamen *Muhammad* erhält: »*Im Lichte seiner überwältigenden Bestätigung des Propheten – möge Allah ihn segnen und ihm Frieden geben! – soll er bei den Muslimen von nun an bekannt sein als Muhammad Johann Wolfgang von Goethe.*«)

Was er am Islam ganz besonders schätzte, war, dass dem Menschen alles vorherbestimmt wäre – dass also das, was uns widerfährt, göttlich gefügt ist. Im Gegensatz zur westlichen »Kultur der Sorge« würde der Mensch dadurch »ausgerüstet und beruhigt«.

Genau, was wir alle brauchen. Wir möchten hinzufügen: Wir sind dafür verantwortlich, wie wir auf das antworten, was uns geschieht. Unsere Antwort sollte im Goethe'schen Sinne »produktiv« sein.

Epilog

Und was ist nun eigentlich aus den heiligen Kühen in Kalkutta geworden? Offen gestanden, wissen wir das auch nicht so genau. Es dürfte aber nicht so viel anders sein als das, was in Delhi mit ihnen geschah. Die FAZ (Nr. 91/2005, S. 9) berichtete unter der Überschrift »*Nur noch im Jenseits grasen*« darüber:

Die Regierung von Delhi beschloss 2003, die Hauptstadt kuhfrei zu machen. Damals streunten noch mehr als 35 000 Kühe durch das Stadtgebiet. 2005 waren es noch 7000, mittlerweile dürften es nur noch wenige sein. Zwei Jahre lang durchkämmten die Kuhsondereinsatztruppen der *Municipal Corporation of Delhi* die Stadtteile, sammelten die Kühe von den Straßen auf oder nahmen sie ihren meist armen Besitzern weg, um sie auf Viehwagen zu verladen und außerhalb der Stadtgrenzen auf dem Land wieder auszusetzen. Das ging natürlich nicht ohne Beschimpfungen, Konflikte und Handgreiflichkeiten ab, und daher wurde die Aktion erst durchschlagend, als die Kuheinsatztrupps von Polizisten begleitet wurden. Inzwischen hat die von der säkularen Kongresspartei geführte Stadtregierung Delhis, um den Tierhaltern und den vielen illegalen Molkereien ihre Existenzgrundlage nicht zu rauben, am Stadtrand eine öffentliche Großmolkerei eröffnet. Dort kann sich jeder für ein paar Rupien einkaufen und in der Nähe Land für seine Kühe pachten. Das Schlachten von Kühen ist nach wie vor, allerdings bei moderaten Strafen, untersagt.

Der gesamte Prozess wurde natürlich begleitet von einer breiten öffentlichen Diskussion über die ökonomische, ökologische und mythologische Bedeutung der Kuh.

Woher kam der politische Druck, der die Regierung zu dieser revolutionären Initiative bewog? Das waren die »Delhiites«, die wachsenden wohlhabenderen Mittelschichten, die endlich in einer richtigen Stadt leben wollten. Diese hatten die Behörden immer wieder angerufen, »*wenn ein träges Vieh die Garageneinfahrt versperrte oder ein spontan errichteter Futtertrog den Gehweg blockierte*«.

Manche Luxushotels in Delhi dürfen jetzt importierte Rindersteaks anbieten.

Anhang

Glossar

Alltagstrance   Unser alltäglicher Bewusstseinszustand, der durch gewohnheitsmäßiges Wahrnehmen und Handeln gekennzeichnet ist. In der Alltagstrance halten wir die Kultur für die Welt, weil wir uns des inneren Beobachters in diesem Zustand nicht bewusst sind.

Abhängigkeit   Bildet zusammen mit Konkurrenz die beiden Pole des Beziehungsmusters, innerhalb dessen wir uns als Personen und als Systeme in der globalisierten Welt bewegen. Da, wo wir von den Entscheidungen anderer abhängig sind, entwickeln wir eine sensible Wahrnehmung dafür, wie diese Personen / Systeme mit der Macht, die ihnen ihr Rang verleiht, umgehen.

Ältestenschaft   Die Fähigkeit, den eigenen Rang und Einfluss zum Wohl des Ganzen einzusetzen. Die Erlaubnis, den stillen Konsens aufzudecken.

Bedeutungsraum   Umfasst alles, was aus einer bestimmten Perspektive Bedeutung hat (Person, Rolle, System, Kultur).

Beziehungen   Dienen als Kanal, über den Kulturen entstehen, sich entwickeln und transformieren.

Feld	Bezeichnet all das, was auf die Mitglieder einer Kultur im Hier und Jetzt einwirkt.
Führerschaft	Die Fähigkeit, die Kultur eines Systems bewusst zu beeinflussen.
Geister	Nicht physisch, aber energetisch anwesende Personen. In den Geistern verkörpert sich das Konkurrenz- und Abhängigkeitsgefüge, in dem sich ein System bewegt. Systemische Geister bewachen die Grenzen des öffentlichen Bedeutungsraums. Mythologische Geister bewachen die Grenzen des kulturellen Bedeutungsraums.
Gemeinschafts-trance	Wird zwischen den Mitgliedern einer Kultur sprachlich erzeugt und aufrechterhalten. Sie steht im Dienste des stillen Konsenses und tilgt das Offensichtliche im Hier und Jetzt (z. B. Inkongruenz).
Grenze	Beschreibt den Ort, an dem wir uns spalten. Führt so zur Spaltung des Feldes in unterschiedliche Bewusstseinssphären (z. B. öffentlich und privat) und gibt ihm seine Struktur. Grenzen werden durch kulturelle Vorannahmen, Grundüberzeugungen und Werthaltungen gezogen, die die Mitglieder einer Kultur verinnerlichen. In Veränderungsprozessen werden Grenzen heiß.
Heldenreise	Metapher für den Entwicklungsprozess, in dessen Verlauf sich die Identität einer Person transformiert.
Heilige Kuh	Ist ein stiller Konsens, der zwar im öffentlichen Raum noch aufrechterhalten, der aber im privaten Raum längst in Frage gestellt wird.
Identität	Umfasst alles, womit sich eine Person / ein System identifiziert im Gegensatz zu dem, was sie abspaltet – als nicht zu sich gehörig empfindet.

Inkongruenz	Sprechen und Handeln klaffen auseinander. Der Körper drückt andere Informationen aus als das, was inhaltlich gesagt wird.
Innerer Beobachter	Die Instanz in uns, die uns und andere beobachtet/bewertet und auf die wir im Zustand der Alltagstrance unbewusst reagieren. Der innere Beobachter entspricht dem Zeugen des öffentlichen Raums.
Kanal	Weg, über den Informationen gesendet und Bedeutungen empfangen werden. Personen und deren Rollenbeziehungen sind Kanäle, über die ein kulturelles Feld sich entwickelt.
Kommunikation	Vermittlung von Informationen durch den Austausch von Signalen.
Kommunion	Einheit-in-Bedeutung als Voraussetzung dafür, dass wir mit Signalen/Begriffen Informationen mitteilen können und verstanden werden.
Konkurrenz	Bildet zusammen mit Abhängigkeit die beiden Pole des Beziehungsmusters, innerhalb dessen wir uns als Personen und Systeme in der globalisierten Welt bewegen. Da, wo wir in Konkurrenz mit anderen stehen, sind wir gezwungen, uns zu unterscheiden, uns unserer Stärken bewusst zu werden und uns mit einer eigenen Identität zu behaupten.
Kritiker	Der spezifische Charakter, der den inneren Beobachter in unserer aufgeklärten Kultur kennzeichnet.
Kultur	Jedes System ist eine Kultur, die sich in einen öffentlichen und in private Räume spaltet. Die geistigen Vorannahmen, die das Denken und Handeln der Mitglieder eines Systems in dessen öffentlicher Sphäre motivieren, und die Haltungen und Einstellungen, die dort gelebt werden, ergeben zusammen die Systemkultur.

Kultureller Bedeutungsraum	Der kulturelle Bedeutungsraum wird durch Sprache geformt und begrenzt. Er umfasst all das, wofür eine Kultur Worte hat, was für sie bedeutungsvoll ist und ihren Mitgliedern das Gefühl gibt, ihre Welt mit anderen zu teilen.
Multipolarität	Das hervorstechende Merkmal der globalisierten Welt – eine Vielzahl von Macht-, Kraft- und Einflusszentren, die miteinander vernetzt sind und aufeinander einwirken.
Mythos	Die Seele einer Kultur, ihre kollektive Psychologie. Die Gemeinschaft stiftende Kraft, die in Form von Metaphern, Bildern, Symbolen und Erzählungen das Woher, Wohin und Wozu benennt und das tägliche Handeln in einen Sinnzusammenhang stellt.
Öffentlicher Bedeutungsraum	Entsteht immer dann, wenn Meinungsbildungs- und Entscheidungsprozesse in einem System stattfinden. Umfasst all das, was von den Mitgliedern eines Systems öffentlich gesagt und getan werden kann. Seine Größe ergibt sich aus der Herrschaftsform, sein Inhalt aus dessen Mythos.
Privater Bedeutungsraum	Umfasst all das, was die Mitglieder eines Systems öffentlich nicht auszudrücken wagen, aber in informellen Kreisen austauschen.
Rang	Bezeichnet die Stellung, die mit der Rolle einhergeht, die man innerhalb eines Systems einnimmt. Aus dieser ergeben sich Privilegien, die andere nicht haben, sowie Macht und Einfluss über diejenigen, die in ihrer Rolle von einem selbst abhängig sind.
Rollenbeziehungen	Die Beziehungen, die die Mitglieder eines Systems aufgrund ihrer Systemrollen miteinander haben. Sie sind durch ein spezifisches Rang- sowie Konkurrenz- und Abhängigkeitsverhältnis gekennzeichnet, das die Form bestimmt, wie sie im öffentlichen Raum miteinander in Beziehung treten können und dürfen.

Spalter	Fluch und Segen der Selbsterkenntnis.
Stakeholder (externe)	Alle Rollen, die zwar nicht Mitglied eines Systems sind, die aber in der einen oder anderen Weise abhängig davon sind, was dessen Mitglieder tun.
Stiller Konsens	Das unausgesprochene Einverständnis der Mitglieder eines Systems, bestimmte »Dinge« nicht wahrzunehmen. So werden die Grenzen des öffentlichen Raums aufrechterhalten. Der stille Konsens ergibt sich aus der Herrscher-Souverän-Verschmelzung, die zwei Formen annehmen kann: in autoritären Systemen die Personalunion von Souverän und Herrscher, in demokratischen Systemen die Loyalität zwischen Herrscher und Souverän bzw. Führenden und Geführten.
Souverän	Die Person bzw. die Personen, denen ein System gehört.
Transformation	Eine Veränderung der Identität.
Transformatives Lernen	Die Fähigkeit, sich mit dem inneren Beobachter auseinanderzusetzen und ihn in diesem Prozess zu transformieren.
Vorannahmen	All das, was für selbstverständlich gehalten und damit nicht weiter hinterfragt wird. Die Grundfesten, auf denen unser Denken und Handeln aufbaut.

Literatur

Auf fünf Autoren möchten wir insbesondere hinweisen. Auch andere waren für uns wichtig, aber ohne die Inspiration, den Einfluss und das Beispiel dieser fünf hätten wir die Theorie und Praxis der kulturellen Kompetenz niemals entwickeln können:

- *Arnold Toynbee* verdanken wir unser Verständnis des Schöpferischen im Kulturprozess.
- *Joseph Campbell* hat uns die Demut vor dem Mythos gelehrt und uns auf die transformatorischen Qualitäten der Heldenreise aufmerksam gemacht.
- *Gregory Bateson* hat unser Denken über Informations-Bedeutungs-Prozesse und transformatives Lernen maßgeblich beeinflusst – und unsere Suche nach dem Muster, das verbindet …
- *David Bohm* hat unser Verständnis des Bedeutungsraums und insbesondere der Vorannahmen, die ihn hervorbringen, vertieft und erweitert.
- *Arnold Mindell* verdanken wir mehr, als wir hier überhaupt in Worte fassen können. Vor allem das Feld, die heißen Grenzen, Ältestenschaft und die Geister. Auf seinen Einfluss gehen viele der Interventionen zurück, mit denen wir in der Praxis arbeiten.

Adelung, Johann Christoph: *Versuch eines vollständigen grammatisch-kritischen Wörterbuchs der Hochdeutschen Mundart. 1 – 5.* Leipzig, 1774 – 86.

Arendt, Hannah: *Vita Activa oder vom tätigen Leben.* 5. Auflage, München: Piper, 1987.

Arendt, Hannah: *Macht und Gewalt,* Bd. 1., 17. Auflage, München: Piper, 2006.

Bandler, Richard; Grinder, John: *Metasprache und Psychotherapie. Die Struktur der Magie I.* 8. Auflage, Paderborn: Junfermann, 1980.

Bandler, Richard; Grinder, John: *Kommunikation und Veränderung. Die Struktur der Magie II.* Paderborn: Junfermann, 1982.

Bandler, Richard; Grinder, John: *Patterns. Muster der hypnotischen Techniken von Milton H. Ericson.* 3. Auflage, Paderborn: Junfermann, 1996.

Bateson, Gregory; Bateson, Mary Catherine: *Angels Fear. An investigation into the nature and meaning of the sacred.* London: Rider, 1988.

Bateson, Gregory: *Geist und Natur. Eine notwendige Einheit.* 8. Auflage, Frankfurt am Main: Suhrkamp, 1987.

Bateson, Gregory: *Ökologie des Geistes. Anthropologische, psychologische, biologische und epistemologische Perspektiven.* 8. Auflage, Frankfurt am Main: Suhrkamp, 2001.

Baumgartner, Irene; Häfele, Walter; Schwarz, Manfred; Sohm, Kuno: *OE-Prozesse. Die Prinzipien systemischer Organisationsentwicklung.* 7. Auflage, Bern: Haupt Verlag, 2004.

Beck, Hans-Georg: *Das byzantinische Jahrtausend.* München: dtv, 1982.

Bohm, David: *Der Dialog. Das offene Gespräch am Ende der Diskussionen.* 4. Auflage, Stuttgart: Klett-Cotta, 2002.

Bohm, David: *Die implizite Ordnung. Grundlagen eines dynamischen Holismus.* München: Dianus-Trikont Verlag, 1985.

Boos, Frank; Heitger, Barbara: *Veränderung – systemisch. Management des Wandels. Praxis, Zukunft und Konzepte.* Stuttgart: Klett-Cotta, 2004.

Buber, Martin: *Das dialogische Prinzip.* 6. Auflage, Geilingen: Verlag Lambert Schneider, 1992.

Campbell, Josef: *Die Kraft der Mythen. Bilder der Seele im Leben des Menschen.* Zürich; München: Artemis-Verlag, 1994.

Campbell, Josef: *Der Heros in tausend Gestalten.* Frankfurt am Main; Leipzig: Insel Verlag, 1999.

Campbell, Josef: *Die Masken Gottes* (4 Bände). München: dtv, 1996.

Cicero: *De re publica. Vom Gemeinwesen.* Ditzingen: Reclam, 1979.

Deacon, Terence: *The Symbolic Species. The Co-Evolution of Language and the Brain.* New York: W. W. Norton & Company, 1998.

Diamond, Jarred: *Kollaps. Warum Gesellschaften überleben oder untergehen.* Frankfurt am Main: S. Fischer, 2005.

Doppler, Klaus; Lauterburg, Christoph: *Change Management. Den Unternehmenswandel gestalten.* 11. Auflage, Frankfurt am Main, New York: Campus Verlag, 2005.

Doppler, Klaus; Fuhrmann, Hellmuth; Lebbe-Waschke, Birgitt: *Unternehmenswandel gegen Widerstände. Change Management mit den Menschen.* Frankfurt am Main, New York: Campus, 2002.

Elias, Norbert: *Über den Prozess der Zivilisation I / II.* Frankfurt am Main: Suhrkamp, 2001.

Erickson, Milton; Rossi, L. Ernest: *Hypnotherapie. Aufbau, Beispiele, Forschungen.* 8. Auflage, Stuttgart: Klett-Cotta, 2006.

Euchner, Walter (Hrsg.): *John Locke. Zwei Abhandlungen über die Regierung.* 11. Auflage, Frankfurt am Main: Suhrkamp, 2006.

FAZ, Nr. 91 / 2005

Foster, Stephen; Little, Meredith: *Die vier Schilde. Initiation durch die Jahreszeiten der menschlichen Natur.* 2. Auflage, Uhlstädt-Kirchhasel: Arun-Verlag, 2006.

Foster, Steven: *Visionssuche.* 4. Auflage, Uhlstädt-Kirchhasel: Arun-Verlag, 2002.

Franke, Siegried F.: *Staatsrecht der Bundesrepublik Deutschland. Grundlagen, Hintergründe und Erläuterungen.* 2. Auflage. Heidelberg: R. v. Decker's Verlag, 1998.

Gaarder, Jostein: *Sophies Welt. Roman über die Geschichte der Philosophie.* München: Carl Hanser Verlag, 1993.

Gairing, Fritz: *Organisationsentwicklung als Lernprozess von Menschen und Systemen. Zur Rekonstruktion eines Forschungs- und Beratungsansatzes und seiner metadidaktischen Relevanz.* 3. Auflage, Weinheim; Basel: Beltz Verlag, 2002.

Glasl, Friedrich; Lievegood, Bernhard: *Dynamische Unternehmensentwicklung. Grundlagen für nachhaltiges Change Management.* 3. Auflage, Stuttgart: Verlag Freies Geistesleben, 2004.

Goethe, Johann Wolfgang: *West-Östlicher Divan.* Frankfurt am Main: Reclam, 1999.

Golowin, Sergius; Eliade, Mircea; Campbell, Josef: *Die großen Mythen der Menschheit.* München: Orbis Verlag, 2002.

Gurjewitsch, Aaron: *Das Weltbild des mittelalterlichen Menschen.* 5. Auflage, München: C.H. Beck, 1997.

Hall, Edward T.; Hall, Miltred Reed: *Understanding Cultural Differences. Germans, French, and Americans.* Intercultural Press, 1990.

Hartkemeyer, Martina; Hartkemeyer, Johannes F.; Dhority, Freeman L.: *Miteinander Denken. Das Geheimnis des Dialogs.* 3. Auflage, Stuttgart: Klett-Cotta, 2001.

Hayward, Jeremy: *Die Erforschung der Innenwelt. Neue Wege zum wissenschaftlichen Verständnis von Wahrnehmung, Erkennen und Bewusstsein.* Frankfurt am Main; Leipzig: Insel Verlag, 1996.

Heisenberg, Werner: *Physik und Philosophie.* 6. Auflage, Stuttgart: Hirzel, 2000.

Heitger, Barbara; Doujak, Alexander: *Harte Schnitte – Neues Wachstum. Die Logik der Gefühle und die Macht der Zahlen im Change Management – Das Konzept der unbalanced transformation.* Wien: Redline Wirtschaft, 2002.

Hochreiter, Gerhard: *Choreographien von Veränderungsprozessen. Gestaltung von komplexen Organisationsentwicklungen.* 2. Auflage, Heidelberg: Carl-Auer, 2006.

Hofstede, Geert: *Interkulturelle Zusammenarbeit. Kulturen – Organisationen – Management.* Wiesbaden: Gabler, 1993.

James, Tad; Woodsmall, Wyatt: *Time Line. NLP-Konzepte zur Grundstruktur der Persönlichkeit.* Paderborn: Junfermann, 1991.

Janes, Alfred et. al.: *Transformationsmanagement. Organisationen von innen verändern.* Wien: Springer, 2001.

Jung, Carl Gustav: *Archetypen.* München: dtv, 1990.

Kluge, Friedrich: *Etymologisches Wörterbuch der deutschen Sprache.* 21. Auflage, Berlin; New York: De Gruyter, 1975.

Kotler, Philip: *Principles of Marketing.* 11. Auflage, Prentice Hall, 2005.

Krämer, Gesa; Quappe, Stephanie: *Interkulturelle Kommunikation mit NLP.* Berlin: Uni-edition, 2006.

Krishnamurti, Jiddu; Bohm, David: *Vom Werden zum Sein.* München: Goldmann Verlag, 1992.

Krishnamurti, Jiddu: *Du bist die Welt. Reden und Gespräche.* 4. Auflage, Frankfurt am Main: Fischer Verlag, 1999.

Levine, Robert: *Eine Landkarte der Zeit. Wie Kulturen mit Zeit umgehen.* 6. Auflage, München: Piper, 2001.

Mattussek, Matthias: *Wir Deutschen. Warum die anderen uns gern haben können.* 4. Auflage, Frankfurt am Main: Fischer, 2006.

Maturana, Humberto R.; Varela, Francisco J.: *Der Baum der Erkenntnis. Wie wir die Welt durch unsere Wahrnehmung erschaffen – die biologischen Wurzeln des menschlichen Erkennens.* 2. Auflage, Bern; München; Wien: Scherz Verlag, 1987.

Miegel, Meinhard: *Epochenwende. Gewinnt der Westen die Zukunft?* Berlin: Propyläen, 2006.

Mindell, Arnold: *Das Jahr eins. Ansätze zur Heilung unseres Planeten.* Olten: Walter-Verlag, 1991.

Mindell, Arnold: *Mitten im Feuer. Gruppenkonflikte kreativ nutzen.* München: Hugendubel, 1997.

Mindell, Arnold: *Der Weg durch den Sturm. Weltarbeit im Konfliktfeld der Zeitgeister.* Petersberg: Via Nova, 1997.

Mindell, Arnold: *Traumkörper und Meditation. Arbeit an sich selbst.* Zürich; Düsseldorf: Walter, 1998.

Mindell, Arnold: *Quantum Mind. The Edge between Physics and Psychology.* Portland: Lao Tse Press, 2000.

Mitford, Nancy: *Voltaire in Love.* E. P. Dutton, 1985.

Mommsen, Katharina; von Arnim, Peter Anton (Hrsg.): *Goethe und der Islam.* 2. Auflage, Frankfurt am Main: Insel Verlag, 2001.

Montesquieu, Charles-Louis de: *Vom Geist der Gesetze.* Ditzingen: Reclam, 1994.

Mousset, Sophie: *Women's Rights and the French Revolution. A biography of Olympe de Gouges.* Transaction Publishers, 2006.

Müller, Mokka: *Das vierte Feld. Die Bio-Logik der neuen Führungselite.* München: Econ Ullstein List Verlag, 2001.

Murdock, Maureen: *Der Weg der Heldin. Eine Reise zur inneren Einheit.* München: Hugendubel, 1994.

Rigall, Juan et. al.: *Change Management für Konzerne. Komplexe Unternehmensstrukturen erfolgreich verändern.* Frankfurt am Main, New York: Campus, 2005.

Russell, Bertrand: *Philosophie des Abendlandes.* München: Piper, 2004.

Sackmann, Sonja: *Erfolgsfaktor Unternehmenskultur.* Wiesbaden: Gabler, 2004.

Schmidt, Helmut: *Globalisierung. Politische, ökonomische und kulturelle Herausforderungen.* Berlin: Siedler Verlag, 2006.

Senge, Peter M.: *Die fünfte Disziplin. Kunst und Praxis der lernenden Organisation.* Stuttgart: Klett-Cotta, 2006.

Sennett, Richard: *Verfall und Ende des öffentlichen Lebens. Die Tyrannei der Intimität.* 14. Auflage, Frankfurt am Main: Fischer Verlag, 2004.

Sheldrake, Rupert: *Das schöpferische Universum. Die Theorie des morphogenetischen Feldes.* Berlin: Ullstein, 1993.

Spektrum der Wissenschaft Dossier: Die Evolution der Sprachen.

Spengler, Oswald: *Der Untergang des Abendlandes. Umrisse einer Morphologie der Weltgeschichte.* München: dtv, 1997.

Spiegel Nr. 41 / 2005; Nr. 50 / 2005; *Spiegel Spezial Globalisierung* 2005.

Spitzer, Manfred: *Von Geistesblitzen und Hirngespinsten. Neue Miniaturen aus der Nervenheilkunde.* Stuttgart: Schattauer, 2004.

Swimme, Brian; Berry, Thomas: *The Universe Story. From the primordial flaring forth to the ecozoic era – a celebration of the unfolding of the cosmos.* San Francisco: Harper, 1994.

Tarnas, Richard: *Idee und Leidenschaft. Die Wege des westlichen Denkens.* München: dtv, 1999.

Tart, Charles: *Hellwach und bewusst leben. Wege zur Entfaltung des menschlichen Potentials – eine Anleitung zum bewussten Sein.* 3. Auflage, Bern; München: Scherz Verlag, 2000.

Tharoor, Shashi: *India. From Midnight to the Millenium and Beyond.* Arcade Publishing, 2006.

Thiele, Johannes (Hrsg.): *Das Buch der Deutschen. Alles, was man kennen muss.* Bergisch Gladbach: Lübbe, 2004.

Toynbee, Arnold: *Der Gang der Weltgeschichte,* Bd.1 / 2. München: dtv, 1970.

Trebesch, Karsten: *Organisationsentwicklung. Konzepte, Strategien, Fallstudien.* Stuttgart: Klett-Cotta, 2000.

Trompenaars, Fons; Hampden-Turner, Charles: *Riding The Waves of Culture. Understanding diversity in global business.* New York: McGraw-Hill Companies, 1998.

Vaihinger, Hans: *Die Philosophie des Als Ob. System der theoretischen, praktischen und religiösen Fiktionen der Menschheit auf Grund eines idealistischen Positivismus. Mit einem Anhang über Kant und Nietzsche.* 10. Auflage, Aalen: Scientia Verlag und Antiquariat Schilling OHG, 1986.

Watzlawick, Paul: *Die erfundene Wirklichkeit.* 18. Auflage, München: Piper, 2002.

Watzlawick, Paul; Weakland, John H.; Fisch, Richard: *Zur Theorie und Praxis menschlichen Wandels.* Bern: Hans Huber, 1974.

Whorf, Benjamin Lee: *Sprache, Denken, Wirklichkeit.* 6. Auflage, Reinbek: Rowohlt, 1969.

Wolinsky, Stephen; Ryan, Margaret O.: *Die alltägliche Trance. Heilungsansätze in der Quantenpsychologie.* Freiburg: Verlag Alf Lüchow, 1993.

Zentner, Christian: *Adolf Hitlers Mein Kampf. Eine kommentierte Auswahl.* 16. Auflage, München: Econ, 2002.

Über die Autoren

Elke Schlehuber
Studium der Literaturwissen-
schaft, Sprachwissenschaft und
Geschichte (M.A.),
IFS-Diplom Wirtschaft und Recht,
Dipl. p.o. Psychologin

Rainer Molzahn
Studium der Psychologie,
Philosophie und Anglistik,
Musiker,
Diplom-Psychologe

Elke Schlehuber und Rainer Molzahn arbeiten seit vielen Jahren als Moderatoren, Trainer, Prozessgestalter und Coaches. Ihr Coaching- und Trainingsangebot orientiert sich in Perspektive und Aufbau an dem Fünf-Grenzen-Prozessmodell:

- »Transformatives Führen« richtet sich an Führungskräfte.
- »Transformatives Change Management« wendet sich an Berater und Prozessbegleiter.
- »Transformatives Coaching« richtet sich an Coaches und solche, die es werden wollen.

Als Coachingprogramm steht in allen Weiterbildungen der transformative Lernprozess der Teilnehmenden im Mittelpunkt. Als Trainingsprogramm vermitteln die Autoren – unter dem Vorzeichen der jeweiligen Rolle – die Werkzeuge der kulturellen Kompetenz: All das, was auf diesen Buchseiten nur in dürren Worten, eins nach dem anderen, beschrieben werden konnte, was aber im richtigen Leben ein vieldimensionales, gleichzeitig ablaufendes und sehr dynamisches Geschehen ist.

Sie finden die Autoren im Internet unter:
www.schlehuber-molzahn.de